D1657151

Angewandte Mathematik: Body and Soul

K. Eriksson · D. Estep · C. Johnson

Angewandte Mathematik: Body and Soul

[BAND 2]

Integrale und Geometrie in $\mathbb{R}^n$

Übersetzt von Josef Schüle
Mit 86 Abbildungen

Kenneth Eriksson
Claes Johnson
Chalmers University of Technology
Department of Mathematics
41296 Göteborg, Sweden
e-mail: kenneth|claes@math.chalmers.se

Donald Estep
Colorado State University
Department of Mathematics
Fort Collins, CO 80523-1874,
USA
e-mail: estep@math.colostate.edu

Übersetzer:
Josef Schüle
Technische Universität Braunschweig
Rechenzentrum
Hans-Sommer-Str. 65
38106 Braunschweig
email: j.schuele@tu-bs.de

Mathematics Subject Classification (2000): 15-01, 34-01, 35-01, 49-01, 65-01, 70-01, 76-01

ISBN 3-540-22879-9 Springer Berlin Heidelberg New York

Bibliografische Information der Deutschen Bibliothek
Die Deutsche Bibliothek verzeichnet diese Publikation in der Deutschen Nationalbibliografie; detaillierte bibliografische Daten sind im Internet über <http://dnb.ddb.de> abrufbar.

Springer ist ein Unternehmen von Springer Science+Business Media

springer.de

Printed in Germany

Satz: Josef Schüle, Braunschweig
Druckdatenerstellung und Herstellung: LE-TEX Jelonek, Schmidt & Vöckler GbR, Leipzig
Einbandgestaltung: *design & production,* Heidelberg

Gedruckt auf säurefreiem Papier SPIN 11313151 46/3142/YL - 5 4 3 2 1 0

Den Studierenden der Chemieingenieurwissenschaften an der Chalmers Universität zwischen 1998–2002, die mit Begeisterung an der Entwicklung des Reformprojekts, das zu diesem Buch geführt hat, teilgenommen haben.

Vorwort

Ich gebe zu, dass alles und jedes in seinem Zustand verharrt, solange es keinen Grund zur Veränderung gibt. (Leibniz)

Die Notwendigkeit für eine Reform der Mathematikausbildung

Die Ausbildung in Mathematik muss nun, da wir in ein neues Jahrtausend schreiten, reformiert werden. Diese Überzeugung teilen wir mit einer schnell wachsenden Zahl von Forschern und Lehrern sowohl der Mathematik als auch natur- und ingenieurwissenschaftlicher Disziplinen, die auf mathematischen Modellen aufbauen. Dies hat natürlich seine Ursache in der Revolution der elektronischen Datenverarbeitung, die grundlegend die Möglichkeiten für den Einsatz mathematischer und rechnergestützter Techniken in der Modellbildung, Simulation und der Steuerung realer Vorgänge verändert hat. Neue Produkte können mit Hilfe von Computersimulationen in Zeitspannen und zu Kosten entwickelt und getestet werden, die um Größenordnungen kleiner sind als mit traditionellen Methoden, die auf ausgedehnten Laborversuchen, Berechnungen von Hand und Versuchszyklen basieren.

Von zentraler Bedeutung für die neuen Simulationstechniken sind die neuen Disziplinen des so genannten Computational Mathematical Modeling (CMM) wie die rechnergestützte Mechanik, Physik, Strömungsmechanik, Elektromagnetik und Chemie. Sie alle beruhen auf der Kombination von

Lösungen von Differentialgleichungen auf Rechnern und geometrischer Modellierung/Computer Aided Design (CAD). Rechnergestützte Modellierung eröffnet auch neue revolutionäre Anwendungen in der Biologie, Medizin, den Ökowissenschaften, Wirtschaftswissenschaften und auf Finanzmärkten.

Die Ausbildung in Mathematik legt die Grundlage für die natur- und ingenieurwissenschaftliche Ausbildung an Hochschulen und Universitäten, da diese Disziplinen weitgehend auf mathematischen Modellen aufbauen. Das Niveau und die Qualität der mathematischen Ausbildung bestimmt daher maßgeblich das Ausbildungsniveau im Ganzen. Die neuen CMM/CAD Techniken überschreiten die Grenze zwischen traditionellen Ingenieurwissenschaften und Schulen und erzwingen die Modernisierung der Ausbildung in den Ingenieurwissenschaften in Inhalt und Form sowohl bei den Grundlagen als auch bei weiterführenden Studien.

Unser Reformprogramm

Unser Reformprogramm begann vor etwa 20 Jahren in Kursen in CMM für fortgeschrittene Studierende. Es hat über die Jahre erfolgreich die Grundlagenausbildung in Infinitesimalrechnung und linearer Algebra beeinflusst. Unser Ziel wurde der Aufbau eines vollständigen Lehrangebots für die mathematische Ausbildung in natur- und ingenieurwissenschaftlichen Disziplinen, angefangen bei Studierenden in den Anfangssemestern bis hin zu Graduierten. Bis jetzt umfasst unser Programm folgende Bücher:

1. *Computational Differential Equations*, (*CDE*)

2. *Angewandte Mathematik: Body & Soul I–III*, (*AM I–III*)

3. *Applied Mathematics: Body & Soul IV–*, (*AM IV–*).

Das vorliegende Buch *AM I–III* behandelt in drei Bänden I–III die Grundlagen der Infinitesimalrechnung und der linearen Algebra. *AM IV–* erscheint ab 2003 als Fortsetzungsreihe, die speziellen Anwendungsbereichen gewidmet ist, wie *Dynamical Systems (IV)*, *Fluid Mechanics (V)*, *Solid Mechanics (VI)* und *Electromagnetics (VII)*. Das 1996 erschienene Buch *CDE* kann als erste Version des Gesamtprojekts *Applied Mathematics: Body & Soul* angesehen werden.

Außerdem beinhaltet unser Lehrangebot verschiedene Software (gesammelt im *mathematischen Labor*) und ergänzendes Material mit schrittweisen Einführungen für Selbststudien, Aufgaben mit Lösungen und Projekten. Die Website dieses Buches ermöglicht freien Zugang dazu. Unser Ehrgeiz besteht darin eine "Box" mit einem Satz von Büchern, Software und Zusatzmaterial anzubieten, die als Grundlage für ein vollständiges Studium, angefangen bei den ersten Semestern bis zu graduierten Studien, in angewandter Mathematik in natur- und ingenieurwissenschaftlichen Disziplinen dienen kann. Natürlich hoffen wir, dass dieses Projekt durch ständig neu hinzugefügtes Material schrittweise ergänzt wird.

Basierend auf *AM I–III* haben wir seit Ende 1999 das Studium in angewandter Mathematik für angehende Chemieingenieure beginnend mit Erstsemesterstudierenden an der Chalmers Universität angeboten und Teile des Materials von *AM IV–* in Studiengängen für fortgeschrittene Studierende und frisch Graduierte eingesetzt.

Schwerpunkte des Lehrangebots:

- Das Angebot basiert auf einer Synthese von Mathematik, Datenverarbeitung und Anwendung.
- Das Lehrangebot basiert auf neuer Literatur und gibt damit von Anfang an eine einheitliche Darstellung, die auf konstruktiven mathematischen Methoden unter Einbeziehung von Berechnungsmethoden für Differentialgleichungen basiert.
- Das Lehrangebot enthält als integrierten Bestandteil Software unterschiedlicher Komplexität.
- Die Studierenden erarbeiten sich fundierte Fähigkeiten, um in Matlab Berechnungsmethoden umzusetzen und Anwendungen und Software zu entwickeln.
- Die Synthese von Mathematik und Datenverarbeitung eröffnet Anwendungen für die Ausbildung in Mathematik und legt die Grundlage für den effektiven Gebrauch moderner mathematischer Methoden in der Mechanik, Physik, Chemie und angewandten Disziplinen.
- Die Synthese, die auf praktischer Mathematik aufbaut, setzt Synergien frei, die es schon in einem frühen Stadium der Ausbildung erlauben, komplexe Zusammenhänge zu untersuchen, wie etwa Grundlagenmodelle mechanischer Systeme, Wärmeleitung, Wellenausbreitung, Elastizität, Strömungen, Elektromagnetismus, Diffusionsprozesse, molekulare Dynamik sowie auch damit zusammenhängende Multi-Physics Probleme.
- Das Lehrangebot erhöht die Motivation der Studierenden dadurch, dass bereits von Anfang an mathematische Methoden auf interessante und wichtige praktische Probleme angewendet werden.
- Schwerpunkte können auf Problemlösungen, Projektarbeit und Präsentationen gelegt werden.

- Das Lehrangebot vermittelt theoretische und rechnergestützte Werkzeuge und baut Vertrauen auf.
- Das Lehrangebot enthält einen Großteil des traditionellen Materials aus Grundlagenkursen in Analysis und linearer Algebra.
- Das Lehrangebot schließt vieles ein, das ansonsten oft in traditionellen Programmen vernachlässigt wird, wie konstruktive Beweise aller grundlegenden Sätze in Analysis und linearer Algebra und fortgeschrittener Themen sowie nicht lineare Systeme algebraischer Gleichungen bzw. Differentialgleichungen.
- Studierenden soll ein tiefes Verständnis grundlegender mathematischer Konzepte, wie das der reellen Zahlen, Cauchy-Folgen, Lipschitz-Stetigkeit und konstruktiver Werkzeuge für die Lösung algebraischer Gleichungen bzw. Differentialgleichungen, zusammen mit der Anwendung dieser Werkzeuge in fortgeschrittenen Anwendungen wie etwa der molekularen Dynamik, vermittelt werden.
- Das Lehrangebot lässt sich mit unterschiedlicher Schwerpunktssetzung sowohl in mathematischer Analysis als auch in elektronischer Datenverarbeitung umsetzen, ohne dabei den gemeinsamen Kern zu verlieren.

AM I–III in Kurzfassung

Allgemein formuliert, enthält *AM I–III* eine Synthese der Infinitesimalrechnung, linearer Algebra, Berechnungsmethoden und eine Vielzahl von Anwendungen. Rechnergestützte/praktische Methoden werden verstärkt behandelt mit dem doppelten Ziel, die Mathematik sowohl verständlich als auch benutzbar zu machen. Unser Ehrgeiz liegt darin, Studierende früh (verglichen zur traditionellen Ausbildung) mit fortgeschrittenen mathematischen Konzepten (wie Lipschitz-Stetigkeit, Cauchy-Folgen, kontrahierende Operatoren, Anfangswertprobleme für Differentialgleichungssysteme) und fortgeschrittenen Anwendungen wie Lagrange-Mechanik, Vielteilchen-Systeme, Bevölkerungsmodelle, Elastizität und Stromkreise bekannt zu machen, wobei die Herangehensweise auf praktische/rechnergestützte Methoden aufbaut.

Die Idee dahinter ist es, Studierende sowohl mit fortgeschrittenen mathematischen Konzepten als auch mit modernen Berechnungsmethoden vertraut zu machen und ihnen so eine Vielzahl von Möglichkeiten zu eröffnen, um Mathematik auf reale Probleme anzuwenden. Das steht im Widerspruch zur traditionellen Ausbildung, bei der normalerweise der Schwerpunkt auf analytische Techniken innerhalb eines eher eingeschränkten konzeptionellen Gebildes gelegt wird. So leiten wir Studierende bereits im zweiten

Halbjahr dazu an (in Matlab) einen eigenen Löser für allgemeine Systeme gewöhnlicher Differentialgleichungen auf gesundem mathematischen Boden zu schreiben (hohes Verständnis und Kenntnisse in Datenverarbeitung), wohingegen traditionelle Ausbildung sich oft zur selben Zeit darauf konzentriert, Studierende Kniffe und Techniken der symbolischen Integration zu vermitteln. Solche Kniffe bringen wir Studierenden auch bei, aber unser Ziel ist eigentlich ein anderes.

Praktische Mathematik: Body & Soul

In unserer Arbeit kamen wir zu der Überzeugung, dass praktische Gesichtspunkte der Infinitesimalrechnung und der linearen Algebra stärker betont werden müssen. Natürlich hängen praktische und rechnergestützte Mathematik eng zusammen und die Entwicklungen in der Datenverarbeitung haben die rechnergestützte Mathematik in den letzten Jahren stark vorangetrieben. Zwei Gesichtspunkte gilt es bei der mathematischen Modellierung zu berücksichtigen: Den symbolischen Aspekt und den praktisch numerischen. Dies reflektiert die Dualität zwischen infinit und finit bzw. zwischen kontinuierlich und diskret. Diese beiden Gesichtspunkte waren bei der Entwicklung einer modernen Wissenschaft, angefangen bei der Entwicklung der Infinitesimalrechnung in den Arbeiten von Euler, Lagrange und Gauss bis hin zu den Arbeiten von von Neumann zu unserer Zeit vollständig miteinander verwoben. So findet sich beispielsweise in Laplaces grandiosem fünfbändigen Werk *Mécanique Céleste* eine symbolische Berechnung eines mathematischen Modells der Gravitation in Form der Laplace-Gleichung zusammen mit ausführlichen numerischen Berechnungen zur Planetenbewegung in unserem Sonnensystem.

Beginnend mit der Suche nach einer exakten und strengen Formulierung der Infinitesimalrechnung im 19. Jahrhundert begannen sich jedoch symbolische und praktische Gesichtspunkte schrittweise zu trennen. Die Trennung beschleunigte sich mit der Erfindung elektronischer Rechenmaschinen ab 1940. Danach wurden praktische Aspekte in die neuen Disziplinen numerische Analysis und Informatik verbannt und hauptsächlich außerhalb mathematischer Institute weiterentwickelt. Als unglückliches Ergebnis zeigt sich heute, dass symbolische reine Mathematik und praktische numerische Mathematik weit voneinander entfernte Disziplinen sind und kaum zusammen gelehrt werden. Typischerweise treffen Studierende zuerst auf die Infinitesimalrechnung in ihrer reinen symbolischen Form und erst viel später, meist in anderem Zusammenhang, auf ihre rechnerische Seite. Dieser Vorgehensweise fehlt jegliche gesunde wissenschaftliche Motivation und sie verursacht schwere Probleme in Vorlesungen der Physik, Mechanik und angewandten Wissenschaften, die auf mathematischen Modellen beruhen.

Durch eine frühe Synthese von praktischer und reiner Mathematik eröffnen sich neue Möglichkeiten, die sich in der Synthese von Body & Soul widerspiegelt: Studierende können mit Hilfe rechnergestützter Verfahren bereits zu Beginn der Infinitesimalrechnung mit nicht-linearen Differentialgleichungssystemen und damit einer Fülle von Anwendungen vertraut gemacht werden. Als weitere Konsequenz werden die Grundlagen der Infinitesimalrechnung, mit ihrer Vorstellung zu reellen Zahlen, Cauchy-Folgen, Konvergenz, Fixpunkt-Iterationen, kontrahierenden Operatoren, aus dem Schrank mathematischer Skurrilitäten in das echte Leben mit praktischen Erfahrungen verschoben. Mit einem Schlag lässt sich die mathematische Ausbildung damit sowohl tiefer als auch breiter und anspruchsvoller gestalten. Diese Idee liegt dem vorliegenden Buch zugrunde, das im Sinne eines Standardlehrbuchs für Ingenieure alle grundlegenden Sätze der Infinitesimalrechnung zusammen mit deren Beweisen enthält, die normalerweise nur in Spezialkursen gelehrt werden, zusammen mit fortgeschrittenen Anwendungen wie nicht-lineare Differentialgleichungssysteme. Wir haben festgestellt, dass dieses scheinbar Unmögliche überraschend gut vermittelt werden kann. Zugegeben, dies ist kaum zu glauben ohne es selbst zu erfahren. Wir hoffen, dass die Leserin/der Leser sich dazu ermutigt fühlt.

Lipschitz-Stetigkeit und Cauchy-Folgen

Die üblichen Definitionen der Grundbegriffe *Stetigkeit* und *Ableitung*, die in den meisten modernen Büchern über Infinitesimalrechnung zu finden sind, basieren auf *Grenzwerten*: Eine reellwertige Funktion $f(x)$ einer reellen Variablen x heißt stetig in $\bar{x}$, wenn $\lim_{x\to\bar{x}} f(x) = f(\bar{x})$ ist. $f(x)$ heißt ableitbar in $\bar{x}$ mit der Ableitung $f'(\bar{x})$, wenn

$$\lim_{x\to\bar{x}} \frac{f(x)-f(\bar{x})}{x-\bar{x}}$$

existiert und gleich $f'(\bar{x})$ ist. Wir gebrauchen dafür andere Definitionen, die ohne den störenden Grenzwert auskommen: Eine reellwertige Funktion $f(x)$ heißt Lipschitz-stetig auf einem Intervall $[a,b]$ mit der Lipschitz-Konstanten L_f, falls für alle $x, \bar{x} \in [a,b]$

$$|f(x)-f(\bar{x})| \leq L_f|x-\bar{x}|$$

gilt. Ferner heißt $f(x)$ bei uns ableitbar in $\bar{x}$ mit der Ableitung $f'(\bar{x})$, wenn eine Konstante $K_f(\bar{x})$ existiert, so dass für alle x in der Nähe von $\bar{x}$

$$|f(x)-f(\bar{x})-f'(\bar{x})(x-\bar{x})| \leq K_f(\bar{x})|x-\bar{x}|^2$$

gilt. Somit sind unsere Anforderungen an die Stetigkeit und Differenzierbarkeit strenger als üblich; genauer gesagt, wir verlangen *quantitative* Größen

L_f und $K_f(\bar{x})$, wohingegen die üblichen Definitionen mit Grenzwerten *rein qualitativ* arbeiten.

Mit diesen strengeren Definitionen vermeiden wir pathologische Fälle, die Studierende nur verwirren können (besonders am Anfang). Und, wie ausgeführt, vermeiden wir so den (schwierigen) Begriff des Grenzwerts, wo in der Tat keine Grenzwertbildung stattfindet. Somit geben wir Studierenden keine Definitionen der Stetigkeit und Differenzierbarkeit, die nahe legen, dass die Variable x stets gegen $\bar{x}$ strebt, d.h. stets ein (merkwürdiger) Grenzprozess stattfindet. Tatsächlich bedeutet Stetigkeit doch, dass die Differenz $f(x) - f(\bar{x})$ klein ist, wenn $x - \bar{x}$ klein ist und Differenzierbarkeit bedeutet, dass $f(x)$ lokal nahezu linear ist. Und um dies auszudrücken, brauchen wir nicht irgendeine Grenzwertbildung zu bemühen.

Diese Beispiele verdeutlichen unsere Philosophie, die Infinitesimalrechnung *quantitativ* zu formulieren, statt, wie sonst üblich, rein qualitativ. Und wir glauben, dass dies sowohl dem Verständnis als auch der Exaktheit hilft und dass der Preis, der für diese Vorteile zu bezahlen ist, es wert ist bezahlt zu werden, zumal die verloren gegangene allgemeine Gültigkeit nur einige pathologische Fälle von geringerem Interesse beinhaltet. Wir können unsere Definitionen natürlich lockern, zum Beispiel zur Hölder-Stetigkeit, ohne deswegen die quantitative Formulierung aufzugeben, so dass die Ausnahmen noch pathologischer werden.

Die üblichen Definitionen der Stetigkeit und Differenzierbarkeit bemühen sich um größtmögliche Allgemeinheit, eine der Tugenden der reinen Mathematik, die jedoch pathologische Nebenwirkungen hat. Bei einer praktisch orientierten Herangehensweise wird die praktische Welt ins Interesse gestellt und maximale Verallgemeinerungen sind an sich nicht so wichtig.

Natürlich werden auch bei uns Grenzwertbildungen behandelt, aber nur in Fällen, in denen der Grenzwert als solches zentral ist. Hervorzuheben ist dabei die Definition einer *reellen Zahl* als Grenzwert einer Cauchy-Folge rationaler Zahlen und die Lösung einer algebraischen Gleichung oder Differentialgleichung als Grenzwert einer Cauchy-Folge von Näherungslösungen. Cauchy-Folgen spielen bei uns somit eine zentrale Rolle. Aber wir suchen nach einer konstruktiven Annäherung mit möglichst praktischem Bezug, um Cauchy-Folgen zu erzeugen.

In Standardwerken zur Infinitesimalrechnung werden Cauchy-Folgen und Lipschitz-Stetigkeit im Glauben, dass diese Begriffe zu kompliziert für Anfänger seien, nicht behandelt, wohingegen der Begriff der reelle Zahlen undefiniert bleibt (offensichtlich glaubt man, dass ein Anfänger mit diesem Begriff von Kindesbeinen an vertraut sei, so dass sich jegliche Diskussion erübrige). Im Gegensatz dazu spielen diese Begriffe von Anfang an eine entscheidende Rolle in unserer praktisch orientierten Herangehensweise. Im Besonderen legen wir erhöhten Wert auf die grundlegenden Gesichtspunkte der Erzeugung reeller Zahlen (betrachtet als möglicherweise nie endende dezimale Entwicklung).

Wir betonen, dass eine konstruktive Annäherung das mathematische Leben nicht entscheidend komplizierter macht, wie es oft von Formalisten/Logikern führender mathematischer Schulen betont wird: Alle wichtigen Sätze der Infinitesimalrechnung und der linearen Algebra überleben, möglicherweise mit einigen unwesentlichen Änderungen, um den quantitativen Gesichtspunkt beizubehalten und ihre Beweise strenger führen zu können. Als Folge davon können wir grundlegende Sätze wie den der impliziten Funktionen, den der inversen Funktionen, den Begriff des kontrahierenden Operators, die Konvergenz der Newtonschen Methode in mehreren Variablen mit vollständigen Beweisen als Bestandteil unserer Grundlagen der Infinitesimalrechnung aufnehmen: Sätze, die in Standardwerken als zu schwierig für dieses Niveau eingestuft werden.

Beweise und Sätze

Die meisten Mathematikbücher wie auch die über Infinitesimalrechnung praktizieren den Satz-Beweis Stil, in dem zunächst ein Satz aufgestellt wird, der dann bewiesen wird. Dies wird von Studierenden, die oft ihre Schwierigkeiten mit der Art und Weise der Beweisführung haben, selten geschätzt.

Bei uns wird diese Vorgehensweise normalerweise umgekehrt. Wir formulieren zunächst Gedanken, ziehen Schlussfolgerungen daraus und stellen dann den zugehörigen Satz als Zusammenfassung der Annahme und der Ergebnisse vor. Unsere Vorgehensweise lässt sich daher eher als Beweis-Satz Stil bezeichnen. Wir glauben, dass dies in der Tat oft natürlicher ist als der Satz-Beweis Stil, zumal bei der Entwicklung der Gedanken die notwendigen Ergänzungen, wie Hypothesen, in logischer Reihenfolge hinzugefügt werden können. Der Beweis ähnelt dann jeder ansonsten üblichen Schlussfolgerung, bei der man ausgehend von einer Anfangsbetrachtung unter gewissen Annahmen (Hypothesen) Folgerungen zieht. Wir hoffen, dass diese Vorgehensweise das oft wahrgenommene Mysterium von Beweisen nimmt, ganz einfach schon deswegen, weil die Studierenden gar nicht merken werden, dass ein Beweis geführt wird; es sind einfach logische Folgerungen wie im täglichen Leben auch. Erst wenn die Argumentationslinie abgeschlossen ist wird sie als Beweis bezeichnet und die erzielten Ergebnisse zusammen mit den notwendigen Hypothesen in einem Satz zusammengestellt. Als Folge davon benötigen wir in der Latexfassung dieses Buches die Satzumgebung, aber nicht eine einzige Beweisumgebung; der Beweis ist nur eine logische Gedankenfolge, die einem Satz, der die Annahmen und das Hauptergebnis beinhaltet, vorangestellt wird.

Das mathematische Labor

Wir haben unterschiedliche Software entwickelt, um unseren Lehrgang in einer Art *mathematischem Labor* zu unterstützen. Einiges dieser Software dient der Veranschaulichung mathematischer Begriffe wie die Lösung von Gleichungen, Lipschitz-Stetigkeit, Fixpunkt-Iterationen, Differenzierbarkeit, der Definition des Integrals und der Analysis von Funktionen mehrerer Veränderlichen; anderes ist als Ausgangsmodell für eigene Computerprogramme von Studierenden gedacht; wieder anderes, wie die Löser für Differentialgleichungen, sind für Anwendungen gedacht. Ständig wird neue Software hinzugefügt. Wir wollen außerdem unterschiedliche Multimedia-Dokumente zu verschiedenen Teilen des Stoffes hinzuzufügen.

In unserem Lehrprogramm erhalten Studierende von Anfang an ein Training im Umgang mit *MATLAB*© als Werkzeug für Berechnungen. Die Entwicklung praktischer mathematischer Gesichtspunkte grundlegender Themen wie reelle Zahlen, Funktionen, Gleichungen, Ableitungen und Integrale geht Hand in Hand mit der Erfahrung, Gleichungen mit Fixpunkt-Iterationen oder der Newtonschen Methode zu lösen, der Quadratur, numerischen Methoden oder Differentialgleichungen. Studierende erkennen aus ihrer eigenen Erfahrung, dass abstrakte symbolische Konzepte tief mit praktischen Berechnungen verwurzelt sind, was ihnen einen direkten Zugang zu Anwendungen in physikalischer Realität vermittelt.

Besuchen sie http://www.phi.chalmers.se/bodysoul/

Das *Applied Mathematics: Body & Soul* Projekt hat eine eigene Website, die zusätzliches einführendes Material und das mathematische Labor (*Mathematics Laboratory*) enthält. Wir hoffen, dass diese Website für Studierende zum sinnvollen Helfer wird, der ihnen hilft, den Stoff (selbständig) zu verdauen und durchzugehen. Lehrende mögen durch diese Website angeregt werden. Außerdem hoffen wir, dass diese Website als Austauschforum für Ideen und Erfahrungen im Zusammenhang mit diesem Projekt genutzt wird und wir laden ausdrücklich Studierende und Lehrende ein, sich mit eigenem Material zu beteiligen.

Anerkennung

Die Autoren dieses Buches möchten ihren herzlichen Dank an die folgenden Kollegen und graduierten Studenten für ihre wertvollen Beiträge, Korrekturen und Verbesserungsvorschläge ausdrücken: Rickard Bergström, Niklas Eriksson, Johan Hoffman, Mats Larson, Stig Larsson, Mårten Levenstam, Anders Logg, Klas Samuelsson und Nils Svanstedt, die alle aktiv an unserem Reformprojekt teilgenommen haben. Und nochmals vielen Dank allen Studierenden des Studiengangs zum Chemieingenieur an der Chalmers Universität, die damit belastet wurden, neuen, oft unvollständigen Materialien ausgesetzt zu sein und die viel enthusiastische Kritik und Rückmeldung gegeben haben.

Dem MacTutor Archiv für Geschichte der Mathematik verdanken wir die mathematischen Bilder. Einige Bilder wurden aus älteren Exemplaren des Jahresberichts des Schwedischen Technikmuseums, Daedalus, kopiert.

My heart is sad and lonely
for you I sigh, dear, only
Why haven't you seen it
I'm all for you body and soul
(Green, Body and Soul)

Inhalt Band 2

Band 2

Integrale und Geometrie in $\mathbb{R}^n$

$$u(x_N) - u(x_0) = \int_{x_0}^{x_N} u'(x)\, dx$$

$$\approx \sum_{j=1}^{N} u'(x_{j-1})(x_j - x_{j-1})$$

$$a \cdot b = a_1 b_1 + a_2 b_2 + \cdots + a_n b_n$$

27 Das Integral

> Die beiden Probleme, als Erstes, aus gegebener Gleichung für die Tangente die Kurve zu finden, als Zweites, die Kurve aus den Differenzen zu bestimmen, lassen sich auf ein und dasselbe zurückführen. Daraus lässt sich erkennen, dass das Umkehrproblem der Tangentenbildung aus der Quadratur herleitbar ist. (Leibniz 1673)
>
> Utile erit scribit $\int$ pro omnia. (Leibniz, 29. Oktober 1675)

27.1 Stammfunktionen und Integrale

In diesem Kapitel beginnen wir mit der Untersuchung von *Differentialgleichungen.* Sie bilden einen der Knoten, die alle Gebiete der Naturwissenschaften und Ingenieurwissenschaften miteinander verknüpfen und es wäre schwer ihre Rolle zu überschätzen. Wir haben uns bereits seit langem auf dieses Kapitel vorbereitet, angefangen beim Kapitel „Kurzer Kurs zur Infinitesimalrechnung" durch alle Kapitel über Funktionen, Folgen, Grenzwerte, reelle Zahlen, Ableitungen und Modellbetrachtungen fundamentaler Differentialgleichungen. Daher hoffen wir, dass der freundliche Leser sowohl neugierig als auch bereit zu dieser Entdeckungsreise ist.

Wir beginnen mit der einfachsten Differentialgleichung, die dennoch von fundamentaler Wichtigkeit ist:

> Wir suchen zur **Funktion** $f : I \to \mathbb{R}$ mit der Definitionsmenge $I = [a, b]$ die **Funktion** $u(x)$ auf I, so dass die Ableitung $u'(x)$ von $u(x)$ gleich $f(x)$ ist, für $x \in I$.

Wir können dieses Problem präziser formulieren: Zu $f : I \to \mathbb{R}$ ist $u : I \to \mathbb{R}$ gesucht, so dass

$$u'(x) = f(x) \tag{27.1}$$

für alle $x \in I$. Wir nennen die Lösung $u(x)$ der Differentialgleichung $u'(x) = f(x)$ für $x \in I$ eine *Stammfunktion* von $f(x)$ oder das *Integral* von $f(x)$.

Um zu verdeutlichen, was wir unter der „Lösung" von (27.1) verstehen, betrachten wir zwei einfache Beispiele. Ist $f(x) = 1$ für $x \in \mathbb{R}$, dann ist $u(x) = x$ eine Lösung von $u'(x) = f(x)$ für $x \in \mathbb{R}$, da $Dx = 1$ für alle $x \in \mathbb{R}$. Ist etwa $f(x) = x$, dann ist $u(x) = x^2/2$ eine Lösung von $u'(x) = f(x)$ für $x \in \mathbb{R}$, da $Dx^2/2 = x$ für $x \in \mathbb{R}$. Daher ist die Funktion x eine Stammfunktion der konstanten Funktion 1, und $x^2/2$ ist eine Stammfunktion der Funktion x.

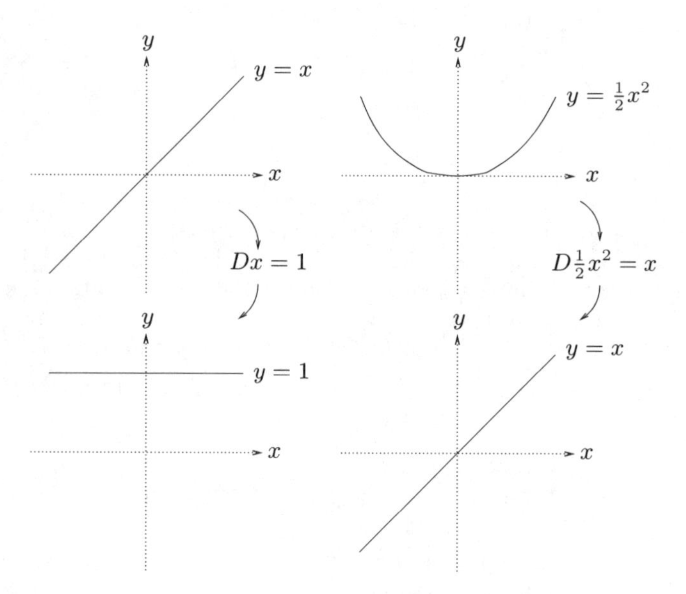

Abb. 27.1. $Dx = 1$ und $D(x^2/2) = x$

Wir betonen nochmals, dass die Lösung von (27.1) eine **Funktion** ist, die auf einem Intervall definiert ist. Wir können das Problem auch praktisch interpretieren und annehmen, dass $u(x)$ für eine Anhäufung oder Ansammlung steht wie Geld auf der Bank, eine Regenmenge oder die Höhe eines Baums. Dabei repräsentiert x eine veränderliche Größe wie die Zeit. Dann entspricht die Lösung von (27.1) der Berechnung einer angesammelten Größe $u(x)$ aus der Kenntnis der Wachstumsrate $u'(x) = f(x)$ für alle x. Diese Interpretation bringt uns auf die Idee, kleine Stücke der augenblicklichen Inkremente oder Veränderungen der Größe $u(x)$ zu summieren, um so die angesammelte Größe $u(x)$ zu erhalten. Daher erwarten wir, dass die Suche nach dem Integral $u(x)$ einer Funktion $f(x)$, wobei $u'(x) = f(x)$ gilt, uns zu einer Art *Summation* führt.

Ein bekanntes Beispiel für dieses Problem ist etwa, dass $f(x)$ eine Geschwindigkeit ist und x für die Zeit steht, so dass die Lösung $u(x)$ von $u'(x) = f(x)$ den zurückgelegten Weg eines Körpers angibt, der sich mit der augenblicklichen Geschwindigkeit $u'(x) = f(x)$ bewegt. Wie die oben angeführten Beispiele zeigen, können wir dieses Problem in einfachen Fällen lösen. Ist beispielsweise die Geschwindigkeit $f(x)$ gleich einer Konstanten v für all x, so ist der in der Zeit x zurückgelegte Weg gleich $u(x) = vx$. Wenn wir uns mit der konstanten Geschwindigkeit 4 km/h zwei Stunden lang bewegen, dann haben wir 8 km zurückgelegt. Wir erreichen diese 8 km, indem wir schrittweise Weg ansammeln, was offensichtlich ist, wenn wir spazieren gehen!

Eine wichtige Beobachtung ist, dass die Differentialgleichung (27.1) alleine nicht ausreicht, um die Lösung $u(x)$ zu bestimmen. Steht f für die Geschwindigkeit und u für den von einem Körper zurückgelegten Weg, so benötigen wir die Anfangsposition und nicht nur den zurückgelegten Weg, um die aktuelle Position zu bestimmen. Ganz allgemein ist eine Lösung $u(x)$ von (27.1) nur bis auf eine Konstante bestimmt, da die Ableitung einer Konstante Null ist. Ist $u'(x) = f(x)$, dann ist auch $(u(x) + c)' = f(x)$ für jede beliebige Konstante c. So erfüllen beispielsweise sowohl $u(x) = x^2$ als auch $u(x) = x^2 + 1$ die Gleichung $u'(x) = 2x$. Graphisch können wir erkennen, dass es viele „parallele" Funktionen gibt, die dieselbe Steigung in jedem Punkt haben. Die Konstante lässt sich bestimmen, wenn wir den

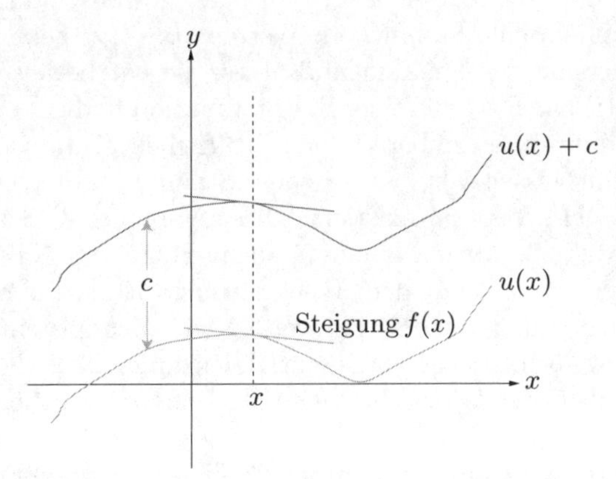

Abb. 27.2. Zwei Funktionen, die in jedem Punkt dieselbe Steigung haben

Wert der Funktion $u(x)$ für einen Punkt angeben. So ist $u(x) = x^2 + c$ die Lösung von $u'(x) = x$ mit einer Konstanten c, und die Angabe von $u(0) = 1$ führt zu $c = 1$.

Ganz allgemein können wir nun unser Anliegen folgendermaßen formulieren: Seien $f : [a, b] \to \mathbb{R}$ und ein *Anfangswert* u_a gegeben. Gesucht wird

$u : [a, b] \to \mathbb{R}$, so dass

$$\begin{cases} u'(x) = f(x) & \text{für } a < x \leq b, \\ u(a) = u_a. \end{cases} \tag{27.2}$$

Das Problem (27.2) ist das einfachste Beispiel eines *Anfangswertproblems*, das eine Differentialgleichung und einen Anfangswert beinhaltet. Die Formulierungen sind eng daran geknüpft, dass x für die Zeit steht und $u(a) = u_a$ dem Wert von $u(x)$ zur Startzeit $x = a$ entspricht. Wir werden auch dann von Anfangswerten reden, wenn x für eine andere Größe steht. In Fällen, in denen x eine Raumkoordinate darstellt, werden wir (27.2) auch alternativ als *Randwertproblem* bezeichnen, wobei $u(a) = u_a$ nun ein vorgegebener *Randwert* ist.

Wir werden nun beweisen, dass das Anfangswertproblem (27.2) eine eindeutige Lösung $u(x)$ hat, wenn die gegebene Funktion $f(x)$ Lipschitz-stetig auf $[a, b]$ ist. Dies entspricht dem *Fundamentalsatz der Integral- und Differentialrechnung*, der in Worten besagt, dass eine Lipschitz-stetige Funktion eine (eindeutige) Stammfunktion besitzt. Leibniz bezeichnete den Fundamentalsatz als das „Umkehrproblem der Tangentenbildung", da er das Problem mit der Absicht anging, eine Kurve $y = u(x)$ zu finden, die in jedem Punkt x der Steigung $u'(x)$ der Tangente entspricht.

Wir werden einen konstruktiven Beweis für den Fundamentalsatz geben, der nicht nur beweist, dass $u : I \to \mathbb{R}$ existiert, sondern auch einen Weg aufzeichnet, $u(x)$ für jedes $x \in [a, b]$ in jeder gewünschten Genauigkeit zu berechnen, indem eine Summe von Werten von $f(x)$ gebildet wird. Somit liefert die Version des Fundamentalsatzes, die wir beweisen werden, zwei Ergebnisse: (i) Die Existenz einer Stammfunktion und (ii) eine Möglichkeit, um die Stammfunktion zu berechnen. Natürlich ist (i) tatsächlich eine Folge von (ii). Denn wissen wir, wie wir eine Stammfunktion berechnen, dann wissen wir auch, dass sie existiert. Diese Vorgehensweise ist analog zur Definition von $\sqrt{2}$, wozu wir eine Cauchy-Folge von Näherungslösungen der Gleichung $x^2 = 2$ mit dem Bisektionsalgorithmus konstruiert haben. Im Beweis des Fundamentalsatzes werden wir ebenfalls eine Cauchy-Folge von Näherungslösungen der Differentialgleichung (27.2) konstruieren und nachweisen, dass der Grenzwert der Folge eine exakte Lösung von (27.2) ist.

Wir werden die Lösung $u(x)$ von (27.2), die wir aus dem Fundamentalsatz erhalten, mit Hilfe von $f(x)$ und u_a wie folgt formulieren:

$$u(x) = \int_a^x f(y)\, dy + u_a \quad \text{für } a \leq x \leq b, \tag{27.3}$$

wobei wir

$$\int_a^x f(y)\, dy$$

als das *Integral* von f über dem Intervall $[a, x]$ bezeichnen, a und x als die *untere und obere Integrationsgrenze*, $f(y)$ als den *Integranden* und y als *Integrationsvariable*. Diese Bezeichnungen wurden am 29. Oktober 1675 von Leibniz eingeführt, der sich unter dem Integralzeichen $\int$ eine „Summation“ vorstellte und unter dy das „Inkrement“ in der Variablen y. Die Schreibweise von Leibniz ist Teil des großen Erfolgs der Infinitesimalrechnung in den Naturwissenschaften und der Ausbildung und sie vermittelt (wie eine gute Hülle einer Schallplatte) einen direkten visuellen Zusammenhang zum mathematischen Hintergrund des Integrals, sowohl in Bezug auf die Konstruktion des Integrals als auch bezüglich des Umgangs mit Integralen. Leibniz’ Wahl der Schreibweise spielte eine wichtige Rolle dabei, die Infinitesimalrechnung zu einer „Maschine“ zu machen, die „von alleine arbeitet“.

Wir fassen zusammen: Es gibt zwei wichtige Probleme in der Infinitesimalrechnung. Das erste ist, die Ableitung $u'(x)$ einer Funktion $u(x)$ zu bestimmen. Wir haben dieses Problem oben behandelt und wir kennen eine Anzahl von Regeln, mit deren Hilfe wir dieses Problem angehen können. Das zweite Problem ist, eine Funktion $u(x)$ für eine gegebene Ableitung $u'(x)$ zu finden. Beim ersten Problem gehen wir davon aus, $u(x)$ zu kennen und wir suchen $u'(x)$. Beim zweiten Problem gehen wir davon aus, $u'(x)$ zu kennen und suchen $u(x)$.

Als kleines Nebenresultat ergibt der Beweis des Fundamentalsatzes auch, dass das Integral einer Funktion über ein Intervall auch als Fläche unterhalb des Graphen der Funktion über dem Intervall interpretiert werden kann. Dies verknüpft die Suche nach einer Stammfunktion bzw. die Berechnung des Integrals, mit der Berechnung einer Fläche, d.h. der *Quadratur*. Wir werden diese geometrische Interpretation unten noch weiter erläutern.

Wir halten fest, dass wir in (27.2) fordern, dass die Differentialgleichung $u'(x) = f(x)$ für x im halboffenen Intervall $(a, b]$ erfüllt ist und dass im linken Endpunkt $x = a$ die Differentialgleichung durch die Festlegung $u(a) = u_a$ gegeben ist. Eine richtige Begründung dafür werden wir bei der Entwicklung des Beweises des Fundamentalsatzes erkennen. Natürlich entspricht die Ableitung $u'(b)$ im rechten Endpunkt $x = b$ der linksseitigen Ableitung von u. Aufgrund der Stetigkeit wird auch $u'(a) = f(a)$ gelten, wobei $u'(a)$ der rechtsseitigen Ableitung entspricht.

27.2 Stammfunktion von $f(x) = x^m$ für $m = 0, 1, 2, \ldots$

Für einige besondere Funktionen $f(x)$ können wir sofort die Stammfunktionen $u(x)$ angeben, die $u'(x) = f(x)$ für x aus einem Intervall erfüllen. Ist beispielsweise $f(x) = 1$, dann ist $u(x) = x + c$ mit konstantem c für $x \in \mathbb{R}$. Ist weiter $f(x) = x$, dann ist $u(x) = x^2/2 + c$ für $x \in \mathbb{R}$. Ganz allgemein ist für $f(x) = x^m$ mit $m = 0, 1, 2, 3, \ldots$ die Stammfunktion

$u(x) = x^{m+1}/(m+1) + c$. Mit der Schreibweise (27.3) für $x \in \mathbb{R}$ können wir auch schreiben:

$$\int_0^x 1\,dy = x, \quad \int_0^x y\,dy = \frac{x^2}{2} \tag{27.4}$$

und allgemeiner für $m = 0, 1, 2, \ldots$,

$$\int_0^x y^m\,dy = \frac{x^{m+1}}{m+1}, \tag{27.5}$$

da die rechte wie die linke Seite für $x = 0$ Null ergeben.

27.3 Stammfunktion von $f(x) = x^m$ für $m = -2, -3, \ldots$

Wir halten fest, dass $v'(x) = -nx^{-(n+1)}$ für $v(x) = x^{-n}$ mit $n = 1, 2, 3, \ldots$, falls $x \neq 0$. Daher lautet die Stammfunktion von $f(x) = x^m$ für $m = -2, -3, \ldots$ offensichtlich $u(x) = x^{m+1}/(m+1)$ für $x > 0$. Wir können diese Tatsache folgendermaßen schreiben: Für $m = -2, -3, \ldots$ ist

$$\int_1^x y^m\,dy = \frac{x^{m+1}}{m+1} - \frac{1}{m+1} \quad \text{für } x > 1, \tag{27.6}$$

wobei wir die Integration willkürlich bei $x = 1$ beginnen. Der Anfangspunkt ist wirklich uninteressant, so lange wir 0 vermeiden. Wir müssen 0 vermeiden, da die Funktion x^m für $m = -2, -3, \ldots$ gegen Unendlich strebt, falls x sich an Null annähert. Um den Beginn bei $x = 1$ auszugleichen, ziehen wir den entsprechenden Wert von $x^{m+1}/(m+1)$ bei $x = 1$ von der rechten Seite ab. Wir können analoge Formeln für $0 < x < 1$ und $x < 0$ angeben.

Zusammenfassend haben wir gesehen, dass für $m = 0, 1, 2, \ldots$ die Polynome x^m die Stammfunktionen $x^{m+1}/(m+1)$ haben, die wiederum Polynome sind. Weiterhin haben auch die rationalen Funktionen x^m für $m = -2, -3, \ldots$ die Stammfunktionen $x^{m+1}/(m+1)$, die ebenfalls rationale Funktionen sind.

27.4 Stammfunktion von $f(x) = x^r$ für $r \neq -1$

Bisher waren wir recht erfolgreich, aber wir sollten nicht übertrieben selbstsicher werden. Denn wir stoßen bereits bei diesen ersten Beispielen auf ein ernstes Problem. Da $Dx^s = sx^{s-1}$ für $s \neq 0$ und $x > 0$, können wir die vorangegangenen Argumente auf rationale Potenzen von x erweitern und erhalten für $r = s - 1 \neq -1$:

$$\int_1^x y^r\,dy = \frac{x^{r+1}}{r+1} - \frac{1}{r+1} \quad \text{für } x > 1. \tag{27.7}$$

Diese Formel verliert ihre Gültigkeit für $r = -1$ und deswegen kennen wir keine Stammfunktion für $f(x) = x^r$ mit $r = -1$ und wir wissen noch nicht einmal, ob eine existiert. Tatsächlich können wir die Differentialgleichung (27.2) meistens nicht so lösen, dass wir die Stammfunktion $u(x)$ einfach als Ausdruck bekannter Funktionen schreiben. Dass wir in der Lage sind, einfache rationale Funktionen zu integrieren, ist eine Ausnahme. Der Fundamentalsatz der Differential- und Integralrechnung wird uns einen Ausweg weisen, so dass wir unbekannte Lösungen auf jede gewünschte Genauigkeit annähern können.

27.5 Ein kurzer Überblick über den bisherigen Fortschritt

Jede Funktion, die wir als Linearkombination, Produkt, Quotient oder durch Zusammensetzen von Funktionen der Form x^r mit rationalen Potenzen $r \neq -1$ und $x > 0$ erhalten, kann analytisch abgeleitet werden. Ist $u(x)$ eine derartige Funktion, so erhalten wir eine analytische Formel für $u'(x)$. Wählen wir nun $f(x) = u'(x)$, dann erfüllt $u(x)$ natürlich die Differentialgleichung $u'(x) = f(x)$, so dass wir mit Hilfe der Leibnizschen Schreibweise formulieren können:

$$u(x) = \int_0^x f(y)\, dy + u(0) \quad \text{für } x \geq 0.$$

Diese Formel besagt, dass die Funktion $u(x)$ Stammfunktion ihrer Ableitung $f(x) = u'(x)$ ist (unter der Annahmen, dass $u(x)$ für alle $x \geq 0$ definiert ist und insbesondere kein Zähler für $x \geq 0$ verschwindet).

Wir geben ein Beispiel: Da $D(1 + x^3)^{\frac{1}{3}} = (1 + x^3)^{-\frac{2}{3}} x^2$ für $x \in \mathbb{R}$, so können wir schreiben:

$$(1 + x^3)^{\frac{1}{3}} = \int_0^x \frac{y^2}{(1 + y^3)^{\frac{2}{3}}}\, dy + 1 \quad \text{für } x \in \mathbb{R}.$$

Mit anderen Worten, so kennen wir Stammfunktionen $u(x)$, die die Differentialgleichung $u'(x) = f(x)$ für $x \in I$ für jede Funktion $f(x)$ erfüllen, die ihrerseits eine Ableitung einer Funktion $v(x)$ ist, so dass $f(x) = v'(x)$ für $x \in I$. Die Beziehung zwischen $u(x)$ und $v(x)$ ist dann

$$u(x) = v(x) + c \quad \text{für } x \in I$$

mit konstantem c.

Auf der anderen Seite können wir für eine anders lautende beliebige Funktion $f(x)$ nur sehr schwierig oder auch gar nicht eine analytische Formel für die entsprechende Stammfunktion $u(x)$ finden. Der Fundamentalsatz sagt uns dann, wie wir eine Stammfunktion für eine beliebige Lipschitz-stetige Funktion $f(x)$ berechnen können. Wir werden erkennen, dass insbesondere die Funktion $f(x) = x^{-1}$ eine Stammfunktion für $x > 0$ besitzt;

die berühmte *logarithmische Funktion* $\log(x)$. Der Fundamentalsatz gibt uns dabei insbesondere eine konstruktive Technik an die Hand, um $\log(x)$ für $x > 0$ zu berechnen.

27.6 „Sehr kurzer Beweis" des Fundamentalsatzes

Wir werden jetzt in den Beweis des Fundamentalsatzes einsteigen. Zu diesem Zeitpunkt mag eine Wiederholung des Kapitels „Kurzer Kurs zur Infinitesimalrechnung" hilfreich sein. Wir werden eine Folge immer vollständigerer Versionen des Beweises des Fundamentalsatzes geben, die mit jedem Schritt zu größerer Genauigkeit und Allgemeingültigkeit führt.

Das Problem, das wir lösen wollen, hat die folgende Form: Sei eine Funktion $f(x)$ gegeben. Gesucht ist eine Funktion $u(x)$, so dass $u'(x) = f(x)$ für alle x in einem Intervall. Bei dieser Problemstellung beginnen wir mit $f(x)$ und suchen eine Funktion $u(x)$, so dass $u'(x) = f(x)$. In dieser frühen „kurzen" Version des Beweises gehen wir jedoch scheinbar das Problem von der anderen Seite an, indem wir mit einer gegebenen Funktion $u(x)$ beginnen, u ableiten zu $f(x) = u'(x)$ und dann zu $u(x)$ als der Stammfunktion von $f(x) = u'(x)$ zurückkehren. Dies scheint zunächst ein völlig sinnloser Zirkelschluss zu sein und einige Infinitesimalbücher fangen sich in dieser Falle vollständig. Wir gehen dennoch so vor, um einige Punkte zu verdeutlichen. Beim abschließenden Beweis, werden wir in der Tat mit $f(x)$ beginnen und eine Funktion $u(x)$ konstruieren, die wie gewünscht $u'(x) = f(x)$ erfüllt!

Sei nun $u(x)$ differenzierbar auf $[a, b]$, $x \in [a, b]$ und $a = y_0 < y_1 < \ldots < y_m = x$ eine *Unterteilung* von $[a, x]$ in Teilintervalle $[a, y_1)$, $[y_1, y_2), \ldots,$ $[y_{m-1}, x)$. Indem wir wiederholt $u(y_j)$ abziehen und addieren, erhalten wir die folgende Identität, die wir als *Teleskopsumme* bezeichnen, bei der sich Ausdrücke paarweise aufheben:

$$\begin{aligned} u(x) - u(a) &= u(y_m) - u(y_0) \\ &= u(y_m) - u(y_{m-1}) + u(y_{m-1}) - u(y_{m-2}) + u(y_{m-2}) \\ &\quad - \cdots + u(y_2) - u(y_1) + u(y_1) - u(y_0). \end{aligned} \tag{27.8}$$

Dies können wir auch in der Form

$$u(x) - u(a) = \sum_{i=1}^{m} \frac{u(y_i) - u(y_{i-1})}{y_i - y_{i-1}} (y_i - y_{i-1}) \tag{27.9}$$

oder auch

$$u(x) - u(a) = \sum_{i=1}^{m} f(y_{i-1})(y_i - y_{i-1}) \tag{27.10}$$

schreiben, falls wir

$$f(y_{i-1}) = \frac{u(y_i) - u(y_{i-1})}{y_i - y_{i-1}} \quad \text{für } i = 1, \ldots, m \tag{27.11}$$

setzen. Wir wiederholen die Interpretation der Ableitung als Änderungsrate einer Funktion in Abhängigkeit vom Argument und erhalten so unsere erste Version des Fundamentalsatzes in Analogie zu (27.10) und (27.11):

$$u(x) - u(a) = \int_a^x f(y)\,dy \quad \text{mit} \quad f(y) = u'(y) \quad \text{für } a < y < x.$$

Bei der Integralschreibweise, entspricht die Summe $\sum$ dem Integralzeichen $\int$, die Inkremente $y_i - y_{i-1}$ entsprechen dy, die y_{i-1} der Integrationsvariablen y und der Differenzenquotient $\frac{u(y_i)-u(y_{i-1})}{y_i-y_{i-1}}$ entspricht der Ableitung $u'(y_{i-1})$.

Auf diesem Weg gelangte Leibniz im Alter von 20 zunächst zum Fundamentalsatz (ohne jemals Infinitesimalrechnung studiert zu haben), den er in seiner *Art of Combinations* 1666 vorstellte.

Beachten Sie, dass (27.8) zum Ausdruck bringt, dass „das Ganze der Summe der Teile entspricht“, wobei „das Ganze“ $u(x)-u(a)$ entspricht und die „Teile“ den Differenzen $(u(y_m) - u(y_{m-1}))$, $(u(y_{m-1}) - u(y_{m-2}))$,..., $(u(y_2)-u(y_1))$ und $(u(y_1)-u(y_0))$. Vergleichen Sie dies mit der Diskussion im Kapitel „Kurzer Kurs zur Infinitesimalrechnung“, in dem der Jugendtraum von Leibniz enthalten ist.

27.7 „Kurzer Beweis“ des Fundamentalsatzes

Wir wollen nun eine genauere Version des obigen „Beweises“ geben. Um etwas Flexibilität in der Schreibweise zu üben, was eine nützliche Fähigkeit ist, verändern wir die Schreibweise leicht. Sei $u(x)$ gleichmäßig differenzierbar auf $[a, b]$, sei $\bar{x} \in [a, b]$ und sei $a = x_0 < x_1 < \ldots < x_m = \bar{x}$ eine Unterteilung von $[a, \bar{x}]$. Wir ändern also y in x und x in $\bar{x}$. Bei dieser Schreibweise dient x als Variable und $\bar{x}$ ist ein spezieller Wert von x. Wir wiederholen die Gleichung (27.9) in neuem Gewand:

$$u(\bar{x}) - u(a) = \sum_{i=1}^{m} \frac{u(x_i) - u(x_{i-1})}{x_i - x_{i-1}}(x_i - x_{i-1}). \tag{27.12}$$

Aufgrund der gleichmäßigen Differenzierbarkeit von u gilt

$$u(x_i) - u(x_{i-1}) = u'(x_{i-1})(x_i - x_{i-1}) + E_u(x_i, x_{i-1}),$$

wobei

$$|E_u(x_i, x_{i-1})| \leq K_u(x_i - x_{i-1})^2 \tag{27.13}$$

mit Konstanter K_u. Somit können wir (27.12) auch schreiben als:

$$u(\bar{x}) - u(a) = \sum_{i=1}^{m} u'(x_{i-1})(x_i - x_{i-1}) + \sum_{i=1}^{m} E_u(x_i, x_{i-1}). \tag{27.14}$$

Wenn wir nun h dem größten Inkrement $x_i - x_{i-1}$ gleichsetzen, so dass $x_i - x_{i-1} \leq h$ für alle i, erhalten wir

$$\sum_{i=1}^{m} |E_u(x_i, x_{i-1})| \leq \sum_{i=1}^{m} K_u(x_i - x_{i-1})h = K_u(\bar{x} - a)h.$$

Damit lässt sich (27.14) wie folgt schreiben:

$$u(\bar{x}) - u(a) = \sum_{i=1}^{m} u'(x_{i-1})(x_i - x_{i-1}) + E_h, \tag{27.15}$$

mit

$$|E_h| \leq K_u(\bar{x} - a)h. \tag{27.16}$$

Der Fundamentalsatz entspricht dem folgenden Analogon dieser Formel:

$$u(\bar{x}) - u(a) = \int_a^{\bar{x}} u'(x)\, dx, \tag{27.17}$$

wobei die Summe $\sum$ dem Integralzeichen $\int$ entspricht, die Inkremente $x_i - x_{i-1}$ entsprechen dx und x_i entspricht der Integrationsvariablen x. Aus (27.16) sehen wir, dass der zusätzliche Ausdruck E_h in (27.15) gegen Null strebt, wenn das größtmögliche Inkrement h gegen Null strebt. Wir erwarten daher, dass (27.17) eine Art Grenzwert von (27.15) ist, wenn h gegen Null strebt.

27.8 Beweis des Fundamentalsatzes der Differential- und Integralrechnung

Wir geben nun einen vollständigen Beweis des Fundamentalsatzes. Der Einfachheit halber nehmen wir an, dass $[a, b] = [0, 1]$ und dass der Anfangswert $u(0) = 0$. Wir gehen auf das allgemeine Problem am Ende des Beweises ein. Das Problem, das wir betrachten, lautet: Sei $f : [0, 1] \to \mathbb{R}$ eine Lipschitz-stetige Funktion. Gesucht ist eine Lösung $u(x)$ für das Anfangswertproblem

$$\begin{cases} u'(x) = f(x) & \text{für } 0 < x \leq 1, \\ u(0) = 0. \end{cases} \tag{27.18}$$

Wir konstruieren nun eine Näherung für die Lösung $u(x)$ und geben der Lösungsformel

$$u(\bar{x}) = \int_0^{\bar{x}} f(x)\, dx \quad \text{für } 0 \leq \bar{x} \leq 1$$

eine Bedeutung. Hierbei sei n eine natürliche Zahl und sei $0 = x_0 < x_1 < \ldots < x_N = 1$ eine Unterteilung des Intervalls $[0, 1]$ mit den *Knoten* $x_i^n =$

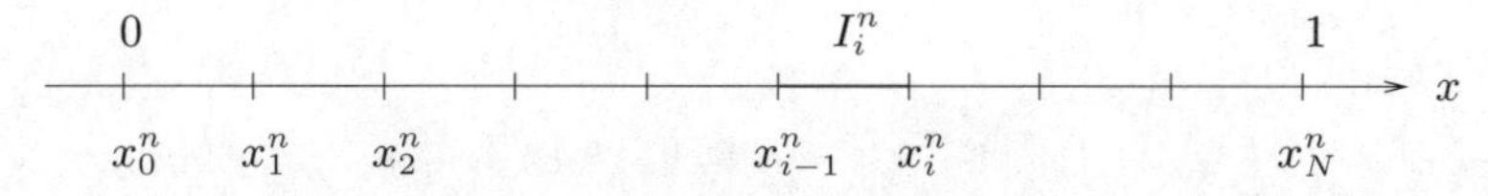

Abb. 27.3. Teilintervalle I_i^n der Länge $h_n = 2^{-n}$

ih_n, $i = 0, \ldots, N$ mit $h_n = 2^{-n}$ und $N = 2^n$. Somit unterteilen wir das vorgegebene Intervall $[0,1]$ in Teilintervalle $I_i^n = (x_{i-1}^n, x_i^n]$ gleicher Länge $h_n = 2^{-n}$, vgl. Abb. 27.3.

Als Näherung für $u(x)$ wählen wir eine stetige, stückweise lineare Funktion $U^n(x)$, die durch die Formel

$$U^n(x_j^n) = \sum_{i=1}^{j} f(x_{i-1}^n)h_n \qquad \text{für } j = 1, \ldots, N \tag{27.19}$$

definiert ist, mit $U^n(0) = 0$. Diese Formel liefert die Werte von $U^n(x)$ in den Knoten $x = x_j^n$ und wir interpolieren $U^n(x)$ linear zwischen den Knoten, um so die verbleibenden Werte zu erhalten, vgl. Abb. 27.4.

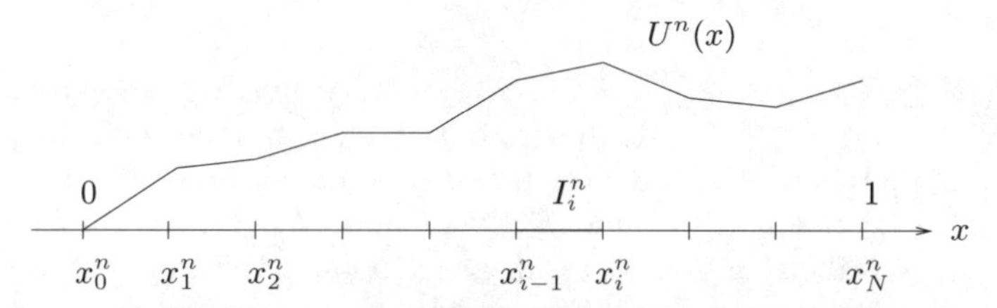

Abb. 27.4. Stückweise lineare Funktion $U^n(x)$

Wir erkennen, dass $U^n(x_j^n)$ für alle Intervalle I_i^n mit $i \le j$ eine Summe von Produkten $f(x_{i-1}^n)h_n$ ist. Anhand der Konstruktion ist

$$U^n(x_i^n) = U^n(x_{i-1}^n) + f(x_{i-1}^n)h_n \quad \text{für } i = 1, \ldots, N, \tag{27.20}$$

so dass wir bei gegebener Funktion $f(x)$ die Funktion $U^n(x)$ aus der Gleichung (27.20) für $i = 1, 2, \ldots, N$ schrittweise berechnen können. Dabei berechnen wir zunächst $U^n(x_1^n)$ aus $U^n(x_0^n) = U^n(0) = 0$, dann $U^n(x_2^n)$ mit Hilfe des Wertes $U^n(x_1^n)$ und so fort. Wir können ebenso gut die Formel (27.19) benutzen, die nichts anderes ausdrückt, als dass nach und nach die Produkte addiert werden.

Die durch (27.19) definierte Funktion $U^n(x)$ ist folglich eine stetige, stückweise lineare Funktion, die aus den Knotenwerten $f(x_i^n)$ berechenbar ist und wir werden nun begründen, warum $U^n(x)$ eine gute Chance hat, als Näherung der Funktion $u(x)$ betrachtet zu werden, die (27.18) erfüllt. Ist $u(x)$ gleichmäßig differenzierbar auf $[0,1]$, dann ist

$$u(x_i^n) = u(x_{i-1}^n) + u'(x_{i-1}^n)h_n + E_u(x_i^n, x_{i-1}^n) \quad \text{für } i = 1, \ldots, N, \tag{27.21}$$

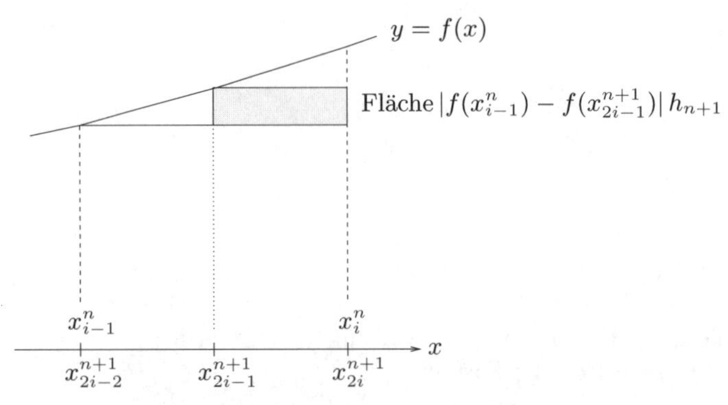

Abb. 27.5. Die Differenz zwischen $U^{n+1}(x)$ und $U^n(x)$

mit $|E_u(x_i^n, x_{i-1}^n)| \leq K_u(x_i^n - x_{i-1}^n)^2 = K_u h_n^2$ und folglich ist

$$u(x_j^n) = \sum_{i=1}^{j} u'(x_{i-1}^n)h_n + E_h \quad \text{für } j = 1, \ldots, N, \tag{27.22}$$

mit $|E_h| \leq K_u h_n$, da $\sum_{i=1}^{j} h_n = jh_n \leq 1$. Wenn wir annehmen, dass $u'(x) = f(x)$ für $0 < x \leq 1$, dann wird uns die Verbindung zwischen (27.20), (27.21), (27.19) und (27.22) deutlich, zumal, wenn wir berücksichtigen, dass die Ausdrücke $E_u(x_i^n, x_{i-1}^n)$ und E_h klein sind. Wir erwarten daher, dass $U^n(x_j^n)$ eine Näherung von $u(x_j^n)$ in den Knoten x_j^n ist und $U^n(x)$ sollte daher eine zunehmend genaue Näherung von $u(x)$ sein, wenn n anwächst und $h_n = 2^{-n}$ kleiner wird.

Wir untersuchen zunächst die Konvergenz der Funktionen $U^n(x)$, wenn n gegen Unendlich strebt, um diese Näherungstechnik zu präzisieren. Dazu halten wir $\bar{x} \in [0, 1]$ fest und betrachten die Folge von Zahlen $\{U^n(\bar{x})\}_{n=1}^{\infty}$. Wir wollen beweisen, dass dies eine Cauchy-Folge ist und dazu wollen wir $|U^n(\bar{x}) - U^m(\bar{x})|$ für $m > n$ abschätzen.

Wir beginnen mit der Abschätzung der Differenz $|U^n(\bar{x}) - U^{n+1}(\bar{x})|$ zweier aufeinander folgender Indizes n und $m = n + 1$. Wir erhalten

$$U^n(x_i^n) = U^n(x_{i-1}^n) + f(x_{i-1}^n)h_n.$$

Da $x_{2i}^{n+1} = x_i^n$ und $x_{2i-2}^{n+1} = x_{i-1}^n$ folgt

$$\begin{aligned} U^{n+1}(x_i^n) &= U^{n+1}(x_{2i}^{n+1}) = U^{n+1}(x_{2i-1}^{n+1}) + f(x_{2i-1}^{n+1})h_{n+1} \\ &= U^{n+1}(x_{i-1}^n) + f(x_{2i-2}^{n+1})h_{n+1} + f(x_{2i-1}^{n+1})h_{n+1}. \end{aligned}$$

Durch Abziehen und Substitutieren von $e_i^n = U^n(x_i^n) - U^{n+1}(x_i^n)$ erhalten wir

$$e_i^n = e_{i-1}^n + (f(x_{i-1}^n)h_n - f(x_{2i-2}^{n+1})h_{n+1} - f(x_{2i-1}^{n+1})h_{n+1}),$$

d.h., da $h_{n+1} = \frac{1}{2}h_n$:

$$e_i^n - e_{i-1}^n = (f(x_{i-1}^n) - f(x_{2i-1}^{n+1}))h_{n+1}. \tag{27.23}$$

Wir nehmen an, dass $\bar{x} = x_j^n$, nutzen (27.23) und die Tatsache, dass $e_0^n = 0$ und $|f(x_{i-1}^n) - f(x_{2i-1}^{n+1})| \leq L_f h_{n+1}$. Damit erhalten wir

$$\begin{aligned}
|U^n(\bar{x}) - U^{n+1}(\bar{x})| &= |e_j^n| = |\sum_{i=1}^{j}(e_i^n - e_{i-1}^n)| \\
&\leq \sum_{i=1}^{j} |e_i^n - e_{i-1}^n| = \sum_{i=1}^{j} |f(x_{i-1}^n) - f(x_{2i-1}^{n+1})| h_{n+1} \\
&\leq \sum_{i=1}^{j} L_f h_{n+1}^2 = \frac{1}{4} L_f h_n \sum_{i=1}^{j} h_n = \frac{1}{4} L_f \bar{x} h_n,
\end{aligned} \tag{27.24}$$

wobei wir auch die Tatsache benutzten, dass $\sum_{i=1}^{j} h_n = \bar{x}$. Wenn wir diese Abschätzung iterieren und die Formel für die geometrische Reihe anwenden, erhalten wir:

$$\begin{aligned}
|U^n(\bar{x}) - U^m(\bar{x})| &\leq \frac{1}{4} L_f \bar{x} \sum_{k=n}^{m-1} h_k = \frac{1}{4} L_f \bar{x} (2^{-n} + \ldots + 2^{-m+1}) \\
&= \frac{1}{4} L_f \bar{x} 2^{-n} \frac{1 - 2^{-m+n}}{1 - 2^{-1}} \leq \frac{1}{4} L_f \bar{x} 2^{-n} 2 = \frac{1}{2} L_f \bar{x} h_n,
\end{aligned}$$

d.h.

$$|U^n(\bar{x}) - U^m(\bar{x})| \leq \frac{1}{2} L_f \bar{x} h_n. \tag{27.25}$$

Diese Abschätzung zeigt uns, dass $\{U^n(\bar{x})\}_{n=1}^{\infty}$ eine Cauchy-Folge ist, die folglich gegen eine reelle Zahl konvergiert. Wir entschließen uns, in Anlehnung an Leibniz, diese reelle Zahl mit

$$\int_0^{\bar{x}} f(x)\, dx$$

zu bezeichnen, die dem Grenzwert von

$$U^n(\bar{x}) = \sum_{i=1}^{j} f(x_{i-1}^n) h_n$$

entspricht, wenn n gegen Unendlich strebt für $\bar{x} = x_j^n$. Anders formuliert:

$$\int_0^{\bar{x}} f(x)\, dx = \lim_{n \to \infty} \sum_{i=1}^{j} f(x_{i-1}^n) h_n.$$

Wenn m in (27.25) gegen Unendlich strebt, können wir diese Beziehung folgendermaßen quantitativ ausdrücken:

$$\left| \int_0^{\bar{x}} f(x)\,dx - \sum_{i=1}^{j} f(x_{i-1}^n)h_n \right| \leq \frac{1}{2} L_f \bar{x} h_n.$$

Zum gegenwärtigen Stand haben wir das Integral $\int_0^{\bar{x}} f(x)\,dx$ für eine gegebene Lipschitz-stetige Funktion $f(x)$ auf $[0,1]$ für $\bar{x} \in [0,1]$ als Grenzwert der Folge $\{U^n(\bar{x})\}_{n=1}^{\infty}$ definiert, wenn n gegen Unendlich strebt. Somit können wir durch die Formel

$$u(\bar{x}) = \int_0^{\bar{x}} f(x)\,dx \quad \text{für } \bar{x} \in [0,1] \tag{27.26}$$

eine Funktion $u : [0,1] \to \mathbb{R}$ definieren. Wir werden nun überprüfen, ob die Funktion $u(x)$, die auf diese Weise definiert wird, tatsächlich der Differentialgleichung $u'(x) = f(x)$ genügt. Wir gehen dazu in zwei Schritten vor. Zunächst zeigen wir, dass die Funktion $u(x)$ auf $[0,1]$ Lipschitz-stetig ist und dann zeigen wir, dass $u'(x) = f(x)$.

Bevor wir in diese Beweise eintauchen, müssen wir noch einen empfindlichen Punkt ansprechen. Wenn wir auf die Konstruktion von $u(x)$ zurückschauen, erkennen wir, dass wir $u(\bar{x})$ für $\bar{x}$ der Form $\bar{x} = x_j^n$ für $j = 0, 1, \ldots, 2^n$, $n = 1, 2, \ldots$ definiert haben. Dieses sind rationale Zahlen mit endlichen Dezimalentwicklungen in der Basis 2. Diese Zahlen liegen *dicht*, in dem Sinne, dass es zu jeder reellen Zahl $x \in [0,1]$ und jedem $\epsilon > 0$ einen Punkt der Form x_j^n gibt, so dass $|x - x_j^n| \leq \epsilon$. Wenn wir an das Kapitel „Reelle Zahlen" zurückdenken, verstehen wir, dass wir $u(x)$ auf eine Lipschitz-stetige Funktion auf der Menge der reellen Zahlen in $[0,1]$ erweitern können, wenn $u(x)$ auf der dichten Menge der Form x_j^n Lipschitz-stetig ist.

Wir gehen daher von $\bar{x} = x_j^n$ und $\bar{y} = x_k^n$ mit $j > k$ aus und halten fest, dass

$$U^n(\bar{x}) - U^n(\bar{y}) = \sum_{i=1}^{j} f(x_{i-1}^n)h_n - \sum_{i=1}^{k} f(x_{i-1}^n)h_n = \sum_{i=k+1}^{j} f(x_{i-1}^n)h_n.$$

Mit Hilfe der Dreiecksungleichung erhalten wir

$$|U^n(\bar{x}) - U^n(\bar{y})| \leq \sum_{i=k+1}^{j} |f(x_{i-1}^n)|h_n \leq M_f \sum_{i=k+1}^{j} h_n = M_f |\bar{x} - \bar{y}|,$$

wobei M_f eine positive Konstante ist, mit $|f(x)| \leq M_f$ für alle $x \in [0,1]$. Wenn n gegen Unendlich strebt, erhalten wir

$$u(\bar{x}) - u(\bar{y}) = \int_0^{\bar{x}} f(x)\,dx - \int_0^{\bar{y}} f(x)\,dx = \int_{\bar{y}}^{\bar{x}} f(x)\,dx, \tag{27.27}$$

wobei natürlich

$$\int_{\bar{y}}^{\bar{x}} f(x)\,dx = \lim_{n\to\infty} \sum_{i=k+1}^{j} f(x_{i-1}^n)h_n$$

und folglich

$$|u(\bar{x}) - u(\bar{y})| \le \left| \int_{\bar{y}}^{\bar{x}} f(x)\,dx \right| \le \int_{\bar{y}}^{\bar{x}} |f(x)|\,dx \le M_f|\bar{x} - \bar{y}|, \tag{27.28}$$

wobei die zweite Ungleichung die sogenannte *Dreiecksungleichung für Integrale ist*, die wir im nächsten Kapitel beweisen. Somit erhalten wir

$$|u(\bar{x}) - u(\bar{y})| \le M_f|\bar{x} - \bar{y}|, \tag{27.29}$$

womit die Lipschitz-Stetigkeit von $u(x)$ bewiesen wäre.

Wir beweisen nun, dass die Funktion $u(x)$, die durch die Formel

$$u(x) = \int_a^x f(y)\,dy$$

für $x \in [0,1]$ definiert ist, wobei $f : [0,1] \to \mathbb{R}$ eine Lipschitz-stetige Funktion ist, die Differentialgleichung

$$u'(x) = f(x) \quad \text{für } x \in [0,1]$$

erfüllt, d.h.

$$\frac{d}{dx}\int_0^x f(y)\,dy = f(x). \tag{27.30}$$

An dieser Stelle wählen wir $x, \bar{x} \in [0,1]$ mit $x \ge \bar{x}$. Mit Hilfe von (27.27) und (27.28) erkennen wir, dass

$$u(x) - u(\bar{x}) = \int_0^x f(z)dz - \int_0^{\bar{x}} f(y)dy = \int_{\bar{x}}^x f(y)dy$$

und

$$\begin{aligned}
|u(x) - u(\bar{x}) - f(\bar{x})(x - \bar{x})| &= \left| \int_{\bar{x}}^x f(y)\,dy - f(\bar{x})(x - \bar{x}) \right| \\
&= \left| \int_{\bar{x}}^x (f(y) - f(\bar{x}))\,dy \right| \le \int_{\bar{x}}^x |f(y) - f(\bar{x})|\,dy \\
&\le \int_{\bar{x}}^x L_f|y - \bar{x}|\,dy = \frac{1}{2}L_f(x - \bar{x})^2,
\end{aligned}$$

wobei wir wiederum die Dreiecksungleichung für Integrale benutzt haben. Damit haben wir gezeigt, dass u gleichmäßig auf $[0,1]$ differenzierbar ist und dass $K_u \le \frac{1}{2}L_f$.

Schließlich erinnern wir für den Beweis der Eindeutigkeit an (27.15) und (27.16), wonach eine Funktion $u : [0,1] \to \mathbb{R}$ mit Lipschitz-stetiger Ableitung $u'(x)$ und $u(0) = 0$ mit $u(0) = 0$ als

$$u(\bar{x}) = \sum_{i=1}^{m} u'(x_{i-1})(x_i - x_{i-1}) + E_h$$

geschrieben werden kann, mit

$$|E_h| \leq K_u(\bar{x} - a)h.$$

Wenn n gegen Unendlich strebt, so erhalten wir

$$u(\bar{x}) = \int_0^{\bar{x}} u'(x)\,dx \quad \text{für } \bar{x} \in [0,1], \tag{27.31}$$

womit wir ausdrücken, dass eine gleichmäßig differenzierbare Funktion mit Lipschitz-stetiger Ableitung dem Integral ihrer Ableitung entspricht. Seien nun $u(x)$ und $v(x)$ zwei gleichmäßig differenzierbare Funktionen auf $[0,1]$ deren Ableitungen $u'(x) = f(x)$ und $v'(x) = f(x)$ für $0 < x \leq 1$ erfüllen und sei $u(0) = u_0$, $v(0) = u_0$ und sei ferner $f : [0,1] \to \mathbb{R}$ Lipschitz-stetig. Dann ist auch die Differenz $w(x) = u(x) - v(x)$ gleichmäßig differenzierbar auf $[0,1]$, und $w'(x) = 0$ für $a < x \leq b$ mit $w(0) = 0$. Nun haben wir aber gerade gezeigt, dass

$$w(x) = \int_a^x w'(y)\,dy$$

und folglich ist $w(x) = 0$ für $x \in [0,1]$. Damit haben wir bewiesen, dass $u(x) = v(x)$ für $x \in [0,1]$, woraus die Eindeutigkeit folgt.

Bedenken Sie, dass wir den Fundamentalsatz unter besonderen Umständen bewiesen haben, nämlich für das Intervall $[0,1]$ mit Anfangswert 0. Wir können die obige Konstruktion direkt verallgemeinern und $[0,1]$ durch ein beliebiges beschränktes Intervall $[a,b]$ ersetzen, wenn wir h_n durch $h_n = 2^{-n}(b-a)$ ersetzen und annehmen, dass statt $u(0) = 0$ der Anfangswert $u(a) = u_a$ für eine beliebige reelle Zahl u_a gilt. Somit haben wir nun den mächtigen Fundamentalsatz der Integral- und Differentialrechnung bewiesen.

Satz 27.1 (Fundamentalsatz der Differential- und Integralrechnung) *Sei $f : [a,b] \to \mathbb{R}$ Lipschitz-stetig. Dann existiert eine eindeutige gleichmäßig differenzierbare Funktion $u : [a,b] \to \mathbb{R}$, die das Anfangswertproblem*

$$\begin{cases} u'(x) = f(x) & \text{für } x \in (a,b], \\ u(a) = u_a \end{cases} \tag{27.32}$$

für gegebenes $u_a \in \mathbb{R}$ erfüllt. Die Funktion $u : [a,b] \to \mathbb{R}$ wird gegeben durch

$$u(\bar{x}) = u_a + \int_a^{\bar{x}} f(x)\,dx \quad \text{für } \bar{x} \in [a,b],$$

wobei

$$\int_0^{\bar{x}} f(x)\,dx = \lim_{n\to\infty} \sum_{i=1}^{j} f(x_{i-1}^n) h_n,$$

mit $\bar{x} = x_j^n$, $x_i^n = a + ih_n$, $h_n = 2^{-n}(b-a)$. *Genauer formuliert ist für* $n = 1, 2, \ldots$

$$\Big| \int_a^{\bar{x}} f(x)\,dx - \sum_{i=1}^{j} f(x_{i-1}^n) h_n \Big| \leq \frac{1}{2}(\bar{x} - a) L_f h_n, \tag{27.33}$$

wobei L_f *die Lipschitz-Konstante von* $f : [a,b] \to \mathbb{R}$ *ist. Ist außerdem* $|f(x)| \leq M_f$ *für* $x \in [a,b]$, *dann ist* $u(x)$ *Lipschitz-stetig zur Lipschitz-Konstanten* M_f *und* $K_u \leq \frac{1}{2} L_f$, *wobei* K_u *die Konstante zur gleichmäßigen Differenzierbarkeit von* $u : [a,b] \to \mathbb{R}$ *ist.*

27.9 Bemerkungen zur Schreibweise

Wir können die Namen der Variablen vertauschen und (27.27) auch als

$$u(x) = \int_0^x f(y)\,dy \tag{27.34}$$

schreiben.

Wir werden den Fundamentalsatz in der Form

$$\int_a^b u'(x)\,dx = u(b) - u(a) \tag{27.35}$$

benutzen, was besagt, dass das Integral $\int_a^b f(x)\,dx$ der Differenz $u(b) - u(a)$ entspricht, wobei $u(x)$ die Stammfunktion von $f(x)$ ist. Manchmal werden wir auch die Schreibweise $[u(x)]_{x=a}^{x=b} = u(b) - u(a)$ oder in Kurzform $[u(x)]_a^b = u(b) - u(a)$ benutzen:

$$\int_a^b u'(x)\,dx = \big[u(x)\big]_{x=a}^{x=b} = \big[u(x)\big]_a^b.$$

Gelegentlich wird auch die Schreibweise

$$\int f(x)\,dx,$$

ohne Integrationsgrenzen für eine Stammfunktion von $f(x)$ verwendet. Mit dieser Schreibweise würde beispielsweise gelten:

$$\int dx = x + C, \quad \int x\,dx = \frac{x^2}{2} + C, \quad \int x^2\,dx = \frac{x^3}{3} + C,$$

mit konstantem C. Wir werden diese Schreibweise in diesem Buch nicht verwenden. Wir halten fest, dass die Formel $x = \int dx$ benutzt werden kann, um auszudrücken, dass „das Ganze der Summe der Teile entspricht“.

27.10 Alternative Berechnungsmethoden

Beachten Sie, dass wir ebenso gut $U^n(x_i^n)$ aus $U^n(x_{i-1}^n)$ mit der Gleichung

$$U^n(x_i^n) = U^n(x_{i-1}^n) + f(x_i^n)h_n \tag{27.36}$$

berechnen könnten. Diese Gleichung erhalten wir, wenn wir $f(x_{i-1}^n)$ durch $f(x_i^n)$ ersetzen, oder

$$U^n(x_i^n) = U^n(x_{i-1}^n) + \frac{1}{2}(f(x_{i-1}^n) + f(x_i^n))h_n \tag{27.37}$$

mit Hilfe des Mittelwerts $\frac{1}{2}(f(x_{i-1}^n)+f(x_i^n))$. Diese Alternativen mögen gewisse Vorteile haben und wir werden auf sie im Kapitel „Numerische Quadratur“ zurückkommen. Der Beweis des Fundamentalsatzes ist mit diesen alternativen Konstrukten prinzipiell gleich und wegen der Eindeutigkeit ergeben alle diese alternativen Konstruktionen dasselbe Ergebnis.

27.11 Das Fahrradtachometer

Ein Beispiel einer physikalischen Situation, die durch das Anfangswertproblem (27.2) modelliert wird, ist ein Radfahrer auf einer Geraden, wobei $u(x)$ der momentanen Position zur Zeit x entspricht, $u'(x)$ der Geschwindigkeit zur Zeit x und $u(a) = u_a$ der Anfangsposition zur Startzeit $x = a$. Die Lösung der Differentialgleichung (27.2) entspricht der Positionsbestimmung des Radfahrers zur Zeit $a < x \leq b$, wenn wir die Anfangsposition zur Startzeit $x = a$ und die Geschwindigkeit $f(x)$ zu jeder Zeit x kennen. Ein normales Fahrradtachometer löst dieses Problem, da es die momentane Geschwindigkeit $f(x)$ misst und die zurückgelegte Entfernung $u(x)$ liefert. Ist dies ein gutes Beispiel? Ist es nicht in Wahrheit so, dass das Tachometer den zurückgelegten Abstand misst und dann die augenblickliche (Durchschnitts-)Geschwindigkeit anzeigt? Um diese Frage definitiv zu beantworten, müssten wir detailliert untersuchen, wie ein Tachometer tatsächlich funktioniert und den Leser dann dazu bringen, dieses Problem zu lösen.

27.12 Geometrische Interpretation des Integrals

In diesem Abschnitt wollen wir den Beweis des Fundamentalsatzes so interpretieren, dass das Integral einer Funktion der Fläche unterhalb des Graphen dieser Funktion entspricht. Um genauer zu sein, ist die Lösung $u(\bar{x})$ durch (27.3) gleich der Fläche unter dem Graphen der Funktion $f(x)$ auf dem Intervall $[a, \bar{x}]$, vgl. Abb. 27.6. Damit diese Diskussion Sinn macht, ist es natürlich, davon auszugehen, dass $f(x) \geq 0$.

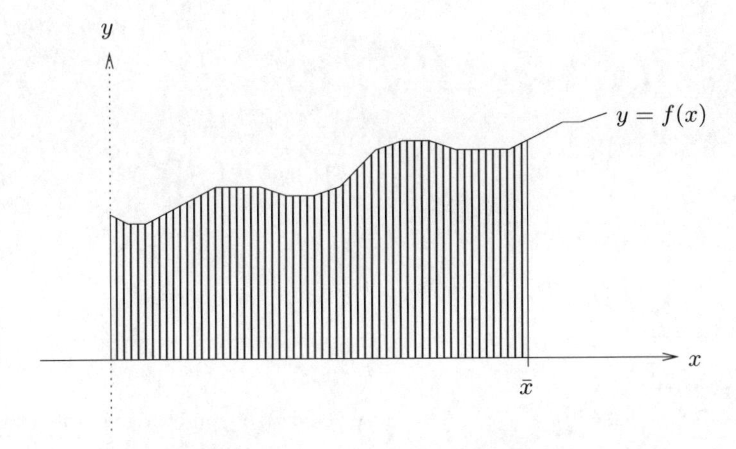

Abb. 27.6. Fläche unter $y = f(x)$

Natürlich müssen wir erklären, was wir unter der Fläche unter dem Graphen der Funktion $f(x)$ auf dem Intervall $[a, \bar{x}]$ verstehen. Dazu interpretieren wir zunächst die Näherung $U^n(\bar{x})$ von $u(\bar{x})$ als Fläche. Wir wiederholen aus den vorherigen Abschnitten, dass

$$U^n(x_j^n) = \sum_{i=1}^{j} f(x_{i-1}^n)h_n,$$

mit $x_j^n = \bar{x}$. Nun können wir $f(x_{i-1}^n)h_n$ als die Fläche eines Rechtecks mit Grundseite h_n und Höhe $f(x_{i-1}^n)$ betrachten, vgl. Abb. 27.7.

Somit können wir die Summe

$$\sum_{i=1}^{j} f(x_{i-1}^n)h_n$$

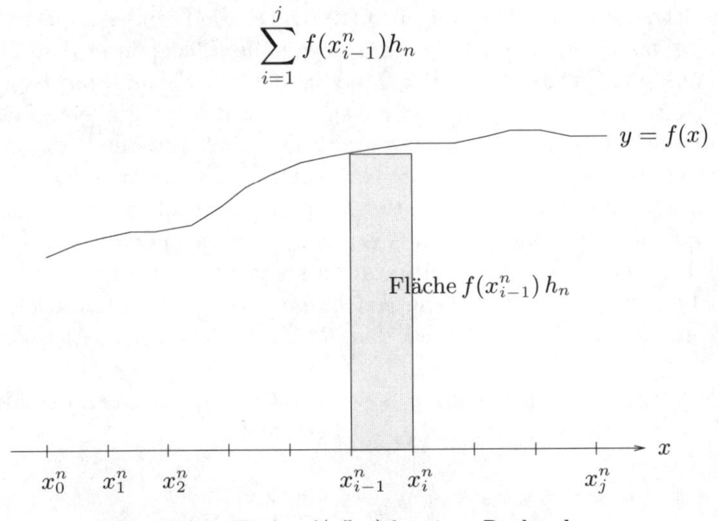

Abb. 27.7. Fläche $f(x_{i-1}^n)\,h_n$ eines Rechtecks

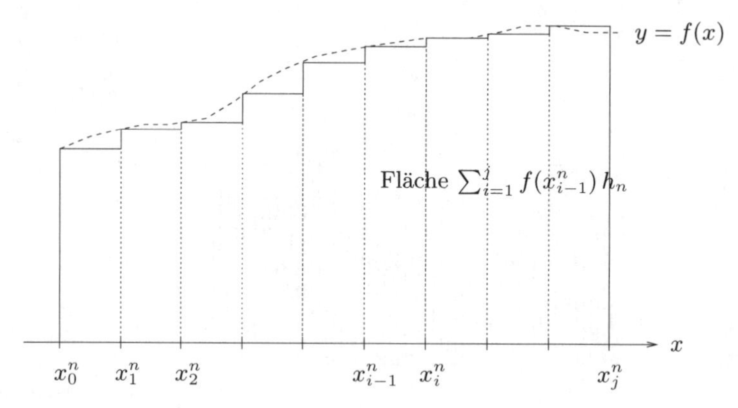

Abb. 27.8. Fläche $\sum_{i=1}^{j} f(x_{i-1}^n)\, h_n$ unter einer treppenförmigen Näherung an $f(x)$

als Fläche einer Ansammlung von Rechtecken betrachten, die eine treppenförmige Näherung an $f(x)$ bilden, wie in Abb. 27.8 dargestellt. Diese Summe wird auch *Riemannsche Summe* genannt.

Intuitiv glauben wir, dass die Fläche unter der treppenförmigen Näherung $U^n(\bar{x})$ an $f(x)$ auf $[a, \bar{x}]$ die Fläche unter dem Graphen von $f(x)$ auf $[a, \bar{x}]$ annähert, wenn n gegen Unendlich strebt und somit $h_n = 2^{-n}(b-a)$ gegen Null strebt. Da $\lim_{n\to\infty} U^n(\bar{x}) = u(\bar{x})$, führt uns das zur *Definition* der Fläche unter $f(x)$ auf dem Intervall $[a, \bar{x}]$ als dem Grenzwert $u(\bar{x})$.

Beachten Sie die Logik dahinter: Der Wert $U^n(\bar{x})$ entspricht der Fläche unter der treppenförmigen Näherung von $f(x)$ auf $[a, \bar{x}]$. Wir wissen, dass $U^n(\bar{x})$ gegen $u(\bar{x})$ strebt, wenn n gegen Unendlich strebt und rein intuitiv fühlen wir, dass der Grenzwert der Fläche unter der Treppe der Fläche unter dem Graphen von $f(x)$ auf $[a, \bar{x}]$ gleichen sollte. Wir definieren dann einfach die Fläche unter $f(x)$ auf $[a, \bar{x}]$ als $u(\bar{x})$. Durch die Definition interpretieren wir also das Integral von $f(x)$ auf $[a, \bar{x}]$ als die Fläche unter dem Graphen der Funktion $f(x)$ auf $[a, \bar{x}]$. Beachten Sie, dass *dies eine Interpretation ist.* Es ist ansonsten keine gute Idee zu sagen, dass das Integral eine Fläche *ist.* Allein schon deswegen, da das Integral vieles repräsentieren kann, wie einen Abstand, einen Geldbetrag, ein Gewicht oder etwas anderes. Wenn wir das Integral als Fläche interpretieren, dann interpretieren wir auch einen Abstand, einen Geldbetrag, ein Gewicht oder etwas anderes als Fläche. Wir verstehen, dass wir diese Interpretation nicht wörtlich nehmen können, da ein Abstand nicht einer Fläche *gleich sein kann*, aber er kann als Fläche *interpretiert* werden. Wir hoffen, dass der Leser diesen (feinen) Unterschied erfasst.

Als Beispiel wollen wir die Fläche F unter dem Graphen der Funktion $f(x) = x^2$ zwischen $x = 0$ und $x = 1$ berechnen:

$$F = \int_0^1 x^2\, dx = \left[\frac{x^3}{3}\right]_{x=0}^{x=1} = \frac{1}{3}.$$

Dies ist ein Beispiel für die Magie der Infinitesimalrechnung, die hinter ihrem enormen Erfolg steht. Wir sind in der Lage eine Fläche zu berechnen, die prinzipiell die Summe vieler sehr kleiner Stücke ist, ohne tatsächlich die mühevolle Arbeit auf uns nehmen zu müssen, diese Summe tatsächlich auszuwerten. Wir finden einfach nur die Stammfunktion $u(x)$ von x^2 und berechneten $F = u(3) - u(0)$ ohne die geringste Mühe. Natürlich kennen wir die Teleskopsummation hinter dieser Illusion, aber wenn wir davon einmal absehen, dann ist es doch beeindruckend, oder? Als Ausblick und um einen Bogen zu schließen, erinnern wir an den Jugendtraum von Leibniz im Kapitel „Kurzer Kurs zur Infinitesimalrechnung“.

27.13 Das Integral als Grenzwert Riemannscher Summen

Der Fundamentalsatz der Differential- und Integralrechnung besagt, dass das Integral von $f(x)$ über das Intervall $[a, b]$ dem Grenzwert der Riemannschen Summen entspricht:

$$\int_a^b f(x)\,dx = \lim_{n\to\infty} \sum_{i=1}^{2^n} f(x_{i-1}^n) h_n,$$

wobei $x_i^n = a + ih_n$, $h_n = 2^{-n}(b - a)$, oder etwas genauer für $n = 1, 2, \ldots$

$$\left| \int_a^b f(x)\,dx - \sum_{i=1}^{2^n} f(x_{i-1}^n) h_n \right| \leq \frac{1}{2}(b-a) L_f h_n,$$

wobei L_f die Lipschitz-Konstante von f ist. Wir können daher das Integral $\int_a^b f(x)\,dx$ als Grenzwert Riemannscher Summen definieren, ohne die zugrunde liegende Differentialgleichung $u'(x) = f(x)$ zu beschwören. Diese Vorgehensweise ist sinnvoll, um Integrale von Funktionen mit mehreren Variablen zu definieren (sogenannte Mehrfachintegrale, wie Doppelintegrale und Dreifachintegrale), da es für diese Verallgemeinerungen keine zugrunde liegende Differentialgleichung gibt.

Bei unserer Formulierung des Fundamentalsatzes der Differential- und Integralrechnung haben wir die Verknüpfung des Integrals $\int_a^x f(y)\,dy$ mit der verwandten Differentialgleichung $u'(x) = f(x)$ hervorgehoben, aber, wie eben deutlich gemacht, hätten wir diese Verknüpfung auch in den Hintergrund stellen können und das Integral als Grenzwert Riemannscher Summen definieren können, ohne die zugrunde liegende Differentialgleichung zu beschwören. Dadurch erhalten wir eine Verbindung zur Vorstellung, das Integral einer Funktion als Fläche unter dem Graphen der Funktion zu interpretieren und wir werden eine natürliche Erweiterung zu Mehrfachintegralen in den Kapiteln „Doppelintegrale“ und „Mehrfachintegrale“ finden.

Die Definition des Integrals als Grenzwert Riemannscher Summen stellt uns vor die Frage der Eindeutigkeit: Da es verschiedene Wege gibt, Riemannsche Summen zu konstruieren, müssen wir uns fragen, ob alle Grenzwerte wirklich gleich sind. Wir werden im Kapitel „Numerische Quadratur" auf diese Frage zurückkommen und (natürlich) eine bejahende Antwort geben.

27.14 Ein analoger Integrator

James Thompsen, der Bruder von Lord Kelvin, konstruierte 1876 einen analogen mechanischen Integrator, der aus zwei rotierenden Scheiben besteht, die über eine weitere senkrechte Scheibe, die auf verschiedene Radien der ersten Scheibe eingestellt werden kann, mit einem Zylinder verbunden sind, vgl. Abb. 27.9. Die Idee dahinter war, Probleme der Analytischen Maschine von Babbage aus den 1830ern zu beseitigen. Lord Kelvin versuchte mit einem System derartiger analoger Integratoren verschiedene Probleme von praktischem Interesse zu berechnen, wie etwa die Vorhersage der Gezeiten, aber er stieß auf ernste Probleme genügend genau zu rechnen. Ähnliche Ideen wurden von Vannevar Bush am MIT (Massachusetts Institute of Technology) in den 1930ern verfolgt, der einen *Differential Analyzer* konstruierte, der aus einer Ansammlung analoger Integratoren bestand, die programmierbar waren, um Differentialgleichungen zu lösen. Er wurde im Zweiten Weltkrieg eingesetzt, um Flugbahnen von Geschossen zu berechnen. Eine Dekade danach übernahm der digitale Rechner das Feld und der Kampf zwischen Arithmetik und Geometrie, der vor mehr als 2000 Jahren zwischen den Schulen von Pythagoras und Euklid entfacht wurde, fand schließlich ein Ende.

Aufgaben zu Kapitel 27

27.1. Bestimmen Sie Stammfunktionen auf $\mathbb{R}$ für (a) $(1+x^2)^{-2}2x$, (b) $(1+x)^{-99}$, (c) $(1+(1+x^3)^2)^{-2}2(1+x^3)3x^2$.

27.2. Berechnen Sie die Fläche unter dem Graphen der Funktion $(1+x)^{-2}$ zwischen $x=1$ und $x=2$.

27.3. Ein Auto fahre entlang der x-Achse mit der Geschwindigkeit $v(t)=t^{\frac{3}{2}}$ beginnend bei $x=0$ für $t=0$. Berechnen Sie die Position des Autos für $t=10$.

27.4. Führen Sie den Beweis des Fundamentalsatzes für die Versionen (27.36) und (27.37) aus.

27.5. Konstruieren Sie einen *mechanischen Integrator*, der die Differentialgleichung $u'(x)=f(x)$ für $x>0$, $u(0)=0$ mit Hilfe eines analogen mechanischen Geräts löst. Hinweis: Benutzen Sie einen drehenden Kegel und einen Faden.

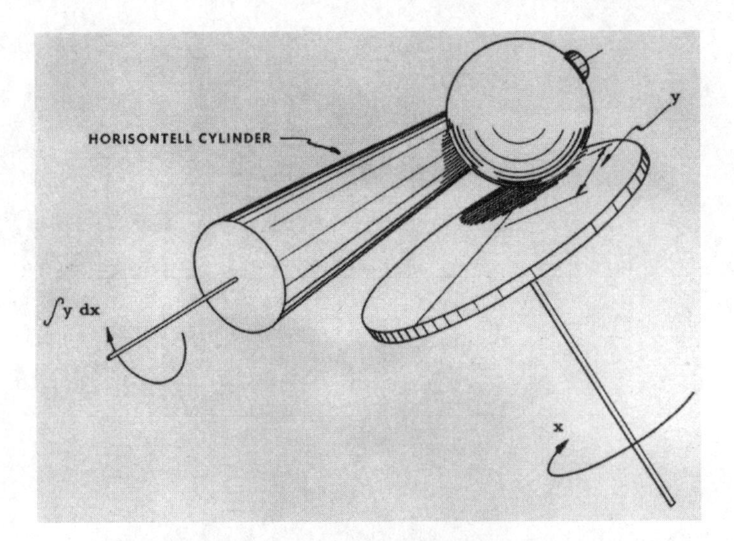

Abb. 27.9. Das Prinzip eines analogen Integrators

27.6. Erklären Sie das Prinzip hinter Thompsons analogem Integrator.

27.7. Konstruieren Sie einen *mechanischen* Tachometer, der die Geschwindigkeit und den zurückgelegten Weg angibt. Hinweis: Prüfen Sie die Konstruktion ihres Fahrradtachometers.

27.8. Finden Sie die Lösungen für das Anfangswertproblem $u'(x) = f(x)$ für $x > 0$, $u(0) = 1$ für die folgenden Funktionen: (a) $f(x) = 0$, (b) $f(x) = 1$, (c) $f(x) = x^r$, $r > 0$.

27.9. Finden Sie die Lösung zum Anfangswertproblem zweiter Ordnung $u''(x) = f(x)$ für $x > 0$, $u(0) = u'(0) = 1$ für die folgenden Funktionen: (a) $f(x) = 0$, (b) $f(x) = 1$, (c) $f(x) = x^r$, $r > 0$. Erklären Sie, warum zwei Anfangsbedingungen angegeben sind.

27.10. Lösen Sie das Anfangswertproblem $u'(x) = f(x)$ für $x \in (0, 2]$, $u(0) = 1$, mit $f(x) = 1$ für $x \in [0, 1)$ und $f(x) = 2$ für $x \in [1, 2]$. Zeichnen Sie einen Graphen für die Lösung und berechnen Sie $u(3/2)$. Zeigen Sie, dass $f(x)$ nicht Lipschitz-stetig auf $[0, 2]$ ist und bestimmen Sie, ob $u(x)$ auf $[0, 2]$ Lipschitz-stetig ist.

27.11. Ein Lichtstrahl benötigt die Zeit $t = \frac{d}{c/n}$, um einen Körper zu durchdringen, wobei c die Lichtgeschwindigkeit im Vakuum ist; n ist der Brechungsindex des Körpers und d ist seine Dicke. Wie lange benötigt ein Lichtstrahl, um auf dem kürzesten Weg durch die Mitte eines Wasserglases zu kommen, wenn der Brechungsindex von Wasser $n_w(r)$ vom Abstand r von der Glasmitte abhängt. Der Radius des Glases sei R und das Glas habe eine konstante Dicke h und einen konstanten Brechungsindex n_g.

Abb. 27.10. David Hilbert, (1862–1943), im Alter von 24: „Eine mathematische Theorie darf nicht als vollständig angesehen werden, bevor sie nicht so klar ist, dass man sie dem Erstbesten auf der Straße erklären kann"

27.12. Seien f und g Lipschitz-stetig auf $[0,1]$. Zeigen Sie, dass dann und nur dann $\int_0^1 |f(x) - g(x)|dx = 0$, wenn $f = g$ auf $[0,1]$. Gilt dies auch, wenn $\int_0^1 |f(x) - g(x)|dx$ durch $\int_0^1 (f(x) - g(x))dx$ ersetzt wird?

28 Eigenschaften von Integralen

Zweifellos ist die Entwicklung der Mathematik in all ihren Zweigen ursprünglich von praktischen Bedürfnissen und von Beobachtungen realer Dinge angeregt worden, selbst wenn dieser Zusammenhang im Unterricht und in der spezialisierten Forschung vergessen wird. Aber einmal begonnen unter dem Druck notwendiger Anwendungen, gewinnt eine mathematische Entwicklung ihren eigenen Schwung, der meistens weit über die Grenzen unmittelbarer Nützlichkeit hinausreicht. (Richard Courant im Vorwort zu „Was ist Mathematik?")

28.1 Einleitung

In diesem Kapitel haben wir verschiedene nützliche Eigenschaften von Integralen zusammengestellt. Wir werden diese Eigenschaften auf zwei Arten zeigen: (i) Indem wir die Verbindung zwischen Integral und Ableitung nutzen und Eigenschaften der Ableitung einbringen und (ii) indem wir ausnutzen, dass das Integral Grenzwert der Riemannschen Summennäherung ist, d.h. durch die Interpretation des Integrals als Fläche. Wir werden beide Beweistechniken markieren, um dem Leser zu helfen, mit verschiedenen Aspekten des Integrals vertraut zu werden. Deswegen überlassen wir auch einiges an Arbeit für die Aufgaben.

Während des ganzen Kapitels nehmen wir an, dass $f(x)$ und $g(x)$ auf dem Intervall $[a, b]$ Lipschitz-stetige Funktionen sind und dass

$$\sum_{i=1}^{N} f(x_{i-1}^n)h_n \qquad \text{und} \qquad \sum_{i=1}^{N} g(x_{i-1}^n)h_n$$

wie im vorigen Kapitel Riemannsche Summennäherungen von $\int_a^b f(x)\,dx$ und $\int_a^b g(x)\,dx$ zur Schrittlänge $h_n = 2^{-n}(b-a)$ sind und $x_i^n = a + ih_n$, $i = 0, 1, \ldots, N = 2^n$.

28.2 Vertauschen der oberen und unteren Grenzen

Bisher haben wir das Integral $\int_a^b f(x)\,dx$ unter der Annahme definiert, dass die obere Integrationsgrenze b größer (oder gleich) der unteren Grenze a ist. Es ist sinnvoll, die Definition auf Fälle *auszudehnen*, in denen $a > b$:

$$\int_a^b f(x)\,dx = -\int_b^a f(x)\,dx. \tag{28.1}$$

In Worte gefasst, beschließen wir, dass der Tausch der Integrationsgrenzen das Vorzeichen des Integrals verändern soll. Als Motivation dazu betrachten wir $f(x) = 1$ mit $a > b$. Bedenken Sie, dass $\int_b^a 1\,dx = a - b > 0$. Benutzen wir dieselbe Formel mit vertauschtem a und b, dann erhalten wir $\int_a^b 1\,dx = b - a = -(a-b) = -\int_b^a 1\,dx$, was uns eine Begründung für den Vorzeichenwechsel beim Tausch der Integrationsgrenzen liefert. Diese Begründung lässt sich mit Hilfe der Riemannschen Summennäherung auf allgemeine Fälle übertragen. Beachten Sie, dass wir hier nichts *beweisen*, sondern einfach nur *definieren*. Natürlich suchen wir nach einer Definition, die natürlich und einfach zu merken ist und effektive, symbolische Berechnungen zulässt. Die gewählte Definition erfüllt diese Bedingungen.

Beispiel 28.1. Wir erhalten

$$\int_2^1 2x\,dx = -\int_1^2 2x\,dx = -\left[x^2\right]_1^2 = -(4-1) = -3.$$

28.3 Das Ganze ergibt sich aus Teilsummen

Wir werden nun beweisen, dass für $a \leq c \leq b$ gilt:

$$\int_a^b f(x)\,dx = \int_a^c f(x)\,dx + \int_c^b f(x)\,dx. \tag{28.2}$$

Eine Möglichkeit, dies zu beweisen, bietet die Flächeninterpretation des Integrals, indem wir einfach feststellen, dass die Fläche unter $f(x)$ von a nach b gleich der Summe der Flächen unter $f(x)$ von a nach c und von c nach b sein sollte.

Wir können auch einen alternativen Beweis geben, bei dem wir davon ausgehen, dass $\int_a^b f(x)\,dx = u(b)$ für ein $u(x)$, das $u'(x) = f(x)$ erfüllt für

$a \leq x \leq b$ und $u(a) = 0$. Für ein $w(x)$ gelte nun $w'(x) = f(x)$ für $c \leq x \leq b$ und $w(c) = u(c)$. Aufgrund der Eindeutigkeit muss daher $w(x) = u(x)$ für $c \leq x \leq b$ gelten und somit

$$u(b) = w(b) = u(c) + \int_c^b f(y)\,dy = \int_a^c f(y)\,dy + \int_c^b f(y)\,dy,$$

was uns das gewünschte Ergebnis liefert.

Beispiel 28.2. Wir erhalten

$$\int_0^2 x\,dx = \int_0^1 x\,dx + \int_1^2 x\,dx,$$

was folgender Identität entspricht:

$$2 = \left(\frac{1}{2}\right) + \left(2 - \frac{1}{2}\right).$$

Beachten Sie, dass Gleichung (28.2) aufgrund von Definition (28.1) für beliebige a, b und c gilt.

28.4 Integration stückweise Lipschitz-stetiger Funktionen

Eine Funktion heißt *stückweise Lipschitz-stetig* auf einem endlichen Intervall $[a, b]$, falls sich $[a, b]$ in eine endliche Anzahl von Teilintervallen zerlegen lässt, auf denen die Funktion Lipschitz-stetig ist. Dies ermöglicht es der Funktion an den Enden von Teilintervallen Sprünge zu besitzen, vgl. Abb. 28.1.

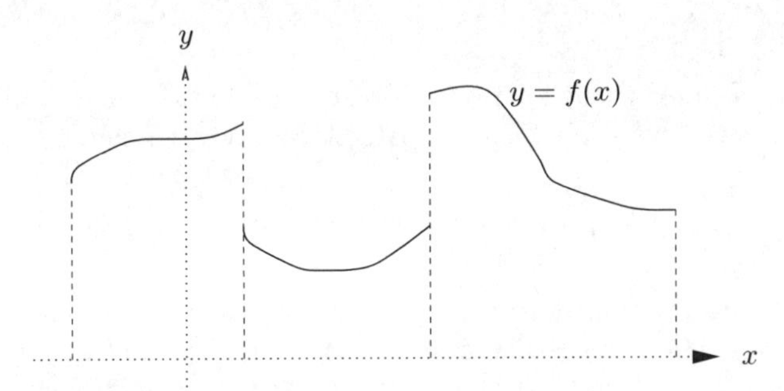

Abb. 28.1. Stückweise Lipschitz-stetige Funktion

Wir werden nun (ganz natürlich) die Definition des Integrals $\int_a^b f(x)\,dx$ auf stückweise Lipschitz-stetige Funktionen $f(x)$ auf dem Intervall $[a, b]$

erweitern. Dabei beginnen wir mit dem Fall zweier Teilintervalle, so dass also $f(x)$ jeweils auf zwei benachbarten Intervallen $[a, c]$ und $[c, b]$ Lipschitz-stetig ist, wobei $a \leq c \leq b$. Wir definieren

$$\int_a^b f(x)\,dx = \int_a^c f(x)\,dx + \int_c^b f(x)\,dx,$$

was offensichtlich mit (28.2) vereinbar ist. Die Erweiterung auf mehrere Teilintervalle ist offensichtlich. Wiederum ergibt sich das ganze Integral aus der Summe der Integrale über die Teilintervalle.

28.5 Linearität

Wir wollen die folgende *Linearitätseigenschaft* des Integrals beweisen: Seien α und β reelle Zahlen, dann gilt

$$\int_a^b (\alpha f(x) + \beta g(x))\,dx = \alpha \int_a^b f(x)\,dx + \beta \int_a^b g(x)\,dx. \tag{28.3}$$

Für $\alpha = \beta = 1$ drückt diese Eigenschaft aus, dass die Flächen (von a nach b) unter der Summe zweier Funktionen gleich der Summe der Flächen unter jeder Funktion ist. Weiterhin besagt sie für $g(x) = 0$ und $\alpha = 2$, dass die Fläche unter der Funktion $2f(x)$ doppelt so groß ist wie die Fläche unter der Funktion $f(x)$.

Ganz allgemein folgt die Linearität des Integrals direkt aus der Linearität der Riemannschen Summennäherung, die wir folgendermaßen formulieren können:

$$\sum_{i=1}^{N}(\alpha f(x_{i-1}^n) + \beta g(x_{i-1}^n))h_n = \alpha \sum_{i=1}^{N} f(x_{i-1}^n)h_n + \beta \sum_{i=1}^{N} g(x_{i-1}^n)h_n. \tag{28.4}$$

Dies ergibt sich direkt aus den Grundrechenregeln für reelle Zahlen.

Es folgt der Beweis mit Hilfe der Ableitung: Wir definieren

$$u(x) = \int_a^x f(y)\,dy \quad \text{und} \quad v(x) = \int_a^x g(y)\,dy, \tag{28.5}$$

d.h. $u(x)$ ist Stammfunktion zu $f(x)$ und genügt $u'(x) = f(x)$ für $a < x \leq b$ mit $u(a) = 0$ und $v(x)$ ist Stammfunktion von $g(x)$ und genügt $v'(x) = g(x)$ für $a < x \leq b$ mit $v(a) = 0$. Die Funktion $w(x) = \alpha u(x) + \beta v(x)$ ist folglich Stammfunktion zur Funktion $\alpha f(x) + \beta g(x)$, da aufgrund der Linearität der Ableitung $w'(x) = \alpha u'(x) + \beta v'(x) = \alpha f(x) + \beta g(x)$ mit $w(a) = \alpha u(a) + \beta v(a) = 0$. Daher ist die linke Seite von (28.3) gleich $w(b)$ und da $w(b) = \alpha u(b) + \beta v(b)$, folgt die gewünschte Gleichheit, wenn wir in (28.5) $x = b$ setzen.

Beispiel 28.3. Wir erhalten

$$\int_0^b (2x + 3x^2)\,dx = 2\int_0^b x\,dx + 3\int_0^b x^2\,dx = 2\frac{b^2}{2} + 3\frac{b^3}{3} = b^2 + b^3.$$

28.6 Monotonie

Die *Monotonie* des Integrals besagt, dass wenn $f(x) \geq g(x)$ für $a \leq x \leq b$, dann auch

$$\int_a^b f(x)\,dx \geq \int_a^b g(x)\,dx. \tag{28.6}$$

Dies entspricht der Behauptung, dass für $f(x) \geq 0$ mit $x \in [a, b]$

$$\int_a^b f(x)\,dx \geq 0 \tag{28.7}$$

gilt, was offensichtlich daraus folgt, dass alle Riemannschen Summennäherungen $\sum_{i=1}^{j} f(x_{i-1}^n)h_n$ von $\int_a^b f(x)\,dx$ nicht negativ sind, falls $f(x) \geq 0$ für $x \in [a, b]$.

28.7 Dreiecksungleichung für Integrale

Wir werden nun die folgende *Dreiecksungleichung für Integrale* beweisen:

$$\left|\int_a^b f(x)\,dx\right| \leq \int_a^b |f(x)|\,dx. \tag{28.8}$$

Sie besagt, dass das Hereinziehen des Absolutbetrags in das Integral seinen Wert erhöht (oder unverändert lässt). Diese Eigenschaft ergibt sich aus der Anwendung der üblichen Dreiecksungleichung auf Riemannsche Summennäherungen und deren Grenzwerte:

$$\left|\sum_{i=1}^{N} f(x_{i-1}^n)h_n\right| \leq \sum_{i=1}^{N} \left|f(x_{i-1}^n)\right|h_n.$$

Offensichtlich kommt es auf der linken Seite zu Auslöschungen, wenn $f(x)$ Vorzeichenwechsel aufweist, wohingegen wir auf der rechten Seite nur nicht negative Beiträge haben, wodurch die rechte Seite mindestens so groß wird wie die linke.

Ein anderer Beweis nutzt die Monotonie. Dazu wenden wir (28.7) auf die Funktion $|f| - f \geq 0$ an und erhalten

$$\int_a^{\bar{x}} f(x)\,dx \leq \int_a^{\bar{x}} |f(x)|\,dx.$$

Wenn wir f durch die Funktion $-f$ ersetzen, erhalten wir

$$-\int_a^{\bar{x}} f(x)\,dx = \int_a^{\bar{x}} (-f(x))\,dx \le \int_a^{\bar{x}} |-f(x)|\,dx = \int_a^{\bar{x}} |f(x)|\,dx,$$

womit wir das gewünschte Ergebnis bewiesen haben.

28.8 Ableitung und Integration sind inverse Operationen

Nach dem Fundamentalsatz sind Ableitung und Integration *inverse Operationen*, in dem Sinne, dass Integration mit nachfolgender Ableitung oder Ableitung mit nachfolgender Integration dasselbe bewirkt, als gar nichts zu tun! Wir verdeutlichen dies, indem wir einen Teil des Beweises des Fundamentalsatzes wiederholen und so für eine Lipschitz-stetige Funktion $f : [a,b] \to \mathbb{R}$ auf $[a,b]$ zeigen, dass

$$\frac{d}{dx}\int_a^x f(y)\,dy = f(x). \tag{28.9}$$

Anders ausgedrückt, liefert die Integration einer Funktion $f(x)$ mit nachfolgender Ableitung der Stammfunktion wieder die Funktion $f(x)$. Sind Sie überrascht? Wir haben dies in Abb. 28.2 dargestellt. Damit wir die Gleichung (28.9) vollständig verstehen, müssen wir uns klar darüber sein, dass $\int_a^x f(y)\,dy$ eine Funktion in x ist, die folglich von x abhängt. Die Fläche unter der Funktion f von a nach x hängt natürlich von der oberen Grenze x ab.

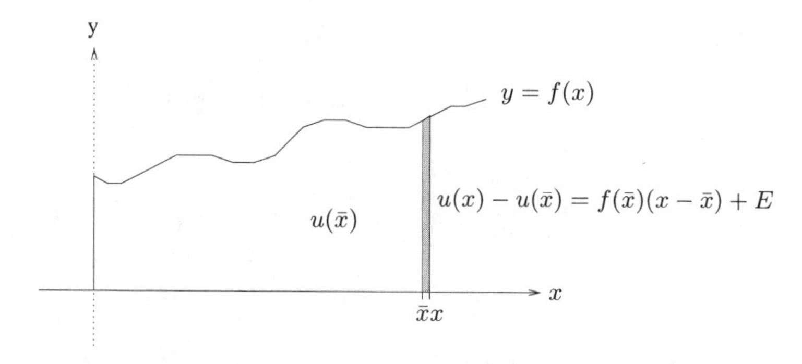

Abb. 28.2. Die Ableitung von $\int_0^x f(y)\,dy$ in $x = \bar{x}$ ist $f(\bar{x})$: $|E| \le \frac{1}{2}L_f|x-\bar{x}|^2$

Wir können (28.9) wie folgt in Worte fassen: Die Ableitung eines Integrals nach der oberen Integrationsgrenze liefert den Wert des Integranden in der oberen Integrationsgrenze.

Um (28.9) zu beweisen, wählen wir x und $\bar{x}$ in $[a,b]$ mit $x \geq \bar{x}$. Mit Hilfe von (28.2) erhalten wir

$$u(x) - u(\bar{x}) = \int_a^x f(z)\,dz - \int_a^{\bar{x}} f(y)dy = \int_{\bar{x}}^x f(y)\,dy$$

und somit

$$\begin{aligned} |u(x) - u(\bar{x}) - f(\bar{x})(x-\bar{x})| &= \Big| \int_{\bar{x}}^x f(y)\,dy - f(\bar{x})(x-\bar{x})\Big| \\ &= \Big| \int_{\bar{x}}^x (f(y) - f(\bar{x}))\,dy \Big| \\ &\leq \int_{\bar{x}}^x |f(y) - f(\bar{x})|\,dy \\ &\leq \int_{\bar{x}}^x L_f|y-\bar{x}|\,dy = \frac{1}{2}L_f(x-\bar{x})^2. \end{aligned}$$

Damit haben wir gezeigt, dass $u(x)$ gleichmäßig auf $[a,b]$ differenzierbar ist mit der Ableitung $u'(x) = f(x)$ und Konstanter $K_u \leq \frac{1}{2}L_f$.

Wir wollen noch festhalten, dass aus (28.1) folgt, dass

$$\frac{d}{dx}\int_x^a f(y)\,dy = -f(x). \tag{28.10}$$

In Worte gefasst: Die Ableitung eines Integrals nach der unteren Integrationsgrenze ergibt den negativen Wert des Integranden in der unteren Integrationsgrenze.

Beispiel 28.4. Wir erhalten

$$\frac{d}{dx}\int_0^x \frac{1}{1+y^2}\,dy = \frac{1}{1+x^2}.$$

Beispiel 28.5. Wir können (28.10) auch mit der Kettenregel kombinieren:

$$\frac{d}{dx}\int_0^{x^3} \frac{1}{1+y^2}\,dy = \frac{1}{1+(x^3)^2}\frac{d}{dx}(x^3) = \frac{3x^2}{1+x^6}.$$

28.9 Änderung der Variablen oder Substitution

Wir erinnern daran, dass wir mit der Kettenregel zusammengesetzte Funktionen ableiten können. Die analoge Eigenschaft des Integrals wird *Änderung der Variablen* oder *Substitution* genannt. Ihr kommt eine wichtige Rolle bei der analytischen Berechnung vieler Integrale zu. Die Idee dabei ist, dass wir manchmal einfacher integrieren können, wenn wir unabhängige Variable gegen eine Art von skalierter Variabler vertauschen.

Sei $g : [a, b] \to I$ gleichmäßig differenzierbar auf dem Intervall $[a, b]$, wobei I ein Intervall und $f : I \to \mathbb{R}$ eine Lipschitz-stetige Funktion ist. Üblicherweise ist g streng monoton wachsend (oder abnehmend) und bildet $[a, b]$ auf I ab, so dass $g : [a, b] \to I$ einer Art Skalierung entspricht, aber es sind auch andere Fälle möglich. Die *Substitutionsregel* lautet folgendermaßen:

$$\int_a^x f(g(y))g'(y)\, dy = \int_{g(a)}^{g(x)} f(z)\, dz \quad \text{für } x \in [a, b]. \tag{28.11}$$

Dies wird deswegen Substitution genannt, da die linke Seite $L(x)$ formal aus der rechten $H(x)$ durch Setzen von $z = g(y)$ erhalten wird, bei gleichzeitiger Änderung von dz zu $g'(y)\, dy$. Letzteres ergibt sich aus

$$\frac{dz}{dy} = g'(y),$$

wenn wir beachten, dass y von a bis x läuft und z folglich von $g(a)$ bis $g(x)$.

Um (28.11) zu zeigen, beweisen wir zunächst, dass $H'(x) = L'(x)$ mit Hilfe von $H(a) = L(a) = 0$ und der Eindeutigkeit des Integrals. Aus der Kettenregel und (28.9) folgt, dass

$$H'(x) = f(g(x))\, g'(x).$$

Ferner gilt

$$L'(x) = f(g(x))\, g'(x),$$

womit die Gleichung bewiesen wäre.

Wir geben zunächst zwei Beispiele, werden unten aber noch weitere treffen.

Beispiel 28.6. Um

$$\int_0^2 (1 + y^2)^{-2} 2y\, dy$$

zu integrieren, beachten wir zunächst, dass

$$\frac{d}{dy}(1 + y^2) = 2y.$$

Setzen wir also $z = g(y) = 1 + y^2$ und formal $dz = 2ydy$ und verwenden (28.11) unter Berücksichtigung von $g(0) = 1$ und $g(2) = 5$, so erhalten wir

$$\int_0^2 (1 + y^2)^{-2} 2y\, dy = \int_0^2 (g(y))^{-2} g'(y)\, dy = \int_1^5 z^{-2}\, dz.$$

Das Integral auf der rechten Seite kann nun einfach berechnet werden:

$$\int_1^5 z^{-2}\, dz = [-z^{-1}]_{z=1}^{z=5} = -\left(\frac{1}{5} - 1\right).$$

Somit ist

$$\int_0^2 (1+y^2)^{-2} 2y\, dy = \frac{4}{5}.$$

Beispiel 28.7. Wenn wir $y = g(x) = 1 + x^4$ und formal $dy = g'(x)dx = 4x^3dx$ setzen, dann erhalten wir unter Berücksichtigung von $g(0) = 1$ und $g(1) = 2$:

$$\int_0^1 (1+x^4)^{-1/2} x^3\, dx = \frac{1}{4}\int_0^1 (g(x))^{-1/2} g'(x)\, dx = \frac{1}{4}\int_1^2 y^{-1/2}\, dy$$
$$= \frac{1}{2}[y^{1/2}]_1^2 = \frac{\sqrt{2}-1}{2}.$$

28.10 Partielle Integration

Wir erinnern daran, dass die Produktregel eine wichtige Eigenschaft der Ableitung ist, die uns aufzeigt, wie wir die Ableitung für das Produkt zweier Funktionen finden. Die entsprechende Formel für die Integration ist die *partielle Integration.* Die Formel lautet:

$$\int_a^b u'(x)v(x)\, dx = u(b)v(b) - u(a)v(a) - \int_a^b u(x)v'(x)\, dx. \qquad (28.12)$$

Die Formel ergibt sich aus der Anwendung des Fundamentalsatzes auf die Funktion $w(x) = u(x)v(x)$ mit der Produktregel $w'(x) = u'(x)v(x) + u(x)v'(x)$ und (28.3), da

$$\int_a^b w'(x)\, dx = u(b)v(b) - u(a)v(a).$$

Im Folgenden schreiben wir auch oft

$$u(b)v(b) - u(a)v(a) = \Big[u(x)v(x)\Big]_{x=a}^{x=b},$$

so dass wir die Formel für die partielle Integration auch schreiben können:

$$\int_a^b u'(x)v(x)\, dx = \Big[u(x)v(x)\Big]_{x=a}^{x=b} - \int_a^b u(x)v'(x)\, dx. \qquad (28.13)$$

Diese Formel wird sich als sehr nützlich erweisen und wir werden sie unten oft benutzen.

Beispiel 28.8. Das Erraten einer Stammfunktion für

$$\int_0^1 4x^3(1+x^2)^{-3}\, dx$$

wäre eine sehr entmutigende Aufgabe. Wir können dieses Integral jedoch durch partielle Integration berechnen. Der Trick dabei ist,

$$\frac{d}{dx}(1+x^2)^{-2} = -4x(1+x^2)^{-3}$$

herauszugreifen. Damit lässt sich das Integral neu schreiben:

$$\int_0^1 x^2 \times 4x(1+x^2)^{-3}\,dx.$$

Nun können wir partielle Integration anwenden, mit $u(x) = x^2$ und $v'(x) = 4x(1+x^2)^{-3}$ und erhalten mit $u'(x) = 2x$ und $v(x) = -(1+x^2)^{-2}$:

$$\begin{aligned}\int_0^1 4x^3(1+x^2)^{-3}\,dx &= \int_0^1 u(x)v'(x)\,dx\\ &= \left[x^2(-(1+x^2)^{-2})\right]_{x=0}^{x=1} - \int_0^1 2x(-(1+x^2)^{-2})\,dx\\ &= -\frac{1}{4} - \int_0^1 (-(1+x^2)^{-2})2x\,dx.\end{aligned}$$

Das Integral erhalten wir endgültig mit der Substitution $z = 1+x^2$ mit $dz = 2x\,dx$ zu

$$\begin{aligned}\int_0^1 4x^3(1+x^2)^{-3}\,dx &= -\frac{1}{4} + \int_1^2 z^{-2}\,dz\\ &= -\frac{1}{4} + \left[-z^{-1}\right]_{z=1}^{z=2} = -\frac{1}{4} - \frac{1}{2} + 1 = \frac{1}{4}.\end{aligned}$$

28.11 Der Mittelwertsatz

Der *Mittelwertsatz* besagt, dass es zu einer auf $[a,b]$ differenzierbaren Funktion $u(x)$ einen Punkt $\bar{x}$ in (a,b) gibt, so dass die Steigung $u'(\bar{x})$ der Tangente des Graphen von $u(x)$ in $\bar{x}$ gleich der Steigung der Sekanten oder Geraden ist, die die beiden Punkte $(a,u(a))$ und $(b,u(b))$ verbindet. Anders formuliert:

$$\frac{u(b)-u(a)}{b-a} = u'(\bar{x}). \tag{28.14}$$

Dies ist geometrisch einleuchtend, vgl. Abb. 28.3. Die Gleichung besagt anschaulich, dass die Durchschnittsgeschwindigkeit in $[a,b]$ der momentanen Geschwindigkeit $u'(\bar{x})$ in irgendeinem Punkt $\bar{x} \in [a,b]$ entspricht.

Um vom Punkt $(a,u(a))$ zum Punkt $(b,u(b))$ zu gelangen, muss f sich so „herumbiegen“, dass die Tangente mindestens in einem Punkt parallel zur Sekante verläuft.

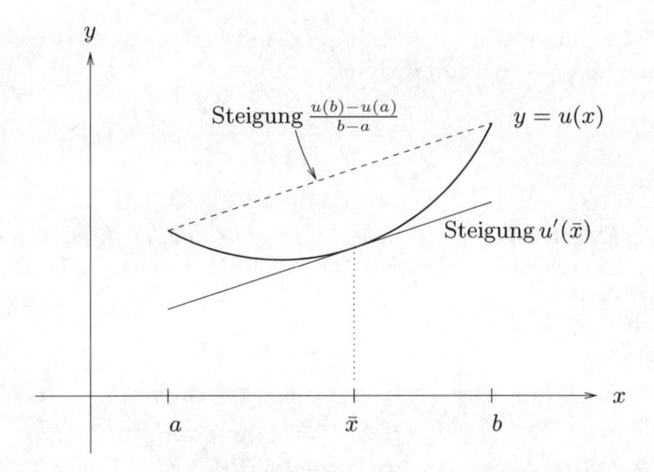

Abb. 28.3. Veranschaulichung des Mittelwertsatzes

Unter der Annahme, dass $u'(x)$ auf $[a, b]$ Lipschitz-stetig ist, werden wir nun beweisen, dass es eine reelle Zahl $\bar{x} \in [a, b]$ gibt, so dass

$$u(b) - u(a) = (b - a)u'(\bar{x}),$$

was zu (28.14) äquivalent ist. Der Beweis geht von der Gleichung

$$u(b) = u(a) + \int_a^b u'(x)\,dx \tag{28.15}$$

aus, die gilt, wenn $u(x)$ auf $[a, b]$ gleichmäßig differenzierbar ist. Wäre nämlich für alle $x \in [a, b]$

$$\frac{u(b) - u(a)}{b - a} > u'(x),$$

dann hätten wir (erklären Sie, warum)

$$u(b) - u(a) = \int_a^b \frac{u(b) - u(a)}{b - a}\,dx > \int_a^b u'(x)\,dx = u(b) - u(a),$$

was zum Widerspruch führt. Wir können mit demselben Argument auch zeigen, dass es unmöglich ist, dass

$$\frac{u(b) - u(a)}{b - a} < u'(x)$$

für alle $x \in [a, b]$. Daher muss es Zahlen c und d in $[a, b]$ geben, so dass

$$u'(c) \leq \frac{u(b) - u(a)}{b - a} \leq u'(d).$$

Da $u'(x)$ Lipschitz-stetig ist für $x \in [a,b]$, folgt mit dem Zwischenwertsatz 16.2, dass es ein $\bar{x} \in [a,b]$ gibt, so dass

$$u'(\bar{x}) = \frac{u(b) - u(a)}{b - a}.$$

Damit haben wir bewiesen:

Satz 28.1 (Mittelwertsatz) *Sei $u(x)$ gleichmäßig differenzierbar auf $[a,b]$ mit einer Lipschitz-stetigen Ableitung $u'(x)$. Dann gibt es (mindestens) ein $\bar{x} \in [a,b]$, so dass*

$$u(b) - u(a) = (b - a)u'(\bar{x}). \tag{28.16}$$

Der Mittelwertsatz wird auch oft in Integralschreibweise formuliert, indem in (28.16) $f(x) = u'(x)$ gesetzt wird, wodurch wir erhalten:

Satz 28.2 (Mittelwertsatz für Integrale) *Sei $f(x)$ Lipschitz-stetig auf $[a,b]$. Dann gibt es ein $\bar{x} \in [a,b]$, so dass*

$$\int_a^b f(x)\,dx = (b - a)f(\bar{x}). \tag{28.17}$$

Der Mittelwertsatz erweist sich auf verschiedene Weise sehr hilfreich. Um dies zu verdeutlichen, wollen wir zwei Ergebnisse betrachten, die mit dem Mittelwertsatz sehr einfach bewiesen werden können.

28.12 Monotone Funktionen und das Vorzeichen der Ableitung

Als erstes Ergebnis erhalten wir, dass das Vorzeichen der Ableitung einer Funktion angibt, ob die Funktion an Wert zunimmt oder abnimmt, wenn das Argument anwächst. Genauer formuliert, so folgt aus dem Zwischenwertsatz, dass $f(b) \geq f(a)$, wenn $f'(x) \geq 0$ für alle $x \in [a,b]$. Sind außerdem $x_1 \leq x_2$ in $[a,b]$, dann gilt $f(x_1) \leq f(x_2)$. Eine Funktion mit dieser Eigenschaft wird *monoton ansteigend* auf $[a,b]$ genannt. Ist sogar $f'(x) > 0$ für alle $x \in (a,b)$, dann gilt $f(x_1) < f(x_2)$ für $x_1 < x_2$ in $[a,b]$ (strenge Ungleichungen) und wir nennen $f(x)$ *streng monoton steigend* im Intervall $[a,b]$. Entsprechende Aussagen gelten für $f'(x) \leq 0$ und $f'(x) < 0$ und wir nennen die Funktionen dann *monoton fallend* und *streng monoton fallend*. Funktionen, die in $[a,b]$ entweder (streng) monoton steigend oder fallend sind, werden auch einfach *(streng) monoton* in $[a,b]$ genannt.

28.13 Funktionen mit Ableitung Null sind konstant

Als besondere Konsequenz aus dem vorangegangen Abschnitt folgern wir, dass Funktionen mit $f'(x) = 0$ für alle $x \in [a,b]$, die also sowohl monoton steigend als auch monoton fallend auf $[a, b]$ sind, tatsächlich auf $[a, b]$ konstant sein müssen. Somit ist eine Funktion mit überall verschwindender Ableitung eine konstante Funktion.

28.14 Eine beschränkte Ableitung impliziert Lipschitz-Stetigkeit

Als zweites Ergebnis aus dem Zwischenwertsatz wollen wir einen alternativen und kürzeren Beweis dafür geben, dass eine Funktion mit Lipschitz-stetiger Ableitung selbst Lipschitz-stetig ist. Habe $u : [a, b] \rightarrow \mathbb{R}$ eine Lipschitz-stetige Ableitung $u'(x)$ auf $[a, b]$ mit $|u'(x)| \leq M$ für $x \in [a, b]$. Aus dem Zwischenwertsatz folgt, dass

$$|u(x) - u(\bar{x})| \leq M|x - \bar{x}| \quad \text{für } x, \bar{x} \in [a, b].$$

Wir erkennen, dass $u(x)$ auf dem Intervall $[a, b]$ Lipschitz-stetig ist zur Lipschitz-Konstanten $M = \max_{x \in [a,b]} |u'(x)|$.

28.15 Satz von Taylor

Schon in früheren Kapiteln haben wir lineare Näherungen an eine Funktion u

$$u(x) \approx u(\bar{x}) + u'(\bar{x})(x - \bar{x}), \tag{28.18}$$

wie auch quadratische Näherungen

$$u(x) \approx u(\bar{x}) + u'(\bar{x})(x - \bar{x}) + \frac{u''(\bar{x})}{2}(x - \bar{x})^2 \tag{28.19}$$

untersucht. Diese Näherungen sind sehr hilfreiche Werkzeuge für den Umgang mit nicht-linearen Funktionen. Mit dem *Satz von Taylor*, erfunden von Brook Taylor (1685-1731), vgl. Abb. 28.4, lassen sich diese Näherungen auf beliebige Ordnungen verallgemeinern. Taylor stellte sich auf die Seite von Newton in einem langen wissenschaftlichen Streit mit Verbündeten von Leibniz über die Frage „Wer ist der Beste in Infinitesimalrechnung?"

Satz 28.3 (Satz von Taylor) *Sei $u(x)$ auf dem Intervall I $(n + 1)$-mal differenzierbar und $u^{(n+1)}$ Lipschitz-stetig. Dann gilt für x, $\bar{x} \in I$:*

$$u(x) = u(\bar{x}) + u'(\bar{x})(x - \bar{x}) + \cdots + \frac{u^{(n)}(\bar{x})}{n!}(x - \bar{x})^n + \int_{\bar{x}}^{x} \frac{(x - y)^n}{n!} u^{(n+1)}(y)\, dy. \tag{28.20}$$

Abb. 28.4. Brook Taylor, Erfinder der Taylor-Entwicklung: „Ich bin der Beste“

Das Polynom

$$P_n(x) = u(\bar{x}) + u'(\bar{x})(x-\bar{x}) + \cdots + \frac{u^{(n)}(\bar{x})}{n!}(x-\bar{x})^n$$

wird *Taylor-Reihe* oder *Taylor-Entwicklung* der Ordnung n von $u(x)$ in $\bar{x}$ genannt. Der Ausdruck

$$R_n(x) = \int_{\bar{x}}^{x} \frac{(x-y)^n}{n!} u^{(n+1)}(y)\, dy$$

wird *Restterm* der Ordnung n genannt. Für $x \in I$ erhalten wir

$$u(x) = P_n(x) + R_n(x).$$

Daraus ergibt sich direkt, dass

$$\left(\frac{d^k}{dx^k}\right) P_n(\bar{x}) = \left(\frac{d^k}{dx^k}\right) u(\bar{x}) \quad \text{für } k = 0, 1 \cdots, n.$$

Somit liefert der Satz von Taylor eine Polonymialnäherung $P_n(x)$ vom Grade n für eine gegebene Funktion $u(x)$, so dass die Ableitungen bis Ordnung n von $P_n(x)$ und $u(x)$ im Punkt $x = \bar{x}$ übereinstimmen.

Der Beweis des Satzes von Taylor ist eine wunderbare Anwendung der partiellen Integration, die von Taylor entdeckt wurde. Wir beginnen damit, dass der Satz von Taylor für $n = 0$ dem Fundamentalsatz entspricht:

$$u(x) = u(\bar{x}) + \int_{\bar{x}}^{x} u'(y)\, dy.$$

Mit Hilfe von $\frac{d}{dy}(y-x) = 1$ erhalten wir durch partielle Integration:

$$\begin{aligned}
u(x) &= u(\bar{x}) + \int_{\bar{x}}^{x} u'(y)\,dy \\
&= u(\bar{x}) + \int_{\bar{x}}^{x} \frac{d}{dy}(y-x)u'(y)\,dy \\
&= u(\bar{x}) + [(y-x)u'(y)]_{y=\bar{x}}^{y=x} - \int_{\bar{x}}^{x} (y-x)u''(y)\,dy \\
&= u(\bar{x}) + (x-\bar{x})u'(\bar{x}) + \int_{\bar{x}}^{x} (x-y)u''(y)\,dy,
\end{aligned}$$

was dem Satz von Taylor für $n = 1$ entspricht. Wir können auf diese Weise fortfahren und stets partielle Integration anwenden. Wir führen die Schreibweise $k_n(y) = (y-x)^n/n!$ ein, wobei für $n \geq 1$

$$\frac{d}{dy}k_n(y) = k_{n-1}(y)$$

gilt und erhalten so

$$\begin{aligned}
&\int_{\bar{x}}^{x} \frac{(x-y)^{n-1}}{(n-1)!}u^{(n)}(y)\,dy = (-1)^{n-1}\int_{\bar{x}}^{x} k_{n-1}(y)u^{(n)}(y)\,dy \\
&= (-1)^{n-1}\int_{\bar{x}}^{x} \frac{d}{dy}k_n(y)u^{(n)}(y)\,dy \\
&= [(-1)^{n-1}k_n(y)u^{(n)}(y)]_{y=\bar{x}}^{y=x} - (-1)^{n-1}\int_{\bar{x}}^{x} k_n(y)u^{(n+1)}(y)\,dy \\
&= \frac{u^{(n)}(\bar{x})}{n!}(x-\bar{x})^n + \int_{\bar{x}}^{x} \frac{(x-y)^n}{n!}u^{(n+1)}(y)\,dy.
\end{aligned}$$

Damit ist der Satz von Taylor bewiesen.

Beispiel 28.9. Wir berechnen die Taylor-Entwicklung für $f(x) = \frac{1}{1-x}$ bis zur 4. Ordnung nahe bei $x = 0$:

$$\begin{aligned}
f(x) &= \frac{1}{1-x} &&\Longrightarrow f(0) = 1, \\
f'(x) &= \frac{1}{(1-x)^2} &&\Longrightarrow f'(0) = 1, \\
f''^{(x)} &= \frac{2}{(1-x)^3} &&\Longrightarrow f''(0) = 2, \\
f'''^{(x)} &= \frac{6}{(1-x)^4} &&\Longrightarrow f'''(0) = 6, \\
f''''^{(x)} &= \frac{24}{(1-x)^5} &&\Longrightarrow f''''(0) = 24
\end{aligned}$$

und folglich

$$\begin{aligned} P_4(x) &= 1 + 1(x-0)^1 + \frac{2}{2}(x-0)^2 + \frac{6}{6}(x-0)^3 + \frac{24}{24}(x-0)^4 \\ &= 1 + x + x^2 + x^3 + x^4. \end{aligned}$$

Die Funktion ist zusammen mit ihrer Taylor-Entwicklung in Abb. 28.5 dargestellt. Üblicherweise ist die Taylor-Entwicklung eine sehr genaue Näherung nahe bei $\bar{x}$, aber der Fehler wird größer, je weiter x von $\bar{x}$ entfernt ist.

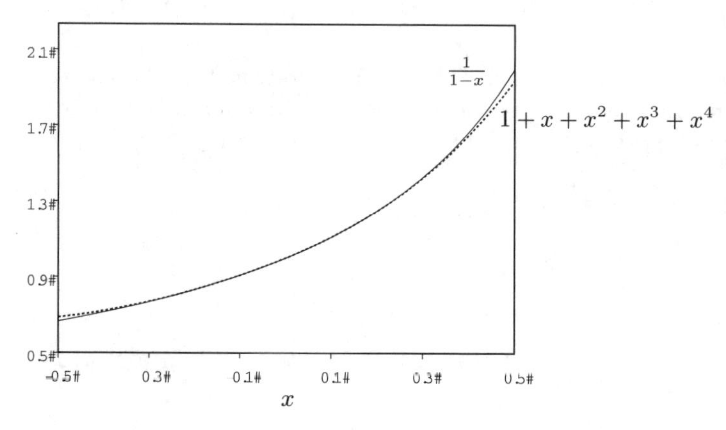

Abb. 28.5. Darstellung von $f(x) = 1/(1-x)$ zusammen mit ihrer Taylor-Entwicklung $1 + x + x^2 + x^3 + x^4$

Beispiel 28.10. Die Taylor-Entwicklung der Ordnung 2 in $x = 0$ für $u(x) = \sqrt{1+x}$ lautet

$$P_2(x) = 1 + \frac{1}{2} - \frac{1}{8}x^2,$$

da $u(0) = 1$, $u'(0) = \frac{1}{2}$, und $u''(0) = -\frac{1}{4}$.

28.16 29. Oktober 1675

Am 29. Oktober 1675 hatte Leibniz eine wundervolle Idee, während er an seinem Schreibtisch in Paris saß. Er notierte "Utile erit scribit $\int$ pro omnia", was übersetzt bedeutet: „Es ist sinnvoll $\int$ statt omnia zu schreiben". Das war der Beginn der modernen Notation in der Infinitesimalrechnung. Vor diesem Tag arbeitete Leibniz mit a, l und „omnia" als Schreibweise für dx, dy und $\int$. Seine Schreibweise führte zu Formeln wie

$$\text{omn.}l = y, \quad \text{omn.}yl = \frac{y^2}{2}, \quad \text{omn.}xl = x\text{omn.}l - \text{omn.omn.}la,$$

wobei „omn.“ als Kürzel für omnia eine diskrete Summe bedeutete und l und a für Inkremente endlicher Größe (oft $a = 1$) standen. Mit der neuen Schreibweise wurden diese Formeln zu

$$\int dy = y, \quad \int y\,dy = \frac{y^2}{2}, \quad \int x\,dy = xy - \int y\,dx. \qquad (28.21)$$

Dies eröffnete die Möglichkeit, dx und dy als beliebig klein anzusehen und die Summe durch das „Integral“ zu ersetzen.

28.17 Das Hodometer

Die Römer erbauten viele Straßen, um ihr Reich zusammenzuhalten und daraus erwuchs die Notwendigkeit, Abstände zwischen Städten und zurückgelegte Wege auf Straßen zu messen. Für diesen Zweck erfand Vitruvius das *Hodometer*, vgl. Abb. 28.6. Bei jeder Umdrehung des Wagenrads bewegte

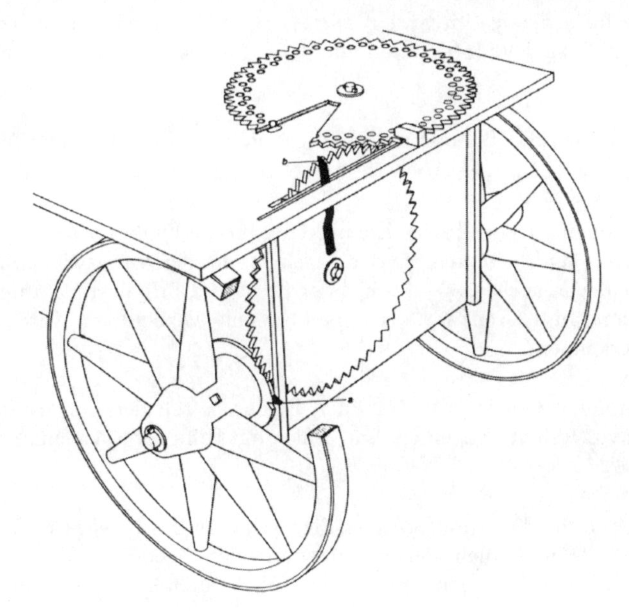

Abb. 28.6. Das Prinzip des Hodometers

sich das senkrechte Zahnrad eine Einheit weiter. Das waagerechte Zahnrad besaß eine Anzahl Löcher, in denen Steine lagen und bei jeder Bewegung fiel ein Stein in eine Schachtel unter dem Wagen; am Ende eines Tages zählte man die Steine in der Schachtel zusammen. Die Vorrichtung war so geeicht, dass die Anzahl der Steine der Zahl der zurückgelegten Meilen entsprach. Offensichtlich kann man das Hodometer als eine Art einfachen analogen Integrator betrachten.

Aufgaben zu Kapitel 28

28.1. Berechnen Sie die folgenden Integrale: a) $\int_0^1 (ax + bx^2)dx$, b) $\int_{-1}^1 |x - 1|dx$, c) $\int_{-1}^1 |x|dx$, d) $\int_{-1}^1 |x + a|dx$, e) $\int_{-1}^1 (x - a)^{10}dx$.

28.2. Berechnen Sie die folgenden Integrale durch partielle Integration. Überprüfen Sie, dass die Ergebnisse mit denen übereinstimmen, die Sie direkt aus der Stammfunktion erhalten. a) $\int_0^1 x^2dx = \int_0^1 x \cdot xdx$, b) $\int_0^1 x^3dx = \int_0^1 x \cdot x^2dx$, c) $\int_0^1 x^3dx = \int_0^1 x^{3/2} \cdot x^{3/2}dx$, d) $\int_0^1 (x^2 - 1)dx = \int_0^1 (x + 1) \cdot (x - 1)dx$.

28.3. Was würden Sie tun, um das Integral $\int_0^1 x(x - 1)^{1000}dx$ zu berechnen? Die Stammfunktion suchen oder partielle Integration anwenden?

28.4. Berechnen Sie die folgenden Integrale: a) $\int_{-1}^2 (2x - 1)^7dx$, b) $\int_0^1 f'(7x)dx$, c) $\int_{-10}^{-7} f'(17x + 5)dx$.

28.5. Berechnen Sie das Integral $\int_0^1 x(x^2 - 1)^{10}dx$ auf zwei verschiedene Arten. Zunächst durch partielle Integration und dann durch kluge Substitution mit Hilfe der Kettenregel.

28.6. Bestimmen Sie Taylor-Entwicklungen in $\bar{x}$ für die folgenden Funktionen: a) $f(x) = x$, $\bar{x} = 0$, b) $f(x) = x + x^2 + x^3$, $\bar{x} = 1$, c) $f(x) = \sqrt{\sqrt{x+1} + 1}$, $\bar{x} = 0$.

28.7. Bestimmen Sie eine Taylor-Entwicklung für die Funktion $f(x) = x^r - 1$ um ein sinnvolles $\bar{x}$ und benutzen Sie das Ergebnis, um den Grenzwert $\lim_{x \to 1} \frac{x^r - 1}{x - 1}$ zu berechnen. Vergleichen Sie dies mit der Regel von l'Hopital (s. Aufgabe 23.8) zur Berechnung des Grenzwerts. Können Sie eine Verbindung zwischen beiden Methoden erkennen?

28.8. Begründen Sie die grundlegenden Eigenschaften der Linearität und der Additivität von Teilintervallen von Integralen mit Hilfe der Flächeninterpretation des Integrals.

28.9. Beweisen Sie die grundlegenden Eigenschaften der Linearität und der Additivität von Teilintervallen von Integralen aus der Eigenschaft des Integrals als Grenzwert diskreter Summen und mit den Eigenschaften diskreter Summen.

28.10. Welche Bedeutung haben die Formeln (28.21) von Leibniz? Beweisen Sie genau wie Leibniz, die zweite mit einem geometrischen Argument, das von der Berechnung der Fläche eines rechtwinkligen Dreiecks ausgeht und dünne Streifen variabler Höhe y und Dicke dy summiert. Beweisen Sie die dritte Formel, indem Sie in ähnlicher Weise die Fläche eines Rechtecks, als die Summe zweier Teile unter- und oberhalb einer Kurve, die zwei gegenüberliegende Ecken des Rechtecks verbindet, berechnen.

28.11. Beweisen Sie die folgende Variante des Satzes von Taylor: Sei $u(x)$ $(n+1)$-mal differenzierbar auf dem Intervall I, mit Lipschitz-stetigem $u^{(n+1)}(x)$. Dann gilt für $\bar{x} \in I$:

$$u(x) = u(\bar{x}) + u'(\bar{x})(x - \bar{x}) + \cdots + \frac{u^{(n)}(\bar{x})}{n!}(x - \bar{x})^n + \frac{u^{(n+1)}(\hat{x})}{(n+1)!}(x - \bar{x})^{n+1}$$

für $\hat{x} \in [\bar{x}, x]$. Hinweis: Benutzen Sie den Mittelwertsatz für Integrale.

28.12. Beweisen Sie, dass

$$\int_0^{\bar{y}} f(y)\, dy = \bar{y}\bar{x} - \int_0^{\bar{x}} f^{-1}(x)\, dx,$$

für $x = f(y)$ mit inverser Funktion $y = f^{-1}(x)$ und $f(0) = 0$. Vergleichen Sie dies mit (28.21). Hinweis: Benutzen Sie partielle Integration.

28.13. Zeigen Sie, dass $x \mapsto F(x) = \int_0^x f(x)dx$ Lipschitz-stetig ist auf $[0, a]$ zur Lipschitz-Konstanten L_F, falls $|f(x)| \leq L_F$ für $x \in [0, a]$.

28.14. Warum können wir uns die Stammfunktion als „schöner" vorstellen als die eigentliche Funktion?

28.15. Unter welchen Bedingungen gilt die folgende Verallgemeinerung für die partielle Integration:

$$\int_I \frac{d^n f}{dx^n}\varphi dx = (-1)^n \int_I f \frac{d^n \varphi}{dx^n} dx, \quad n = 0, 1, 2, \ldots ?$$

28.16. Zeigen Sie die folgende Ungleichung:

$$\left| \int_I u(x)v(x)\, dx \right| \leq \sqrt{\int_I u^2(x)\, dx}\, \sqrt{\int_I v^2(x)\, dx}.$$

Sie wird *Cauchysche Ungleichung* genannt. Hinweis: Seien $\overline{u} = u/\sqrt{\int_I u^2(x)\, dx}$ und $\overline{v} = v/\sqrt{\int_I v^2(x)\, dx}$. Zeigen Sie, dass $|\int_I \overline{u}(x)\overline{v}(x)\, dx| \leq 1$, indem Sie den Ausdruck $\int_I (\overline{u}(x) - \int_I \overline{u}(y)\overline{v}(y)\, dy\, \overline{v}(x))\, dx$ betrachten. Wäre es hilfreich, die Schreibweisen $(u, v) = \int_I u(x)v(x)\, dx$ und $\|u\| = \sqrt{\int_I u^2(x)\, dx}$ zu benutzen?

28.17. Zeigen Sie

$$\|v\|_{L_2(I)} \leq C_I \|v'\|_{L_2(I)},$$

für Lipschitz-stetiges v auf dem beschränkten Intervall I und $v = 0$ an jedem der Intervallenden. Dabei ist C_I eine Konstante und die so genannte $L_2(I)$ Norm einer Funktion v wird definiert als $\|v\|_{L_2(I)} = \sqrt{\int_I v^2(x)dx}$. Welchen Wert hat die Konstante? Hinweis: Drücken Sie v mit Hilfe von v' aus und nutzen Sie das Ergebnis der vorangehenden Aufgabe.

28.18. Prüfen Sie, ob die Ungleichung in der vorangehenden Aufgabe für die folgenden Funktionen auf $I = [0, 1]$ Gültigkeit besitzt: a) $v(x) = x(1 - x)$, b) $v(x) = x^2(1 - x)$, c) $v(x) = x(1 - x)^2$.

28.19. Zeigen Sie mit Hilfe des Satzes von Taylor die quadratische Konvergenz der Newtonschen Methode (25.5) zur Berechnung einer Nullstelle $\bar{x}$. Hinweis: Benutzen Sie $x_{i+1} - \bar{x} = x_i - \bar{x} + \frac{f(x_i) - f(\bar{x})}{f'(x_i)}$ und den Satz von Taylor, um $f(x_i) - f(\bar{x}) = f'(x_i)(x_i - \bar{x}) + \frac{1}{2}f''(\tilde{x}_i)(x_i - \bar{x})^2$ für ein $\tilde{x}_i \approx x_i$ zu zeigen.

28.20. Beweisen Sie (28.3) aus (28.4).

29
Der Logarithmus $\log(x)$

Nichtsdestoweniger sollten technische Einzelheiten und Abschweifungen vermieden werden und die Präsentation von Mathematik sollte genauso frei von der Betonung von Routine wie von bedrohlichem Dogmatismus sein, der Motive oder Ziele verschweigt und sich als unfaires Hindernis für aufrechte Mühe erweist. (R. Courant)

29.1 Die Definition von $\log(x)$

Wir kommen auf die Frage nach der Existenz einer Stammfunktion für $f(x) = 1/x$ für $x > 0$, die wir uns oben gestellt haben, zurück. Da die Funktion $f(x) = 1/x$ auf jedem Intervall $[a, b]$ mit $0 < a < b$ Lipschitz-stetig ist, wissen wir aus dem Fundamentalsatz, dass eine eindeutige Funktion $u(x)$ existiert, die $u'(x) = 1/x$ für $a \leq x \leq b$ erfüllt und an einer Stelle in $[a, b]$ einen bestimmten Wert annimmt, wie beispielsweise $u(1) = 0$. Da $a > 0$ so klein gewählt werden kann, wie wir wollen und b so groß, wie wir wollen, können wir die Funktion auch für ganz $x > 0$ betrachten. Wir definieren nun den *natürlichen Logarithmus* $\log(x)$ (oder $\ln(x)$) für $x > 0$ als Stammfunktion $u(x)$ von $1/x$, die für $x = 1$ verschwindet, d.h. $\log(x)$ erfüllt

$$\frac{d}{dx}(\log(x)) = \frac{1}{x} \quad \text{für } x > 0, \quad \log(1) = 0. \tag{29.1}$$

Mit Hilfe der Definition des Integrals können wir $\log(x)$ als Integral formulieren:

$$\log(x) = \int_1^x \frac{1}{y}\, dy \quad \text{für } x > 0. \tag{29.2}$$

Im nächsten Kapitel werden wir diese Formel benutzen, um eine Näherung für $\log(x)$ für ein vorgegebenes $x > 0$ zu berechnen, indem wir eine Näherung für das entsprechende Integral berechnen. Wir stellen $\log(x)$ in Abb. 29.1 graphisch dar.

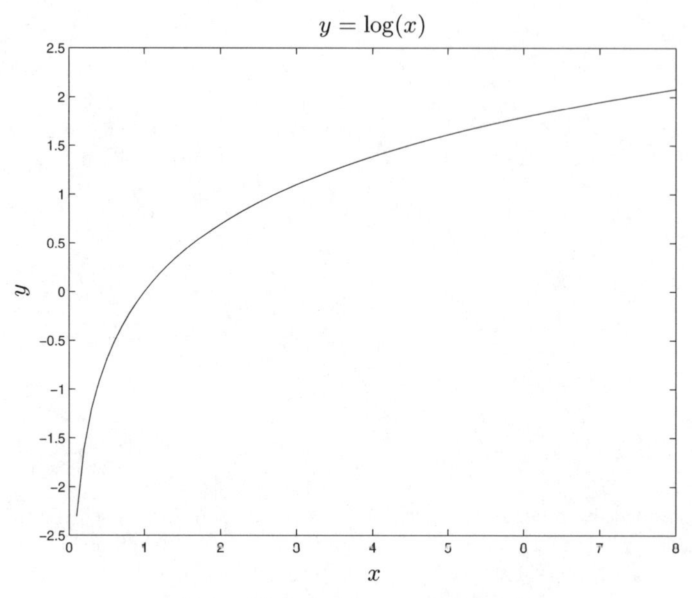

Abb. 29.1. Zeichnung für $\log(x)$

29.2 Die Bedeutung des Logarithmuses

Die Logarithmus-Funktion $\log(x)$ ist eine wichtige Funktion für die Wissenschaften, einfach schon deswegen, weil sie eine wichtige Differentialgleichung löst und daher in vielen Anwendungen auftritt. Genauer gesagt, so zeigt der Logarithmus einige besondere Eigenschaften, die vorangegangene Generationen von Wissenschaftlern und Ingenieuren zwang, den Logarithmus intensivst zu benutzen, inklusive der Aufstellung langer Tabellen für seine Werte. Der Grund dafür liegt darin, dass sich Produkte reeller Zahlen durch Addition von Logarithmen reeller Zahlen berechnen lassen, wodurch sich die Multiplikation durch die einfachere Addition ersetzen lässt. Der *Rechenschieber*, ein einfaches analoges Rechengerät, basiert auf diesem Prinzip. In der Westentasche getragen, war er ein typisches Merkmal für Ingenieure, vgl. Abb. 1.5. Heute hat der moderne Computer, der keine Logarithmen für die Multiplikation reeller Zahlen benötigt, den Rechenschieber verdrängt. Der erste Computer, die mechanische Differenzenmaschine von Babbage in den 1830ern, vgl. Abb. 1.6, wurde jedoch zur Berechnung exakter Logarithmentafeln benutzt. Der Logarithmus wurde von John Napier entdeckt und 1614 in „*Mirifici logarithmorum canonis descriptio*“ vorgestellt. Ein aufschlussreiches Zitat aus dem Vorwort ist in Abb. 29.2 aufgeführt.

Abb. 29.2. Napier, Erfinder des Logarithmuses: „Da nichts (meine hochverehrten Studenten der Mathematik) in der praktischen Mathematik so beschwerlich ist und den Rechner mehr aufhält und hemmt als Multiplikationen und Divisionen großer Zahlen sowie Quadrat- und Kubikwurzelziehen aus ihnen, gegen die man wegen ihrer Umständlichkeit eine starke Abneigung hat und bei denen sich sehr leicht Rechenfehler einschleichen, so begann ich zu überlegen, durch welchen zuverlässigen und leichten Kunstgriff man diese Hindernissen umgehen könne. Nachdem ich hierüber verschiedentlich hin- und hergedacht, habe ich endlich einige besonders einfache Abkürzungen gefunden, über die ich (vielleicht) später berichten werde. Aber unter all diesen ist keine nützlicher als diejenige, welche zugleich mit Multiplikationen und Divisionen und den so lästigen und umständlichen Wurzelziehungen von den zu multiplizierenden, zu dividierenden oder in Wurzel aufzulösenden Zahlen selbst Abstand nimmt und andere Zahlen einführt, die allein durch Addition, Subtraktion und Zwei- bzw. Dreiteilung die Stelle der Ersteren vertreten“

29.3 Wichtige Eigenschaften von $\log(x)$

Wir werden nun mit Hilfe von (29.1) und (29.2) die grundlegenden Eigenschaften der Logarithmus-Funktion herleiten. Zunächst halten wir fest, dass $u(x) = \log(x)$ für $x > 0$ *streng monoton anwächst*, da $u'(x) = 1/x$ für $x > 0$ positiv ist. Das können wir aus Abb. 29.1 erkennen. Wir erinnern an (29.2) und folgern, dass für $a, b > 0$

$$\int_a^b \frac{dy}{y} = \log(b) - \log(a).$$

Als Nächstes bemerken wir, dass aus der Kettenregel folgt, dass für jede Konstante $a > 0$

$$\frac{d}{dx}(\log(ax) - \log(x)) = \frac{1}{ax} \cdot a - \frac{1}{x} = 0$$

gilt und folglich muss $\log(ax) - \log(x)$ für $x > 0$ konstant sein. Da für $x = 1$ $\log(x) = 0$, muss dieser konstante Wert $\log(a)$ entsprechen und daher

$$\log(ax) - \log(x) = \log(a) \quad \text{für } x > 0.$$

Wenn wir $x = b > 0$ wählen, erhalten wir die folgende wichtige Beziehung für den Logarithmus $\log(x)$:

$$\log(ab) = \log(a) + \log(b) \quad \text{für } a, b > 0. \tag{29.3}$$

Daher können wir den Logarithmus für das Produkt zweier Zahlen durch Addition der Logarithmen der beiden Zahlen erhalten. Wir haben bereits angedeutet, dass darauf das Prinzip des Rechenschiebers beruhte oder der Einsatz von Logarithmentafeln für die Multiplikation zweier Zahlen. Genauer formuliert (wie zuerst von Napier vorgeschlagen), suchen wir zunächst die Logarithmen $\log(a)$ und $\log(b)$ in einer Tabelle, addieren dann die Werte zu $\log(ab)$ mit Hilfe von (29.3) und suchen schließlich aus der Tabelle die reelle Zahl für den Logarithmus $\log(ab)$ und erhalten so das Ergebnis der Multiplikation zweier Zahlen a und b. Schlau, oder?

Gleichung (29.3) impliziert noch mehr. Beispielsweise erhalten wir durch Wahl von $b = 1/a$

$$\log(a^{-1}) = -\log(a) \quad \text{für } a > 0. \tag{29.4}$$

Die Wahl von $b = a^{n-1}$ mit $n = 1, 2, 3, \ldots$, liefert

$$\log(a^n) = \log(a) + \log(a^{n-1}),$$

so dass wir durch Wiederholung

$$\log(a^n) = n\log(a) \quad \text{für } n = 1, 2, 3, \ldots \tag{29.5}$$

erhalten. Mit (29.4) gilt diese Gleichung auch für $n = -1, -2, \ldots$.

Ganz allgemein erhalten wir für ein $r \in \mathbb{R}$ und $a > 0$:

$$\log(a^r) = r\log(a). \tag{29.6}$$

Wir beweisen dies, indem wir in (29.2) die Substitution $x = y^r$ mit $dx = ry^{r-1}dy$ durchführen:

$$\log(a^r) = \int_1^{a^r} \frac{1}{x}\,dx = \int_1^a \frac{ry^{r-1}}{y^r}\,dy = r\int_1^a \frac{1}{y}\,dy = r\log(a).$$

Schließlich wollen wir festhalten, dass $1/x$ auch für $x < 0$ eine Stammfunktion besitzt, denn für $a, b > 0$ gilt:

$$\int_{-a}^{-b} \frac{dy}{y} = \int_a^b \frac{-dx}{-x} = \int_a^b \frac{dx}{x} = \log(b) - \log(a)$$
$$= \log(-(-b)) - \log(-(-a)),$$

wenn wir $y = -x$ substituieren. Entsprechend können wir für jedes $a \neq 0$ und $b \neq 0$, die gleiches Vorzeichen haben, schreiben:

$$\int_a^b \frac{dx}{x} = \log(|b|) - \log(|a|). \tag{29.7}$$

Dabei ist es wichtig, dass (29.7) *nicht* gilt, wenn a und b unterschiedliche Vorzeichen besitzen.

Aufgaben zu Kapitel 29

29.1. Beweisen Sie, dass $\log(4) > 1$ und $\log(2) \geq 1/2$.

29.2. Beweisen Sie, dass

$$\log(x) \to \infty \quad \text{für } x \to \infty,$$
$$\log(x) \to -\infty \quad \text{für } x \to 0^+.$$

Hinweis: Aus $\log(2) \geq 1/2$ folgt mit (29.5), dass $\log(2^n)$ gegen Unendlich strebt, wenn n gegen Unendlich strebt.

29.3. Geben Sie einen alternativen Beweis für (29.3) mit Hilfe von

$$\log(ab) = \int_1^{ab} \frac{1}{y} dy = \int_1^a \frac{1}{y} dy + \int_a^{ab} \frac{1}{y} dy = \log(a) + \int_a^{ab} \frac{1}{y} dy,$$

indem Sie im letzten Integral die Variable y gegen $z = ay$ ersetzen.

29.4. Beweisen Sie, dass $\log(1+x) \leq x$ für $x > 0$ und dass $\log(1+x) < x$ für $x \neq 0$ und $x > -1$. Hinweis: Leiten Sie ab.

29.5. Zeigen Sie mit dem Mittelwertsatz, dass $\log(1+x) \leq x$ für $x > -1$. Können Sie dies direkt aus der Definition des Logarithmuses beweisen, indem Sie die Fläche unter dem Graphen skizzieren?

29.6. Zeigen Sie, dass $\log(a) - \log(b) = \log\left(\frac{a}{b}\right)$ für $a, b > 0$.

29.7. Formulieren Sie die Taylor-Entwicklung der Ordnung n für $\log(x)$ in $x = 1$.

29.8. Finden Sie eine Stammfunktion für $\frac{1}{x^2 - 1}$. Hinweis: Nutzen Sie, dass $\frac{1}{x^2-1} = \frac{1}{(x-1)(x+1)} = \frac{1}{2}\left(\frac{1}{x-1} - \frac{1}{x+1}\right)$.

29.9. Beweisen Sie, dass $\log(x^r) = r\log(x)$ für rationales $r = \frac{p}{q}$, indem Sie (29.5) klug nutzen.

29.10. Lösen Sie das Anfangswertproblem $u'(x) = 1/x^a$ für $x > 0$, $u(1) = 0$ für einen Exponenten a nahe bei 1. Zeichnen Sie die Lösung. Untersuchen Sie, für welche Werte a die Lösung $u(x)$ gegen Unendlich strebt, wenn x gegen Unendlich strebt.

29.11. Lösen Sie die folgenden Gleichungen: (a) $\log(7x) - 2\log(x) = \log(3)$, (b) $\log(x^2) + \log(3) = \log(\sqrt{x}) + \log(5)$, (c) $\log(x^3) - \log(x) = \log(7) - \log(x^2)$.

29.12. Berechnen Sie die Ableitungen der folgenden Funktionen: a) $f(x) = \log(x^3 + 6x)$, b) $f(x) = \log(\log(x))$, c) $f(x) = \log(x + x^2)$, d) $f(x) = \log(1/x)$, e) $f(x) = x\log(x) - x$.

30
Numerische Quadratur

„Und ich weiß, es *scheint* einfach zu sein“, sagte Ferkel zu sich, „aber nicht *jeder* könnte es tun“. (Das Haus an der Pu-Ecke, Milne)

Errare humanum est.

30.1 Berechnung von Integralen

In einigen Fällen können wir eine Stammfunktion (oder ein Integral) zu einer Funktion analytisch berechnen, d.h. wir können eine Formel für die Stammfunktion mit Hilfe bekannter Funktionen angeben. Beispielsweise können wir eine Formel für die Stammfunktion einer Polynomfunktion angeben, die wieder eine Polynomfunktion ist. Wir werden im Kapitel „Integrationstechniken“ auf die Frage zurückkommen, analytische Formeln für Stammfunktionen für bestimmte Funktionsklassen zu finden. Der Fundamentalsatz besagt, dass jede Lipschitz-stetige Funktion eine Stammfunktion besitzt, er liefert aber keine analytische Formel für die Stammfunktion. Der Logarithmus

$$\log(x) = \int_1^x \frac{dy}{y}, \quad \text{für } x > 0,$$

ist ein erstes Beispiel für dieses Problem. Wir wissen, dass der Logarithmus $\log(x)$ für $x > 0$ existiert und wir haben einige seiner Eigenschaften indirekt anhand der Differentialgleichung hergeleitet, aber die Frage bleibt offen, wie der Wert von $log(x)$ für ein bestimmtes $x > 0$ zu bestimmen ist. Haben wir dieses Problem einmal gelöst, so können wir $\log(x)$ unserer Liste von

„Elementarfunktionen" hinzufügen, mit denen wir umgehen können. Unten werden wir dieser Liste die Exponentialfunktion, die trigonometrischen Funktionen und andere exotischere Funktionen hinzufügen.

Unsere Situation ist absolut identisch zur Lösung algebraischer Gleichungen für Zahlen. Einige Gleichungen haben rationale Lösungen und wir haben das Gefühl, dass wir diese Gleichungen „exakt" analytisch (symbolisch) lösen können. Wir haben ein gut ausgeprägtes Gefühl für rationale Zahlen, auch wenn sie unendliche Dezimalentwicklungen besitzen und wir können ihre Werte oder ihr Muster in der Dezimalentwicklung mit einer endlichen Zahl arithmetischer Operationen berechnen. Aber die meisten Gleichungen haben irrationale Lösungen mit unendlichen, nicht-periodischen Dezimalentwicklungen, die wir praktisch nur angenähert mit einer bestimmten Genauigkeit berechnen können. Ähnlich ist es, wenn wir keine Stammfunktion für eine gegebene Funktion finden. Dann können wir nur versuchen, ihre Werte näherungsweise zu berechnen. Eine Möglichkeit, Werte einer solchen Funktion zu berechnen, bietet uns die Definition des Integrals als Riemannsche Summe. Dies ist als *numerische Quadratur* oder als *numerische Integration* bekannt und wir werden nun diese Möglichkeit erforschen.

Wir nehmen also an, dass wir das Integral

$$\int_a^b f(x)\,dx \tag{30.1}$$

berechnen wollen, wobei $f : [a,b] \to \mathbb{R}$ Lipschitz-stetig ist zur Lipschitz-Konstanten L_f. Falls wir eine Stammfunktion $F(x)$ von $f(x)$ angeben können, dann ist das Integral einfach $F(b) - F(a)$. Können wir aber keine Formel für $F(x)$ angeben, wenden wir uns an den Fundamentalsatz und berechnen eine Näherung für den Wert des Integrals mit Hilfe einer Riemannschen Summe

$$\int_a^b f(x)\,dx \approx \sum_{i=1}^{N} f(x_{i-1}^n)h_n, \tag{30.2}$$

wobei $x_i^n = a + ih_n$, $h_n = 2^{-n}(b-a)$, und $N = 2^n$ eine gleichmäßige Unterteilung von $[a,b]$ beschreiben. Der *Quadraturfehler*

$$Q_n = \left| \int_a^b f(x)\,dx - \sum_{i=1}^{N} f(x_{i-1}^n)h_n \right| \leq \frac{b-a}{2} L_f h_n \tag{30.3}$$

strebt gegen Null, wenn wir die Zahl der Schritte erhöhen und $h_n \to 0$. Falls wir den Wert des Integrals innerhalb einer *Toleranz* $TOL > 0$ genau bestimmen wollen und die Lipschitz-Konstante L_f kennen, dann erreichen wir $Q_n \leq TOL$, wenn die Schrittweite h_n das folgende *Endkriterium* erfüllt:

$$h_n \leq \frac{2\,TOL}{(b-a)L_f}. \tag{30.4}$$

Wir bezeichnen die Riemannsche Summenformel (30.2), vgl. Abb. 30.1, als *Rechteckmethode*, die die einfachste Methode neben anderen liefert, um ein Integral näherungsweise zu berechnen. Die Suche nach ausgefeilteren Methoden für die Näherung von Integralen wird durch den *Berechnungsaufwand* vorangetrieben, der mit der Berechnung der Näherung verbunden ist. Die Kosten werden üblicherweise als Zeit gemessen, da es eine zeitliche Grenze gibt, wie lange wir auf eine Lösung warten wollen. Bei der Rechteckmethode benötigt der Computer die meiste Zeit für die Berechnung der Funktion f und da jeder Schritt eine Berechnung von f erfordert, wird der Gesamtaufwand durch die Zahl der Schritte bestimmt. Die Betrachtung der Kosten führt uns zum Optimierungsproblem, eine Näherung mit einer bestimmten Genauigkeit mit einem relativ geringen Aufwand zu berechnen.

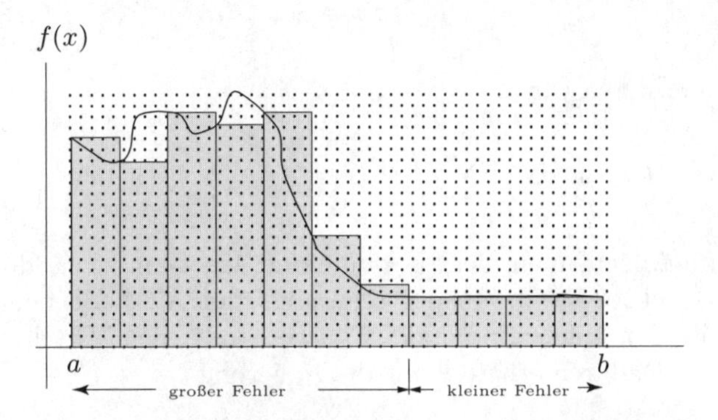

Abb. 30.1. Eine Veranschaulichung der Rechteckmethode

Um den Aufwand zu reduzieren, können wir ausgefeiltere Methoden zur Näherung von Integralen konstruieren. Aber selbst wenn wir uns auf die Rechteckmethode beschränken, können wir Varianten finden, die den Berechnungsaufwand für eine Näherung reduzieren. Es gibt zwei Größen, die wir beeinflussen können: Den Punkt, an dem wir die Funktion für ein Intervall auswerten, und die Größe des Intervalls. Betrachten Sie dazu Abb. 30.1, um zu erkennen, wie dies weiterhelfen könnte. In der Darstellung ändert sich die Funktion f ziemlich stark auf einem Teilintervall von $[a, b]$, sie ist aber in einem anderen Teil relativ konstant. Wir betrachten die Näherung für die Fläche unter f im ersten Teilintervall links. Wenn wir f im linken Punkt des Teilintervalls auswerten, dann überschätzen wir die Fläche unter f deutlich. Die Wahl eines Auswertungspunktes in der Mitte des Intervalls ergäbe sicherlich eine bessere Näherung. Das gleiche gilt für das zweite Teilintervall, bei dem die Wahl des linken Punktes offensichtlich zu einer Unterschätzung der Fläche führt. Betrachten wir dagegen die Näherungen an die Fläche bei den letzten vier Teilintervallen rechts, so ist die Näherung sehr genau, da f nahezu konstant ist. Tatsächlich könnten wir die Fläche unter f in diesem Teil von $[a,b]$ auch mit einem einzigen Teilintervall annähern statt mit vieren. Oder anders ausgedrückt, würden wir eine genauso gute Näherung erhalten, wenn wir ein großes Teilintervall statt vier kleine Teilintervalle wählen würden. Dies würde dann natürlich viermal weniger Aufwand bedeuten.

Also verallgemeinern wir die Rechteckmethode und erlauben ungleich große Teilintervalle und unterschiedliche Punkte für die Auswertung von f. Wir wählen eine Aufteilung $a = x_0 < x_1 < x_2 \cdots < x_N = b$ von $[a,b]$ in N Teilintervalle $I_j = [x_{j-1}, x_j]$ der Länge $h_j = x_j - x_{j-1}$ für $j = 1, \ldots, N$. Dabei kann N eine beliebige natürliche Zahl sein und die Größe der Teilintervalle kann sich unterscheiden. Nach dem Mittelwertsatz für Integrale existiert ein $\bar{x}_j \in I_j$, so dass

$$\int_{x_{j-1}}^{x_j} f(x)\,dx = f(\bar{x}_j)h_j, \tag{30.5}$$

und folglich erhalten wir

$$\int_a^b f(x)\,dx = \sum_{i=1}^{N} \int_{x_{j-1}}^{x_j} f(x)\,dx = \sum_{j=1}^{N} f(\bar{x}_j)h_j.$$

Da die $\bar{x}_j$ im Allgemeinen nicht bekannt sind, ersetzen wir $\bar{x}_j$ durch einen gegebenen Punkt $\hat{x}_j \in I_j$. In der ursprünglichen Methode benutzen wir beispielsweise den linken Endpunkt $\hat{x}_j = x_{j-1}$ oder den Mittelpunkt $\hat{x}_j = \frac{1}{2}(x_{j-1} + x_j)$. Dadurch erhalten wir die Näherung

$$\int_a^b f(x)\,dx \approx \sum_{j=1}^{N} f(\hat{x}_j)h_j. \tag{30.6}$$

Wir bezeichnen

$$\sum_{j=1}^{N} f(\hat{x}_j)h_j \tag{30.7}$$

als *Quadraturformel* zur Berechnung des Integrals $\int_a^b f(x)\,dx$, die einer *Riemannschen Summe* entspricht. Die Quadraturformel ist durch die *Quadraturpunkte* $\hat{x}_j$ und die *Gewichte* h_j charakterisiert. Beachten Sie, dass die Quadraturformel für $f(x) = 1$ für alle x exakt ist und $\sum_{j=1}^{N} h_j = b - a$ gilt.

Wir wollen nun den *Quadraturfehler*

$$Q_h = \Big| \int_a^b f(x)\,dx - \sum_{j=1}^{N} f(\hat{x}_j)h_j \Big|$$

abschätzen, wobei der Index h sich auf die Schrittweitenfolge h_j bezieht. Mit Hilfe von (30.5) können wir diese Abschätzung auf Fehler in jedem Teilintervall zurückführen und die Fehler summieren. Wir erhalten:

$$\Big| \int_{x_{j-1}}^{x_j} f(x)\,dx - f(\hat{x}_j)h_j \Big| = |f(\bar{x}_j)h_j - f(\hat{x}_j)h_j| = h_j|f(\bar{x}_j) - f(\hat{x}_j)|.$$

Wir gehen dabei davon aus, dass $f'(x)$ Lipschitz-stetig auf $[a, b]$ ist. Der Mittelwertsatz besagt, dass für $x \in [x_{j-1}, x_j]$

$$f(x) = f(\hat{x}_j) + f'(y)(x - \hat{x}_j),$$

für ein $y \in [x_{j-1}, x_j]$ gilt. Integration über $[x_{j-1}, x_j]$ liefert

$$\left| \int_{x_{j-1}}^{x_j} f(x)\,dx - f(\hat{x}_j)h_j \right| \leq \max_{y \in I_j} |f'(y)| \int_{x_{j-1}}^{x_j} |x - \hat{x}_j|\,dx.$$

Zur Vereinfachung der Summe auf der rechten Seite nutzen wir, dass

$$\int_{x_{j-1}}^{x_j} |x - \hat{x}_j|\,dx$$

maximal ist, wenn $\hat{x}_j$ der linke (oder rechte) Endpunkt ist. In dem Fall gilt

$$\int_{x_{j-1}}^{x_j} (x - x_{j-1})\,dx = \frac{1}{2} h_j^2.$$

Somit erhalten wir

$$\left| \int_{x_{j-1}}^{x_j} f(x)\,dx - f(\hat{x}_j)h_j \right| \leq \frac{1}{2} \max_{y \in I_j} |f'(y)| h_j^2.$$

Wir summieren dies und erhalten so

$$Q_h = \left| \int_a^b f(x)\,dx - \sum_{j=1}^N f(\hat{x}_j)h_j \right| \leq \frac{1}{2} \sum_{j=1}^N \left(\max_{y \in I_j} |f'(y)|\, h_j \right) h_j. \tag{30.8}$$

Damit haben wir die Abschätzung beim Fundamentalsatz auf ungleich große Unterteilungen verallgemeinert. Wir erkennen aus folgender Näherung, dass aus (30.8) folgt, dass Q_h gegen Null strebt, wenn die maximale Schrittgröße gegen Null strebt:

$$Q_h \leq \frac{1}{2} \max_{[a,b]} |f'| \sum_{j=1}^N h_j \max_{1 \leq j \leq N} h_j = \frac{1}{2}(b - a) \max_{[a,b]} |f'| \max_{1 \leq j \leq N} h_j. \tag{30.9}$$

Folglich strebt Q_h mit der gleichen Geschwindigkeit gegen Null wie $\max h_j$ gegen Null strebt.

30.2 Das Integral als Grenzwert Riemannscher Summen

Wir kehren nun zu der (spitzfindigen) Frage zurück, die wir gegen Ende des Kapitels „Das Integral“ gestellt haben: Sind alle Grenzwerte Riemannscher

Summennäherungen (wenn das größte Teilintervall gegen Null strebt) für ein bestimmtes Integral identisch? Wir erinnern daran, dass wir das Integral mit Hilfe einer besonderen gleichmäßigen Unterteilung definierten und wir fragen uns, ob jeder Grenzwert mit ungleichmäßiger Unterteilung dasselbe Ergebnis liefert. Die bejahende Antwort ergibt sich aus dem letzten Satz des letzten Abschnitts: Der Quadraturfehler Q_h strebt gegen Null, wenn $\max h_j$ gegen Null strebt, vorausgesetzt, dass $\max_{[a,b]} |f'|$ beschränkt ist, d.h. dass $|f'(x)|$ auf $[a, b]$ beschränkt ist. Dies beweist die Eindeutigkeit des Grenzwerts der Riemannschen Summennäherung für ein bestimmtes Integral, wenn das größte Teilintervall gegen Null strebt unter der Voraussetzung, dass die Ableitung des Integranden beschränkt ist. Diese Voraussetzung lässt sich natürlich dahingehend lockern, dass wir voraussetzen, dass der Integrand Lipschitz-stetig ist. Wir fassen dies zusammen:

Satz 30.1 *Der Grenzwert (wenn das größte Teilintervall gegen Null strebt) Riemannscher Summennäherungen eines Integrals einer Lipschitz-stetigen Funktion ist eindeutig.*

30.3 Die Mittelpunktsmethode

Wir wollen nun eine Quadraturformel näher untersuchen, bei der der Quadraturpunkt in der Mitte jedes Teilintervalls $\hat{x}_j = \frac{1}{2}(x_{j-1} + x_j)$ gewählt wird. Es zeigt sich, dass diese Wahl eine Methode liefert, die genauer ist als jede andere Rechteckmethode für eine bestimmte Intervalleinteilung, vorausgesetzt f besitzt eine Lipschitz-stetige zweite Ableitung. Mit dem Satz von Taylor folgt, dass für $x \in [x_{j-1}, x_j]$

$$f(x) = f(\hat{x}_j) + f'(\hat{x}_j)(x - \hat{x}_j) + \frac{1}{2} f''(y)(x - \hat{x}_j)^2$$

für ein $y \in [x_{j-1}, x_j]$ gilt, falls wir annehmen, dass f'' Lipschitz-stetig ist. Wir argumentieren wie oben und integrieren über $[x_{j-1}, x_j]$. Dabei benutzten wir nun jedoch die Tatsache, dass

$$\int_{x_{j-1}}^{x_j} (x - \hat{x}_j)\, dx = \int_{x_{j-1}}^{x_j} (x - (x_j + x_{j-1})/2)\, dx = 0,$$

was nur gilt, wenn $\hat{x}_j$ der Mittelpunkt von $[x_{j-1}, x_j]$ ist. Dies führt zu

$$\begin{aligned}\Big| \int_{x_{j-1}}^{x_j} f(x)\, dx - f(\hat{x}_j) h_j \Big| &\le \frac{1}{2} \max_{y \in I_j} |f''(y)| \int_{x_{j-1}}^{x_j} (x - \hat{x}_j)^2\, dx \\ &\le \frac{1}{24} \max_{y \in I_j} |f''(y)| h_j^3.\end{aligned}$$

Wenn wir nun die Fehler in jedem Teilintervall addieren, erhalten wir die folgende Abschätzung für den Gesamtfehler:

$$Q_h \leq \frac{1}{24} \sum_{j=1}^{N} \left(\max_{y \in I_j} |f''(y)| \, h_j^2 \right) h_j. \tag{30.10}$$

Um zu erkennen, dass diese Methode genauer ist als irgendeine andere Rechteckmethode, schätzen wir weiterhin

$$Q_h \leq \frac{1}{24}(b-a) \max_{[a,b]} |f''| \max h_j^2.$$

Diese Abschätzung besagt nun, dass der Fehler mit abnehmendem $\max h_j$ wie $\max h_j^2$ abnimmt. Vergleichen Sie dies mit dem allgemeinen Ergebnis (30.9), nach dem der Fehler für allgemeine Rechteckmethoden wie $\max h_j$ abnimmt. Wenn wir die Schrittweite $\max h_j$ halbieren, dann halbiert sich auch der Fehler bei einer allgemeinen Rechteckmethode, aber bei der Mittelpunktsmethode verringert sich der Fehler um einen Faktor *vier*. Wir sagen daher, dass die Mittelpunktsmethode *quadratisch* konvergiert, wohingegen die allgemeine Rechteckmethode *linear* konvergiert.

Wir veranschaulichen die Genauigkeit der beiden Methoden und die Fehlerschätzungen für Näherungen von

$$\log(4) = \int_1^4 \frac{dx}{x} \approx \sum_{j=1}^{N} \frac{h_j}{\hat{x}_j}$$

sowohl mit der ursprünglichen Rechteckmethode mit $\hat{x}_j$ als linkem Punkt x_{j-1} von jedem Teilintervall als auch mit der Mittelpunktsmethode. In beiden Fällen benutzen wir eine konstante Schrittweite $h_i = (4-1)/N$ für $i = 1, 2, \ldots, N$. (30.8) und (30.10) auszuwerten ist einfach, da $|f'(x)| = 1/x^2$ und $|f''(x)| = 2/x^3$ abnehmende Funktionen sind. Wir geben die Ergebnisse für vier verschiedene Werte von N wieder.

	Rechteckmethode		Mittelpunktsmethode	
N	Fehler	Abschätzung	Fehler	Abschätzung
25	0,046	0,049	0,00056	0,00056
50	0,023	0,023	0,00014	0,00014
100	0,011	0,011	0,000035	0,000035
200	0,0056	0,0057	0,0000088	0,0000088

Diese Ergebnisse zeigen, dass die Fehlerabschätzungen (30.8) und (30.10) den wahren Fehler ziemlich genau treffen. Beachten Sie auch, dass die Mittelpunktsmethode viel genauer ist als die allgemeine Rechteckmethode für eine vorgegebene Unterteilung und dass außerdem der Fehler bei der Mittelpunktsmethode quadratisch gegen Null strebt, d.h. dass der Fehler jedes Mal um einen Faktor 4 kleiner wird, wenn die Zahl der Intervalle verdoppelt wird.

30.4 Adaptive Quadratur

In diesem Abschnitt betrachten wir das Optimierungsproblem, eine Näherung an ein Integral innerhalb einer vorgegebenen Genauigkeit mit möglichst geringem Aufwand zu berechnen. Um die Diskussion zu vereinfachen, benutzen wir die ursprüngliche Rechteckmethode, bei der $\hat{x}_j$ dem linken Endpunkt x_{j-1} jedes Teilintervalls entspricht. Das Optimierungsproblem lautet somit, eine Näherung mit einem Fehler kleiner als eine gegebene Toleranz TOL mit der kleinstmöglichen Zahl von Schritten zu berechnen. Da wir den Näherungsfehler nicht kennen, benutzen wir den Quadraturfehler (30.8) für die Fehlerabschätzung. Das Optimierungsproblem lautet folglich, eine Aufteilung $\{x_j\}_{j=0}^N$ mit dem kleinstmöglichen N zu finden, so dass das Endkriterium

$$\sum_{j=1}^{N} \left(\max_{y \in I_j} |f'(y)|\, h_j \right) h_j \leq \text{TOL} \tag{30.11}$$

erfüllt ist. Diese Ungleichung lässt vermuten, dass wir die Schrittweiten h_j in Abhängigkeit von der Größe von $\max_{I_j} |f'|$ anpassen oder *adaptieren* sollten. Ist $\max_{I_j} |f'|$ groß, sollte h_j klein sein und umgekehrt. Eine derartig optimierte Unterteilung zu finden wird *adaptive* Quadratur bezeichnet, da wir eine Unterteilung suchen, die an den Integranden $f(x)$ geeignet adaptiert ist.

Es gibt verschiedene Strategien, eine derartige Unterteilung zu finden. Wir wollen zwei herausgreifen.

Bei der ersten Strategie, oder dem ersten adaptiven Algorithmus, schätzen wir die Summe in (30.11) folgendermaßen ab:

$$\sum_{j=1}^{N} \left(\max_{I_j} |f'|\, h_j \right) h_j \leq (b-a) \max_{1 \leq j \leq N} \left(\max_{I_j} |f'|\, h_j \right),$$

wobei wir ausnutzen, dass $\sum_{j=1}^{N} h_j = b - a$. Wir erkennen, dass (30.11) erfüllt ist, wenn für die Schrittweiten gilt:

$$h_j = \frac{\text{TOL}}{(b-a) \max\limits_{I_j} |f'|} \quad \text{für } j = 1, \ldots, N. \tag{30.12}$$

Im Allgemeinen entspricht dies einer nicht-linearen Gleichung für h_j, da $\max_{I_j} |f'|$ von h_j abhängt.

Wir wenden diesen adaptiven Algorithmus für die Berechnung von $\log(b)$ an und erhalten die folgenden Ergebnisse:

TOL	b	Schritte	Näherungswert	Fehler
0,05	4,077	24	1,36	0,046
0,005	3,98	226	1,376	0,0049
0,0005	3,998	2251	1,38528	0,0005
0,00005	3,9998	22501	1,3861928	0,00005

Bei diesen Ergebnissen ändert sich b leicht, wofür die Strategie bei der Implementierung von (30.12) verantwortlich ist. Wir spezifizieren nämlich die Toleranz und suchen dann ein N, so dass b so nahe wie möglich bei 4 liegt.

Wir haben die Schrittweitenfolge für TOL $= 0,01$ in Abb. 30.2 wiedergegeben, woraus die Adaptivität klar ersichtlich wird. Rechnen wir im Gegenzug mit einer gleichmäßigen Schrittweite, so erkennen wir aus (30.11), dass wir $N = 9/\text{TOL}$ Punkte benötigen, um eine Genauigkeit von TOL zu erreichen. Das bedeutet beispielsweise, dass wir 900 Punkte bräuchten, um eine Genauigkeit von $0,01$ zu erreichen, was beträchtlich mehr ist, als wir mit der adaptierten Schrittweite benötigen.

Der zweite adaptive Algorithmus basiert auf einer *Gleichverteilung des Fehlers*. Hierbei werden die Schritte h_j so gewählt, dass der Fehlerbeitrag aus jedem Teilintervall ungefähr gleich ist. Rein gefühlsmäßig sollte dies zur geringsten Zahl von Intervallen führen, da der Fehler am stärksten reduziert wird, wenn wir das Intervall mit dem größten Fehlereintrag unterteilen. Bei diesem Algorithmus schätzen wir die Summe auf der linken Seite von (30.11) durch

$$\sum_{j=1}^{N} \left(\max_{I_j} |f'| \, h_j \right) h_j \leq N \max_{1 \leq j \leq N} \left(\max_{I_j} |f'| \, h_j^2 \right)$$

ab und bestimmen die Schritte h_j durch

$$h_j^2 = \frac{\text{TOL}}{N \max_{I_j} |f'|} \quad \text{für } j = 1, \ldots, N. \tag{30.13}$$

Wie oben haben wir eine nicht-lineare Gleichung für h_j zu lösen, nun sogar mit der zusätzlichen Schwierigkeit einer expliziten Abhängigkeit von der Gesamtzahl der Schritte N.

Wir implementieren (30.13) zur Berechnung von $\log(b)$ mit $b \approx 4$ und erhalten die folgenden Ergebnisse:

TOL	b	Schritte	Näherungswert	Fehler
0,05	4,061	21	1,36	0,046
0,005	4,0063	194	1,383	0,005
0,0005	3,9997	1923	1,3857	0,0005
0,00005	4,00007	19220	1,38626	0,00005

Wir stellen die Schrittweitenfolge für TOL $= 0,01$ in Abb. 30.2 dar und erkennen, dass bei jeder vorgegebener Toleranz der zweite adaptive Algorithmus (30.13) dieselbe Genauigkeit liefert bei $x_N \approx 4$ wie (30.12), aber mit weniger Schritten. Daher scheint der zweite Algorithmus effizienter zu sein.

Wir vergleichen die Effizienz der beiden adaptiven Algorithmen, indem wir die Anzahl Schritte N abschätzen, die notwendig sind, um $\log(x)$ bei

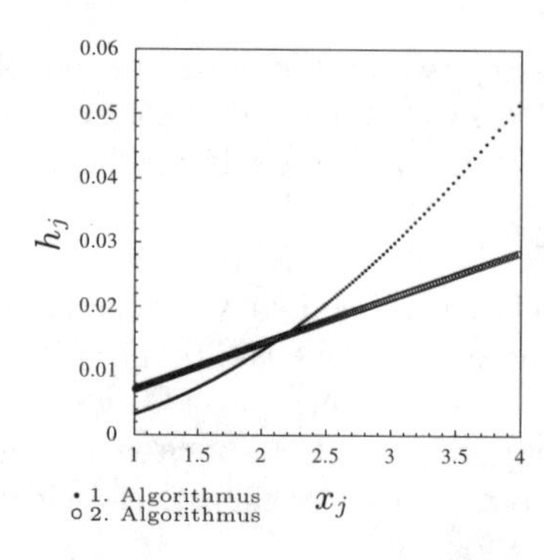

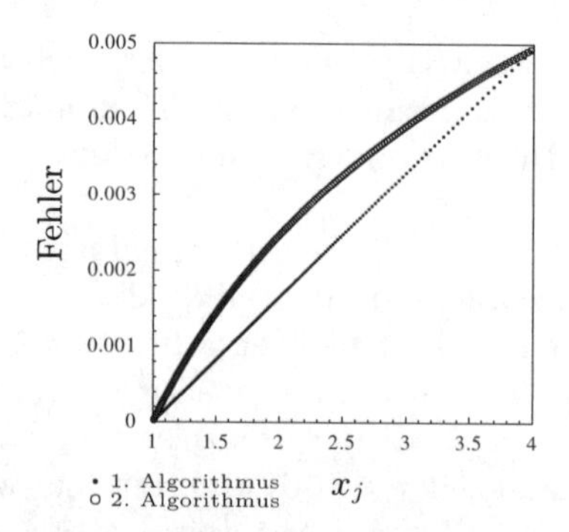

Abb. 30.2. *Links* sind die Schrittweiten der beiden adaptiven Algorithmen für die Integration von log(4) bei TOL $= 0,01$ wiedergeben, während *rechts* die zugehörigen Fehler gegen x aufgetragen sind

vorgegebener Toleranz TOL zu berechnen. Dazu betrachten wir die Gleichung

$$N = \frac{h_1}{h_1} + \frac{h_2}{h_2} + \cdots + \frac{h_N}{h_N},$$

aus der folgt, dass für $x_N > 1$

$$N = \int_1^{x_N} \frac{dy}{h(y)},$$

wobei $h(y)$ die stückweise konstante *Schrittweitenfunktion* ist mit den Werten $h(s) = h_j$ für $x_{j-1} < s \leq x_j$. Beim zweiten Algorithmus setzten wir den Wert für h aus (30.13) in das Integral ein und erhalten, wenn wir $f'(y) = -1/y^2$ bei $f(y) = 1/y$ berücksichtigen,

$$N \approx \frac{\sqrt{N}}{\sqrt{\text{TOL}}} \int_1^{x_N} \frac{dy}{y}$$

oder

$$N \approx \frac{1}{\text{TOL}} \left(\log(x_N)\right)^2 . \tag{30.14}$$

Mit einer ähnlichen Analyse für den ersten adaptiven Algorithmus erhalten wir

$$N \approx \frac{x_{N-1}}{\text{TOL}} \left(1 - \frac{1}{x_N}\right) . \tag{30.15}$$

Wir sehen, dass in beiden Fällen N reziprok proportional zu TOL ist. Die Zahl der Schritte, die notwendig sind, um die gewünschte Genauigkeit zu erreichen, wächst beim ersten adaptiven Algorithmus viel schneller an, wenn x_N anwächst, als beim zweiten Algorithmus, d.h. mit linearer Abhängigkeit anstatt mit logarithmischer Abhängigkeit. Beachten Sie, dass der Fall $0 < x_N < 1$ auf den Fall $x_N > 1$ zurückgeführt werden kann, wenn wir x_N durch $1/x_N$ ersetzen, da $\log(x) = -\log(1/x)$.

Wenn wir (30.12) oder (30.13) nutzen, um die Schritte h_j im Intervall $[a, x_N]$ zu wählen, so ist natürlich der Quadraturfehler auf jedem kleineren Intervall $[a, x_i]$ mit $i \leq N$ ebenso kleiner als TOL. Beim ersten Algorithmus (30.12) können wir übrigens die stärkere Abschätzung

$$\left| \int_a^{x_i} f(y)\, dy - \sum_{j=1}^{i} f(x_j)\, h_j \right| \leq \frac{x_i - a}{x_N - a} TOL, \quad 1 \leq i \leq N \tag{30.16}$$

zeigen, d.h. der Fehler wächst höchstens linear mit x_i, wenn i anwächst. Dies gilt jedoch im Allgemeinen nicht für den zweiten adaptiven Algorithmus. In Abb. 30.2 haben wir die Fehler gegen x_i für $x_i \leq x_N$ dargestellt, die sich aus den beiden adaptiven Algorithmen für TOL $= 0,01$ ergeben. Wir erkennen den linearen Anstieg, den wir für den ersten Algorithmus (30.12) vorhersagen, während der Fehler für den zweiten Algorithmus (30.13) für $1 < x_i < x_N$ größer ist.

Aufgaben zu Kapitel 30

30.1. Schätzen Sie den Fehler für die Endpunkts- und Mittelpunktsmethode für die folgenden Integrale: (a) $\int_0^2 2s\, ds$, (b) $\int_0^2 s^3\, ds$ und (c) $\int_0^2 \exp(-s)\, ds$ für $h = 0,1;\ 0,01;\ 0,001$ und $0,0001$. Diskutieren Sie die Ergebnisse.

30.2. Berechnen Sie Näherungen für die folgenden Integrale mit Hilfe adaptiver Quadratur: (a) $\int_0^2 2s\, ds$, (b) $\int_0^2 s^3\, ds$ und (c) $\int_0^2 \exp(-s)\, ds$. Diskutieren Sie die Ergebnisse.

30.3. Vergleichen Sie theoretisch und experimentell die Zahl der Schritte von (30.12) und (30.13) für die Integralberechnung der Form: $\int_x^1 f(y)\, dy$ für $x > 0$, wobei $f(y) \sim y^{-\alpha}$ mit $\alpha > 1$.

30.4. Die *Trapezmethode* benutzt folgendes Schema:

$$\int_{x_{j-1}}^{x_j} f(x)dx \approx (x_j - x_{j-1})(f(x_{j-1}) + f(x_j))/2. \tag{30.17}$$

Zeigen Sie, dass die Quadratur exakt ist, wenn $f(x)$ ein Polynom ersten Grades ist und geben Sie eine Abschätzung für den Quadraturfehler, die der Abschätzung bei der Mittelpunktsmethode ähnlich ist. Vergleichen Sie die Mittelpunkts- und die Trapezmethode.

30.5. Entwerfen Sie andere adaptive Quadraturmethoden, die auf der Mittelpunktsmethode beruhen und vergleichen Sie.

30.6. Betrachten Sie die folgende Quadraturformel:

$$\int_a^b f(x)dx \approx (b - a)(f(\hat{x}_1) + f(\hat{x}_2))/2. \tag{30.18}$$

Bestimmen Sie die Quadraturpunkte $\hat{x}_1$ und $\hat{x}_2$, so dass die Quadraturformel für Polynome zweiten Grades $f(x)$ exakt ist. Diese Quadraturformel wird zweistufiges Gauss-Verfahren bezeichnet. Überprüfen Sie, für welche Ordnung von Polynomfunktionen diese Formel exakt ist.

30.7. Berechnen Sie den Wert von $\int_0^1 \frac{1}{1+x^2} dx$ durch Quadratur. Multiplizieren Sie das Ergebnis mit 4. Erkennen Sie die Zahl?

31

Die Exponentialfunktion $\exp(x) = e^x$

Mathematische Fertigkeiten zu besitzen ist wichtiger als jemals zuvor, aber mit der Entwicklung der Computer tritt eine Schwerpunktsverlagerung bei der Lehre von Studierenden der Ingenieurwissenschaften auf, was allgemein erkannt wird. Diese Verlagerung führt weg von der simplen Fertigkeit in Lösungstechniken hin zu einem tieferen Verständnis mathematischer Vorstellungen und Abläufen im Zusammenhang damit, dieses Verständnis effektiv bei der Formulierung und Analyse physikalischer Phänomene und Ingenieursprobleme einzusetzen. (Glyn James im Vorwort zu „Moderne Ingenieursmathematik", 1992)

Die Beschränktheit menschlicher Vorstellungskraft verleitet zu der Aussage: Alles ist möglich - und ein bisschen mehr. (Horace Engdahl)

31.1 Einleitung

In diesem Kapitel wollen wir die Untersuchung der *Exponentialfunktion* $\exp(x)$, vgl. Abb. 31.1, eine der wichtigen Funktionen der Infinitesimalrechnung, wieder aufnehmen. Wir haben sie bereits in den Kapiteln „Kurzer Kurs zur Infinitesimalrechnung" und „Galileo, Newton, Hooke, Malthus und Fourier" kennengelernt. Wir sagten, dass $\exp(x)$ für $x > 0$ die Lösung für das folgende Anfangswertproblem ist: Gesucht ist eine Funktion $u(x)$, so dass

$$\begin{aligned} u'(x) &= u(x) \quad \text{für } x > 0, \\ u(0) &= 1. \end{aligned} \tag{31.1}$$

Offensichtlich besagt die Gleichung $u'(x) = u(x)$, dass die Änderungsrate $u'(x)$ mit der Größe $u(x)$ selbst gleich ist, d.h. die Exponentialfunktion $\exp(x) = e^x$ wird durch die Eigenschaft charakterisiert, dass ihre Ableitung sich selbst gleich ist: $D\exp(x) = \exp(x)$. Welche wundervolle, ja fast göttliche Eigenschaft! Wir schreiben auch e^x für die Exponentialfunktion, d.h. $e^x = \exp(x)$ und $De^x = e^x$.

In diesem Kapitel geben wir einen konstruktiven Beweis für die *Existenz* einer eindeutigen Lösung für das Anfangswertproblem (31.1), d.h. wir *beweisen* die Existenz der Exponentialfunktion $\exp(x) = e^x$ für $x > 0$. Beachten Sie, dass wir oben nur die Existenz von Lösungen *gefordert* haben. Wie stets, so zeigt uns dieser konstruktive Beweis einen Weg auf, um $\exp(x)$ für verschiedene Werte von x zu *berechnen.*

Unten werden wir $\exp(x)$ auf $x < 0$ erweitern, indem wir $\exp(x) = (\exp(-x))^{-1}$ für $x > 0$ setzen und zeigen, dass $\exp(-x)$ das Anfangswertproblem $u'(x) = -u(x)$ für $x > 0$ mit $u(0) = 1$ löst. Wir stellen die Funktionen $\exp(x)$ und $\exp(-x)$ für $x \geq 0$ in Abb. 31.1 dar. Wir erkennen, dass $\exp(x)$ ansteigt und dass $\exp(-x)$ mit zunehmendem x abnimmt und dass $\exp(x)$ für alle x positiv ist. Durch die Kombination von $\exp(x)$ und $\exp(-x)$ für $x \geq 0$ wird $\exp(x)$ für $-\infty < x < \infty$ definiert. Unten werden wir zeigen, dass $D\exp(x) = \exp(x)$ für $-\infty < x < \infty$.

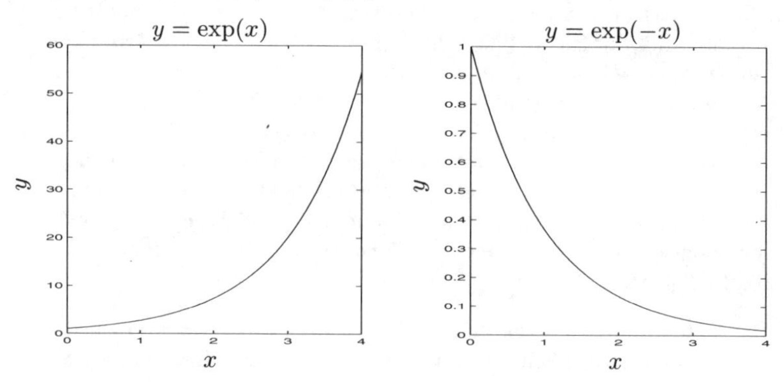

Abb. 31.1. Die Exponentialfunktionen $\exp(x)$ und $\exp(-x)$ für $x \geq 0$

Das Problem (31.1) ist ein Spezialfall des Malthusschen Modells für Populationen (26.17), mit dessen Hilfe auch eine Vielzahl von Phänomenen z.B. in der Physik und der Ökonomie beschrieben werden:

$$\begin{cases} u'(x) = \lambda u(x) & \text{für } x > 0, \\ u(0) = u_0, \end{cases} \tag{31.2}$$

wobei λ eine Konstante und u_0 ein gegebener Anfangswert ist. Die Lösung dieses Problems kann mit Hilfe der Exponentialfunktion ausgedrückt werden:

$$u(x) = \exp(\lambda x)u_0 \quad \text{für } x \geq 0. \tag{31.3}$$

Dies ergibt sich direkt mit Hilfe der Kettenregel: $D\exp(\lambda x) = \exp(\lambda x)\lambda$, wobei wir ausnutzten, dass $D\exp(x) = \exp(x)$. Angenommen $u_0 > 0$, so dass $u(x) > 0$. Dann bestimmt offensichtlich das Vorzeichen von λ, ob u abnimmt ($\lambda < 0$) oder zunimmt ($\lambda > 0$). In Abb. 31.1 haben wir die Lösungen von (31.2) für $\lambda = \pm 1$ und $u_0 = 1$ dargestellt.

Bevor wir uns der Konstruktion der Exponentialfunktion $\exp(x)$ zuwenden, erinnern wir an zwei der Schlüsselanwendungen von (31.2): Die Populationsdynamik und das Bankwesen. Hierbei steht x für die Zeit und wir ändern die Schreibweise, indem wir x gegen t austauschen.

Beispiel 31.1. Wir betrachten eine Population mit konstanten Geburts- und Todesraten β und δ, die pro Zeiteinheit und pro Einzelwesen die Zahl der Geburten und Todesfälle angeben. Beschreibt $u(t)$ die Population zur Zeit t und ist Δt ein kleines Inkrement, so werden im Zeitraum t bis $t + \Delta t$ ungefähr $\beta u(t)\Delta t$ Geburten und $\delta u(t)\Delta t$ Todesfälle vorkommen. Daher beträgt die Veränderung der Population in einem Zeitintervall ungefähr

$$u(t + \Delta t) - u(t) \approx \beta u(t)\Delta t - \delta u(t)\Delta t$$

und folglich ist

$$\frac{u(t + \Delta t) - u(t)}{\Delta t} \approx (\beta - \delta)u(t),$$

wobei die Näherung mit abnehmendem Δt verbessert wird. Bilden wir unter der Annahme, dass $u(t)$ differenzierbar ist, den Grenzwert für $\Delta t \to 0$, so erhalten wir die Modellgleichung $u'(t) = (\beta - \delta)u(t)$. Wenn wir von einer Anfangspopulation u_0 bei $t = 0$ ausgehen, führt uns dies zum Modell (31.2) mit $\lambda = \beta - \delta$, die die Lösung $u(x) = \exp(\lambda x)u_0$ besitzt.

Beispiel 31.2. Eine anfängliche Geldanlage u von 2000 Euro zur Zeit $t = 0$ auf ein Bankkonto mit 5% Zinsen, das kontinuierlich verzinst wird, führt zu

$$\begin{cases} u' = 1{,}05u, & t > 0, \\ u(0) = 2000, \end{cases}$$

und somit $u(t) = \exp(1{,}05t)2000$ für $t \geq 0$.

31.2 Konstruktion der Exponentialfunktion $\exp(x)$ für $x \geq 0$

Beim Beweis des Fundamentalsatzes konstruierten wir die Lösung $u(x)$ des Anfangswertproblems

$$\begin{cases} u'(x) = f(u(x), x) & \text{für } 0 < x \leq 1, \\ u(0) = u_0, \end{cases} \tag{31.4}$$

für den Fall, dass $f(u(x), x) = f(x)$ nur von x und nicht von $u(x)$ abhängt. Wir konstruierten die Lösung $u(x)$ als Grenzwert der Folge von Funktionen $\{U^n(x)\}_{n=1}^{\infty}$, wobei $U^n(x)$ stückweise lineare Funktionen sind, die auf einer Menge von Knotenpunkten $x_i^n = ih_n$, $i = 0, 1, 2, \ldots, N = 2^n$, $h_n = 2^{-n}$ definiert sind:

$$U^n(x_i^n) = U^n(x_{i-1}^n) + h_n f(x_{i-1}^n) \quad \text{für } i = 1, 2, \ldots, N, \quad U^n(0) = u_0. \tag{31.5}$$

Wir werden nun dieselbe Technik für die Konstruktion der Lösung von (31.1) einsetzen, die der Form von (31.4) entspricht, wenn $f(u(x), x) = u(x)$ und $u_0 = 1$. Wir werden den Beweis in einer Art führen, die einfach auf jedes Gleichungssystem der Form (31.4) verallgemeinerbar ist, womit wir in der Tat eine Großzahl von Anwendungen abdecken. Wir hoffen damit den Leser so weit motiviert zu haben, dass er sorgfältig jedem Beweisschritt folgt und somit auch gut vorbereitet ist für das besondere Kapitel „Das allgemeine Anfangswertproblem".

Wir konstruieren die Lösung $u(x)$ von (31.1) für $x \in [0, 1]$ als Grenzwert einer Folge stückweise linearer Funktionen $\{U^n(x)\}_{n=1}^{\infty}$, die in den Knotenpunkten durch die Gleichung

$$U^n(x_i^n) = U^n(x_{i-1}^n) + h_n U^n(x_{i-1}^n) \quad \text{für } i = 1, 2, \ldots, N \tag{31.6}$$

definiert sind mit $U^n(0) = 1$. Dies entspricht (31.5), wenn wir $f(x_{i-1}^n)$ durch $U^n(x_{i-1}^n)$ ersetzen, was einem Ersetzen von $f(x)$ durch $f(x, u(x)) = u(x)$ entspricht. Mit Hilfe dieser Formel können wir, beginnend bei $U^n(0) = 1$, die Werte $U^n(x_i^n)$ einen nach dem anderen für $i = 1, 2, 3, \ldots$ berechnen, d.h. wir bewegen uns in der Zeit vorwärts, wenn x für die Zeit steht.

Wir können (31.6) auch als

$$U^n(x_i^n) = (1 + h_n) U^n(x_{i-1}^n) \quad \text{für } i = 1, 2, \ldots, N \tag{31.7}$$

schreiben und, da $U^n(x_i^n) = (1 + h_n) U^n(x_{i-1}^n) = (1 + h_n)^2 U^n(x_{i-2}^n) = (1 + h_n)^3 U^n(x_{i-3}^n)$ usw., folgern, dass die Knotenwerte $U^n(x)$ durch die Gleichung

$$U^n(x_i^n) = (1 + h_n)^i \quad \text{für } i = 0, 1, 2, \ldots, N \tag{31.8}$$

gegeben werden, wobei wir außerdem ausnutzten, dass $U^n(0) = 1$. Wir veranschaulichen dies in Abb. 31.2. Wir können $U^n(x_i^n)$ als erhaltenes Kapital zur Zeit $x_i^n = ih_n$ betrachten, wenn wir mit einem Einheitskapital zur Zeit Null beginnen und der Zinssatz bei jeder Verzinsung gleich h_n ist.

Zur Konvergenzanalyse von $U^n(x)$ für $n \to \infty$ beweisen wir zunächst, dass die Knotenwerte $U^n(x_i^n)$ beschränkt sind, indem wir den Logarithmus von (31.8) nehmen und die Ungleichung $\log(1+x) \leq x$ für $x > 0$ ausnutzen, die wir aus Aufgabe 29.4 kennen. Wir erhalten so:

$$\log(U^n(x_i^n)) = i \log(1 + h_n) \leq ih_n = x_i^n \leq 1 \quad \text{für } i = 1, 2, \ldots, N.$$

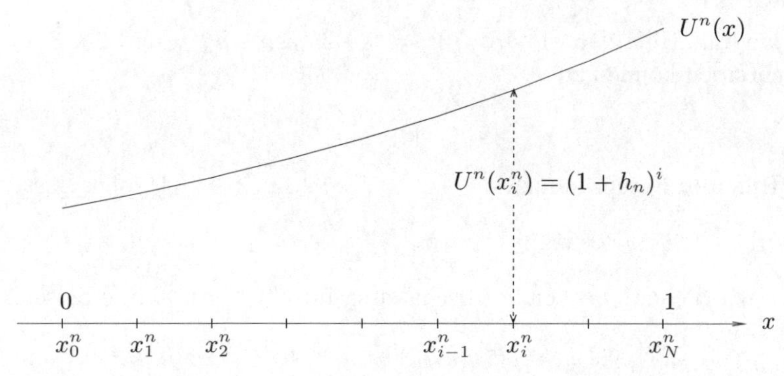

Abb. 31.2. Die stückweise lineare Näherungslösung $U^n(x) = (1 + h_n)^i$

Daraus folgt, dass

$$U^n(x_i^n) = (1 + h_n)^i \leq 4 \quad \text{für } i = 1, 2, \ldots, N, \tag{31.9}$$

da nach Aufgabe 29.1 $\log(4) > 1$ und $\log(x)$ anwächst. Da $U^n(x)$ zwischen den Knotenpunkten linear ist und offensichtlich $U^n(x) \geq 1$, erhalten wir $1 \leq U^n(x) \leq 4$ für alle $x \in [0, 1]$.

Wir zeigen nun, dass $\{U^n(x)\}_{n=1}^{\infty}$ für jedes feste $x \in [0, 1]$ eine Cauchy-Folge ist. Dazu schätzen wir zunächst $|U^n(x) - U^{n+1}(x)|$ in den Knotenpunkten $x = x_i^n = ih_n = 2ih_{n+1} = x_{2i}^{n+1}$ für $i = 0, 1, \ldots, N$, vgl. Abb. 31.3. Beachten Sie, dass $h_{n+1} = h_n/2$, so dass zwei Schritte mit Schrittweite h_{n+1} einem Schritt mit Schrittweite h_n entsprechen. Wir beginnen damit,

$$U^{n+1}(x_{2i}^{n+1}) = (1 + h_{n+1})U^{n+1}(x_{2i-1}^{n+1}) = (1 + h_{n+1})^2 U^{n+1}(x_{2i-2}^{n+1}),$$

von (31.6) zu subtrahieren. Dabei verwenden wir $x_i^n = x_{2i}^{n+1}$ und setzen $e_i^n = U^n(x_i^n) - U^{n+1}(x_i^n)$ und erhalten so

$$e_i^n = (1 + h_n)U^n(x_{i-1}^n) - (1 + h_{n+1})^2 U^{n+1}(x_{i-1}^n),$$

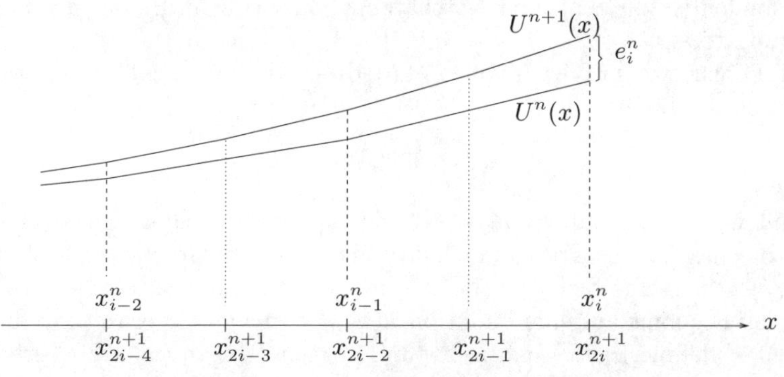

Abb. 31.3. $U^n(x)$ und $U^{n+1}(x)$

was wir mit Hilfe von $(1 + h_{n+1})^2 = 1 + 2h_{n+1} + h_{n+1}^2$ und $2h_{n+1} = h_n$ umschreiben können zu

$$e_i^n = (1 + h_n)e_{i-1}^n - h_{n+1}^2 U^{n+1}(x_{i-1}^n).$$

Mit Hilfe der Beschränkung $1 \leq U^{n+1}(x) \leq 4$ für $x \in [0, 1]$ folgt, dass

$$|e_i^n| \leq (1 + h_n)|e_{i-1}^n| + 4h_{n+1}^2.$$

Wenn wir die entsprechende Abschätzung für e_{i-1}^n einsetzen, erhalten wir

$$\begin{aligned} |e_i^n| \leq &(1 + h_n)\big((1 + h_n)|e_{i-2}^n| + 4h_{n+1}^2\big) + 4h_{n+1}^2 \\ =&(1 + h_n)^2|e_{i-2}^n| + 4h_{n+1}^2\big(1 + (1 + h_n)\big). \end{aligned}$$

Wir können dies fortsetzen und erhalten so mit $e_0^n = 0$ für $i = 1, \ldots, N$:

$$|e_i^n| \leq 4h_{n+1}^2 \sum_{k=0}^{i-1}(1 + h_n)^k = h_n^2 \sum_{k=0}^{i-1}(1 + h_n)^k.$$

Wenn wir nun mit $z = 1 + h$ noch ausnutzen, dass

$$\sum_{k=0}^{i-1} z^k = \frac{z^i - 1}{z - 1}, \tag{31.10}$$

erhalten wir für $i = 1, \ldots, N$:

$$|e_i^n| \leq h_n^2 \frac{(1 + h_n)^i - 1}{h_n} = h_n((1 + h_n)^i - 1) \leq 3h_n,$$

wobei wir wiederum $(1 + h_n)^i = U^n(x_i^n) \leq 4$ ausnutzten. Somit haben wir bewiesen, dass für $\bar{x} = x_j^n$, $j = 1, \ldots, N$

$$|U^n(\bar{x}) - U^{n+1}(\bar{x})| = |e_j^n| \leq 3h_n,$$

was analog ist zur zentralen Abschätzung (27.24) beim Beweis des Fundamentalsatzes.

Wenn wir, wie im Beweis von (27.25), diese Abschätzung über n iterieren, erhalten wir für $m > n$

$$|U^n(\bar{x}) - U^m(\bar{x})| \leq 6h_n, \tag{31.11}$$

womit wir gezeigt haben, dass $\{U^n(\bar{x})\}_{n=1}^{\infty}$ eine Cauchy-Folge ist, die daher zu einer reellen Zahl $u(\bar{x})$ konvergiert. Diesen Grenzwert wollen wir $\exp(\bar{x}) = e^{\bar{x}}$ schreiben. Wie beim Beweis des Fundamentalsatzes können wir das Ergebnis auf eine Funktion $u(x) = \exp(x) = e^x$ erweitern, die für $x \in [0, 1]$ definiert ist. Wenn m in (31.11) gegen Unendlich strebt, erhalten wir

$$|U^n(x) - \exp(x)| \leq 6h_n \quad \text{für } x \in [0, 1]. \tag{31.12}$$

Aus der Konstruktion erhalten wir für $\bar{x} = jh_n$, d.h. $h_n = \frac{\bar{x}}{j}$:

$$\exp(\bar{x}) = \lim_{n\to\infty} (1 + h_n)^j = \lim_{j\to\infty} \left(1 + \frac{\bar{x}}{j}\right)^j,$$

da $j \to \infty$ mit $n \to \infty$, d.h.

$$\exp(x) = \lim_{j\to\infty} \left(1 + \frac{x}{j}\right)^j \qquad \text{für } x \in [0,1]. \tag{31.13}$$

Insbesondere definieren wir die Zahl e durch

$$e \equiv \exp(1) = \lim_{j\to\infty} \left(1 + \frac{1}{j}\right)^j. \tag{31.14}$$

Wir bezeichnen e als *Basis der Exponentialfunktion.* Wir werden unten zeigen, dass $\log(e) = 1$.

Nun bleibt noch zu prüfen, ob die Funktion $u(x) = \exp(x) = e^x$, die wir gerade konstruiert haben, tatsächlich (31.1) für $0 \leq x \leq 1$ erfüllt. Die Wahl von $\bar{x} = jh_n$ und die Summation über i in (31.6) liefert uns

$$U^n(\bar{x}) = \sum_{i=1}^{j} U^n(x_{i-1}^n)h_n + 1,$$

was wir auch mit $u(x) = \exp(x)$ in der Form

$$U^n(\bar{x}) = \sum_{i=1}^{j} u(x_{i-1}^n)h_n + 1 + E_n$$

schreiben können. Mit Hilfe von (31.12) gilt

$$|E_n| = \left|\sum_{i=1}^{j}(U^n(x_{i-1}^n) - u(x_{i-1}^n))h_n\right| \leq 6h_n \sum_{i=1}^{j} h_n \leq 6h_n,$$

da natürlich $\sum_{i=1}^{j} h_n \leq 1$. Strebt n gegen Unendlich wird $\lim_{n\to\infty} E_n = 0$. Somit erfüllt $u(\bar{x}) = \exp(\bar{x})$ die Gleichung

$$u(\bar{x}) = \int_0^{\bar{x}} u(x)\, dx + 1.$$

Das Ableiten dieser Gleichung nach $\bar{x}$ liefert $u'(\bar{x}) = u(\bar{x})$ für $\bar{x} \in [0,1]$, womit wir nun bewiesen haben, dass die konstruierte Funktion $u(x)$ tatsächlich das vorgegebene Anfangswertproblem löst.

Wir schließen den Beweis ab, indem wir die Eindeutigkeit zeigen. Dazu nehmen wir an, dass wir zwei gleichmäßig differenzierbare Funktionen $u(x)$

und $v(x)$ haben, so dass $u'(x) = u(x)$ und $v'(x) = v(x)$ für $x \in [0,1]$ und $u(0) = v(0) = 1$. Die Funktion $w = u - v$ erfüllt somit $w'(x) = w(x)$ und $w(0) = 0$. Nach dem Fundamentalsatz haben wir:

$$w(x) = \int_0^x w'(y)\,dy = \int_0^x w(y)\,dy \quad \text{für } x \in [0,1].$$

Wenn wir $a = \max_{0 \le x \le 0,5} |w(x)|$ setzen, erhalten wir somit

$$a \le \int_0^{0,5} a\,dy = 0,5a$$

was nur für $a = 0$ möglich ist, womit wir die Eindeutigkeit für $0 \le x \le 0,5$ gezeigt haben. Wir können diese Argumentation für $[0,5;1]$ wiederholen, woraus deutlich wird, dass $w(x) = 0$ für $x \in [0,1]$. Damit ist die Eindeutigkeit bewiesen.

Der Beweis lässt sich sofort auf $x \in [0,b]$ verallgemeinern, wobei b jede positive reelle Zahl sein kann. Wir fassen nun zusammen:

Satz 31.1 *Das Anfangswertproblem $u'(x) = u(x)$ für $x > 0$ und $u(0) = 1$ hat eine eindeutige Lösung $u(x) = \exp(x)$, die durch (31.13) gegeben ist.*

31.3 Erweiterung der Exponentialfunktion $\exp(x)$ auf $x < 0$

Wenn wir

$$\exp(-x) = \frac{1}{\exp(x)} \quad \text{für } x \ge 0,$$

definieren, dann erhalten wir

$$D\exp(-x) = D\frac{1}{\exp(x)} = -\frac{D\exp(x)}{(\exp(x))^2} = -\frac{1}{\exp(x)} = -\exp(-x). \quad (31.15)$$

Wir folgern daraus, dass $\exp(-x)$ folgendes Anfangswertproblem löst:

$$u'(x) = -u(x) \quad \text{für } x > 0,\ u(0) = 1.$$

31.4 Die Exponentialfunktion $\exp(x)$ für $x \in \mathbb{R}$

Wir können jetzt die Funktionen $\exp(x)$ und $\exp(-x)$ mit $x \ge 0$ zusammensetzen und erhalten so die Funktion $u(x) = \exp(x)$, die für $x \in \mathbb{R}$ definiert ist und $u'(x) = u(x)$ für $x \in \mathbb{R}$ mit $u(0) = 1$ erfüllt, vgl Abb. 31.4 und Abb. 31.5.

Um $\frac{d}{dx}\exp(x)$ für $x < 0$ zu bestimmen, setzen wir $y = -x > 0$ und berechnen $\frac{d}{dx}\exp(x) = \frac{d}{dy}\exp(-y)\frac{dy}{dx} = -\exp(-y)(-1) = \exp(x)$, wobei wir (31.15) ausgenutzt haben.

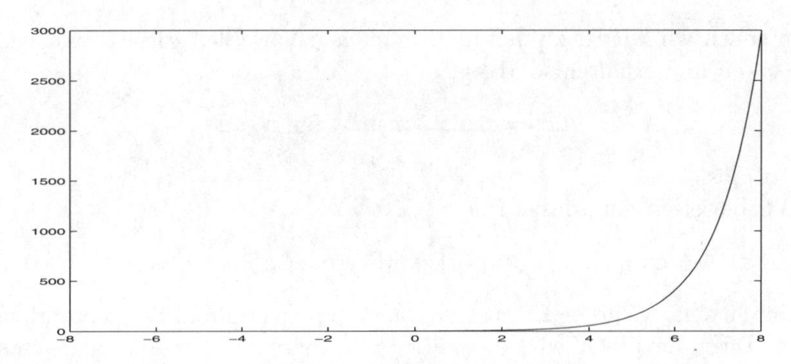

Abb. 31.4. Die Exponentialfunktion $\exp(x)$ für $x \in [-2,5;2,5]$

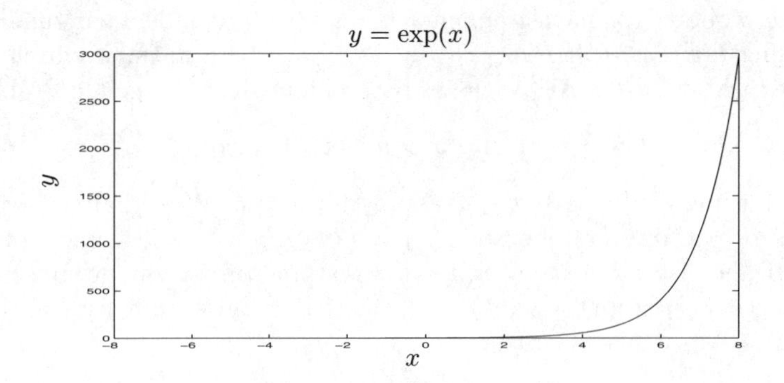

Abb. 31.5. Die Exponentialfunktion $\exp(x)$ für $x \in [-8,8]$

31.5 Eine wichtige Eigenschaft von $\exp(x)$

Wir werden nun eine wichtige Eigenschaft der Exponentialfunktion $\exp(x)$ beweisen. Dabei werden wir ausnutzen, dass $\exp(x)$ die Differentialgleichung $D\exp(x) = \exp(x)$ löst. Wir beginnen mit dem Anfangswertproblem

$$u'(x) = u(x) \quad \text{für } x > a, \quad u(a) = u_a, \tag{31.16}$$

mit Anfangswert u_a in einem von Null verschiedenen Punkt a. Wir setzen $x = y + a$ und $v(y) = u(y+a) = u(x)$ und erhalten mit der Kettenregel

$$v'(y) = \frac{d}{dy}u(y+a) = u'(y+a)\frac{d}{dy}(y+a) = u'(x).$$

Somit erfüllt $v(y)$ die Differentialgleichung

$$v'(y) = v(y) \quad \text{für } y > 0, \quad v(0) = u_a.$$

Das heißt aber, dass

$$v(y) = \exp(y)u_a \quad \text{für } y > 0.$$

Nun gehen wir wieder zu den ursprünglichen Variablen zurück und setzen $y = x - a$ und erhalten so, dass

$$u(x) = \exp(x - a)u_a \quad \text{für } x \geq a \tag{31.17}$$

(31.16) löst.

Wir beweisen nun, dass für $a, b \in \mathbb{R}$

$$\exp(a + b) = \exp(a)\exp(b) \quad \text{oder } e^{a+b} = e^a e^b, \tag{31.18}$$

wodurch eine wichtige Eigenschaft der Exponentialfunktion beschrieben wird. Dazu benutzen wir, dass $u(x) = \exp(x)$ die Differentialgleichung $u'(x) = u(x)$ löst und dass $\exp(0) = 1$. Auf der einen Seite haben wir $u(a+b) = \exp(a+b)$ als Wert der Lösung $u(x)$ in $x = a + b$. Wir erreichen $x = a+b$, wobei wir zunächst annehmen, dass $0 < a, b$, indem wir zunächst die Lösung $u(x) = exp(x)$ von $x = 0$ bis $x = a$ berechnen, wodurch wir $u(a) = \exp(a)$ erhalten. Als Nächstes betrachten wir das folgende Problem

$$v'(x) = v(x) \quad \text{für } x > a, \quad v(a) = \exp(a)$$

mit der Lösung $v(x) = \exp(x - a)\exp(a)$ für $x \geq a$. Wir erhalten $v(x) = u(x)$ für $x \geq a$, da $u(x)$ ebenso $u'(x) = u(x)$ für $x > a$ löst und $u(a) = \exp(a)$. Daher ist $v(b + a) = u(a + b)$, was uns direkt zur gewünschten Gleichung $\exp(b)\exp(a) = \exp(a + b)$ führt. Der Beweis gilt für beliebige $a, b \in \mathbb{R}$.

31.6 Die Inverse der Exponentialfunktion ist der Logarithmus

Wir werden nun beweisen, dass

$$\log(\exp(x)) = x \quad \text{für } x \in \mathbb{R} \tag{31.19}$$

und folgern daraus, dass

$$y = \exp(x) \quad \text{dann und nur dann, wenn } x = \log(y), \tag{31.20}$$

was besagt, dass der Logarithmus das Inverse der Exponentialfunktion ist.

Wir beweisen (31.19) durch Ableitung und erhalten mit der Kettenregel für $x \in \mathbb{R}$:

$$\frac{d}{dx}(\log(\exp(x)) = \frac{1}{\exp(x)}\frac{d}{dx}(\exp(x)) = \frac{1}{\exp(x)}\exp(x) = 1.$$

Wir halten fest, dass $\log(\exp(0)) = \log(1) = 0$, womit wir (31.19) erhalten. Wenn wir in (31.19) $x = \log(y)$ setzen, erhalten wir $\log\big(\exp(\log(y))\big) = \log(y)$, d.h.

$$\exp(\log(y)) = y \quad \text{für } y > 0. \tag{31.21}$$

Insbesondere betonen wir, dass

$$\exp(0) = 1 \text{ und } \log(e) = 1, \tag{31.22}$$

da $0 = \log(1)$ und $e = \exp(1)$.

In vielen Büchern zur Infinitesimalrechnung wird die Exponentialfunktion $\exp(x)$ als Inverse des Logarithmus' $\log(x)$ definiert (der als Integral definiert ist). Wir ziehen es jedoch vor, die Existenz von $\exp(x)$ direkt zu zeigen, indem wir das definierende Anfangswertproblem lösen, da wir so auf die Lösung allgemeiner Anfangswertprobleme vorbereitet werden.

31.7 Die Funktion a^x mit $a > 0$ und $x \in \mathbb{R}$

Im Kapitel „Die Funktion $y = x^r$" haben wir die Funktion x^r für rationales $r = p/q$ mit ganzen Zahlen p und $q \neq 0$ und positivem reellen x als Lösung y der Gleichung $y^q = x^p$ definiert.

Daher sind wir mit a^x für $a > 0$ und x rational vertraut und wir können diese Funktion nun mit der Definition

$$a^x = \exp(x \log(a)) \tag{31.23}$$

auf $x \in \mathbb{R}$ erweitern. Wir werden nun die wichtigen Eigenschaften von a^x, d.h. die reelle x-te Potenz einer positiven Zahl a für $x \in \mathbb{R}$ zeigen. Wir halten fest, dass die Funktion $u(x) = a^x$ nach der Kettenregel die Differentialgleichung

$$u'(x) = \log(a)u(x)$$

mit $u(0) = 1$ löst. Insbesondere erhalten wir $a^x = e^x = \exp(x)$, wenn wir $a = e = \exp(1)$ wählen und wir folgern daraus, dass die Exponentialfunktion $\exp(x)$ tatsächlich der Zahl e hoch x entspricht. Beachten Sie, dass wir bis jetzt e^x nur als eine andere Schreibweise für $\exp(x)$ benutzt haben.

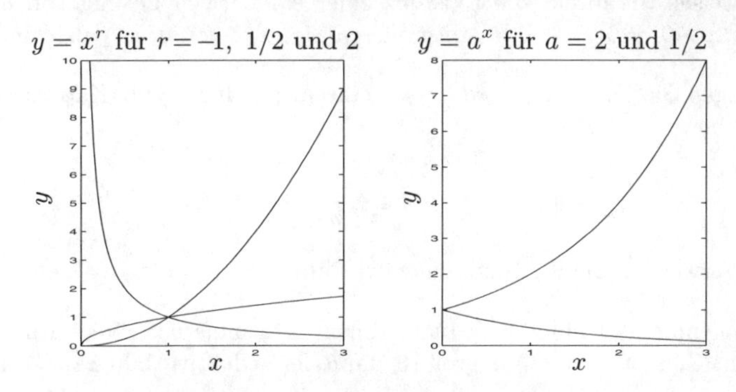

Abb. 31.6. Beispiele für Funktionen x^r und a^x

Mit Hilfe des Exponentengesetztes (31.18) für $\exp(x)$ erhalten wir nun durch direkte Berechnung mit Hilfe der Definition (31.23) das folgende Analogon für a^x:

$$a^{x+y} = a^x a^y. \tag{31.24}$$

Die andere wichtige Regel für a^x lautet:

$$(a^x)^y = a^{xy}, \tag{31.25}$$

was sich aus folgender Berechnung ergibt:

$$(a^x)^y = \exp(y \log(a^x)) = \exp(y \log(\exp(x \log(a)))) = \exp(yx \log(a)) = a^{xy}.$$

Wie angedeutet verallgemeinern die Regeln (31.24) und (31.25) die entsprechenden Regeln mit rationalem x und y, die wir oben bewiesen haben.

Für die Ableitung der Funktion a^x folgern wir aus der Definition (31.23) mit der Kettenregel:

$$\frac{d}{dx} a^x = \log(a) a^x. \tag{31.26}$$

Aufgaben zu Kapitel 31

31.1. Definieren Sie $U^n(x_i^n)$ alternativ durch $U^n(x_i^n) = U^n(x_{i-1}^n) \pm h_n U^n(x_i^n)$ und beweisen Sie, dass die zugehörige Folge $\{U^n(x)\}$ gegen $\exp(\pm x)$ konvergiert.

31.2. Beweisen Sie für $x > 0$

$$\left(1 + \frac{x}{n}\right)^n < \exp(x) \quad \text{für } n = 1, 2, 3 \ldots. \tag{31.27}$$

Hinweis: Nehmen Sie den Logarithmus und nutzen Sie, dass $\log(1 + x) < x$ für $x > 0$ und dass der Logarithmus monoton steigend ist.

31.3. Beweisen Sie direkt die Existenz einer eindeutigen Lösung von $u'(x) = -u(x)$ für $x > 0$, $u(0) = 1$, d.h. konstruieren Sie $\exp(-x)$ für $x \geq 0$.

31.4. Zeigen Sie, dass Sie umso besser fahren, je häufiger ihr Kapital verzinst wird, d.h. beweisen Sie, dass

$$\left(1 + \frac{a}{n}\right)^n \leq \left(1 + \frac{a}{n+1}\right)^{n+1}. \tag{31.28}$$

Hinweis: Verwenden Sie die Binomialentwicklung.

31.5. Angenommen, eine Bank biete Ihnen „kontinuierliche Verzinsung“ zum (jährlichen) Zinssatz a an. Wie groß ist dann der „effektive Jahreszinssatz“?

31.6. Beweisen Sie die Ableitungsgleichung $\frac{d}{dx} x^r = r x^{r-1}$ für $r \in \mathbb{R}$.

31.7. Beweisen Sie die wichtigen Eigenschaften der Exponentialfunktion mit Hilfe der Eigenschaften des Logarithmuses und der Tatsache, dass die Exponentialfunktion die Inverse des Logarithmuses ist.

31.8. Angenommen, die Gleichung $u'(x) = u(x)$ habe eine Lösung für $x \in [0, 1]$ mit $u(0) = 1$. Konstruieren Sie eine Lösung für alle $x \geq 0$. Hinweis: Benutzen Sie, dass $v(x) = u(x-1)$ die Gleichung $v'(x) = v(x)$ für $1 < x \leq 2$ und $v(1) = u(0)$ löst, wenn $u(x)$ die Gleichung $u'(x) = u(x)$ für $0 < x \leq 1$ löst.

31.9. Stellen Sie die Taylor-Entwicklung der Ordnung n mit Fehlerausdruck für $\exp(x)$ in $x = 0$ auf.

31.10. Finden Sie eine Stammfunktion für (a) $x\exp(-x^2)$, (b) $x^3\exp(-x^2)$.

31.11. Berechnen Sie die Ableitung für folgende Funktionen: a) $f(x) = a^x$, $a > 0$, b) $f(x) = \exp(x+1)$, c) $f(x) = x\exp(x^2)$, d) $f(x) = x^3\exp(x^2)$, e) $f(x) = \exp(-x^2)$.

31.12. Berechnen Sie die Integrale $\int_0^1 f(x)dx$ der Funktionen aus der vorherigen Aufgabe mit Ausnahme von e), $f(x) = \exp(-x^2)$. Können Sie sich vorstellen, warum wir diese Funktion auslassen?

31.13. Versuchen Sie den Wert von $\int_{-\infty}^{\infty} \exp(-x^2)dx$ numerisch durch Quadratur zu berechnen. Quadrieren Sie das Ergebnis. Erkennen Sie diese Zahl?

31.14. Zeigen Sie, dass $\exp(x) \geq 1 + x$ für alle x und nicht nur für $x > -1$.

31.15. Zeigen Sie durch Induktion, dass

$$\frac{d^n}{dx^n}\left(\mathrm{e}^x f(x)\right) = \mathrm{e}^x\left(1 + \frac{d}{dx}\right)^n f(x).$$

31.16. Beweisen Sie (31.24) mit Hilfe der grundlegenden Eigenschaft(31.18) der Exponentialfunktion und der Definition (31.23).

31.17. Konstruieren Sie direkt ohne Hilfe der Exponentialfunktion die Lösung des Anfangswertproblems $u'(x) = au(x)$ für $x \geq 0$ mit $u(0) = 1$ für eine reelle Konstante a. Bezeichnen Sie die Lösung $\mathrm{aexp}(x)$. Beweisen Sie, dass die Funktion $\mathrm{aexp}(x)$ die Gleichung $\mathrm{aexp}(x+y) = \mathrm{aexp}(x)\mathrm{aexp}(y)$ für $x, y \geq 0$ löst.

31.18. Definieren Sie für gegebenes $a > 0$ die Funktion $y = \log_a(x)$ für $x > 0$ als Lösung y der Gleichung $a^y = x$. Mit $a = e$ erhalten wir $\log_e(x) = \log(x)$, den natürlichen Logarithmus. Für $a = 10$ erhalten wir den sogenannten 10-Logarithmus. Beweisen Sie, dass (i) $\log_a(xy) = \log_a(x) + \log_a(y)$ für $x, y > 0$, (ii) $\log_a(x^r) = r\log_a(x)$ für $x > 0$ und $r \in \mathbb{R}$ und (iii) $\log_a(x)\log(a) = \log(x)$ für $x > 0$.

31.19. Formulieren Sie die Details des Beweises von (31.26).

32
Trigonometrische Funktionen

When I get to the bottom, I go back to the top of the slide where I stop and I turn and I go for a ride 'til I get to the bottom and I see you again. (Helter Skelter, Lennon-McCartney, 1968)

32.1 Die definierende Differentialgleichung

In diesem Kapitel werden wir das folgende *Anfangswertproblem für eine Differentialgleichung zweiter Ordnung* lösen: Gesucht wird für $x \geq 0$ eine Funktion $u(x)$, die

$$u''(x) = -u(x) \quad \text{für } x > 0, \quad u(0) = u_0, \ u'(0) = u_1 \tag{32.1}$$

löst, wobei u_0 und u_1 gegebene *Anfangswerte* sind. Wir verlangen hier zwei Anfangsbedingungen, da das Problem eine Ableitung zweiter Ordnung beinhaltet. Wir können dies mit dem Anfangswertproblem erster Ordnung vergleichen: $u'(x) = -u(x)$ für $x > 0$, $u(0) = 0$ mit der Lösung $u(x) = \exp(-x)$, das wir im vorangegangenen Kapitel untersucht haben.

Wir werden unten, im Kapitel „Das allgemeine Anfangswertproblem", zeigen, dass (32.1) für beliebige Werte u_0 und u_1 eine eindeutige Lösung besitzt. In diesem Kapitel zeigen wir, dass die Lösung mit den Anfangswerten $u_0 = 0$ und $u_1 = 1$ eine alte Bekannte ist, nämlich $u(x) = \sin(x)$ und die Lösung für $u_0 = 1$ und $u_1 = 0$ ist $u(x) = \cos(x)$. Hierbei sind $\sin(x)$ und $\cos(x)$ die üblichen trigonometrischen Funktionen, die wir im Kapitel „Pythagoras und Euklid" geometrisch definiert haben, mit dem

Unterschied, dass wir den Winkel x in *Radianten* messen statt in Graden, wobei ein Radiant $\frac{180}{\pi}$ Grad entspricht. Insbesondere werden wir in diesem Kapitel erklären, warum ein Radiant $\frac{180}{\pi}$ Grad entspricht.

Wir können daher die trigonometrischen Funktionen $\sin(x)$ und $\cos(x)$ als Lösungen von (32.1) zu bestimmten Anfangswerten definieren, wenn wir die Winkel als Radianten messen. Dies erschließt uns einen ganz neuen Zugang für das Verständnis trigonometrischer Funktionen, indem wir Eigenschaften der Lösungen der Differentialgleichung (32.1) untersuchen und wir werden uns nun dieser Möglichkeit zuwenden.

Wir beginnen damit, (32.1) umzuformlieren und die unabhängige Variable von x in t zu ändern, da wir, um unserer Vorstellung größere Anschaulichkeit zu verleihen, eine mechanische Interpretation von (32.1) benutzen, wobei die unabhängige Variable für die Zeit steht. Wir bezeichnen die Ableitung nach der Zeit mit einem Punkt, so dass also $\dot{u} = \frac{du}{dt}$, und $\ddot{u} = \frac{d^2u}{dt^2}$. Also schreiben wir (32.1) neu, als

$$\ddot{u}(t) = -u(t) \quad \text{für } t > 0, \quad u(0) = 0,\ \dot{u}(0) = 1, \tag{32.2}$$

wobei wir $u_0 = 0$ und $u_1 = 1$ wählen und vorausschauend annehmen, dass wir nach $\sin(t)$ suchen.

Wir erinnern uns nun daran, dass (32.2) ein Modell für die Bewegung einer Einheitsmasse entlang einer reibungslosen waagerechten x-Achse ist, wobei die Masse an einem Ende mit einer Hookeschen Feder mit der Federkonstanten 1 verbunden ist, deren anderes Ende im Ursprung befestigt ist, vgl. Abb. 26.3. $u(t)$ beschreibe die Position (x-Koordinate) der Masse zur Zeit t und wir nehmen an, dass die Masse zur Zeit $t = 0$ im Ursprung in Bewegung versetzt wird, mit der Geschwindigkeit $\dot{u}(0) = 1$, d.h. $u_0 = 0$ und $u_1 = 1$. Die Feder übt eine Kraft auf die Masse aus, die zum Ursprung gerichtet ist und die proportional zur Länge der Feder ist, da die Federkonstante 1 ist. Die Gleichung (32.2) drückt nichts anderes als das Newtonsche Gesetz aus: Die Beschleunigung $\ddot{u}(t)$ ist gleich der Kraft der Feder $-u(t)$. Da es keine Reibung gibt, erwarten wir, dass die Masse um ihre Gleichgewichtslage im Ursprung vor- und zurück-pendelt. Wir stellen die Lösung $u(t)$ für (32.2) in Abb. 32.1 graphisch dar, was offensichtlich der Zeichnung der $\sin(t)$ Funktion entspricht.

Wir wollen nun beweisen, dass unser Gefühl uns nicht täuscht, d.h. wir wollen zeigen, dass sich (32.2) tatsächlich durch unsere alte Bekannte $\sin(t)$ lösen lässt. Als Schlüsselschritt verwenden wir die Multiplikation der Gleichung $\ddot{u} + u = 0$ mit $2\dot{u}$, um

$$\frac{d}{dt}(\dot{u}^2 + u^2) = 2\dot{u}\ddot{u} + 2u\dot{u} = 2\dot{u}(\ddot{u} + u) = 0$$

zu erhalten. Wir folgern, dass $\dot{u}^2(t) + u^2(t)$ für alle t konstant ist und da $\dot{u}^2(0) + u^2(0) = 1 + 0 = 1$, haben wir die Lösung $u(t)$ von (32.2) eingegrenzt, da sie die *Erhaltungseigenschaft*

$$\dot{u}^2(t) + u^2(t) = 1 \quad \text{für } t > 0 \tag{32.3}$$

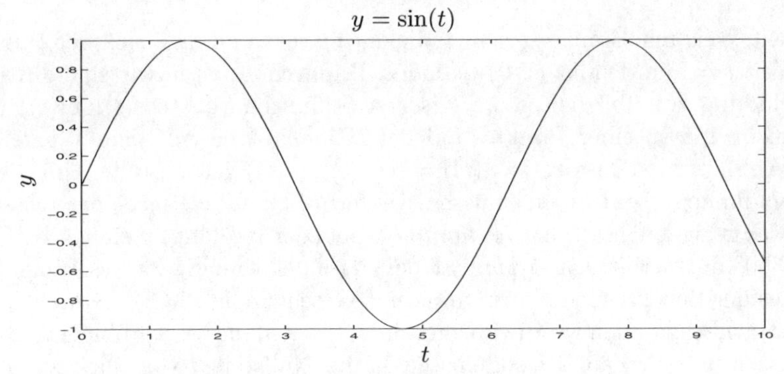

Abb. 32.1. Die Lösung von (32.2). Ist es die Funktion $\sin(t)$?

erfüllen muss, die besagt, dass der Punkt $(\dot{u}(t), u(t)) \in \mathbb{R}^2$ auf dem Einheitskreis in $\mathbb{R}^2$ liegt, vgl. Abb. 32.2.

Wir wollen anmerken, dass die Beziehung (32.3) in mechanischen Zusammenhängen den Erhalt der *Gesamtenergie* $(\times 1/2)$

$$E(t) \equiv \frac{1}{2}\dot{u}^2(t) + \frac{1}{2}u^2(t) \tag{32.4}$$

bei einer Bewegung ausdrückt. Die Gesamtenergie zur Zeit t entspricht der Summe der *kinetischen Energie* $\dot{u}^2(t)/2$ und der *potentiellen Energie* $u^2(t)/2$. Die potentielle Energie ist die Energie, die in der Feder gespeichert ist und die der *Arbeit* $W(u(t))$ entspricht, um die Feder um die Strecke $u(t)$ zu strecken:

$$W(u(t)) = \int_0^{u(t)} v\,dv = \frac{1}{2}u^2(t).$$

Dabei ist v die Federkraft und $v\Delta v$ die Arbeit, um die Feder von v auf $v + \Delta v$ zu strecken. In den Extrempunkten, in denen $\dot{u}(t) = 0$, ist die kinetische Energie Null und alle Energie ist potentielle Energie. Dagegen ist die Gesamtenergie vollständig in kinetische Energie umgewandelt, wenn sich der Körper durch den Ursprung ($u(t) = 0$) bewegt. Während der Bewegung des Körpers pendelt die Energie daher periodisch zwischen kinetischer Energie und potentieller Energie hin und zurück.

Zurück bei (32.3) erkennen wir, dass der Punkt $(\dot{u}(t), u(t)) \in \mathbb{R}^2$ sich auf dem Einheitskreis bewegt und dass die *Geschwindigkeit* der Bewegung durch $(\ddot{u}(t), \dot{u}(t))$ gegeben ist, was wir durch Ableitung jeder Koordinatenfunktion nach t erhalten. Wir werden darauf unten im Kapitel „Kurven" zurückkommen. Mit Hilfe der Differentialgleichung $\ddot{u} + u = 0$ erhalten wir

$$(\ddot{u}(t), \dot{u}(t)) = (-u(t), \dot{u}(t)),$$

woraus wir mit (32.3) folgern, dass der Betrag der Geschwindigkeit für alle t gleich 1 ist. Daraus erkennen wir, dass der Punkt $(\dot{u}(t), u(t))$ sich auf dem

Einheitskreis mit Einheitsgeschwindigkeit bewegt und dass sich der Punkt zur Zeit $t = 0$ im Punkt $(1, 0)$ befindet. Dadurch erhalten wir eine direkte Verbindung zur üblichen geometrischen Definition von $(\cos(t), \sin(t))$ als die Koordinaten eines Punktes auf dem Einheitskreis mit dem Winkel t, vgl. Abb. 32.2, so dass $(\dot{u}(t), u(t)) = (\cos(t), \sin(t))$ gelten sollte. Um diese Verbindungen abzurunden, müssen wir natürlich Winkel geeignet messen und das geeignete Maß sind *Radianten*, wobei der Radiant 2π einem Winkel von $360°$ entspricht. Das kommt daher, dass der Umfang 2π des Einheitskreises der Zeit für eine Umrundung mit Geschwindigkeit 1 entspricht.

Tatsächlich können wir die Lösung $\sin(t)$ des Anfangswertproblems (32.2) benutzen, um die Zahl π als kleinste positive Nullstelle $\bar{t}$ von $\sin(t)$ zu definieren, was einer halben Umdrehung zu $u(\bar{t}) = 0$ und $\dot{u}(\bar{t}) = -1$ entspricht.

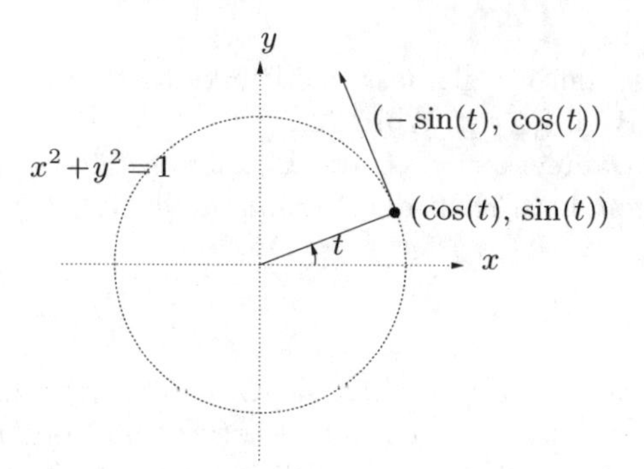

Abb. 32.2. Energieerhaltung

Wir können nun folgern, dass für die Lösung $u(t)$ von (32.2) $(\dot{u}(t), u(t)) = (\cos(t), \sin(t))$ gilt, so dass insbesondere $u(t) = \sin(t)$ und $\frac{d}{dt}\sin(t) = \cos(t)$. Dabei ist $(\cos(t), \sin(t))$ geometrisch als Punkt auf dem Einheitskreis zum Winkel t in Radianten definiert.

Nun können wir die Argumentation umdrehen und einfach $\sin(t)$ als Lösung $u(t)$ von (32.2) mit $u_0 = 0$ und $u_1 = 1$ definieren und damit $\cos(t) = \frac{d}{dt}\sin(t)$. Alternativ können wir $\cos(t)$ als Lösung des Problems

$$\ddot{v}(t) = -v(t) \quad \text{für } t > 0, \quad v(0) = 1, \ \dot{v}(0) = 0 \qquad (32.5)$$

definieren, was wir durch Ableiten von (32.2) nach t mit den Anfangsbedingungen für $\sin(t)$ erhalten. Wiederholtes Ableiten führt uns zu $\frac{d}{dt}\cos(t) = -\sin(t)$.

Sowohl $\sin(t)$ als auch $\cos(t)$ sind *periodisch mit Periode* 2π, da der Punkt $(\dot{u}(t), u(t))$ sich auf dem Einheitskreis mit Geschwindigkeit 1 bewegt und nach einer Zeitspanne von 2π wieder denselben Punkt erreicht. Wie wir schon gesagt haben, können wir insbesondere π als den ersten Wert für $t > 0$ definieren, für den $\sin(t) = 0$, was dem Punkt $(\dot{u}, u) = (-1, 0)$ entspricht und 2π ist dann die Zeit, die der Punkt $(\dot{u}, u)$ benötigt, um

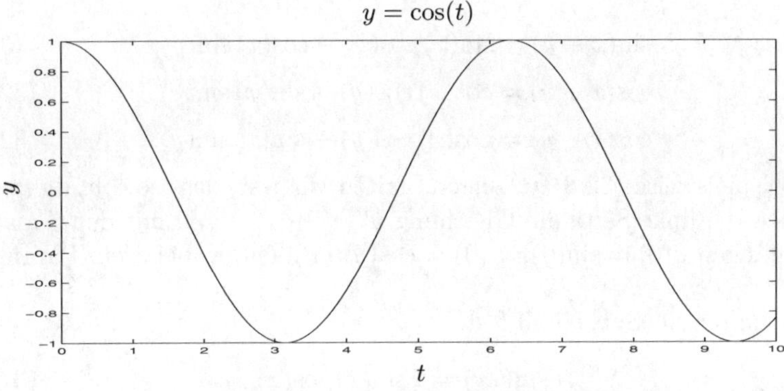

Abb. 32.3. Die Funktion $\cos(t)$!

beginnend bei $(1, 0)$ eine vollständige Umrundung zurückzulegen, bei der er zunächst der oberen Kreislinie bis $(-1, 0)$ folgt, um dann auf dem unteren Halbkreis zurückzukehren. Die Periodizität von $u(t)$ zur Periode 2π wird ausgedrückt als

$$u(t + 2n\pi) = u(t) \quad \text{für } t \in \mathbb{R},\ n = 0, \pm 1, \pm 2, \ldots \tag{32.6}$$

Die Energieerhaltung (32.3) wird dann in die wohl bekannteste aller trigonometrischen Gleichungen umgewandelt:

$$\cos^2(t) + \sin^2(t) = 1 \quad \text{für } t > 0. \tag{32.7}$$

Um die Werte von $\sin(t)$ und $\cos(t)$ für ein t zu berechnen, können wir die Lösung der zugehörigen definierenden Differentialgleichung des Anfangswertproblems lösen. Wir werden unten noch darauf zurückkommen.

Wir fassen zusammen:

Satz 32.1 *Das Anfangswertproblem* $u''(x)+u(x) = 0$ *für* $x > 0$ *mit* $u_0 = 0$ *und* $u_1 = 1$ *besitzt eine eindeutige Lösung, die wir mit* $\sin(x)$ *bezeichnen. Das Anfangswertproblem* $u''(x) + u(x) = 0$ *für* $x > 0$ *mit* $u_0 = 1$ *und* $u_1 = 0$ *besitzt eine eindeutige Lösung, die wir mit* $\cos(x)$ *bezeichnen. Die Funktionen* $\sin(x)$ *und* $\cos(x)$ *lassen sich als Lösungen von* $u''(x)+u(x) = 0$ *auf* $x < 0$ *erweitern. Sie sind periodisch mit Periode* 2π *und* $\sin(\pi) = 0$, $\cos(\frac{\pi}{2}) = 0$. *Es gilt* $\frac{d}{dx}\sin(x) = \cos(x)$ *und* $\frac{d}{dx}\cos(x) = -\sin(x)$. *Weiterhin gelten* $\cos(-x) = \cos(x)$, $\cos(\pi - x) = -\cos(x)$, $sin(\pi - x) = \sin(x)$, $sin(-x) = -\sin(x)$, $\cos(x) = \sin(\frac{\pi}{2} - x)$, $\sin(x) = \cos(\frac{\pi}{2} - x)$, $\sin(\frac{\pi}{2} + x) = \cos(x)$ *und* $\cos(\frac{\pi}{2} + x) = -\sin(x)$.

32.2 Trigonometrische Formeln

Mit Hilfe der definierenden Differentialgleichung $u''(x) + u(x) = 0$ können wir die folgenden wichtigen trigonometrischen Formeln für $x, y \in \mathbb{R}$ zeigen:

$$\sin(x + y) = \sin(x)\cos(y) + \cos(x)\sin(y), \tag{32.8}$$

$$\sin(x-y) = \sin(x)\cos(y) - \cos(x)\sin(y), \tag{32.9}$$

$$\cos(x+y) = \cos(x)\cos(y) - \sin(x)\sin(y), \tag{32.10}$$

$$\cos(x-y) = \cos(x)\cos(y) + \sin(x)\sin(y). \tag{32.11}$$

Um beispielsweise (32.8) zu zeigen, halten wir fest, dass sowohl die rechte als auch die linke Seite die Gleichung $u''(x) + u(x) = 0$ mit den Anfangsbedingungen $u(0) = \sin(y)$, $u'(0) = \cos(y)$ erfüllen, wobei y ein Parameter ist.

Wir halten als Spezialfall fest:

$$\sin(2x) = 2\sin(x)\cos(x) \tag{32.12}$$

$$\cos(2x) = \cos^2(x) - \sin^2(x) = 2\cos^2(x) - 1 = 1 - 2\sin^2(x). \tag{32.13}$$

Die Addition von (32.8) und (32.9) liefert:

$$\sin(x+y) + \sin(x-y) = 2\sin(x)\cos(y).$$

Wenn wir $\bar{x} = x + y$ und $\bar{y} = x - y$ setzen, erhalten wir den folgenden Satz von Formeln, die alle ähnlich bewiesen werden:

$$\sin(\bar{x}) + \sin(\bar{y}) = 2\sin\left(\frac{\bar{x}+\bar{y}}{2}\right)\cos\left(\frac{\bar{x}-\bar{y}}{2}\right), \tag{32.14}$$

$$\sin(\bar{x}) - \sin(\bar{y}) = 2\cos\left(\frac{\bar{x}+\bar{y}}{2}\right)\sin\left(\frac{\bar{x}-\bar{y}}{2}\right), \tag{32.15}$$

$$\cos(\bar{x}) + \cos(\bar{y}) = 2\cos\left(\frac{\bar{x}+\bar{y}}{2}\right)\cos\left(\frac{\bar{x}-\bar{y}}{2}\right), \tag{32.16}$$

$$\cos(\bar{x}) - \cos(\bar{y}) = -2\sin\left(\frac{\bar{x}+\bar{y}}{2}\right)\sin\left(\frac{\bar{x}-\bar{y}}{2}\right). \tag{32.17}$$

32.3 Die Funktionen $\tan(x)$ und $\cot(x)$ und deren Ableitungen

Wir definieren

$$\tan(x) = \frac{\sin(x)}{\cos(x)}, \quad \cot(x) = \frac{\cos(x)}{\sin(x)}, \tag{32.18}$$

für Werte von x, so dass der Nenner von Null verschieden ist. Wir berechnen die Ableitungen:

$$\frac{d}{dx}\tan(x) = \frac{\cos(x)\cos(x) - \sin(x)(-\sin(x))}{\cos^2(x)} = \frac{1}{\cos^2(x)} \tag{32.19}$$

und ähnlich

$$\frac{d}{dx}\cot(x) = -\frac{1}{\sin^2(x)}. \tag{32.20}$$

Die Division von (32.8) durch (32.10) und Division von Zähler und Nenner mit $\cos(x)\cos(y)$ ergibt:

$$\tan(x+y) = \frac{\tan(x)+\tan(y)}{1-\tan(x)\tan(y)} \tag{32.21}$$

und ähnlich

$$\tan(x-y) = \frac{\tan(x)-\tan(y)}{1+\tan(x)\tan(y)}. \tag{32.22}$$

32.4 Inverse der trigonometrischen Funktionen

Inverse der wichtigen trigonometrischen Funktionen $\sin(x)$, $\cos(x)$, $\tan(x)$ und $\cot(x)$ sind für Anwendungen nützlich. Wir werden diese nun einführen, sie benennen und deren wichtigsten Eigenschaften herleiten.

Die Funktion $f(x) = \sin(x)$ ist auf $[\frac{-\pi}{2}, \frac{\pi}{2}]$ von -1 auf 1 streng monoton anwachsend, da die Ableitung $f'(x) = \cos(x)$ auf $(\frac{-\pi}{2}, \frac{\pi}{2})$ positiv ist. Daher besitzt die Funktion $y = f(x) = \sin(x)$ mit $D(f) = [\frac{-\pi}{2}, \frac{\pi}{2}]$ und $W(f) = [-1, 1]$ eine Inverse $x = f^{-1}(y)$, die wir mit

$$x = f^{-1}(y) = \arcsin(y) \tag{32.23}$$

bezeichnen und für die $D(f^{-1}) = D(\arcsin) = [-1, 1]$ und $W(f^{-1}) = W(\arcsin) = [\frac{-\pi}{2}, \frac{\pi}{2}]$, vgl. Abb. 32.4.

Daher gilt

$$\sin(\arcsin(y)) = y, \quad \arcsin(\sin(x)) = x \quad \text{für } x \in \left[\frac{-\pi}{2}, \frac{\pi}{2}\right], y \in [-1, 1]. \tag{32.24}$$

Als Nächstes wollen wir die Ableitung von $\arcsin(y)$ nach y berechnen:

$$\frac{d}{dy}\arcsin(y) = \frac{1}{\frac{d}{dx}\sin(x)} = \frac{1}{\cos(x)} = \frac{1}{\sqrt{1-\sin^2(x)}} = \frac{1}{\sqrt{1-y^2}}.$$

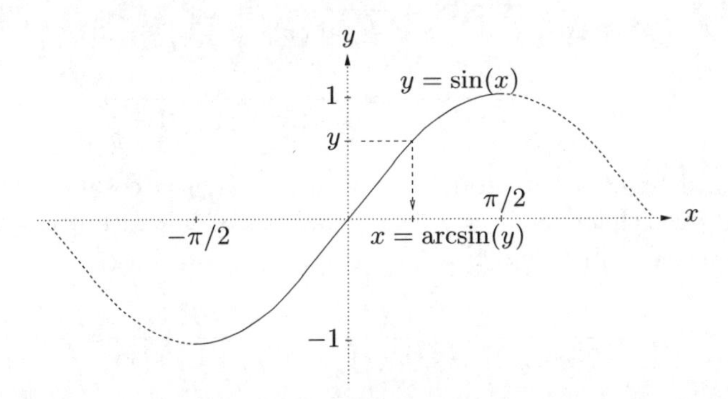

Abb. 32.4. Die Funktion $x = \arcsin(y)$

Auch die Funktion $y = f(x) = \tan(x)$ ist streng monoton anwachsend auf $D(f) = (\frac{-\pi}{2}, \frac{\pi}{2})$ mit $W(f) = \mathbb{R}$ und besitzt daher ebenfalls eine Inverse, die wir, wie folgt, bezeichnen:

$$x = f^{-1}(y) = \arctan(y)$$

mit $D(\arctan) = \mathbb{R}$ und $W(\arctan) = (\frac{-\pi}{2}, \frac{\pi}{2})$, vgl. Abb. 32.5.

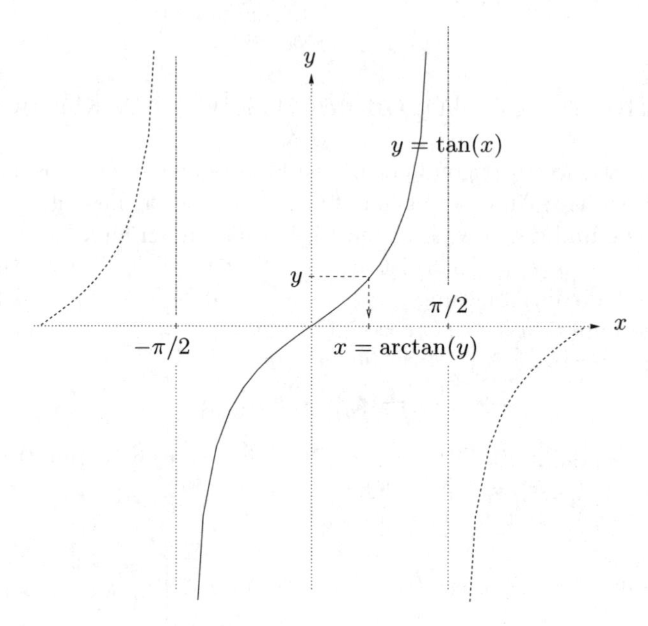

Abb. 32.5. Die Funktion $x = \arctan(y)$

Wir berechnen die Ableitung von $\arctan(y)$:

$$\frac{d}{dy}\arctan(y) = \frac{1}{\frac{d}{dx}\tan(x)} = \cos^2(x)$$
$$= \frac{\cos^2(x)}{\cos^2(x) + \sin^2(x)} = \frac{1}{1 + \tan^2(x)} = \frac{1}{1 + y^2}.$$

Ähnlich definieren wir die Inverse von $y = f(x) = \cos(x)$ mit $D(f) = [0, \pi]$ und bezeichnen sie $x = f^{-1}(y) = \arccos(y)$ mit $D(\arccos) = [-1, 1]$ und $W(\arccos) = [0, \pi]$. Es gilt:

$$\frac{d}{dy}\arccos(y) = \frac{1}{\frac{d}{dx}\cos(x)} = -\frac{1}{\sin(x)} = -\frac{1}{\sqrt{1 - \cos^2(x)}} = -\frac{1}{\sqrt{1 - y^2}}.$$

Schließlich definieren wir die Inverse von $y = f(x) = \cot(x)$ mit $D(f) = (0, \pi)$ und bezeichnen sie als $x = f^{-1}(y) = \operatorname{arccot}(y)$ mit $D(\operatorname{arccot}) = \mathbb{R}$

und $W(\text{arccot}) = (0, \pi)$. Es gilt:

$$\begin{aligned}\frac{d}{dy}\text{arccot}(y) &= \frac{1}{\frac{d}{dx}\cot(x)} = -\sin^2(x) = -\frac{\sin^2(x)}{\cos^2(x)+\sin^2(x)} \\ &= -\frac{1}{1+\cot^2(x)} = -\frac{1}{1+y^2}.\end{aligned}$$

Wir fassen zusammen:

$$\begin{aligned}\frac{d}{dx}\arcsin(x) &= \frac{1}{\sqrt{1-x^2}} \quad \text{für } x \in (-1,1), \\ \frac{d}{dx}\arccos(x) &= -\frac{1}{\sqrt{1-x^2}} \quad \text{für } x \in (-1,1), \\ \frac{d}{dx}\arctan(x) &= \frac{1}{1+x^2} \quad \text{für } x \in \mathbb{R}, \\ \frac{d}{dx}\text{arccot}(x) &= -\frac{1}{1+x^2} \quad \text{für } x \in \mathbb{R}.\end{aligned} \tag{32.25}$$

Anders formuliert:

$$\begin{aligned}\arcsin(x) &= \int_0^x \frac{1}{\sqrt{1-y^2}}\,dy \quad \text{für } x \in (-1,1), \\ \arccos(x) &= \frac{\pi}{2} - \int_0^x \frac{1}{\sqrt{1-y^2}}\,dy \quad \text{für } x \in (-1,1), \\ \arctan(x) &= \int_0^x \frac{1}{1+y^2}\,dy \quad \text{für } x \in \mathbb{R}, \\ \text{arccot}(x) &= \frac{\pi}{2} - \int_0^x \frac{1}{1+y^2}\,dy \quad \text{für } x \in \mathbb{R}.\end{aligned} \tag{32.26}$$

Wir halten auch noch das folgende Analogon von (32.21) fest, das wir erhalten, wenn wir $x = \arctan(u)$ und $y = \arctan(v)$ setzen, so dass $u = \tan(x)$ und $v = \tan(y)$ unter der Voraussetzung, dass $x + y \in (-\frac{\pi}{2}, \frac{\pi}{2})$:

$$\arctan(u) + \arctan(v) = \arctan\left(\frac{u+v}{1-uv}\right). \tag{32.27}$$

32.5 Die Funktionen sinh(x) und cosh(x)

Wir definieren für $x \in \mathbb{R}$

$$\sinh(x) = \frac{e^x - e^{-x}}{2} \quad \text{und} \quad \cosh(x) = \frac{e^x + e^{-x}}{2} \tag{32.28}$$

und halten fest, dass

$$D\sinh(x) = \cosh(x) \quad \text{und} \quad D\cosh(x) = \sinh(x). \tag{32.29}$$

Die Funktion $y = f(x) = \sinh(x)$ ist streng monoton anwachsend und besitzt daher eine Inverse $x = f^{-1}(y) = \text{arcsinh}(y)$ mit $D(\text{arcsinh}) = \mathbb{R}$ und $W(\text{arcsinh}) = \mathbb{R}$. Ferner ist $y = f(x) = \cosh(x)$ streng monoton anwachsend auf $[0, \infty)$ und besitzt daher eine Inverse $x = f^{-1}(y) = \text{arccosh}(y)$ mit $D(\text{arccosh}) = [1, \infty)$ und $W(\text{arccosh}) = [0, \infty)$. Es gilt:

$$\frac{d}{dy}\text{arcsinh}(y) = \frac{1}{\sqrt{y^2+1}}, \quad \frac{d}{dy}\text{arccosh}(y) = \frac{1}{\sqrt{y^2-1}}. \tag{32.30}$$

32.6 Die hängende Kette

Stellen Sie Sich eine hängende Kette vor, die in $(-1, 0)$ und $(1, 0)$ in einem Koordinatensystem fixiert ist, wobei die x-Achse waagerecht und die y-Achse senkrecht ist. Gesucht ist die Kurve $y = y(x)$, die die Kette beschreibt. Seien $(F_h(x), F_v(x))$ zwei Komponenten der *Kraft* in der Kette x. Das senkrechte und waagerechte Gleichgewicht des Kettengliedes zwischen x und $x + \Delta x$ bedeutet:

$$F_h(x + \Delta x) = F_h(x), \quad F_v(x) + m\Delta s = F_v(x + \Delta x),$$

wobei $\Delta s \approx \sqrt{(\Delta x)^2 + (\Delta y)^2} \approx \sqrt{1 + (y'(x))^2}\Delta x$ und m ist das Gewicht der Kette pro Einheitslänge. Wir folgern, dass $F_h(x) = F_h$ konstant ist und

$$F_v'(x) = m\sqrt{1 + (y'(x))^2}.$$

Das Impulsgleichgewicht im Mittelpunkt des Kettengliedes zwischen x und $x + \Delta x$ bedeutet:

$$F_h\Delta y = \frac{1}{2}F_v(x + \Delta x)\Delta x + \frac{1}{2}F_v(x)\Delta x \approx F_v(x)\Delta x,$$

woraus wir erhalten:

$$y'(x) = \frac{F_v(x)}{F_h}. \tag{32.31}$$

Die Annahme, dass $F_h = 1$, führt uns zur Differentialgleichung

$$F_v'(x) = m\sqrt{1 + (F_v(x))^2}.$$

Direkte Ableitung zeigt uns, dass diese Differentialgleichung durch $F_v(x)$ gelöst wird, wenn $F_v(x)$ die Gleichung

$$\text{arcsinh}(F_v(x)) = mx$$

löst. Folglich ist nach (32.31)

$$y(x) = \frac{1}{m}\cosh(mx) + c,$$

wobei die Konstante c so gewählt wird, dass $y(\pm 1) = 0$. Somit erhalten wir die folgende Lösung:

$$y(x) = \frac{1}{m}(\cosh(mx) - \cosh(m)). \tag{32.32}$$

Die Kurve $y(x) = \cosh(mx) + c$ mit Konstanten m und c wird Kurve einer *hängenden Kette* oder lateinisch *curva catenaria* genannt.

32.7 Vergleich von $u'' + k^2u(x) = 0$ und $u'' - k^2u(x) = 0$

Wir fassen einige Erfahrungen von oben zusammen. Die Lösungen der Gleichung $u'' + k^2u(x) = 0$ sind Linearkombinationen von $\sin(kx)$ und $\cos(kx)$. Die Lösungen von $u'' - k^2u(x) = 0$ sind Linearkombinationen von $\sinh(kx)$ und $\cosh(kx)$.

Aufgaben zu Kapitel 32

32.1. Zeigen Sie, dass die Lösung von $\ddot{u}(t) + u(t) = 0$ für $t > 0$ mit $u(0) = \sin(\alpha)$ und $u'(0) = \cos(\alpha)$ lautet: $u(t) = \cos(t)\sin(\alpha) + \sin(t)\cos(\alpha) = \sin(t + \alpha)$.

32.2. Zeigen Sie, dass die Lösung von $\ddot{u}(t)+u(t) = 0$ für $t > 0$ mit $u(0) = r\cos(\alpha)$ und $u'(0) = r\sin(\alpha)$ lautet: $u(t) = r(\cos(t)\cos(\alpha) + \sin(t)\sin(\alpha)) = r\cos(t - \alpha)$.

32.3. Zeigen Sie, dass die Lösung von $\ddot{u}(t) + ku(t) = 0$ für $t > 0$ mit $u(0) = r\cos(\alpha)$ und $u'(0) = r\sin(\alpha)$ mit positiver Konstanten k lautet: $r\cos(\sqrt{k}(t-\alpha))$. Geben Sie eine mechanische Interpretation dieses Modells.

32.4. Zeigen Sie, dass die Funktion $\sin(nx)$ folgendes Randwertproblem löst: $u''(x) + n^2u(x) = 0$ für $0 < x < \pi$, $u(0) = u(\pi) = 0$.

32.5. Lösen Sie $u'(x) = \sin(x)$, für $x > \pi/4$, $u(\pi/4) = 2/3$.

32.6. Zeigen Sie, dass (a) $\sin(x) < x$ für $x > 0$, (b) $x < \tan(x)$ für $0 < x < \pi/2$.

32.7. Zeigen Sie, dass $\lim_{x \to 0} \frac{\sin(x)}{x} = 1$.

32.8. Beweisen Sie aus der Definition, d.h. aus der Differentialgleichung mit der $\sin(x)$ und $\cos(x)$ definiert werden, die folgenden Beziehungen: (a) $\sin(-x) = -\sin(x)$, (b) $\cos(-x) = \cos(x)$, (c) $\sin(\pi - x) = \sin(x)$, (d) $\cos(\pi - x) = -\cos(x)$, (e) $\sin(\pi/2 - x) = \cos(x)$, (f) $\cos(\pi/2 - x) = \sin(x)$.

32.9. Beweisen Sie die Produktformeln und zeigen Sie, dass

$$\sin(x)\sin(y) = \frac{1}{2}\left(\cos(x-y) - \cos(x+y)\right),$$
$$\cos(x)\cos(y) = \frac{1}{2}\left(\cos(x-y) + \cos(x+y)\right),$$
$$\sin(x)\cos(y) = \frac{1}{2}\left(\sin(x-y) + \sin(x+y)\right).$$

32.10. Berechnen Sie die folgenden Integrale durch partielle Integration: (a) $\int_0^1 x^3 \sin(x)dx$, (b) $\int_0^1 \exp(x)\sin(x)dx$, (c) $\int_0^1 x^2 \cos(x)dx$.

32.11. Bestimmen Sie die Taylor-Entwicklung für $\arctan(x)$ in $x = 0$ und nutzen Sie Ihr Ergebnis, um Näherungen für π zu berechnen. Hinweis: $\arctan(1) = \pi/4$.

32.12. Zeigen Sie, dass $\arctan(1) = \arctan(1/2) + \arctan(1/3)$. Suchen Sie nach anderen rationalen Zahlen a und b, so dass $\arctan(1) = \arctan(a) + \arctan(b)$. Insbesondere suchen Sie a und b so klein wie möglich.

32.13. Kombinieren Sie Ihre Ergebnisse aus den beiden vorangehenden Aufgaben, um einen besseren Algorithmus für die Berechnung von π zu konstruieren. Noch effektivere Methoden erhält man aus der Gleichung $\pi/4 = 4\arctan(1/5) - \arctan(1/239)$. Vergleichen Sie beide Algorithmen und erklären Sie, warum der zweite effektiver ist.

32.14. Zeigen Sie: (a) $\arcsin(-x) = -\arcsin(x)$, (b) $\arccos(-x) = \pi - \arccos(x)$, (c) $\arctan(-x) = -\arctan(x)$, (d) $\text{arccot}(-x) = \pi - \text{arccot}(x)$, (e) $\arcsin(x) + \arccos(x) = \pi/2$, (f) $\arctan(x) + \text{arccot}(x) = \pi/2$.

32.15. Berechnen Sie analytisch: (a) $\arctan(\sqrt{2} - 1)$, (b) $\tan(\arcsin(3/5)/2)$, (c) $\arcsin(1/7)+\arcsin(11/4)$,(d) $\arctan(1/8)+\arctan(7/9)$, (e) $\sin(2\arcsin(0,8))$, (f) $\arctan(2) + \arcsin(3/\sqrt{10})$.

32.16. Lösen Sie die Gleichungen: (a) $\arcsin(\cos(x)) = x\sqrt{3}$, (b) $\arccos(2x) = \arctan(x)$.

32.17. Berechnen Sie die Ableitung von (a) $\arctan(\sqrt{x} - x^5)$, (b) $\tan(\arcsin(x^2))$, (c) $\arcsin(1/x^2)\arcsin(x^2)$, (d) $1/\arctan(\sqrt{x})$, falls diese existiert.

32.18. Berechnen Sie numerisch für verschiedene x-Werte: (a) $\arcsin(x)$, (b) $\arccos(x)$, (c) $\arctan(x)$, (d) $\text{arccot}(x)$.

32.19. Beweisen Sie (32.30).

32.20. Zeigen Sie, dass $\cosh^2(x) - \sinh^2(x) = 1$.

32.21. (a) Finden Sie die Inverse $x = \text{arcsinh}(y)$ von $y = sinh(x) = \frac{1}{2}(e^x - e^{-x})$, indem Sie nach x als Funktion von y auflösen. Hinweis: Multiplizieren Sie mit e^x und lösen Sie für $z = e^x$. Ziehen Sie dann den Logarithmus. (b) Finden Sie eine ähnliche Formel für $\text{arccosh}(y)$.

32.22. Berechnen Sie die Fläche einer Scheibe vom Radius 1 analytisch, indem Sie das Integral

$$\int_{-1}^{1} \sqrt{1 - x^2}\, dx$$

berechnen. Wie gehen Sie mit der Tatsache um, dass $\sqrt{1 - x^2}$ auf $[-1, 1]$ nicht Lipschitz-stetig ist? Hinweis: Substituieren Sie $x = \sin(y)$ und nutzen Sie, dass $\cos^2(y) = \frac{1}{2}(1 + \cos(2y))$.

33

Die Funktionen $\exp(z)$, $\log(z)$, $\sin(z)$ und $\cos(z)$ für $z \in \mathbb{C}$

Der kürzester Weg zwischen zwei Wahrheiten im Reellen verläuft über das Komplexe. (Hadamard 1865-1963)

33.1 Einleitung

In dieser Kapitel werden wir einige der Elementarfunktionen auf komplexe Argumente erweitern. Dazu wiederholen wir, dass wir eine komplexe Zahl z in der Form $z = |z|(\cos(\theta) + i\sin(\theta))$ schreiben können, wobei $\theta = \arg z$ das Argument von z ist und $0 \leq \theta = \operatorname{Arg} z < 2\pi$ das Hauptargument von z.

33.2 Definition von $\exp(z)$

Wir definieren mit $z = x + iy$ für $x, y \in \mathbb{R}$

$$\exp(z) = e^z = e^x(\cos(y) + i\sin(y)). \tag{33.1}$$

Somit erweitern wir die Definition für e^z von $z \in \mathbb{R}$ auf $z \in \mathbb{C}$. Wir halten fest, dass insbesondere für $y \in \mathbb{R}$

$$e^{iy} = \cos(y) + i\sin(y), \tag{33.2}$$

was auch *Eulersche Formel* genannt wird. Wir erhalten damit

$$\sin(y) = \frac{e^{iy} - e^{-iy}}{2i}, \quad \cos(y) = \frac{e^{iy} + e^{-iy}}{2}, \quad \text{für } y \in \mathbb{R} \tag{33.3}$$

und

$$|e^{iy}| = 1 \quad \text{für } y \in \mathbb{R}. \tag{33.4}$$

Somit können wir eine komplexe Zahl $z = r(\cos(\theta) + i\sin(\theta))$ auch folgendermaßen schreiben:

$$z = re^{i\theta} \tag{33.5}$$

mit $\theta = \arg z$ und $r = |z|$.

Es lässt sich zeigen (mit Hilfe der wichtigen trigonometrischen Gleichungen), dass $\exp(z)$ dem üblichen Gesetz für Exponenten genügt, so dass insbesondere für $z, \zeta \in \mathbb{C}$:

$$e^z e^\zeta = e^{z+\zeta}. \tag{33.6}$$

Insbesondere lässt sich die Regel für die Multiplikation zweier komplexer Zahlen $z = |z|e^{i\theta}$ und $\zeta = |\zeta|e^{i\varphi}$ folgendermaßen formulieren:

$$z\zeta = |z|e^{i\theta}|\zeta|e^{i\varphi} = |z||\zeta|e^{i(\theta+\varphi)}. \tag{33.7}$$

33.3 Definition von sin(z) und cos(z)

Wir definieren für $z \in \mathbb{C}$

$$\sin(z) = \frac{e^{iz} - e^{-iz}}{2i}, \quad \cos(z) = \frac{e^{iz} + e^{-iz}}{2}, \tag{33.8}$$

wodurch (33.3) auf $\mathbb{C}$ erweitert wird.

33.4 Formel von de Moivres

Für $\theta \in \mathbb{R}$ und eine ganze Zahl n gilt:

$$(e^{i\theta})^n = e^{in\theta},$$

d.h.

$$(\cos(\theta) + i\sin(\theta))^n = \cos(n\theta) + i\sin(n\theta), \tag{33.9}$$

was auch Formel von *de Moivres* genannt wird. Insbesondere ist

$$(\cos(\theta) + i\sin(\theta))^2 = \cos(2\theta) + i\sin(2\theta),$$

woraus durch Trennung in reelle und imaginäre Teile folgt:

$$\cos(2\theta) = \cos^2(\theta) - \sin^2(\theta), \quad \sin(2\theta) = 2\cos(\theta)\sin(\theta).$$

Die Formel von de Moivres eröffnet einen kurzen Weg, um einige der grundlegenden trigonometrischen Formeln (falls man sie vergessen hat) herzuleiten.

33.5 Definition von $\log(z)$

Wir haben oben $\log(x)$ für $x > 0$ definiert und wir sehen uns nun vor der Aufgabe, $\log(z)$ für $z \in \mathbb{C}$ zu definieren. Wir wiederholen, dass $w = \log(x)$ als eindeutige Lösung der Gleichung $e^w = x$ für $x > 0$ betrachtet werden kann. Wir betrachten daher die Gleichung

$$e^w = z$$

für ein vorgegebenes $z = |z|(\cos(\theta) + i\sin(\theta)) \in \mathbb{C}$ mit $z \neq 0$ und wir suchen $w = \text{Re } w + i\text{Im } w \in \mathbb{C}$ mit der Absicht, die Lösung $w = \log(z)$ zu nennen. Hierbei bezeichnen Re w und Im w die reellen und die imaginären Anteile von w. Wenn wir die reellen und imaginären Anteile für die Gleichung $e^w = z$ jeweils gleichsetzen, erhalten wir

$$e^{\text{Re } w} = |z|,$$

und somit

$$\text{Re } w = \log(|z|).$$

Dies führt uns auf die Definition

$$\log(z) = \log(|z|) + i \arg z, \tag{33.10}$$

womit die Definition des natürlichen Logarithmuses von den positiven reellen Zahlen auf von Null verschiedene komplexe Zahlen erweitert wird. Wir sehen, dass der imaginäre Anteil von $\log(z)$ nicht eindeutig definiert ist, da $\arg z$ nicht eindeutig ist, sondern modulo 2π gleich ist, d.h. $\log(z)$ hat *mehrere Werte*: Der imaginäre Anteil von $\log(z)$ ist nicht eindeutig definiert, sondern gleich modulo 2π. Wenn wir $\theta = \text{Arg } z$ mit $0 \leq \text{Arg } z < 2\pi$ wählen, dann erhalten wir den *Hauptzweig* von $\log(z)$, der

$$\text{Log}(z) = \log(|z|) + i\text{Arg } z$$

geschrieben wird. Lassen wir $\arg z$ von 0 über 2π hinaus anwachsen, so erkennen wir, dass die Funktion $\text{Log}(z)$ für $\text{Im } z = 2\pi$ unstetig ist. Wir müssen uns also merken, dass der imaginäre Anteil von $\log(z)$ nicht eindeutig definiert ist.

Aufgaben zu Kapitel 33

33.1. Beschreiben Sie mit geometrischen Ausdrücken die Abbildungen $f : \mathbb{C} \to \mathbb{C}$ für (a) $f(z) = \exp(z)$, (b) $f(z) = \text{Log}(z)$, (c) $\sin(z)$.

34
Integrationstechniken

Ein armer Kopf mit nebensächlichen Vorzügen ... kann den besten schlagen, so wie ein Kind mit einem Lineal eine Gerade besser ziehen kann als der größte Meister von Hand. (Leibniz)

34.1 Einleitung

Es ist prinzipiell nicht möglich, eine explizite Formel für eine Stammfunktion einer beliebigen Funktion anzugeben, auch wenn diese sich als Linearkombinationen bekannter *einfacher Funktionen* wie Polynome, rationale Funktionen, Wurzelfunktionen, Exponentialfunktionen und trigonometrische Funktionen zusammen mit deren Inversen zusammensetzt. Es stimmt noch nicht einmal, dass die Stammfunktion einer Elementarfunktion wieder eine andere Elementarfunktion ist. Ein bekanntes Beispiel liefert die Funktion $f(x) = \exp(-x^2)$, deren Stammfunktion $F(x)$ (mit $F(x) = 0$), die ja nach dem Fundamentalsatz existiert, (durch einen kniffligen Widerspruchsbeweis) *keine* Elementarfunktion sein kann. Um Werte von $F(x) = \int_0^x \exp(-y^2)\, dy$ für verschiedene x-Werte zu berechnen, müssen wir auf numerische Quadratur zurückgreifen, wie schon im Fall der Logarithmus-Funktion. Natürlich können wir $F(x)$ einen *Namen* geben, beispielsweise können wir uns darauf einigen, sie *Fehlerfunktion* $F(x) = erf(x)$ zu nennen und sie zu unserer Liste bekannter Funktionen, die wir benutzen können, hinzufügen. Nichtsdestotrotz wird es weitere Funktionen (wie $\frac{\sin(x)}{x}$) geben, deren Stammfunktionen nicht mit den bekannten Funktionen ausgedrückt werden können.

Offen bleibt die Frage, wie mit solchen Funktionen (inklusive $\log(x)$, $\exp(x)$, $\sin(x)\ldots$) umzugehen ist: Müssen wir lange Tabellen dieser Funktionen vorausberechnen und sie in dicken Büchern abdrucken oder sie in Computern speichern oder sollten wir jeden notwendigen Wert mit Hilfe der numerischen Quadratur von Null an berechnen? Die erste Variante wurde früher vorgezogen als Rechenleistung noch Mangelware war, und die zweite wird heutzutage vorgezogen (sogar im Taschenrechner).

Obwohl es unmöglich ist, Allgemeingültigkeit zu erreichen, ist es doch möglich (und sinnvoll) in gewissen Fällen Stammfunktionen analytisch zu berechnen. In diesem Kapitel werden wir einige Tricks vorstellen, die sich in diesem Zusammenhang als sinnvoll erwiesen haben. Die Tricks, die wir vorstellen, sind im Wesentlichen verschiedene schlaue Substitutionen verbunden mit partieller Integration. Dabei legen wir keinen Wert auf Vollständigkeit, sondern verweisen auf das „Mathematische Handbuch für Wissenschaft und Ingenieurwesen".

Wir beginnen mit rationalen Funktionen und gehen dann über zu unterschiedlichen Kombinationen von Polynomen, Logarithmen, trigonometrischen Funktionen und Exponentialfunktionen.

34.2 Rationale Funktionen: Einfache Fälle

Die Integration rationaler Funktionen basiert auf drei wesentlichen Formeln:

$$\int_{x_0}^{x} \frac{1}{s-c}\,ds = \log|x-c| - \log|x_0-c|, \quad c \neq 0 \tag{34.1}$$

$$\int_{x_0}^{x} \frac{s-a}{(s-a)^2+b^2}\,dx = \frac{1}{2}\log((x-a)^2+b^2) - \frac{1}{2}\log((x_0-a)^2+b^2) \tag{34.2}$$

und

$$\int_{x_0}^{x} \frac{1}{(s-a)^2+b^2}\,ds = \left[\frac{1}{b}\arctan\left(\frac{x-a}{b}\right)\right] - \left[\frac{1}{b}\arctan\left(\frac{x_0-a}{b}\right)\right], b \neq 0. \tag{34.3}$$

Diese Formeln lassen sich durch Ableitung beweisen. Der Gebrauch dieser Formeln kann so einfach sein, wie in

Beispiel 34.1.

$$\int_6^8 \frac{ds}{s-4} = \log 4 - \log 2 = \log 2.$$

Oder etwas komplizierter, wie in

Beispiel 34.2.

$$\begin{aligned}\int_2^4 \frac{ds}{2(s-2)^2+6} &= \frac{1}{2}\int_2^4 \frac{ds}{(s-2)^2+3}\\ &= \frac{1}{2}\int_2^4 \frac{ds}{(s-2)^2+(\sqrt{3})^2}\\ &= \frac{1}{2}\left(\frac{1}{\sqrt{3}}\arctan\left(\frac{4-2}{\sqrt{3}}\right) - \frac{1}{\sqrt{3}}\arctan\left(\frac{2-2}{\sqrt{3}}\right)\right).\end{aligned}$$

Natürlich können wir diese Formeln mit der Substitutionsregel kombinieren:

Beispiel 34.3.

$$\int_0^x \frac{\cos(s)\,ds}{\sin(s)+2} = \int_0^{\sin(x)} \frac{du}{u+2} = \log|\sin(x)+2| - \log 2.$$

Der Einsatz von (34.2) und (34.3) kann *quadratische Ergänzung* erfordern, wie beispielsweise in

Beispiel 34.4.

$$\int_0^3 \frac{ds}{s^2-2s+5}.$$

Falls möglich, wollen wir s^2-2s+5 zu $(s-a)^2+b^2$ umformen. Wir setzen

$$(s-a)^2+b^2 = s^2-2as+a^2+b^2 = s^2-2s+5.$$

Ein Gleichsetzen der Koeffizienten von s auf beiden Seiten liefert $a=1$. Gleichheit der konstanten Ausdrücke liefert $b^2 = 5-1 = 4$, woraus $b=2$ folgt. Nach dieser kleinen Übung mit der quadratischen Ergänzung können wir auch direkt argumentieren:

$$s^2-2s+5 = s^2-2s+1^2-1^2+5 = (s-1)^2+2^2.$$

Zurück beim Integral erhalten wir:

$$\begin{aligned}\int_0^3 \frac{ds}{s^2-2s+5} &= \int_0^3 \frac{ds}{(s-1)^2+2^2}\\ &= \frac{1}{2}\arctan\left(\frac{3-2}{2}\right) - \frac{1}{2}\arctan\left(\frac{0-2}{2}\right).\end{aligned}$$

34.3 Rationale Funktionen: Partialbruchzerlegung

Wir wollen nun eine systematische Methode zur Berechnung von Integralen *rationaler* Funktion $f(x)$ untersuchen, d.h. Funktionen der Form

$f(x) = p(x)/q(x)$, wobei $p(x)$ und $q(x)$ Polynome sind. Die Methode fußt auf der Veränderungen des Integranden, so dass die wichtigen Formeln (34.1)–(34.3) angewendet werden können. Die Veränderungen beruhen auf der Beobachtung, dass komplizierte rationale Funktionen als Summe relativ einfacher Funktionen geschrieben werden können.

Beispiel 34.5. Wir betrachten das Integral

$$\int_4^5 \frac{s^2+s-2}{s^3-3s^2+s-3}\,ds.$$

Der Integrand lässt sich umformen zu

$$\frac{s^2+s-2}{s^3-3s^2+s-3} = \frac{1}{s^2+1} + \frac{1}{s-3}.$$

Wir können dies erkennen, wenn wir die beiden Brüche auf der rechten Seite mit einem gemeinsamen Nenner addieren:

$$\begin{aligned}\frac{1}{s^2+1} + \frac{1}{s-3} &= \frac{s-3}{s-3} \times \frac{1}{s^2+1} + \frac{s^2+1}{s^2+1} \times \frac{1}{s-3} \\ &= \frac{s-3+s^2+1}{(s^2+1)(s-3)} = \frac{s^2+s-2}{s^3-3s^2+s-3}.\end{aligned}$$

Deshalb können wir das Integral berechnen:

$$\begin{aligned}\int_4^5 \frac{s^2+s-2}{s^3-3s^2+s-3}\,ds &= \int_4^5 \frac{1}{s^2+1}\,ds + \int_4^5 \frac{1}{s-3}\,ds \\ &= (\arctan(5) - \arctan(4)) + (\log(5-3) - \log(4-3)).\end{aligned}$$

Die allgemeine Vorgehensweise bei der *Partialbruchzerlegung* beruht auf der systematischen Methode, die rationale Funktion als Summe einfacher rationaler Funktionen, die sich mit den wichtigen Formeln (34.1)–(34.3) integrieren lassen, zu schreiben. Die Methode arbeitet „invers" zur Addition rationaler Funktionen mit Hilfe eines gemeinsamen Nenners.

Die Anwendung der Partialbruchzerlegung für eine allgemeine rationale Funktion besteht aus mehreren Schritten, die wir in „umgekehrter" Reihenfolge erklären wollen. Dazu beginnen wir mit der Annahme, dass der Nenner $p(x)$ der rationalen Funktion $p(x)/q(x)$ einen kleineren Grad besitzt als der Zähler $q(x)$, d.h. $\deg p(x) < \deg q(x)$. Ferner habe $q(x)$ folgende Form:

$$\frac{p(x)}{q(x)} = \frac{p(x)}{k(x-c_1)\cdots(x-c_n)((x-a_1)^2+b_1^2)\cdots((x-a_m)^2+b_m^2)}, \quad (34.4)$$

wobei k eine Zahl ist, die c_i sind reelle Nullstellen von $q(x)$ und die Faktoren $(x-a_j)^2+b_j^2$ entsprechen komplexen Nullstellen $a_j \pm ib_j$ von $q(x)$, die ja notwendigerweise als komplex konjugiertes Paar auftreten. Wir nennen

Polynome der Gestalt $(x-a_j)^2+b_j^2$ *irreduzibel*, da wir sie nicht weiter in Produkte linearer Polynome mit *reellen* Koeffizienten zerlegen können.

Im ersten Schritt gehen wir davon aus, dass die Nullstellen $\{c_i\}$ und $\{a_j \pm ib_j\}$ voneinander verschieden sind. Dann können wir $p(x)/q(x)$ als Summe von Partialbrüchen

$$\begin{aligned}\frac{p(x)}{q(x)} =& \frac{C_1}{x-c_1}+\cdots+\frac{C_n}{x-c_n}\\ &+\frac{A_1(x-a_1)+B_1}{(x-a_1)^2+b_1^2}+\cdots+\frac{A_m(x-a_m)+B_m}{(x-a_m)^2+b_m^2}\end{aligned} \tag{34.5}$$

schreiben, mit Konstanten C_i, $1\le i\le n$ und A_j, B_j, $1\le j\le m$, die noch zu bestimmen sind. Der Grund, warum wir $p(x)/q(x)$ in dieser Form schreiben wollen, ist der, dass wir dann das Integral von $p(x)/q(x)$ mit Hilfe der Formeln (34.1)–(34.3) berechnen können, indem wir, wie im obigen Beispiel, jeden einzelnen Ausdruck auf der rechten Seite von (34.5) auswerten.

Beispiel 34.6. Für $p(x)/q(x) = (x-1)/(x^2-x-2)$ mit $q(x)=(x-2)(x+1)$ erhalten wir

$$\frac{x-1}{x^2-x-2}=\frac{x-1}{(x-2)(x+1)}=\frac{1/3}{x-2}+\frac{2/3}{x+1}$$

und somit

$$\begin{aligned}\int_{x_0}^{x}\frac{s-1}{s^2-s-2}\,ds &= \frac{1}{3}\int_{x_0}^{x}\frac{1}{s-2}\,ds+\frac{2}{3}\int_{x_0}^{x}\frac{1}{s+1}\,ds\\ &=\frac{1}{3}[\log(s-2)]_{s=x_0}^{s=x}+\frac{2}{3}[\log(s+1)]_{s=x_0}^{s=x}.\end{aligned}$$

Die Überlegung hinter der Entwicklung (34.5) ist einfach die, dass die rechte Seite von (34.5) der allgemeinsten Form einer Summe rationaler Zahlen mit Zählern vom Grade 1 oder 2 entspricht, die mit $p(x)/q(x)$, mit dem gemeinsamen Nenner $q(x)$ für die Summe, übereinstimmt. Hätten insbesondere die Ausdrücke auf der rechten Seite Zähler höheren Grads, dann müsste auch $p(x)$ einen Grad besitzen, der höher als der von $q(x)$ ist.

Wir können die Konstanten C_i, A_j und B_j in (34.5) bestimmen, wenn wir die rechte Seite von (34.5) mit gemeinsamem Nenner umschreiben.

Beispiel 34.7. Im letzten Beispiel mit $q(x)=(x-2)(x+1)$ finden wir

$$\frac{C_1}{x-2}+\frac{C_2}{x+1}=\frac{C_1(x+1)+C_2(x-2)}{(x-2)(x+1)}=\frac{(C_1+C_2)x+(C_1-2C_2)}{(x-2)(x+1)},$$

was dann und nur dann

$$\frac{x-1}{(x-2)(x+1)}$$

entspricht, wenn

$$C_1 + C_2 = 1 \quad \text{und} \quad C_1 - 2C_2 = -1,$$

d.h., wenn $C_1 = 1/3$ und $C_2 = 2/3$.

Da es sehr mühsam ist, die Konstanten im Bruchrechnen zu bestimmen, werden üblicherweise beide Seiten von (34.5) mit dem gemeinsamen Nenner multipliziert.

Beispiel 34.8. Wir multiplizieren beide Seiten von

$$\frac{x-1}{(x-2)(x+1)} = \frac{C_1}{x-2} + \frac{C_2}{x+1}$$

mit $(x-2)(x+1)$ und erhalten so

$$x - 1 = C_1(x+1) + C_2(x-2) = (C_1 + C_2)x + (C_1 - 2C_2).$$

Ein Gleichsetzen der Koeffizienten mit gleichen Ordnungen ergibt $C_1 + C_2 = 1$ und $C_1 - 2C_2 = -1$ und folglich $C_1 = 1/3$ und $C_2 = 2/3$.

Beispiel 34.9. Um $f(x) = (5x^2 - 3x + 6)/((x-2)((x+1)^2 + 2^2))$ zu integrieren, beginnen wir mit der Partialbruchzerlegung

$$\frac{5x^2 - 3x + 6}{(x-2)((x+1)^2 + 2^2)} = \frac{C}{x-2} + \frac{A(x+1) + B}{(x+1)^2 + 2^2}.$$

Beide Seiten werden mit $(x-2)((x+1)^2 + 2^2)$ multipliziert, um die Konstanten zu bestimmen:

$$\begin{aligned} 5x^2 - 3x + 6 &= C((x+1)^2 + 2^2) + (A(x+1) + B)(x-2) \\ &= (C + A)x^2 + (2C - A + B)x + (5C - 2A - 2B). \end{aligned}$$

Gleichsetzen der Koeffizienten ergibt $C + A = 5$, $2C - A + B = -3$ und $5C - 2A - 2B = 6$, d.h. $C = 12$, $A = -7$ und $B = -34$. Daher erhalten wir

$$\begin{aligned} &\int_{x_0}^{x} \frac{5s^2 - 3s + 6}{(s-2)((s+1)^2 + 2^2)}\, ds \\ &= 12 \int_{x_0}^{x} \frac{1}{s-2}\, ds + \int_{x_0}^{x} \frac{-7(s+1) - 34}{(s+1)^2 + 2^2}\, ds \\ &= 12 \int_{x_0}^{x} \frac{1}{s-2}\, ds - 7 \int_{x_0}^{x} \frac{s+1}{(s+1)^2 + 2^2}\, ds - 34 \int_{x_0}^{x} \frac{1}{(s+1)^2 + 2^2}\, ds \\ &= 12\big(\log|x-2| - \log|x_0 - 2|\big) \\ &\qquad - \frac{7}{2}\big(\log((x+1)^2 + 4) - \log((x_0+1)^2 + 4)\big) \\ &\qquad - \frac{34}{2}\left(\arctan\left(\frac{x+1}{2}\right) - \arctan\left(\frac{x_0+1}{2}\right)\right). \end{aligned}$$

Für den Fall, dass einige der Faktoren in der Faktorisierung des Nenners (34.4) wiederholt auftreten, d.h. falls einige der Nullstellen Multiplizitäten größer als eins aufweisen, müssen wir die Partialbruchzerlegung (34.5) verändern. Wir formulieren hier keinen allgemeinen Fall, da dies ein kaum lesbares Durcheinander ist, sondern bemerken nur, dass wir prinzipiell immer die allgemeinste Summe ansetzen, die zum gemeinsamen Nenner führen kann.

Beispiel 34.10. Die allgemeine Partialbruchzerlegung der Funktion $f(x) = x^2/((x-2)(x+1)^2)$ nimmt folgende Form an:

$$\frac{x^2}{(x-2)(x+1)^2} = \frac{C_1}{x-2} + \frac{C_{2,1}}{x+1} + \frac{C_{2,2}}{(x+1)^2},$$

mit Konstanten C_1, $C_{2,1}$ und $C_{2,2}$, da alle Ausdrücke auf der rechten Seite Beiträge zum gemeinsamen Nenner $(x-2)(x+1)^2$ leisten können. Die Multiplikation beider Seiten mit dem gemeinsamen Nenner und das Gleichsetzen der Koeffizienten ergibt $C_1 = 4/9$, $C_{2,1} = 5/9$ und $C_{2,2} = -3/9$.

Ganz allgemein sollte der Ausdruck $\frac{C_i}{x-c_i}$ in der Partialbruchzerlegung (34.5) durch die *Summe* der Brüche $\sum_{l=1}^{l=L} \frac{C_{i,l}}{(x-c)^l}$ ersetzt werden, wenn $q(x)$ eine L-fache Nullstelle c_i besitzt. Für Potenzen der Form $((x-a)^2+b^2)^L$ gibt es eine ähnliche Prozedur.

Wir haben bisher die Integration rationaler Funktionen $p(x)/q(x)$ unter der Voraussetzung untersucht, dass $\deg p < \deg q$ und q als Produkt linearer oder irreduzibler quadratischer Polynome vorliegt. Wir wollen diese Einschränkungen nun fallen lassen. Zunächst behandeln wir die Faktorisierung des Nenners $q(x)$. Der Fundamentalsatz der Algebra besagt, dass ein Polynom q vom Grad n mit reellen Koeffizienten genau n Nullstellen besitzt und daher in ein Produkt von n linearen Polynomen zerlegt werden kann, die möglicherweise komplexe Koeffizienten besitzen. Da das Polynom q aber nur reelle Koeffizienten besitzt, treten komplexe Nullstellen immer in komplex konjugierten Paaren auf, d.h., wenn r eine Nullstelle von q ist, dann auch $\bar{r}$. Das bedeutet, dass es eine gerade Zahl von linearen Faktoren q gibt, die komplexen Nullstellen entsprechen und dass wir daher die zugehörigen Faktoren zu quadratischen Polynomen kombinieren können. Beispielsweise ist $(x-3+i)(x-3-i) = (x-3)^2+1$. Daher kann jedes Polynom $q(x)$ theoretisch in ein Produkt $k(x-c_1)\ldots(x-c_n)((x-a_1)^2+b_1^2)\ldots((x-a_m)^2+b_m^2)$ faktorisiert werden.

Dieses theoretische Ergebnis lässt sich jedoch für Polynome q hoher Ordnung nur schwer praktisch umsetzen. Um eine Faktorisierung von q zu erreichen, benötigen wir die Nullstellen von q. Unsere Aufgaben und Beispiele sind meist so gewählt, dass die Nullstellen einfache und ziemlich kleine ganze Zahlen sind. Aber wir wissen, dass Nullstellen im Allgemeinen jede beliebige algebraische Zahl annehmen können, die wir oft nur näherungsweise angeben können. Tatsächlich stellt sich heraus, dass die Bestimmung aller Nullstellen von Polynomen hoher Ordnung extrem schwierig ist, selbst dann, wenn wir die Newtonsche Methode benutzen. Daher wird die Partialbruchzerlegung praktisch nur für Polynome kleiner Ordnungen eingesetzt, obwohl es theoretisch ein sehr nützliches Werkzeug darstellt.

Schließlich wollen wir auch noch die Einschränkung $\deg p < \deg q$ fallen lassen. Ist der Grad des Polynoms $p(x)$ im Zähler größer oder gleich dem Grad des Polynoms im Nenner $q(x)$, machen wir zunächst von der Polynomdivision Gebrauch, um $f(x)$ als Summe eines Polynoms $s(x)$ und einer rationalen Funktion $\frac{r(x)}{q(x)}$ zu schreiben, wobei der Grad des Zählers $r(x)$ *kleiner* ist als der Grad des Nenners $q(x)$.

Beispiel 34.11. Für $f(x) = (x^3 - x)/(x^2 + x + 1)$ dividieren wir zunächst und erhalten $f(x) = x - 1 + (1 - x)/(x^2 + x + 1)$, so dass

$$\int_0^{\bar{x}} \frac{x^3 - x}{x^2 + x + 1}\, dx = \left[\frac{1}{2}x^2 - x\right]_{x=0}^{x=\bar{x}} + \int_0^{\bar{x}} \frac{1 - x}{x^2 + x + 1}\, dx.$$

34.4 Produkte von trigonometrischen oder Exponentialfunktionen mit Polynomen

Um das Produkt eines Polynoms mit einer trigonometrischen oder Exponentialfunktion zu integrieren, setzen wir mehrfach die partielle Integration ein, um so das Polynom auf eine Konstante zu reduzieren.

Beispiel 34.12. Um die Stammfunktion von $x\cos(x)$ zu berechnen, nutzen wir einmal partielle Integration:

$$\int_0^x y\cos(y)\, dy = [y\sin(y)]_{y=0}^{y=x} - \int_0^x \sin(y)\, dy = x\sin(x) + \cos(x) + 1.$$

Für Polynome höherer Ordnung benutzen wir partielle Integration mehrfach:

Beispiel 34.13. Wir erhalten

$$\begin{aligned}
\int_0^x s^2 e^s\, ds &= s^2(e^s)_{s=0}^{s=x} - 2\int_0^x s e^s\, ds \\
&= [s^2 e^s]_{s=0}^{s=x} - 2\left([s e^s]_{s=0}^{s=x} - \int_0^x e^s\, ds\right) \\
&= [s^2 e^s]_{s=0}^{s=x} - 2\big([s e^s]_{s=0}^{s=x} - [e^s]_{s=0}^{s=x}\big) \\
&= x^2 e^x - 2x e^x + 2e^x - 2.
\end{aligned}$$

34.5 Kombinationen von trigonometrischen und Wurzelfunktionen

Um eine Stammfunktion für $\sin(\sqrt{y})$ für $x > 0$ zu berechnen, setzen wir $y = t^2$ und erhalten durch partielle Integration:

$$\begin{aligned}\int_0^x \sin(\sqrt{y})\,dy &= \int_0^{\sqrt{x}} 2t\sin(t)\,dt = [-2t\cos(t)]_{t=0}^{t=\sqrt{x}} + 2\int_0^{\sqrt{x}} \cos(t)\,dt \\ &= -2\sqrt{x}\cos(\sqrt{x}) + 2\sin(\sqrt{x}).\end{aligned}$$

34.6 Produkte von trigonometrischen und Exponentialfunktionen

Um die Stammfunktion von $e^y \sin(y)$ zu bestimmen, nutzen wir mehrfach die partielle Integration:

$$\begin{aligned}\int_0^x e^y \sin(y)\,dy &= [e^y \sin(y)]_{y=0}^{y=x} - \int_0^x e^y \cos(y)\,dy \\ &= e^x \sin(x) - [e^y \cos(y)]_{y=0}^{y=x} - \int_0^x e^y \sin(y)\,dy,\end{aligned}$$

woraus wir folgern können, dass

$$\int_0^x e^y \sin(y)\,dy = \frac{1}{2}(e^x \sin(x) - e^x \cos(x) + 1).$$

34.7 Produkte von Polynomen mit dem Logarithmus

Um die Stammfunktion von $x^2 \log(x)$ zu bestimmen, nutzen wir die partielle Integration:

$$\int_1^x y^2 \log(y)\,dy = \left[\frac{y^3}{3}\log(y)\right]_{y=1}^{y=x} - \int_1^x \frac{y^3}{3}\frac{1}{y}\,dy = \frac{x^3}{3}\log(x) - \frac{x^3}{9} + \frac{1}{9}.$$

Aufgaben zu Kapitel 34

34.1. Berechnen Sie (a) $\int_0^x t\sin(2t)\,dt$, (b) $\int_0^x t^2\cos(t)\,dt$, (c) $\int_0^x t\exp(-2t)\,dt$. Hinweis: Partielle Integration.

34.2. Berechnen Sie (a) $\int_1^x y\log(y)\,dy$, (b) $\int_1^x \log(y)\,dy$, (c) $\int_0^x \arctan(t)\,dt$, (d) $\int_0^x \exp(-t)\cos(2t)\,dt$. Hinweis: Partielle Integration.

34.3. Berechnen Sie mit Hilfe der Formel $\int_0^x \frac{g'(y)}{g(y)}\,dy = \log(g(x)) - \log(g(0))$ die folgenden Integrale: (a) $\int_0^x \frac{y}{y^2+1}\,dy$, (b) $\int_0^x \frac{e^t}{e^t+1}\,dt$.

34.4. Berechnen Sie nach sinnvoller Substitution: (a) $\int_0^x \sin(t)\cos^2(t)\,dt$, (b) $\int_0^x y\sqrt{y-1}\,dy$, (c) $\int_0^x y\exp(y^2)\,dy$.

34.5. Berechnen Sie (a) $\int_0^x \frac{dy}{y^2-y-2}\,dy$, (b) $\int_0^x \frac{y^3}{y^2+2y-3}\,dy$, (c) $\int_0^x \frac{dy}{y^2+2y+5}\,dy$, (d) $\int_0^x \frac{x-x^2}{(y-1)(y^2+2y+5)}\,dy$, (e) $\int_0^x \frac{x^4}{(x-1)(x^2+x-6)}\,dy$.

34.6. Bedenken Sie, dass eine Funktion *gerade* heißt, wenn $f(-x) = f(x)$ und *ungerade*, wenn $f(-x) = -f(x)$ für alle x: (a) Geben Sie Beispiele für gerade und ungerade Funktionen, (b) skizzieren Sie ihre Graphen und (c) zeigen Sie, dass

$$\int_{-a}^{a} f(x)\,dx = 2\int_0^a f(x)\,dx \text{ für } f \text{ gerade}, \qquad \int_{-a}^{a} f(x)\,dx = 0 \text{ für } f \text{ ungerade}.$$

34.7. Berechnen Sie (a) $\int_{-\pi}^{\pi} |x|\cos(x)\,dx$, (b) $\int_{-\pi}^{\pi} x\sin^2(x)\,dx$, (c) $\int_{-\pi}^{\pi} \sin^2(x)\,dx$, (d) $\int_{-\pi}^{\pi} \arctan(x+3x^3)\,dx$.

35 Lösung von Differentialgleichungen mit Hilfe der Exponentialfunktion

...er kletterte ein Stückchen weiter ... und weiter ... und dann noch ein bisschen weiter. (Pu-Bär)

35.1 Einleitung

Die Exponentialfunktion spielt aufgrund ihrer besonderen Eigenschaften eine wichtiger Rolle bei Modellbetrachtungen und in der Analysis. Insbesondere findet sie bei der analytischen Lösung einer Reihe von Differentialgleichungen Verwendung, wie wir in diesem Kapitel zeigen werden. Wir beginnen mit einer Verallgemeinerung des Anfangswertproblems (31.2) aus dem Kapitel „Die Exponentialfunktion“:

$$u'(x) = \lambda u(x), \quad \text{für } x > a, \quad u(a) = u_a, \tag{35.1}$$

mit konstantem $\lambda \in \mathbb{R}$ und Lösung

$$u(x) = \exp(\lambda(x - a))u_a, \quad \text{für } x \geq a. \tag{35.2}$$

Analytische Lösungsformeln können sehr wichtige Informationen liefern und behilflich sein, verschiedene Aspekte mathematischer Modelle gefühlsmäßig zu verstehen und sollten daher als wertvolle Juwelen im Werkzeugkoffer von Wissenschaftlern und Ingenieuren nicht fehlen. Nützliche analytische Formeln gibt es jedoch nur sehr wenige, und sie müssen durch numerische Lösungstechniken ergänzt werden. Im Kapitel „Das allgemeine Anfangswertproblem“ werden wir die konstruktive Methode zur Lösung von (35.1) erweitern, um Lösungen allgemeiner Anfangswertprobleme für Systeme von Differentialgleichungen zu konstruieren, mit deren Hilfe eine große Zahl von Phänomenen beschrieben werden kann. Wir können daher die Lösung zu nahezu jedem Anfangswertproblem mit mehr oder weniger Aufwand numerisch berechnen, aber wir können nur für jede einzelne Datenwahl eine Lösung bestimmen und es kann sehr aufwändig werden, qualitative Informationen für eine Vielzahl verschiedener Daten zu erhalten. Auf der anderen Seite enthält eine analytische Lösungsformel, falls sie denn verfügbar ist, diese qualitative Information direkt.

Eine analytische Lösungsformel einer Differentialgleichung kann daher als eine (schlaue und wundervolle) Abkürzung zur Lösung betrachtet werden, wie etwa das Berechnen eines Integrals einer Funktion durch einfaches Auswerten der Funktion für zwei Werte einer zugehörigen Stammfunktion. Auf der anderen Seite ist eine numerische Lösung einer Differentialgleichung wie eine Wanderung auf einem gewundenen Bergpfad von Punkt A zu Punkt B, ohne Abkürzungen, ähnlich wie die Berechnung eines Integrals mit numerischer Quadratur. Beide Ansätze nutzen zu können, ist sehr hilfreich.

35.2 Verallgemeinerung auf $u'(x) = \lambda(x)u(x) + f(x)$

Das erste Problem, dem wir uns zuwenden wollen, ist ein Modell, bei der die Änderungsrate einer Größe $u(x)$ proportional zu der Größe selbst ist mit einem veränderlichen Proportionalitätsfaktor $\lambda(x)$ und bei dem außerdem eine äußere „einwirkende“ Funktion $f(x)$ auftritt. Das Problem lautet:

$$u'(x) = \lambda(x)u(x) + f(x), \quad \text{für } x > a, \quad u(a) = u_a, \tag{35.3}$$

wobei $\lambda(x)$ und $f(x)$ vorgegebene Funktionen von x sind und u_a ein gegebener Anfangswert ist. Wir beschreiben zunächst eine Reihe physikalischer Situationen, die von (35.3) modelliert werden.

Beispiel 35.1. Wir betrachten die Murmeltierpopulation $u(t)$ zur Zeit $t > 0$ in einem Alpental mit gegebenem Anfangswert $u(0) = u_0$. Wir nehmen an, dass wir die von der Zeit abhängige Geburtenrate $\beta(t)$ und die Sterberate $\delta(t)$ kennen. Im Allgemeinen würden wir erwarten, dass Murmeltiere sich ziemlich frei zwischen Alpentälern hin und her bewegen und dass die Wanderungsbewegungen von der Jahreszeit abhängen, d.h. von der Zeit t. Seien $f_i(t)$ und $f_o(t)$ die Wanderungsraten in und aus dem Tal zur Zeit t, die wir als bekannt voraus setzen (Ist das realistisch ?). Dann wird die Population $u(t)$ durch

$$\dot{u}(t) = \lambda(t)u(t) + f(t), \quad \text{für } t > a, \quad u(a) = u_a \tag{35.4}$$

beschrieben, mit $\lambda(t) = \beta(t) - \delta(t)$ und $f(t) = f_i(t) - f_o(t)$. Mit $\dot{u} = \frac{du}{dt}$ entspricht dies der Form (35.3).

Beispiel 35.2. Wir modellieren die gelöste Menge eines Stoffes (Substrat), wie z.B. Salz, in einem Lösungsmittel, wie z.B. Wasser, in einem Kessel mit Zufluss und Abfluss, vgl. Abb. 35.1. Sei $u(t)$ die gelöste Menge im Kessel

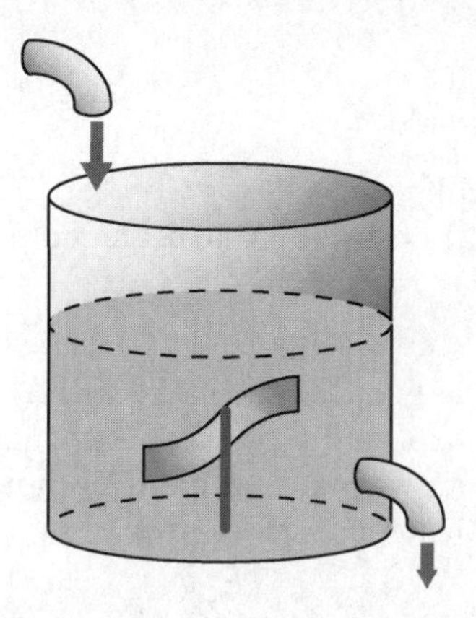

Abb. 35.1. Darstellung einer chemischen Mischungsanlage

zur Zeit t. Angenommen, wir kennen die anfängliche Menge u_0 zur Zeit $t = 0$ und es fließe eine Lösung Substrat/Lösungsmittel der Konzentration C_i (in Gramm pro Liter) mit σ_i Liter pro Sekunde zu. Der Abfluss erfolge mit σ_o Liter pro Sekunde und wir gehen davon aus, dass die Mischung im Kessel mit Konzentration $C(t)$ zu jeder Zeit t homogen ist.

Um eine Differentialgleichung für $u(t)$ zu erhalten, berechnen wir die Änderung $u(t + \Delta t) - u(t)$ während des Zeitintervalls $[t, t + \Delta t]$. Die Substratmenge, die in der Zeit in den Kessel fließt, beträgt $\sigma_i C_i \Delta t$, während die Substratmenge, die in dieser Zeit abfließt, $\sigma_o C(t)\Delta t$ beträgt. Somit ist

$$u(t + \Delta t) - u(t) \approx \sigma_i C_i \Delta t - \sigma_o C(t)\Delta t, \tag{35.5}$$

wobei die Näherung umso besser ausfällt, je kleiner Δt ist. Die Konzentration zur Zeit t beträgt $C(t) = u(t)/V(t)$, wobei $V(t)$ das Flüssigkeitsvolumen im Kessel zur Zeit t ist. Wenn wir dies in (35.5) einsetzen und durch Δt dividieren, erhalten wir

$$\frac{u(t + \Delta t) - u(t)}{\Delta t} \approx \sigma_i C_i - \sigma_o \frac{u(t)}{V(t)}.$$

Ist $u(t)$ differenzierbar, können wir den Grenzwert für $\Delta t \to 0$ bilden. So erhalten wir die folgende Differentialgleichung für u:

$$\dot{u}(t) = -\frac{\sigma_o}{V(t)} u(t) + \sigma_i C_i.$$

Das Volumen wird einfach durch die Zu- und Abflussraten in den Kessel bestimmt. Sind anfänglich V_0 Liter im Kessel, so sind es zur Zeit t: $V(t) = V_0 + (\sigma_i - \sigma_o)t$, da die Fließraten konstant angenommen werden. Somit erhalten wir wiederum ein Modell der Form (35.3):

$$\dot{u}(t) = -\frac{\sigma_o}{V_0 + (\sigma_i - \sigma_o)t} u(t) + \sigma_i C_i, \quad \text{für } t > 0, \quad u(0) = u_0. \tag{35.6}$$

Der integrierende Faktor

Wir wollen nun mit Hilfe eines *integrierenden Faktors* eine analytische Lösungsformel für (35.3) herleiten. Wir beginnen mit dem Spezialfall

$$u'(x) = \lambda(x)u(x), \quad \text{für } x > a, \quad u(a) = u_a, \tag{35.7}$$

wobei $\lambda(x)$ eine gegebene Funktion von x ist. Sei $\Lambda(x)$ eine Stammfunktion von $\lambda(x)$, so dass $\Lambda(a) = 0$, unter der Voraussetzung, dass $\lambda(x)$ auf $[a, \infty)$ Lipschitz-stetig ist. Wenn wir wir nun die Gleichung $0 = u'(x) - \lambda(x)u(x)$ mit $\exp(-\Lambda(x))$ multiplizieren, erhalten wir:

$$0 = u'(x)\exp(-\Lambda(x)) - u(x)\exp(-\Lambda(x))\lambda(x) = \frac{d}{dx}(u(x)\exp(-\Lambda(x))).$$

Dabei nennen wir $\exp(-\Lambda(x))$ einen integrierenden Faktor, da damit die gegebene Gleichung in die Form $\frac{d}{dx}$ von etwas, nämlich $u(x)\exp(-\Lambda(x))$, gebracht wird, das identisch gleich Null ist. Daraus erkennen wir, dass $u(x)\exp(-\Lambda(x))$ konstant ist und daher gleich u_a, da $u(a)\exp(-\Lambda(a)) = u(a) = u_a$. Somit kennen wir aber die Lösung von (35.7):

$$u(x) = \exp(\Lambda(x))u_a = e^{\Lambda(x)}u_a, \quad \text{für } x \geq a. \tag{35.8}$$

Durch Ableiten können wir erkennen, dass diese Funktion (35.7) löst und daher, aufgrund der Eindeutigkeit, die Lösung ist. Zusammenzufassend, so haben wir eine Lösungsformel für (35.7) als Ausdruck der Exponentialfunktion und einer Stammfunktion $\Lambda(x)$ der Koeffizientenfunktion $\lambda(x)$ hergeleitet.

Beispiel 35.3. Ist $\lambda(x) = \frac{r}{x}$ und $a = 1$, dann ist $\Lambda(x) = r\log(x) = \log(x^r)$ und die Lösung von

$$u'(x) = \frac{r}{x}u(x) \quad \text{für } x > 1, \quad u(1) = 1, \tag{35.9}$$

ist nach (35.8): $u(x) = \exp(r\log(x)) = x^r$.

Die Methode von Duhamel

Wir fahren mit dem allgemeinen Problem (35.3) fort. Wir multiplizieren es mit $e^{-\Lambda(x)}$, wobei wiederum $\Lambda(x)$ die Stammfunktion von $\lambda(x)$ ist mit

$\Lambda(a) = 0$ und erhalten so

$$\frac{d}{dx}\left(u(x)e^{-\Lambda(x)}\right) = f(x)e^{-\Lambda(x)}.$$

Wenn wir beide Seite integrieren, erkennen wir, dass die Lösung $u(x)$ mit $u(a) = u_a$ ausgedrückt werden kann als

$$u(x) = e^{\Lambda(x)}u_a + e^{\Lambda(x)} \int_a^x e^{-\Lambda(y)} f(y)\, dy. \tag{35.10}$$

Diese Formel für die Lösung $u(x)$ von (35.3), bei der $u(x)$ als Ausdruck des vorgegebenen Werts u_a und der Stammfunktion $\Lambda(x)$ von $\lambda(x)$ mit $\Lambda(a) = 0$ ausgedrückt wird, wird *Methode von Duhamel* oder Methode der *Variation der Konstanten* genannt.

Wir können die Gültigkeit von (35.10) überprüfen, indem wir direkt die Ableitung von $u(x)$ berechnen:

$$\begin{aligned} u'(x) &= \lambda(x)e^{\Lambda(x)}u_a + f(x) + \int_0^x \lambda(x)e^{\Lambda(x)-\Lambda(y)} f(y)\, dy \\ &= \lambda(x)\left(e^{\Lambda(x)}u_a + \int_0^x e^{\Lambda(x)-\Lambda(y)} f(y)\, dy\right) + f(x). \end{aligned}$$

Beispiel 35.4. Sei $\lambda(x) = \lambda$ konstant, $f(x) = x$, $a = 0$ und $u_0 = 0$. Dann ergibt sich die Lösung von (35.3) zu

$$\begin{aligned} u(x) &= \int_0^x e^{\lambda(x-y)} y\, dy = e^{\lambda x} \int_0^x y e^{-\lambda y}\, dy \\ &= e^{\lambda x}\left(\left[-\frac{y}{\lambda}e^{-\lambda y}\right]_{y=0}^{y=x} + \int_0^x \frac{1}{\lambda}e^{-\lambda y}\, dy\right) = -\frac{x}{\lambda} + \frac{1}{\lambda^2}\left(e^{\lambda x} - 1\right). \end{aligned}$$

Beispiel 35.5. Im Modell für die Murmeltierpopulation (35.4) betrachten wir eine Anfangspopulation von 100 Tieren, eine Sterberate, die um 4 höher ist als die Geburtenrate, so dass $\lambda(t) = \beta(t) - \delta(t) = -4$, aber mit einer positiven Zuwanderungsrate $f(t) = f_i(t) - f_o(t) = t$. Dann erhalten wir mit (35.10)

$$\begin{aligned} u(t) &= e^{-4t}100 + e^{-4t} \int_0^t e^{4s} s\, ds \\ &= e^{-4t}100 + e^{-4t}\left(\frac{1}{4}se^{4s}|_0^t - \frac{1}{4}\int_0^t e^{4s}\, ds\right) \\ &= e^{-4t}100 + e^{-4t}\left(\frac{1}{4}te^{4t} - \frac{1}{16}e^{4t} + \frac{1}{16}\right) \\ &= 100,0625e^{-4t} + \frac{t}{4} - \frac{1}{16}. \end{aligned}$$

Ohne Zuwanderung würde die Population exponentiell abnehmen, aber so nimmt die Population nur für eine kurze Zeit ab, bevor sie wieder linear zunimmt.

Beispiel 35.6. Eine Mischungsanlage mit der Zuflussrate $\sigma_i = 3$ Liter/Sek. mit einer Konzentration von $c_i = 1$ Gramm/Liter habe einen Abfluss mit $\sigma_o = 2$ Liter/Sek. und ein Anfangsvolumen von $V_0 = 100$ Liter reines Lösungsmittel, d.h. $u_0 = 0$. Die Differentialgleichung lautet

$$\dot{u}(t) = -\frac{2}{100+t}u(t) + 3.$$

Wir finden $\Lambda(t) = -2\log(100+t)$ und somit

$$\begin{aligned} u(t) &= 0 + e^{-2\log(100+t)} \int_0^t e^{2\log(100+s)} 3\,ds \\ &= (100+t)^{-2} \int_0^t (100+s)^2 3\,ds \\ &= (100+t)^{-2} \left((100+t)^3 - 100^3\right) \\ &= (100+t) - \frac{100^3}{(100+t)^2}. \end{aligned}$$

Wie wir unter den Bedingungen erwarten würden, nimmt die Konzentration konstant zu, bis der Kessel voll ist.

35.3 Die Differentialgleichung $u''(x) - u(x) = 0$

Wir betrachten das Anfangswertproblem zweiter Ordnung

$$u''(x) - u(x) = 0, \quad \text{für } x > 0,\ u(0) = u_0,\ u'(0) = u_1, \tag{35.11}$$

mit zwei Anfangsbedingungen. Rein formal können wir die Differentialgleichung $u''(x) - u(x) = 0$ auch als

$$(D+1)(D-1)u = 0$$

schreiben, mit $D = \frac{d}{dx}$, da $(D+1)(D-1)u = D^2u - Du + Du - u = D^2u - u$. Setzen wir nun $w = (D-1)u$, so erhalten wir $(D+1)w = 0$, was uns zur Lösung $w(x) = ae^{-x}$ führt, mit $a = u_1 - u_0$, da $w(0) = u'(0) - u(0)$. Somit ist also $(D-1)u = (u_1 - u_0)e^{-x}$, so dass wir mit der Variation der Konstanten

$$\begin{aligned} u(x) &= e^x u_0 + \int_0^x e^{x-y}(u_1 - u_0)e^{-y}\,dy \\ &= \frac{1}{2}(u_0 + u_1)e^x + \frac{1}{2}(u_0 - u_1)e^{-x} \end{aligned}$$

erhalten. Wir schließen, dass die Lösung $u(x)$ von $u''(x) - u(x) = 0$ eine Linearkombination von e^x und e^{-x} ist, wobei sich die Koeffizienten aus den Anfangsbedingungen ergeben. Die Methode der „Faktorisierung" der Differentialgleichung $(D^2-1)u = 0$ in $(D+1)(D-1)u = 0$ ist eine sehr mächtige Methode und wir werden diese Idee im Folgenden noch öfter einsetzen.

35.4 Die Differentialgleichung $\sum_{k=0}^{n} a_k D^k u(x) = 0$

In diesem Abschnitt wollen wir uns mit Lösungen von *linearen Differentialgleichungen mit konstanten Koeffizienten* beschäftigen:

$$\sum_{k=0}^{n} a_k D^k u(x) = 0, \quad \text{für } x \in I, \tag{35.12}$$

wobei die Koeffizienten a_k gegebene reelle Zahlen sind und I ist ein vorgegebenes Intervall. Analog zum *Differentialoperator* $\sum_{k=0}^{n} a_k D^k$ definieren wir das Polynom $p(x) = \sum_{k=0}^{n} a_k x^k$ in x vom Grad n mit den gleichen Koeffizienten a_k. Dieses wird *charakteristisches Polynom* der Differentialgleichung genannt. Damit können wir den Differentialoperator formal wie folgt schreiben:

$$p(D)u(x) = \sum_{k=0}^{n} a_k D^k u(x).$$

Ist beispielsweise $p(x) = x^2 - 1$ dann wäre $p(D)u = D^2 u - u$.

Die Methode zur Lösungsfindung basiert auf folgender Eigenschaft der Exponentialfunktion $\exp(\lambda x)$:

$$p(D) \exp(\lambda x) = p(\lambda) \exp(\lambda x), \tag{35.13}$$

was sich durch wiederholte Anwendung der Kettenregel ergibt. Dadurch wird die Wirkung des Differentialoperators $p(D)$ auf $\exp(\lambda x)$ in eine einfache Multiplikation mit $p(\lambda)$ umgewandelt. Genial, oder?

Wir wollen nun auf einem Intervall I Lösungen der Differentialgleichung $p(D)u(x) = 0$ der Form $u(x) = \exp(\lambda x)$ suchen. Dies führt uns auf die Gleichung

$$p(D) \exp(\lambda x) = p(\lambda) \exp(\lambda x) = 0, \quad \text{für } x \in I,$$

d.h., λ sollte eine Nullstelle der Polynomialgleichung

$$p(\lambda) = 0 \tag{35.14}$$

sein. Diese algebraische Gleichung wird auch *charakteristische Gleichung* der Differentialgleichung $p(D)u = 0$ genannt. Um Lösungen einer Differentialgleichung $p(D)u = 0$ auf dem Intervall I zu bestimmen, müssen wir also die Nullstellen $\lambda_1, \ldots \lambda_n$, der algebraischen Gleichung $p(\lambda) = 0$ finden und erhalten so die Lösungen $\exp(\lambda_1 x), \ldots, \exp(\lambda_n x)$. Jede Linearkombination

$$u(x) = \alpha_1 \exp(\lambda_1 x) + \cdots + \alpha_n \exp(\lambda_n x) \tag{35.15}$$

mit reellen (oder komplexen) Konstanten α_i ist dann Lösung der Differentialgleichung $p(D)u = 0$ auf I. Gibt es n verschiedene Nullstellen $\lambda_1, \ldots \lambda_n$, dann hat die *allgemeine Lösung* von $p(D)u = 0$ diese Form. Die Konstanten α_i ergeben sich aus den Anfangs- oder Randwertbedingungen.

Hat die Gleichung $p(\lambda) = 0$ mehrfache Lösungen λ_i der Multiplizität r_i wird das Ganze etwas komplizierter. Es kann dann gezeigt werden, dass die Lösung einer Summe von Ausdrücken der Form $q(x)\exp(\lambda_i x)$ entspricht, wobei $q(x)$ ein Polynom vom Grad kleiner gleich $r_i - 1$ ist. Ist beispielsweise $p(D) = (D-1)^2$, dann besitzt die allgemeine Lösung von $p(D) = 0$ die Gestalt $u(x) = (\alpha_0 + \alpha_1 x)\exp(x)$. Im Kapitel „N-Körper Systeme" werden wir die konstanten Koeffizienten der linearen Gleichung $a_0 + a_1 Du + a_2 D^2 u = 0$ zweiter Ordnung genau untersuchen und interessante Ergebnisse erhalten!

Die Umwandlung einer Differentialgleichung $p(D) = 0$ in eine algebraische Gleichung $p(\lambda) = 0$ ist sehr mächtig, erfordert aber, dass die Koeffizienten a_k von $p(D)$ unabhängig von x sind und ist daher nicht sehr allgemein einsetzbar. Der komplette Bereich der *Fourieranalyse* basiert auf der Formel (35.13).

Beispiel 35.7. Die charakteristische Gleichung für $p(D) = D^2 - 1$ lautet $\lambda^2 - 1 = 0$ mit Nullstellen $\lambda_1 = 1, \lambda_2 = -1$ und die zugehörige allgemeine Lösung ergibt sich zu $\alpha_1 \exp(x) + \alpha_2 \exp(-x)$. Wir haben dieses Beispiel schon oben kennen gelernt.

Beispiel 35.8. Die charakteristische Gleichung für $p(D) = D^2 + 1$ lautet $\lambda^2 + 1 = 0$ mit Nullstellen $\lambda_1 = i, \lambda_2 = -i$ und die zugehörige allgemeine Lösung ergibt sich zu

$$\alpha_1 \exp(ix) + \alpha_2 \exp(-ix).$$

wobei die α_i komplexe Konstanten sind. Wenn wir nur den reellen Anteil betrachten, besitzen die Lösungen die Form

$$\beta_1 \cos(x) + \beta_2 \sin(x)$$

mit reellen Konstanten β_i .

35.5 Die Differentialgleichung $\sum_{k=0}^n a_k D^k u(x) = f(x)$

Als Nächstes betrachten wir die inhomogene Differentialgleichung

$$p(D)u(x) = \sum_{k=0}^{n} a_k D^k u(x) = f(x), \tag{35.16}$$

mit gegebenen Koeffizienten a_k und einer gegebenen rechten Seite $f(x)$. Sei $u_p(x)$ irgendeine Lösung dieser Gleichung, die wir als *partikuläre Lösung* bezeichnen. Dann kann jede andere Lösung $u(x)$ von $p(D)u(x) = f(x)$ geschrieben werden als

$$u(x) = u_p(x) + v(x),$$

wobei $v(x)$ eine Lösung der zugehörigen homogenen Differentialgleichung $p(D)v = 0$ ist. Dies ergibt sich direkt aus der Linearität und der Eindeutigkeit, da $p(D)(u - u_p) = f - f = 0$.

Beispiel 35.9. Wir betrachten die Differentialgleichung $(D^2 - 1)u = f(x)$ mit $f(x) = x^2$. Eine partikuläre Lösung ist $u_p(x) = -x^2 - 2$ und somit lautet die allgemeine Lösung

$$u(x) = -x^2 - 2 + \alpha_1 \exp(x) + \alpha_2 \exp(-x)$$

mit reellen Zahlen α_i.

35.6 Eulersche Differentialgleichung

In diesem Abschnitt untersuchen wir die Eulersche Gleichung

$$a_0 u(x) + a_1 x u'(x) + a_2 x^2 u''(x) = 0, \tag{35.17}$$

mit einer besonderen Form von variablen Koeffizienten $a_i x^i$. Einer ehrwürdigen mathematischen Tradition folgend, raten wir oder machen einen *Ansatz* für die Gestalt der Lösung und nehmen an, dass $u(x) = x^m$ für ein noch zu bestimmendes m. Durch Einsetzen in die Differentialgleichung erhalten wir

$$a_0 x^m + a_1 x (x^m)' + a_2 x^2 (x^m)'' = (a_0 + (a_1 - 1)m + a_2 m^2) x^m,$$

was uns auf die algebraische Hilfsgleichung

$$a_0 + (a_1 - 1)m + a_2 m^2 = 0$$

mit Unbekannter m führt. Seien m_1 und m_2 reelle Lösungen dieser Gleichung, dann ist jede Linearkombination

$$\alpha_1 x^{m_1} + \alpha_2 x^{m_2}$$

Lösung der Gleichung (35.17). Tatsächlich entspricht dies der allgemeinen Lösung von (35.17), falls m_1 und m_2 verschieden und reell sind.

Abb. 35.2. Leonard Euler: „... Ich habe gleich eine Möglichkeit gefunden, um dem berühmten Professor Johann Bernoulli vorgestellt zu werden... Tatsächlich war er sehr beschäftigt und er weigerte sich kategorisch, mir Privatunterricht zu geben; aber er gab mir den unschätzbaren Hinweis, schwierigere Mathematikbücher für mich selbst zu lesen und sie möglichst fleißig zu studieren; wenn ich auf eine Unklarheit oder Schwierigkeit treffen würde, erhielt ich Erlaubnis ihn jeden Sonntag Nachmittag frei zu besuchen und er erklärte mir alles, was ich nicht verstehen konnte... "

Beispiel 35.10. Für die Differentialgleichung $x^2u'' - \frac{5}{2}xu' - 2u = 0$ erhalten wir $m^2 - \frac{7}{2}m - 2 = 0$ als Hilfsgleichung mit den Lösungen $m_1 = -\frac{1}{2}$ und $m_2 = 4$ und somit besitzt die allgemeine Lösung die folgende Form:

$$u(x) = \alpha_1 \frac{1}{\sqrt{x}} + \alpha_2 x^4.$$

Leonard Euler (1707-83) ist das mathematische Genie des 18. Jahrhunderts mit der unfassbaren Produktivität von über 800 wissenschaftlichen Aufsätzen, von denen die Hälfte geschrieben wurde, nachdem er 1766 vollständig erblindet war, vgl. Abb. 35.2.

Aufgaben zu Kapitel 35

35.1. Lösen Sie das Anfangswertproblem (35.7) für $\lambda(x) = x^r$, $r \in \mathbb{R}$ und $a = 0$.

35.2. Lösen Sie die folgenden Anfangswertprobleme: a) $u'(x) = 8xu(x)$, $u(0) = 1$, $x > 0$, b) $\frac{(15x+1)u(x)}{u'(x)} = 3x$, $u(1) = \mathrm{e}$, $x > 1$, c) $u'(x) + \frac{x}{(1-x)(1+x)}u = 0$, $u(0) = 1$, $x > 0$.

35.3. Vergewissern Sie sich, dass Ihre Lösung bei der vorangehenden Aufgabe im Teil c) richtig ist. Gilt sie sowohl für $x > 1$ als auch $x < 1$?

35.4. Lösen Sie die folgenden Anfangswertprobleme: a) $xu'(x) + u(x) = x$, $u(1) = \frac{3}{2}$, $x > 1$, b) $u'(x) + 2xu = x$, $u(0) = 1$, $x > 0$, c) $u'(x) = \frac{x+u}{2}$, $u(0) = 0$, $x > 0$.

35.5. Beschreiben Sie das Verhalten einer Murmeltierpopulation in den Schweizer Alpen, bei der die Geburtenrate um 5 über der Sterberate liegt, mit einer Anfangspopulation von 10000 Tieren und (a) einer Netto-Auswanderungsquote von $5t$, (b) einer Netto-Auswanderungsquote von $\exp(6t)$.

35.6. Beschreiben Sie die Konzentration in einer Mischungsanlage mit einem anfänglichen Volumen von 50 Liter in denen 20 Gramm des Substrats gelöst sind. Der Zufluss betrage 6 Liter/Sek. mit einer Konzentration von 10 Gramm/Liter und der Abfluss sei 7 Liter/Sek.

36
Uneigentliche Integrale

Alle möglichen merkwürdigen Gedanken purzeln in meinem Kopf herum. (Als wir noch sehr jung waren, Milne)

36.1 Einleitung

Bei einigen Anwendungen ist es notwendig, Integrale von Funktionen, die in einzelnen Punkten unbeschränkt sind, oder Integrale von Funktionen über unbeschränkte Intervalle zu berechnen. Derartige Integrale werden *uneigentliche* oder *verallgemeinerte* Integrale genannt. Wir bestimmen diese Integrale mit Hilfe konvergenter Folgen, die wir ja bereits eingeführt haben.

Im Folgenden betrachten wir diese zwei Arten uneigentlicher Integrale: Integrale über unbeschränkte Intervalle und Integrale über unbeschränkte Funktionen.

36.2 Integrale über unbeschränkte Intervalle

Wir beginnen mit dem folgenden Beispiel eines Integrals über ein unbeschränktes Intervall $[0, \infty)$:

$$\int_0^\infty \frac{1}{1+x^2}\,dx.$$

Der Integrand $f(x) = (1+x^2)^{-1}$ ist eine glatte (positive) Funktion, die wir über jedes endliche Intervall $[0, n]$ integrieren können und wir erhalten:

$$\int_0^n \frac{1}{1+x^2}\, dx = \arctan(n). \tag{36.1}$$

Nun wollen wir uns ansehen, was passiert, wenn n anwächst, d.h. wir integrieren f über immer größere Intervalle. Da $\lim_{n\to\infty} \arctan(n) = \pi/2$, können wir

$$\lim_{n\to\infty} \int_0^n \frac{1}{1+x^2}\, dx = \frac{\pi}{2}$$

schreiben, was uns zu folgender *Definition* führt:

$$\int_0^\infty \frac{1}{1+x^2}\, dx = \lim_{n\to\infty} \int_0^n \frac{1}{1+x^2}\, dx = \frac{\pi}{2}.$$

Wir verallgemeinern auf natürliche Weise auf eine beliebige (Lipschitz-stetige) Funktion $f(x)$, die für $x > a$ definiert ist, und definieren

$$\int_a^\infty f(x)\, dx = \lim_{n\to\infty} \int_a^n f(x)\, dx, \tag{36.2}$$

unter der Voraussetzung, dass der Grenzwert definiert und endlich ist. In diesem Fall bezeichnen wir das uneigentliche Integral als *konvergent* (oder *definiert*) und nennen die Funktion $f(x)$ *integrierbar* über $[a, \infty)$. Andererseits bezeichnen wir das Integral als *divergent* (oder *undefiniert*) und nennen $f(x)$ *nicht* integrierbar über $[a, \infty)$.

Ist die Funktion $f(x)$ positiv, dann muss der Integrand $f(x)$ für große x-Werte hinreichend klein werden, damit das Integral $\int_a^\infty f(x)\, dx$ konvergiert, da ansonsten $\lim_{n\to\infty} \int_a^n f(x)\, dx = \infty$ und das Integral dann divergiert. Wir sahen an dem obigen Beispiel $\frac{1}{1+x^2}$, dass diese Funktion hinreichend schnell für große x-Werte abnimmt, und daher über $[a, \infty)$ integrierbar ist.

Wir betrachten nun die Funktion $\frac{1}{1+x}$, die für $x \to \infty$ weniger schnell abnimmt. Ist sie auf $[0, \infty)$ integrierbar? Wir erhalten

$$\int_0^n \frac{1}{1+x}\, dx = \Big[\log(1+x)\Big]_0^n = \log(1+n)$$

und daher

$$\log(1+n) \to \infty \quad \text{mit } n \to \infty.$$

Obwohl die Divergenz langsam ist, so sehen wir doch, dass $\int_0^\infty \frac{1}{1+x}\, dx$ divergent ist.

Beispiel 36.1. Das uneigentliche Integral

$$\int_1^\infty \frac{dx}{x^\alpha}$$

ist für $\alpha > 1$ konvergent, da

$$\lim_{n\to\infty}\int_1^n \frac{dx}{x^\alpha} = \lim_{n\to\infty}\left[-\frac{x^{-(\alpha-1)}}{\alpha-1}\right]_1^n = \frac{1}{\alpha-1}.$$

Manchmal lässt sich die Existenz eines uneigentlichen Integrals zeigen, selbst wenn wir es nicht berechnen können.

Beispiel 36.2. Wir betrachten das uneigentliche Integral

$$\int_1^\infty \frac{e^{-x}}{x}\,dx.$$

Da $f(x) = \frac{e^{-x}}{x} > 0$ für $x > 1$ erkennen wir, dass die Folge $\{I_n\}_{n=1}^\infty$ mit

$$I_n = \int_1^n \frac{e^{-x}}{x}\,dx$$

anwächst. Im Kapitel „Optimierung" erfahren wir, dass $\{I_n\}_{n=1}^\infty$ einen Grenzwert besitzt, wenn wir nur zeigen können, dass $\{I_n\}_{n=1}^\infty$ von oben beschränkt ist. Da offensichtlich $1/x \le 1$, falls $x \le 1$, erhalten wir für alle $n \ge 1$:

$$I_n \le \int_1^n e^{-x}\,dx = e^{-1} - e^{-n} \le e^{-1}.$$

Wir folgern, dass $\int_1^\infty \frac{e^{-x}}{x}\,dx$ konvergiert. Beachten Sie, dass wir n auf ganze Zahlen einschränken können, da der Integrand e^{-x}/x gegen Null strebt, wenn x gegen Unendlich strebt.

Wir können auch Integrale der Form

$$\int_{-\infty}^\infty f(x)\,dx$$

berechnen. Dazu wählen wir einen beliebigen Punkt $-\infty < a < \infty$ und definieren

$$\begin{aligned}\int_{-\infty}^\infty f(x)\,dx &= \int_{-\infty}^a f(x)\,dx + \int_a^\infty f(x)\,dx \\ &= \lim_{m\to-\infty}\int_m^a f(x)\,dx + \lim_{n\to\infty}\int_a^n f(x)\,dx,\end{aligned} \tag{36.3}$$

wobei wir die beiden Grenzwerte unabhängig berechnen. Beide müssen definiert und endlich sein, damit das Integral existiert.

36.3 Integrale von unbeschränkten Funktionen

Wir beginnen diesen Abschnitt mit der Untersuchung des Integrals

$$\int_a^b f(x)\,dx,$$

wobei $f(x)$ in a unbeschränkt ist, d.h. $\lim_{x\downarrow a} f(x) = \pm\infty$. Dazu betrachten wir das folgende Beispiel:

$$\int_0^1 \frac{1}{\sqrt{x}}\,dx.$$

Diese Funktion ist auf $(0,1]$ unbeschränkt, aber auf $[\epsilon, 1]$ für jedes $1 \geq \epsilon > 0$ beschränkt und Lipschitz-stetig. Daher sind die Integrale

$$I_\epsilon = \int_\epsilon^1 \frac{1}{\sqrt{x}}\,dx = 2 - 2\sqrt{\epsilon} \tag{36.4}$$

für jedes $1 \geq \epsilon > 0$ definiert und offensichtlich ist

$$\lim_{\epsilon\downarrow 0} I_\epsilon = 2,$$

wobei $\epsilon \downarrow 0$ bedeutet, dass $\epsilon > 0$ gegen Null strebt. Daher ist es natürlich

$$\int_0^1 \frac{1}{\sqrt{x}}\,dx = \lim_{\epsilon\downarrow 0} \int_\epsilon^1 \frac{1}{\sqrt{x}}\,dx = 2$$

zu definieren.

Ganz allgemein definieren wir nahe bei a für unbeschränktes $f(x)$

$$\int_a^b f(x)\,dx = \lim_{s\downarrow a} \int_s^b f(x)\,dx. \tag{36.5}$$

Falls $f(x)$ in b unbeschränkt ist, definieren wir

$$\int_a^b f(x)\,dx = \lim_{s\uparrow a} \int_a^s f(x)\,dx, \tag{36.6}$$

falls dieser Grenzwert definiert und endlich ist. Wie oben sagen wir, dass das uneigentliche Integral definiert und konvergent ist, falls die Grenzwerte existieren und endlich sind. Ansonsten bezeichnen wir das Integral als divergent und undefiniert.

Wir können diese Definition in natürlicher Weise auf den Fall ausdehnen, dass $f(x)$ im Punkt $a < c < b$ unbeschränkt ist, indem wir definieren, dass

$$\begin{aligned}\int_a^b f(x)\,dx &= \int_a^c f(x)\,dx + \int_c^b f(x)\,dx \\ &= \lim_{s\uparrow c} \int_a^s f(x)\,dx + \lim_{t\downarrow c} \int_t^b f(x)\,dx,\end{aligned} \tag{36.7}$$

wobei beide Grenzwerte unabhängig berechnet werden und beide müssen definiert und endlich sein, damit das Integral konvergiert.

Aufgaben zu Kapitel 36

36.1. Falls möglich, berechnen Sie die folgenden Integrale:

1. $\displaystyle\int_0^\infty \frac{x}{(1+x^2)^2}\,dx$,
2. $\displaystyle\int_{-\infty}^\infty xe^{-x^2}\,dx$,
3. $\displaystyle\int_0^1 \frac{1}{\sqrt{1-x}}\,dx$,
4. $\displaystyle\int_0^\pi \frac{\cos(x)}{(1-\sin(x))^{1/3}}\,dx.$

36.2. Beweisen Sie, dass $\int_0^\infty f(x)\,dx$ konvergent ist, falls es $\int_0^\infty |f(x)|\,dx$ ist, d.h., Konvergenz folgt aus absoluter Konvergenz.

36.3. Beweisen Sie, dass $\int_B \|x\|^{-\alpha}\,dx$ mit $B = \{x \in \mathbb{R}^d : \|x\| < 1\}$ konvergiert, falls $\alpha < d$ für $d = 1, 2, 3$.

37 Reihen

Wenn man von den einfachsten Beispielen absieht, dann gibt es in der ganzen Mathematik nicht eine einzige Reihe, deren Summe gründlich bestimmt wurde. Anders formuliert, besitzt der wichtigste Teil der Mathematik kein Fundament. (Abel, 1802–1829)

37.1 Einleitung

In diesem Kapitel untersuchen wir *Reihen*, d.h. Summen von Zahlen. Wir unterscheiden zwischen einer *endlichen* Reihe, bei der die Summe endlich viele Summanden besitzt und einer *unendlichen* Reihe, mit einer unendlichen Zahl von Summanden. Eine endliche Reihe gibt uns keine Rätsel auf; mit genügend Zeit können wir zumindest prinzipiell die Summe einer endlichen Reihe berechnen, indem wir die Ausdrücke einen nach dem anderen addieren. Dagegen erfordert eine unendliche Reihe etwas Sorgfalt, da wir natürlich nicht eine unendliche Anzahl von Ausdrücken einen nach dem anderen addieren können. Daher müssen wir zunächst klären, was wir unter einer „unendlichen Summe“ verstehen.

Unendliche Reihen nehmen in der Infinitesimalrechnung eine zentrale Rolle ein, da versucht wurde, „beliebige“ Funktionen als Reihenentwicklung einfacher Ausdrücke zu schreiben. Dies war die großartige Idee von Fourier, der allgemeine Funktionen als Summe trigonometrischer Funktionen in sogenannten Fourierreihen darstellte. Weierstrass versuchte später dasselbe mit Potenzreihen von Monomen oder Polynomen. Es gibt Grenzen für Fourierreihen und Potenzreihen und die Rolle derartiger Reihenentwicklungen wird heute zum großen Teil von Methoden übernommen, bei denen der Computer zum Einsatz kommt. Wir wollen daher Reihen nicht allzu ausführlich behandeln, sondern stellen nur einige wichtige Tatsachen vor, deren Kenntnisse hilfreich sein können.

Wir haben bereits eine unendliche Reihe kennen gelernt, nämlich die *geometrische Reihe*

$$\sum_{i=0}^{\infty} a^i = 1 + a + a^2 + a^3 + \cdots ,$$

für eine reelle Zahl a. Wir bestimmten für $|a| < 1$ die Summe dieser unendlichen Reihe, indem wir zunächst die *Teilsumme der Ordnung* n berechneten:

$$s_n = \sum_{i=0}^{n} a^i = 1 + a + a^2 + \cdots + a^n = \frac{1 - a^{n+1}}{1 - a}.$$

Hierbei addierten wir die Ausdrücke a^i für $i \leq n$. Wir konnten dann feststellen, dass für $|a| < 1$

$$\lim_{n\to\infty} s_n = \lim_{n\to\infty} \frac{1 - a^{n+1}}{1 - a} = \frac{1}{1 - a}$$

gilt und so definierten wir für $|a| < 1$ die Summe der geometrischen Reihe zu

$$\sum_{i=0}^{\infty} a^i = \lim_{n\to\infty} \sum_{i=0}^{n} a^i = \frac{1}{1 - a}.$$

Wir halten fest, dass wir für $|a| \geq 1$ die Summe der geometrischen Reihe $\sum_{i=0}^{\infty} a^i$ undefiniert lassen müssen . Für $|a| \geq 1$ ist $|s_n - s_{n-1}| = |a^n| \geq 1$, weshalb $\{s_n\}_{n=0}^{\infty}$ keine Cauchy-Folge ist und daher existiert $\lim_{n\to\infty} s_n = \lim_{n\to\infty} \sum_{i=0}^{n} a^i$ nicht. Offensichtlich ist eine notwendige Bedingung für die Konvergenz, dass die Ausdrücke a^i gegen Null gehen, wenn i gegen Unendlich strebt.

37.2 Definition der Konvergenz unendlicher Reihen

Wir wollen diese Idee nun auf beliebige unendliche Reihen verallgemeinern. Sei daher $\{a_n\}_{n=0}^{\infty}$ eine Folge reeller Zahlen. Wir betrachten die *Folge der Teilsummen* $\{s_n\}_{n=0}^{\infty}$, wobei

$$s_n = \sum_{i=0}^{n} a_i = a_0 + a_1 + \cdots + a_n \tag{37.1}$$

die *Teilsumme der Ordnung* n ist. Wir sagen, dass die Reihe $\sum_{i=0}^{\infty} a_i$ *konvergent* ist, wenn die zugehörige Folge von Teilsummen $\{s_n\}_{n=0}^{\infty}$ konvergiert und wir schreiben dann

$$\sum_{i=0}^{\infty} a_i = \lim_{n\to\infty} s_n = \lim_{n\to\infty} \sum_{i=0}^{n} a_i, \tag{37.2}$$

was wir mit Summe der Reihe bezeichnen. Somit haben wir die Konvergenz der Reihe $\sum_{i=0}^{\infty} a_i$ auf die Konvergenz der Folge seiner Teilsummen zurückgeführt. Alle Konvergenzfragen einer Reihe werden auf die Weise gelöst, indem wir sie auf die Konvergenz von Folgen zurückführen. Dieses Kapitel kann daher als direkte Fortsetzung der Kapitel „Folgen und Grenzwerte" und „Reelle Zahlen" angesehen werden. Insbesondere erkennen wir, dass, wie im Fall der geometrischen Reihe, eine notwendige Bedingung der Konvergenz einer Reihe $\sum_{i=0}^{\infty} a_i$ ist, dass die Ausdrücke a_i gegen Null gehen, wenn i gegen Unendlich strebt. Diese Forderung ist jedoch nicht ausreichend, wie wir von unserer Erfahrung mit Folgen wissen sollten und wie wir unten sehen werden.

Beachten Sie, dass wir ganz analog Reihen der Gestalt $\sum_{i=1}^{\infty} a_i$ und $\sum_{i=m}^{\infty} a_i$ für eine beliebige ganze Zahl m betrachten können.

Nur in einigen wenigen Spezialfällen, wie der geometrischen Reihe, können wir tatsächlich eine analytische Formel für die Summe der Reihe angeben. Für die meisten Reihen $\sum_{i=0}^{\infty} a_i$ ist dies jedoch nicht möglich oder aber es ist so knifflig, dass wir die Lösung nicht finden. Natürlich können wir dann eine Näherung berechnen, indem wir eine Teilsumme $s_n = \sum_{i=0}^{n} a_i$ für ein geeignetes n berechnen, d.h. falls n nicht zu groß ist und die Ausdrücke a_i nicht zu kompliziert. Um dann den Fehler abzuschätzen, müssen wir den Rest $\sum_{i=n+1}^{\infty} a_i$ abschätzen. Wir sind dann zwar gezwungen, die Summe einer Reihe analytisch abzuschätzen, was jedoch einfacher sein kann als die exakte Summe analytisch zu berechnen.

Insbesondere können derartige Abschätzungen für die Fragestellung eingesetzt werden, ob eine Reihe konvergiert oder nicht, was natürlich eine sehr wichtige Frage ist, da das „Herumspielen" mit divergenten Reihen sinnlos ist. Zu diesem Zweck ist es nur natürlich, zwischen Reihen, in denen alle Ausdrücke gleiches Vorzeichen haben und solchen, in denen die Ausdrücke unterschiedliche Vorzeichen haben können, zu unterscheiden. Es mag komplizierter sein, Konvergenz für eine Reihe, in der die Ausdrücke unterschiedliche Vorzeichen haben können, zu bestimmen, da sich die Ausdrücke untereinander auslöschen können.

Wenn wir den Rest einer Reihe $\sum_{i=n+1}^{\infty} a_i$ mit Hilfe der Dreiecksungleichung nach oben beschränken, erhalten wir

$$|\sum_{i=n+1}^{\infty} a_i| \leq \sum_{i=n+1}^{\infty} |a_i|,$$

wobei die Reihe auf der rechten Seite positiv ist. Somit sind positive Reihen von höchster Wichtigkeit und wir werden sie daher zuerst untersuchen.

37.3 Positive Reihen

Eine Reihe $\sum_{i=1}^{\infty} a_i$ heißt *positive Reihe*, wenn $a_i \geq 0$ für $i = 1, 2, \ldots$. Wichtig ist dabei, dass bei einer positiven Reihe die Folge der Teilsummen nicht abnimmt, da

$$s_{n+1} - s_n = \sum_{i=1}^{n+1} a_i - \sum_{i=1}^{n} a_i = a_{n+1} \geq 0. \tag{37.3}$$

Im Kapitel „Optimierung" werden wir beweisen, dass eine nicht abnehmende Folge dann und nur dann konvergiert, wenn die Folge nach oben beschränkt ist. Wenn wir diese Aussage zunächst als Tatsache anerkennen, so konvergiert eine positive Reihe dann und nur dann, wenn die Folge der Teilsummen nach oben beschränkt ist, d.h. es muss eine Konstante C geben, so dass

$$\sum_{i=1}^{n} a_i \leq C \quad \text{für } n = 1, 2, \ldots. \tag{37.4}$$

Diese Aussage, die wir als Satz anführen, gibt uns ein klares Konvergenzkriterium.

Satz 37.1 *Eine positive Reihe konvergiert dann und nur dann, wenn die Folge der Teilsummen nach oben beschränkt ist.*

Dieses Ergebnis gilt nicht, wenn in der Reihe Ausdrücke mit unterschiedlichem Vorzeichen auftreten. So hat beispielsweise die Reihe $\sum_{i=0}^{\infty} (-1)^i = 1 - 1 + 1 - 1 + 1 \ldots$ beschränkte Teilsummen, aber sie konvergiert nicht, da $(-1)^i$ nicht gegen Null geht, wenn i gegen Unendlich strebt.

Beispiel 37.1. Manchmal können wir ein Integral benutzen, um die Beschränktheit der Teilsummen einer positiven Reihe zu bestimmen und so die Konvergenz beweisen oder Restausdrücke abschätzen. Als Beispiel betrachten wir die positive Reihe $\sum_{i=2}^{\infty} \frac{1}{i^2}$. Die Teilsummen

$$s_n = \sum_{i=2}^{n} \frac{1}{i^2}$$

können als Quadraturformeln für das Integral $\int_1^n x^{-2}\, dx$ aufgefasst werden, vgl. Abb. 37.1.

Um dies zu präzisieren, betrachten wir

$$\begin{aligned}
\int_1^n x^{-2}\, dx &= \int_1^2 x^{-2}\, dx + \int_2^3 x^{-2}\, dx + \cdots + \int_{n-1}^n x^{-2}\, dx \\
&\geq \int_1^2 \frac{1}{2^2}\, dx + \int_2^3 \frac{1}{3^2}\, dx + \cdots + \int_{n-1}^n \frac{1}{n^2}\, dx \\
&\geq \frac{1}{2^2} + \frac{1}{3^2} + \cdots + \frac{1}{n^2} = s_n.
\end{aligned}$$

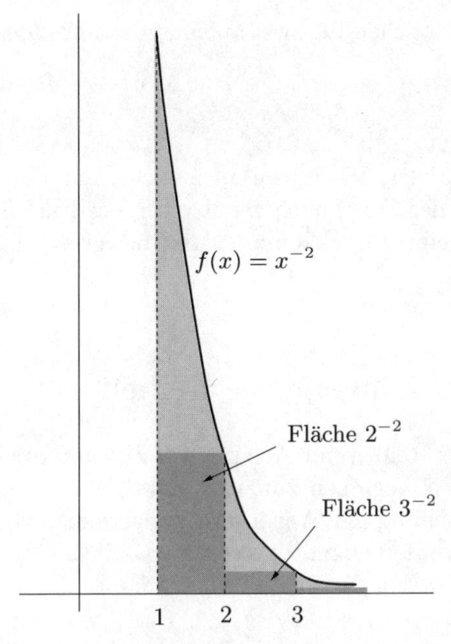

Abb. 37.1. Beziehung zwischen $\int_1^n x^{-2}\,dx$ und $\sum_{i=2}^n i^{-2}$

Da

$$\int_1^n x^{-2}\,dx = \left(1 - \frac{1}{n}\right) \leq 1,$$

erkennen wir, dass $s_n \leq 1$ für alle n, weswegen die Reihe $\sum_{i=2}^\infty \frac{1}{i^2}$ konvergiert. Um die Summe der Reihe anzunähern, berechnen wir natürlich eine Teilsumme s_n, bei der n groß genug ist. Um den Rest abzuschätzen, können wir einen ähnlichen Vergleich vornehmen, vgl. Aufgabe 37.5.

Beispiel 37.2. Die positive Reihe $\sum_{i=1}^\infty \frac{1}{i+i^2}$ konvergiert, da für alle n

$$s_n = \sum_{i=1}^n \frac{1}{i+i^2} \leq \sum_{i=1}^n \frac{1}{i^2} \leq 2,$$

wie sich aus dem vorausgegangenen Beispiel ergibt.

Ganz analog konvergiert eine *negative Reihe*, in der alle Ausdrücke nichtpositiv sind, dann und nur dann, wenn ihre Teilsummen nach *unten* beschränkt sind.

Beispiel 37.3. Bei der *alternierenden* Reihe

$$\sum_{i=1}^\infty \frac{(-1)^i}{i},$$

ändert sich das Vorzeichen für zwei aufeinander folgende Teilsummen

$$s_n - s_{n-1} = \frac{(-1)^n}{n}$$

und somit ist die Folge der Teilsummen nicht monoton. Deshalb ist uns der obige Satz bei der Frage nach der Konvergenz keine Hilfe. Wir werden unten zu dieser Reihe zurückkommen und beweisen, dass sie tatsächlich konvergiert.

37.4 Absolut konvergente Reihen

Nun wollen wir uns Reihen mit Ausdrücken mit unterschiedlichem Vorzeichen zuwenden. Wir beginnen zunächst mit Reihen, die unabhängig von irgendeiner Auslöschung der Ausdrücke konvergieren. Die Konvergenzergebnisse für positive Reihen motivieren uns dazu. Eine Reihe $\sum_{i=1}^{\infty} a_i$ heißt *absolut konvergent*, wenn die Reihe

$$\sum_{i=1}^{\infty} |a_i|$$

konvergiert. Aus obigen Ergebnissen wissen wir, dass eine Reihe $\sum_{i=1}^{\infty} a_i$ dann und nur dann absolut konvergent ist, wenn die Reihe $\{\hat{s}_n\}$ mit

$$\hat{s}_n = \sum_{i=1}^{n} |a_i| \qquad (37.5)$$

nach oben beschränkt ist.

Wir werden nun beweisen, dass eine absolut konvergente Reihe $\sum_{i=1}^{\infty} a_i$ konvergent ist. Aus der Dreiecksungleichung folgt für $m > n$

$$|s_m - s_n| = \left| \sum_{n}^{m} a_i \right| \leq \sum_{n}^{m} |a_i| = |\hat{s}_m - \hat{s}_n|. \qquad (37.6)$$

Wir können $|\hat{s}_m - \hat{s}_n|$ beliebig klein machen, wenn wir m und n groß wählen, da $\sum_{i=1}^{\infty} a_i$ absolut konvergent ist und somit ist $\{\hat{s}_n\}_{n=1}^{\infty}$ eine Cauchy-Folge. Wir folgern, dass $\{s_n\}_{n=1}^{\infty}$ ebenfalls eine Cauchy-Folge ist und daher konvergiert und dass somit auch die Reihe $\sum_{i=1}^{\infty} a_i$ konvergiert. Wir halten dieses wichtige Ergebnis in einem Satz fest:

Satz 37.2 *Eine absolut konvergente Reihe ist konvergent.*

Beispiel 37.4. Die Reihe $\sum_{i=1}^{\infty} \frac{(-1)^i}{i^2}$ konvergiert, da $\sum_{i=1}^{\infty} \frac{1}{i^2}$ konvergiert.

37.5 Alternierende Reihen

Die Konvergenzuntersuchung für eine allgemeine Reihe mit Ausdrücken mit „beliebigem" Vorzeichen kann sich wegen der Auslöschung von Ausdrücken als schwierig erweisen. Wir betrachten hier einen Spezialfall mit einem regulären Vorzeichenmuster:

$$\sum_{i=0}^{\infty}(-1)^i a_i \tag{37.7}$$

für $a_i \geq 0$ für alle i. Sie wird *alternierende Reihe* genannt, da die Vorzeichen der Ausdrücke abwechseln (alternieren). Wir werden nun beweisen, dass die alternierende Reihe für $a_{i+1} \leq a_i$ für $i = 0, 1, 2 \ldots$ und $\lim_{i\to\infty} a_i = 0$ konvergiert. Die Schlüsselbeobachtung ist dabei, dass für die Folge $\{s_n\}$ der Teilsummen

$$s_1 \leq s_3 \leq s_5 \leq \ldots s_{2j+1} \leq s_{2i} \leq \ldots \leq s_4 \leq s_2 \leq s_0 \tag{37.8}$$

gilt. Daraus erkennen wir, dass die beide Grenzwerte $\lim_{j\to\infty} s_{2j+1}$ und $\lim_{i\to\infty} s_{2i}$ existieren. Da für anwachsendes i die Elemente $a_i \to 0$, gilt $\lim_{j\to\infty} s_{2j+1} = \lim_{i\to\infty} s_{2i}$ und somit existiert $\lim_{n\to\infty} s_n$, woraus sich die Konvergenz der Reihe $\sum_{i=0}^{\infty}(-1)^i a_i$ ergibt. Wir fassen dies im folgenden Satz zusammen, der zuerst von Leibniz aufgestellt und bewiesen wurde.

Satz 37.3 *Eine alternierende Reihe, bei der der Betrag der Ausdrücke monoton gegen Null strebt, konvergiert.*

Beispiel 37.5. Die *harmonische Reihe*

$$\sum_{i=1}^{\infty}\frac{(-1)^{i-1}}{i} = 1 - \frac{1}{2} + \frac{1}{3} - \frac{1}{4} + \cdots$$

konvergiert. Wir wollen nun als Nächstes zeigen, dass diese Reihe nicht absolut konvergiert.

37.6 Die Reihe $\sum_{i=1}^{\infty}\frac{1}{i}$ divergiert theoretisch!

Wir wollen nun zeigen, dass die *harmonische Reihe* $\sum_{i=1}^{\infty}\frac{(-1)^i}{i}$ **nicht** absolut konvergiert, d.h. wir werden zeigen, dass die Reihe

$$\sum_{i=1}^{\infty}\frac{1}{i} = 1 + \frac{1}{2} + \frac{1}{3} + \frac{1}{4} + \cdots$$

divergiert. Dazu betrachten wir die Folge $\{s_n\}_{n=1}^{\infty}$ der Teilsummen

$$s_n = \sum_{i=1}^{n}\frac{1}{i},$$

die beliebig groß werden kann, wenn n groß wird. Dazu gruppieren wir die Ausdrücke einer Teilsumme wie folgt:

$$1+\overline{\frac{1}{2}}+\overline{\frac{1}{3}+\frac{1}{4}}+\overline{\frac{1}{5}+\frac{1}{6}+\frac{1}{7}+\frac{1}{8}}$$
$$+\overline{\frac{1}{9}+\frac{1}{10}+\frac{1}{11}+\frac{1}{12}+\frac{1}{13}+\frac{1}{14}+\frac{1}{15}+\frac{1}{16}}$$
$$+\overline{\frac{1}{17}+\cdots+\frac{1}{32}}+\cdots$$

Die erste „Gruppe" liefert 1/2. Die zweite Gruppe ergibt

$$\frac{1}{3}+\frac{1}{4}\geq\frac{1}{4}+\frac{1}{4}=\frac{1}{2}.$$

Für die dritte Gruppe erhalten wir

$$\frac{1}{5}+\frac{1}{6}+\frac{1}{7}+\frac{1}{8}\geq\frac{1}{8}+\frac{1}{8}+\frac{1}{8}+\frac{1}{8}=\frac{1}{2}$$

Die vierte,

$$\frac{1}{9}+\frac{1}{10}+\frac{1}{11}+\frac{1}{12}+\frac{1}{13}+\frac{1}{14}+\frac{1}{15}+\frac{1}{16}$$

besitzt 8 Ausdrücke, die größer als $1/16$ sind, so dass deren Summe größer als $8/16 = 1/2$ ist. Wir können auf diese Weise fortfahren und die nächsten 16 Ausdrücke betrachten, die alle größer als $1/32$ sind, dann die nächsten 32 Ausdrücke, die alle größer als $1/64$ sind, usw. Für jede Gruppe erhalten wir einen Beitrag zur Gesamtsumme, der größer als $1/2$ ist.

Wählen wir n größer und größer, können wir mehr und mehr Ausdrücke auf diese Weise kombinieren, wodurch die Summe immer mehr Summanden $1/2$ erhält. Deswegen werden die Teilsummen größer und größer, wenn n anwächst, woraus folgt, dass die Teilsummen gegen Unendlich divergieren.

Beachten Sie, dass nach dem Kommutativ-Gesetz die Teilsumme s_n identisch sein sollte, ob wir nun die Summe „vorwärts"

$$s_n = 1+\frac{1}{2}+\frac{1}{3}+\cdots\frac{1}{n-1}+\frac{1}{n}$$

oder „rückwärts" berechnen:

$$s_n = \frac{1}{n}+\frac{1}{n-1}+\cdots+\frac{1}{3}+\frac{1}{2}+1.$$

In Abb. 37.2 haben wir verschiedene Teilsummen aufgeführt, die wir mit einem FORTRAN Programm in einfacher Genauigkeit, was etwa 7 signifikante Dezimalstellen bedeutet, vorwärts und rückwärts berechnet haben. Beachten Sie zwei wichtige Ergebnisse:

Erstens werden alle Teilsummen s_n gleich, wenn n genügend groß ist, obwohl sie theoretisch mit n stetig gegen Unendlich anwachsen sollten.

n	vorwärts	rückwärts
10000	9,787612915039062	9,787604331970214
100000	12,090850830078120	12,090151786804200
1000000	14,357357978820800	14,392651557922360
2000000	15,311032295227050	15,086579322814940
3000000	15,403682708740240	15,491910934448240
5000000	15,403682708740240	16,007854461669920
10000000	15,403682708740240	16,686031341552740
20000000		17,390090942382810
30000000		17,743585586547850
40000000		18,257812500000000
50000000		18,807918548583980
100000000	15,403682708740240	18,807918548583980
200000000		18,807918548583980
1000000000		18,807918548583980

Abb. 37.2. Vorwärts $1 + \frac{1}{2} + \cdots + \frac{1}{n}$ und rückwärts $\frac{1}{n} + \frac{1}{n-1} + \cdots + \frac{1}{2} + 1$ berechnete Teilsummen für verschiedene n in einfacher Genauigkeit

Dies liegt daran, dass die addierten Ausdrücke so klein werden, dass sie in endlicher Genauigkeit keinen Beitrag geben. Die Reihe scheint also auf dem Computer zu konvergieren, obwohl sie prinzipiell divergiert. Dies gibt uns eine Vorstellung von Idealismus versus Realismus in der Mathematik!

Zweitens ist die rückwärtige Summe streng größer als die vorwärts berechnete Summe! Dies liegt daran, dass effektiv Null addiert wird, wenn die addierten Ausdrücke verglichen zur aktuellen Teilsumme genügend klein sind und die Größe der aktuellen Teilsummen unterscheidet sich gewaltig, ob wir vorwärts oder rückwärts summieren.

37.7 Abel

Niels Henrik Abel (1802–1829), das große mathematische Genie aus Norwegen, ist heute weltberühmt für seinen 1824 veröffentlichten halbseitigen Beweis zur Unmöglichkeit, Nullstellen von Polynomialfunktionen vom Grade größer oder gleich fünf mit analytischen Formeln anzugeben. Damit wurde ein bekanntes Problem gelöst, das Generationen von Mathematikern beschäftigte. Abels Leben war jedoch kurz und endete tragisch und er wurde erst nach seinem plötzlichen Tod mit 27 berühmt. Gauss in Göttingen war dem Beweis gegenüber gleichgültig, da er seiner Meinung nach bereits in seiner Doktorarbeit von 1801 enthalten war. Danach ist die algebraische Lösung einer Gleichung nichts anderes, als ein Symbol für die Nullstelle der Gleichung einzuführen und zu behaupten, dass die Gleichung das Symbol

Abb. 37.3. Niels Henrik Abel (1802–1829): „Divergente Reihen sind Teufelswerk und es ist eine Schande, sie für irgendwelche Beweise zu benutzen. Mit ihnen kann man beliebige Schlüsse ziehen, weswegen diese Reihen zu so vielen Falschaussagen und Paradoxa geführt haben ..."

als Lösung besitze (vergleichen Sie dies mit der Diskussion zur Quadratwurzel von zwei).

Auf einer Reise nach Paris 1825 versuchte Abel ohne Erfolg Cauchy zu überzeugen. Die Reise endete unglückselig und er reiste mit geliehenem Geld nach Berlin. Dort veröffentlichte er ein weiteres Meisterstück über sogenannte elliptische Integrale. Nach seiner Rückkehr zu einer bescheidenen Anstellung in Christiania produzierte er anspruchsvolle mathematische Resultate, während sein Gesundheitszustand sich mehr und mehr verschlechterte. Über Weihnachten 1828 unternahm er eine Schlittenreise, um seine Freundin zu besuchen. Dabei wurde er ernsthaft krank und er starb kurz darauf.

37.8 Galois

Abel ist ein Zeitgenosse von Evariste Galois (1811–32), der 1830 unabhängig dasselbe Ergebnis zu Gleichungen fünfter Ordnung bewies wie Abel, wiederum ohne Reaktion von Cauchy. Galois wurde zweimal die Eingangsprüfung ans Polytechnikum verweigert, anscheinend, nachdem er den Prüfer beschuldigt hatte, Fragen fehlerhaft gestellt zu haben. Galois wurde 1830 wegen einer revolutionären Rede gegen König Louis Philippe inhaftiert. Er starb kurz nach seiner Freilassung 1832 im Alter von 21 an Verwundungen aus einem Duell wegen seiner Freundin.

Abb. 37.4. Evariste Galois (1811–1832): „Seit Anfang des Jahrhunderts wurden Berechnungsmethoden so kompliziert, dass durch deren bloße Anwendung kein Fortschritt mehr zu erwarten ist, wenn nicht die Eleganz moderner mathematischer Forschungsergebnisse dafür benutzt wird, dass der Verstand sie schnell erfasst, um dann in einem Schritt eine Vielzahl von Berechnungen ausführen zu können. Denn die Eleganz, so gepriesen und so passend bezeichnet, kann keinen anderen Zweck haben... Gehe zurück zu den Anfängen dieser Berechnungen! Gruppiere die Operationen. Klassifiziere sie nach ihrer Schwierigkeit und nicht nach ihrem Aussehen! Ich glaube, dass dies die Aufgabe für zukünftige Mathematiker ist. Dies ist das Ziel, dessentwegen ich mich an diese Arbeit mache"

Aufgaben zu Kapitel 37

37.1. Beweisen Sie, dass die Reihe $\sum_{i=1}^{\infty} i^{-\alpha}$ dann und nur dann konvergiert, wenn $\alpha > 1$. Hinweis: Vergleichen Sie es mit einer Stammfunktion von $x^{-\alpha}$.

37.2. Beweisen Sie, dass die Reihe $\sum_{i=1}^{\infty} (-1)^i i^{-\alpha}$ dann und nur dann konvergiert, wenn $\alpha > 0$.

37.3. Beweisen Sie, dass die folgenden Reihen konvergieren: (a) $\sum_{i=1}^{\infty} \frac{1+(-1)^i}{i^2}$, (b) $\sum_{i=1}^{\infty} e^{-i}$, (c) $\sum_{i=1}^{\infty} \frac{e^{-i}}{i}$, (d) $\sum_{i=1}^{\infty} \frac{1}{(i+1)(i+4)}$.

37.4. Beweisen Sie, dass $\sum_{i=1}^{\infty} \frac{1}{i^2 - i}$ konvergiert. Hinweis: Zeigen Sie zunächst, dass $\frac{1}{2}i^2 - i \geq 0$ für $i \geq 2$.

37.5. Schätzen Sie den Rest $\sum_{i=n}^{\infty} \frac{1}{i^2}$ für verschiedene Werte von n ab.

37.6. Beweisen Sie, dass $\sum_{i=1}^{\infty}(-1)^i \sin(1/i)$ konvergiert. Schwieriger: Beweisen Sie, dass sie **nicht** absolut konvergiert.

37.7. Erklären Sie ausführlich, warum die rückwärtige Teilsumme der Reihe $\sum_{i=1}^{\infty} \frac{1}{i}$ größer ist als die vorwärts berechnete Summe.

38 Skalare autonome Anfangswertprobleme

Er benutzt keine langen, schwierigen Worte wie Eule. (Das Haus an der Pu-Ecke, Milne)

38.1 Einleitung

In diesem Kapitel betrachten wir das Anfangswertproblem für eine *skalare autonome nicht-lineare Differentialgleichung*: Dabei suchen wir eine Funktion $u : [0,1] \to \mathbb{R}$, so dass

$$u'(x) = f(u(x)) \quad \text{für } 0 < x \leq 1,\ u(0) = u_0, \tag{38.1}$$

wobei $f : \mathbb{R} \to \mathbb{R}$ eine gegebene Funktion ist und u_0 ein gegebener Anfangswert. Wir nehmen an, dass $f : \mathbb{R} \to \mathbb{R}$ beschränkt und Lipschitz-stetig ist, d.h., dass es Konstanten L_f und M_f gibt, so dass für alle $v, w \in \mathbb{R}$:

$$|f(v) - f(w)| \leq L_f |v - w| \quad \text{und} \quad |f(v)| \leq M_f. \tag{38.2}$$

Einfachheitshalber wählen wir das Intervall $[0,1]$, aber wir können natürlich auf jedes andere Intervall $[a,b]$ verallgemeinern.

Das Problem (38.1) ist i.a. *nicht-linear*, da $f(v)$ im Allgemeinen nicht-linear in v ist, d.h. $f(u(x))$ hängt nicht-linear von $u(x)$ ab. Wir haben bereits im Kapitel „Die Exponentialfunktion“ den wichtigen Fall für lineares f betrachtet, d.h. den Fall $f(u(x)) = u(x)$ oder $f(v) = v$. Nun dehnen wir dies auf nicht-lineare Funktionen aus, wie beispielsweise $f(v) = v^2$.

Wir nennen (38.1) außerdem *autonom*, da $f(u(x))$ zwar vom Wert der Lösung $u(x)$ abhängt, aber nicht direkt von der unabhängigen Variablen x. Eine *nicht-autonome* Differentialgleichung besitzt die Form $u'(x) = f(u(x), x)$, wobei $f(u(x), x)$ von $u(x)$ und x abhängig ist. Die Differentialgleichung $u'(x) = xu^2(x)$ ist nicht-autonom und nicht-linear mit $f(v, x) = xv^2$, wohingegen die Gleichung $u'(x) = u(x)$ mit $f(v) = v$, mit der die Exponentialgleichung definiert wird, autonom und linear ist.

Schließlich nennen wir (38.1) ein *skalares* Problem, da $f : \mathbb{R} \to \mathbb{R}$ eine reellwertige Funktion einer reellen Variablen ist, d.h. $v \in \mathbb{R}$ und $f(v) \in \mathbb{R}$. Somit nimmt $u(x)$ reelle Werte an und $u : [0, 1] \to \mathbb{R}$. Unten werden wir *Differentialgleichungssysteme* mit $f : \mathbb{R}^d \to \mathbb{R}^d$ und $u : [0, 1] \to \mathbb{R}^d$ für $d > 1$ betrachten, womit sich viele Phänomene beschreiben lassen.

Wir hoffen, dass der Leser (so wie Eule) nun mit der Terminologie zurechtkommt: In diesem Kapitel betrachten wir skalare autonome nichtlineare Differentialgleichungen.

Das Anfangswertproblem für eine skalare autonome Differentialgleichung ist das einfachste aller Anfangswertprobleme und seine Lösung (falls sie existiert) kann mit der Hilfe von Stammfunktionen $F(v)$ der Funktion $1/f(v)$ analytisch formuliert werden. Im nächsten Kapitel werden wir diese Lösungsformel auf eine bestimmte Klasse skalarer nicht-autonomer Differentialgleichungen, die *separierbare* Differentialgleichungen genannt werden, ausdehnen. Die analytische Lösungsformel lässt sich nicht auf Anfangswertprobleme von Differentialgleichungssystemen erweitern und ist daher nur von eingeschränktem Nutzen. Allerdings ist die Lösungsformel eine wunderbare Anwendung der Infinitesimalrechnung, die für die Spezialfälle, für die sie anwendbar ist, in kompakter Form sehr wertvolle Informationen liefern kann.

Wir stellen auch einen direkten konstruktiven Beweis für die Existenz einer Lösung für das skalare autonome Problem vor, der sich auch auf den allgemeinen Fall eines Anfangswertproblems (autonom oder nicht-autonom) für Differentialgleichungssysteme verallgemeinern lässt. Wir werden im Kapitel „Das allgemeine Anfangswertproblem“ darauf zurückkommen.

38.2 Eine analytische Lösungsformel

Um die analytische Lösungsformel herzuleiten, setzen wir voraus, dass $F(v)$ Stammfunktion der Funktion $1/f(v)$ ist, wobei wir davon ausgehen, dass v nur Werte annimmt, die nicht zu Nullstellen von $f(v)$ gehören. Beachten Sie, dass $F(v)$ eine Stammfunktion für $1/f(v)$ und nicht für $f(v)$ ist. Wir können dann die Gleichung $u'(x) = f(u(x))$ als

$$\frac{d}{dx}F(u(x)) = 1$$

schreiben, da nach der Kettenregel $\frac{d}{dx}F(u(x)) = F'(u(x))u'(x) = \frac{u'(x)}{f(u(x))}$. Wir folgern, dass

$$F(u(x)) = x + C,$$

wobei die Konstante C aus den Anfangsbedingungen bestimmt wird, indem wir $F(u_0) = C$ für $x = 0$ setzen. Rein formal können wir die Berechnung wie folgt ausführen: Wir schreiben die Differentialgleichung $\frac{du}{dx} = f(u)$ in der Form

$$\frac{du}{f(u)} = dx$$

und erhalten durch Integration

$$F(u) = x + C,$$

woraus wir die Lösungsformel erhalten:

$$u(x) = F^{-1}(x + F(u_0)). \tag{38.3}$$

Dabei ist F^{-1} die Inverse von F.

Das Modell $u' = u^n$ für $n > 1$

Wir wollen nun mit Hilfe dieses Beispiels zeigen, dass die Nicht-Linearität von (38.1) zum interessanten *kurzfristigen Explodieren* einer Lösung führen kann. Dazu betrachten wir zunächst den Fall $n = 2$, d.h., das Anfangswertproblem

$$u'(x) = u^2(x) \quad \text{für } x > 0, \quad u(0) = u_0 > 0, \tag{38.4}$$

mit $f(v) = v^2$. In diesem Fall ist $F(v) = -1/v$ mit $F^{-1}(w) = -1/w$ und der Lösungsformel

$$u(x) = \frac{1}{u_0^{-1} - x} = \frac{u_0}{1 - u_0 x}.$$

Wir sehen, dass $u(x) \to \infty$ für $x \to u_0^{-1}$, d.h., die Lösung $u(x)$ von (38.1) mit $f(u) = u^2$ strebt gegen Unendlich, wenn x gegen u_0^{-1} anwächst. Nach diesem Punkt existiert keine Lösung, vgl. Abb. 38.1. Wir sagen, dass die Lösung u in kurzer Zeit *explodiert* oder *kurzfristiges Explodieren* aufweist.

Wir betrachten $u'(x) = u^2(x)$ als Modell für das Wachstum einer Größe $u(x)$ mit der Zeit x, bei der die Wachstumsrate zu $u^2(x)$ proportional ist und vergleichen dies mit dem Modell $u'(x) = u(x)$, das durch $u_0 \exp(x)$ mit exponentiellem Wachstum gelöst wird. Im Modell $u'(x) = u^2(x)$ ist das Wachstum auf lange Sicht viel größer als exponentielles Wachstum, da $u^2(x) > u(x)$, sobald $u(x) > 1$.

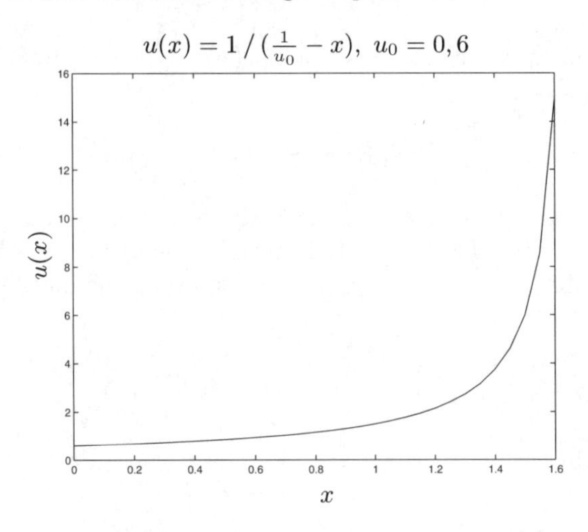

Abb. 38.1. Lösung der Gleichung $u' = u^2$

Wir verallgemeinern nun zu

$$u'(x) = u^n(x) \quad \text{für } x > 0, \quad u(0) = u_0,$$

für $n > 1$. In diesem Fall ist $f(v) = v^{-n}$ und $F(v) = -\frac{1}{n-1}v^{-(n-1)}$ und wir erhalten die Lösungsformel

$$u(x) = \frac{1}{(u_0^{-n+1} - (n-1)x)^{1/(n-1)}}.$$

Die Lösung weist wiederum kurzfristiges Explodieren auf.

Die logistische Gleichung $u' = u(1-u)$

Wir betrachten nun das Anfangswertproblem für die *logistische Gleichung*

$$u'(x) = u(x)(1 - u(x)) \quad \text{für } x > 0, \quad u(0) = u_0,$$

die von dem Mathematiker und Biologen Verhulst als Populationsmodell hergeleitet wurde. Dabei nimmt die *Wachstumsrate* mit dem Faktor $(1-u)$ ab, wenn sich die Population dem Wert 1 annähert, verglichen zu $u' = u$ im einfachen Modell. Üblicherweise gehen wir von $0 < u_0 < 1$ aus und erwarten $0 \leq u(x) \leq 1$.

In diesem Fall haben wir $1/f(u) = \frac{1}{u(1-u)}$ und mit Hilfe von $1/f(u) = \frac{1}{u} + \frac{1}{1-u}$ erhalten wir

$$F(u) = \log(u) - \log(1-u) = \log\left(\frac{u}{1-u}\right),$$

so dass

$$\log\left(\frac{u}{1-u}\right) = x + C,$$

bzw.

$$\frac{u}{1-u} = \exp(C)\exp(x).$$

Das Auflösen nach u und Einsetzen der Anfangsbedingung liefert

$$u(x) = \frac{1}{\frac{1-u_0}{u_0}\exp(-x) + 1}.$$

Wir erkennen, dass die Lösung $u(x)$ für $u_0 < 1$ gegen 1 strebt, wenn x gegen Unendlich wächst, vgl. Abb. 38.2. So erhalten wir die berühmte logistische S-Kurve, die Wachstum mit abnehmender Wachstumsrate beschreibt.

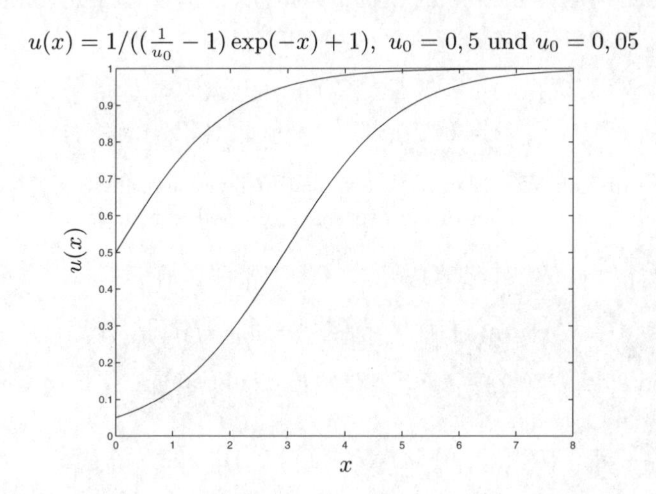

Abb. 38.2. Lösung der logistischen Gleichung

38.3 Konstruktion der Lösung

Für die direkte Konstruktion einer Lösung von (38.1) nutzen wir dieselbe Technik, die wir bereits im Kapitel „Die Exponentialfunktion" für das lineare Problem $f(u(x)) = u(x)$ eingesetzt haben. Natürlich mag man sich fragen, wozu wir uns um die Konstruktion einer Lösung kümmern, wo wir doch bereits die Lösungsformel (38.3) kennen. Wir können erwidern, dass die Lösungsformel die (Inverse der) Stammfunktion $F(v)$ von $1/f(v)$ beinhaltet, die wir ohnehin konstruieren müssen, weswegen eine direkte Konstruktion der Lösung vorzuziehen ist. Ganz allgemein kann eine Lösungsformel, falls sie denn verfügbar ist, sehr wertvolle Informationen über die qualitativen Eigenschaften der Lösung geben, wie etwa Parameterabhängigkeiten des Problems, sogar selbst dann, wenn es nicht notwendigerweise am effektivsten ist, die Lösung tatsächlich so zu berechnen.

Um die Lösung zu konstruieren, führen wir ein Gitter mit den Knoten $x_i^n = ih_n$ für $i = 1, \dots, N$ ein, wobei $h_n = 2^{-n}$ und $N = 2^n$. Für $n = 1, 2, \dots$ definieren wir eine zusammenhängende stückweise lineare Näherungslösung $U^n(x)$ für $0 < x \leq 1$ durch

$$U^n(x_i^n) = U^n(x_{i-1}^n) + h_n f(U^n(x_{i-1}^n)) \quad \text{für } i = 1, \dots, N, \tag{38.5}$$

mit $U^n(0) = u_0$.

Nun wollen wir beweisen, dass $\{U^n(x)\}$ für $x \in [0,1]$ eine Cauchy-Folge ist. Dazu schätzen wir zunächst $U^n(x_i^n) - U^{n+1}(x_i^n)$ für $i = 1, \dots, N$ ab. Wir nehmen zwei Schritte mit Schrittweite $h_{n+1} = \frac{1}{2}h_n$, um von der Zeit $x_{i-1}^n = x_{2i-2}^{n+1}$ zu $x_i^n = x_{2i}^{n+1}$ zu gelangen und erhalten so:

$$\begin{aligned} U^{n+1}(x_{2i-1}^{n+1}) &= U^{n+1}(x_{2i-2}^{n+1}) + h_{n+1} f(U^{n+1}(x_{2i-2}^{n+1})), \\ U^{n+1}(x_{2i}^{n+1}) &= U^{n+1}(x_{2i-1}^{n+1}) + h_{n+1} f(U^{n+1}(x_{2i-1}^{n+1})). \end{aligned}$$

Wenn wir nun den Wert von $U^{n+1}(x_{2i-1}^{n+1})$ im Zwischenschritt x_{2i-1}^{n+1} aus der ersten Gleichung in die zweite einsetzen, kommen wir zu

$$\begin{aligned} U^{n+1}(x_{2i}^{n+1}) &= U^{n+1}(x_{2i-2}^{n+1}) + h_{n+1} f(U^{n+1}(x_{2i-2}^{n+1})) \\ &\quad + h_{n+1} f\big(U^{n+1}(x_{2i-2}^{n+1}) + h_{n+1} f(U^{n+1}(x_{2i-2}^{n+1}))\big). \end{aligned} \tag{38.6}$$

Wir setzen $e_i^n \equiv U^n(x_i^n) - U^{n+1}(x_{2i}^{n+1})$ und subtrahieren (38.6) von (38.5) und erhalten

$$\begin{aligned} e_i^n &= e_{i-1}^n + h_n\big(f(U^n(x_{i-1}^n)) - f(U^{n+1}(x_{2i-2}^{n+1}))\big) \\ &\quad + h_{n+1}\Big(f(U^{n+1}(x_{2i-2}^{n+1})) - f\big(U^{n+1}(x_{2i-2}^{n+1}) + h_{n+1} f(U^{n+1}(x_{2i-2}^{n+1}))\big)\Big) \\ &\equiv e_{i-1}^n + F_{1,n} + F_{2,n}\,, \end{aligned}$$

wobei die Definitionen von $F_{1,n}$ und $F_{2,n}$ auf der Hand liegen. Mit der Lipschitz-Stetigkeit und der Beschränktheit (38.2) erhalten wir

$$\begin{aligned} |F_{1,n}| &\leq L_f h_n |e_{i-1}^n|, \\ |F_{2,n}| &\leq L_f h_{n+1}^2 |f(U^{n+1}(x_{2i-2}^{n+1}))| \leq L_f M_f h_{n+1}^2. \end{aligned}$$

Somit gilt für $i = 1, \dots, 2^N$:

$$|e_i^n| \leq (1 + L_f h_n)|e_{i-1}^n| + L_f M_f h_{n+1}^2.$$

Wenn wir diese Ungleichung über i iterieren und dabei noch ausnutzen, dass $e_0^n = 0$, so erhalten wir

$$|e_i^n| \leq L_f M_f h_{n+1}^2 \sum_{k=0}^{i-1} (1 + L_f h_n)^k \quad \text{für } i = 1, \dots, N.$$

Mit Hilfe von (31.10) und (31.27) kommen wir zu

$$\sum_{k=0}^{i-1} (1 + L_f h_n)^k \leq \frac{\exp(L_f) - 1}{L_f h_n},$$

womit wir bewiesen haben, dass für $i = 1, \dots, N$

$$|e_i^n| \leq \frac{1}{2} M_f \exp(L_f) h_{n+1}$$

gilt, d.h. für $\bar{x} = i h_n$ mit $i = 1, \dots, N$:

$$|U^n(\bar{x}) - U^{n+1}(\bar{x})| \leq \frac{1}{2} M_f \exp(L_f) h_{n+1}.$$

Wenn wir diese Ungleichung wie im Beweis des Fundamentalsatzes iterieren, erhalten wir für $m > n$ und $\bar{x} = i h_n$ mit $i = 1, \dots, N$:

$$|U^n(\bar{x}) - U^m(\bar{x})| \leq \frac{1}{2} M_f \exp(L_f) h_n.$$

Wie im Beweis des Fundamentalsatzes folgern wir, dass $\{U^n(x)\}$ für jedes $x \in [0, 1]$ eine Cauchy-Folge ist und daher gegen eine Funktion $u(x)$ konvergiert, die nach Konstruktion die Differentialgleichung $u'(x) = f(u(x))$ für $x \in (0, 1]$ und $u(0) = u_0$ erfüllt. Daher ist der Grenzwert $u(x)$ eine Lösung für das Anfangswertproblem (38.1).

Bleibt noch die Eindeutigkeit zu zeigen. Angenommen, dass $v(x)$ der Gleichung $v'(x) = f(v(x))$ für $x \in (0, 1]$ und $v(0) = u_0$ genüge. Wir betrachten die Funktion $w = u - v$ mit $w(0) = 0$. Somit gilt:

$$\begin{aligned} |w(x)| &= \left| \int_0^x w'(y)\, dy \right| = \left| \int_0^x f(u(y)) - f(v(y))\, dy \right| \\ &\leq \int_0^x |f(u(y)) - f(v(y))|\, dy \leq \int_0^x L_f |w(y)|\, dy. \end{aligned}$$

Wenn wir nun $a = \max_{0 \leq x \leq (2L_f)^{-1}} |w(x)|$ setzen, erhalten wir

$$a \leq \int_0^{(2L_f)^{-1}} L_f a\, dy \leq \frac{1}{2} a,$$

wodurch wir gezeigt haben, dass $w(x) = 0$ für $0 \leq x \leq (2L_f)^{-1}$. Nun wiederholen wir die Argumentation für $x \geq (2L_f)^{-1}$ und erhalten so die Eindeutigkeit für $0 \leq x \leq 1$.

Somit haben wir bewiesen:

Satz 38.1 *Das Anfangswertproblem* (38.1) *mit Lipschitz-stetigem und beschränktem* $f : \mathbb{R} \to \mathbb{R}$ *hat eine eindeutige Lösung* $u : [0,1] \to \mathbb{R}$, *die Grenzwert der Folge von zusammenhängenden stückweise linearen Funktionen* $\{U^n(x)\}$ *ist, die nach* (38.5) *konstruiert werden und die* $|u(x) - U^n(x)| \leq \frac{1}{2} M_f \exp(L_f) h_n$ *für* $x \in [0,1]$ *erfüllen.*

Der aufmerksame Leser wird bemerkt haben, dass der Existenzbeweis scheinbar z.B. nicht für das Anfangswertproblem (38.4) gilt, da die Funktion $f(v) = v^2$ nicht auf ganz $\mathbb{R}$ Lipschitz-stetig und beschränkt ist. Tatsächlich existiert die Lösung $u(x) = \frac{u_0}{1-u_0 x}$ nur auf dem Intervall $[0, u_0^{-1}]$ und explodiert in $x = u_0^{-1}$. Wir können jedoch argumentieren, dass es genügt, *vor* der Explosion mit etwa $|u(x)| \leq M$ für eine (große) Konstante M, die Funktion $f(v) = v^2$ auf dem Intervall $[-M, M]$ zu betrachten, worauf die Funktion Lipschitz-stetig und beschränkt ist. Wir folgern, dass sich für Funktionen $f(v)$, die auf beschränkten Intervallen von $\mathbb{R}$ Lipschitz-stetig und beschränkt sind, der konstruktive Existenzbeweis anwenden lässt, solange wie die Lösung nicht explodiert.

Aufgaben zu Kapitel 38

38.1. Lösen Sie die folgenden Anfangswertprobleme analytisch: $u'(x) = f(u(x))$ für $x > 0$, $u(0) = u_0$, mit (a) $f(u) = -u^2$, (b) $f(u) = \sqrt{u}$, (c) $f(u) = u \log(u)$, (d) $f(u) = 1 + u^2$, (e) $f(u) = \sin(u)$, (f) $f(u) = (1+u)^{-1}$, (g) $f(u) = \sqrt{u^2 + 4}$.

38.2. Zeigen Sie, dass die konstruierte Funktion $u(x)$ (38.1) löst. Hinweis: Benutzen Sie, dass aus der Konstruktion folgt, dass $u(x) = u_0 + \int_0^x f(u(y))\,dy$ für $x \in [0,1]$.

38.3. Bestimmen Sie die Geschwindigkeit eines Fallschirmspringers unter der Annahme, dass der Luftwiderstand zum Quadrat der Geschwindigkeit proportional ist.

38.4. Sei $u(t)$ die Position eines Körpers, der entlang der x-Achse mit der Geschwindigkeit $\dot{u}(t)$ rutscht, mit $\dot{u}(t) = -\exp(-u)$. Wie lange dauert es, bis der Körper den Punkt $u = 0$ erreicht, wenn er bei $u(0) = 5$ beginnt.

39

Separierbare Anfangswertprobleme

Die Suche nach allgemeinen Verfahren zur Integration gewöhnlicher Differentialgleichungen wurde etwa 1755 beendet. (Mathematical Thought, from Ancient to Modern Times, Kline)

39.1 Einleitung

Wir betrachten nun das Anfangswertproblem für eine skalare nicht-autonome Differentialgleichung:

$$u'(x) = f(u(x), x) \quad \text{für } 0 < x \leq 1,\ u(0) = u_0, \tag{39.1}$$

für den Spezialfall, dass $f(u(x), x)$ die Gestalt

$$f(u(x), x) = \frac{h(x)}{g(u(x))} \tag{39.2}$$

besitzt, mit $h : \mathbb{R} \to \mathbb{R}$ und $g : \mathbb{R} \to \mathbb{R}$. Somit betrachten wir das Anfangswertproblem

$$u'(x) = \frac{h(x)}{g(u(x))} \quad \text{für } 0 < x \leq 1,\ u(0) = u_0, \tag{39.3}$$

wobei $g : \mathbb{R} \to \mathbb{R}$ und $h : \mathbb{R} \to \mathbb{R}$ gegebene Funktionen sind. Wir bezeichnen dies als ein *separierbares* Problem, da sich die rechte Seite $f(u(x), x)$ laut (39.2) in den Quotienten einer Funktion $h(x)$ von x und einer Funktion $g(u(x))$ von $u(x)$ separieren lässt.

39.2 Eine analytische Lösungsformel

Wir wollen eine analytische Lösungsformel herleiten und so die Lösungsformel (38.3) für ein skalares autonomes Problem (das dem Fall $h(x) = 1$ entspricht) verallgemeinern. Seien somit $G(v)$ und $H(x)$ Stammfunktionen von $g(v)$ und $h(x)$, so dass $\frac{dG}{dv} = g$ und $\frac{dH}{dx} = h$. Ferner nehmen wir an, dass die Funktion $u(x)$ die Gleichung

$$G(u(x)) = H(x) + C \tag{39.4}$$

für $x \in [0, 1]$ löst, wobei C konstant ist. Wenn wir die Gleichung mit Hilfe der Kettenregel nach x ableiten, erhalten wir $g(u(x))u'(x) = h(x)$. Somit löst $u(x)$ wie gewünscht die Differentialgleichung $u'(x) = h(x)/g(u(x)) = f(u(x), x)$. Wenn wir die Konstante C so wählen, dass $u(0) = u_0$, erhalten wir eine Lösung $u(x)$ von (39.3), d.h. des Problems (39.1), wobei $f(u(x), x)$ die separierbare Gestalt (39.2) besitzt.

Beachten Sie, dass (39.4) eine algebraische Gleichung für den Wert der Lösung $u(x)$ für jedes x ist. Wir haben somit die Differentialgleichung (39.3) mit Hilfe der Stammfunktionen von $g(v)$ und $h(x)$ in die algebraische Gleichung (39.4) umgeschrieben, in der x als Parameter fungiert.

Natürlich können wir (39.1) auch für x im Intervall $[a, b]$ oder $[a, \infty)$ mit $a, b \in \mathbb{R}$ betrachten.

Beispiel 39.1. Wir betrachten das separierbare Anfangswertproblem

$$u'(x) = xu(x), \quad x > 0, u(0) = u_0, \tag{39.5}$$

wobei $f(u(x), x) = h(x)/g(u(x))$ mit $g(v) = 1/v$ und $h(x) = x$. Die Gleichung $G(u(x)) = H(x) + C$ nimmt dann folgende Gestalt an:

$$\log(u(x)) = \frac{x^2}{2} + C \tag{39.6}$$

und somit besitzt die Lösung $u(x)$ von (39.5) die Form:

$$u(x) = \exp\left(\frac{x^2}{2} + C\right) = u_0 \exp\left(\frac{x^2}{2}\right),$$

wobei $\exp(C) = u_0$ so gewählt wird, dass die Anfangsbedingung $u(0) = u_0$ erfüllt ist. Wir überprüfen dies durch Ableitung mit der Kettenregel und erkennen, dass tatsächlich $u_0 \exp(\frac{x^2}{2})$ die Gleichung $u'(x) = xu(x)$ für $x > 0$ erfüllt.

Formal („durch Multiplikation mit dx") können wir (39.5) umschreiben zu

$$\frac{du}{u} = x\,dx,$$

woraus wir durch Integration

$$\log(u) = \frac{x^2}{2} + C$$

erhalten, was der Gleichung (39.6) entspricht.

Beispiel 39.2. Am regnerischen Abend des 11. Novembers 1675 löste Leibniz als ersten (entscheidenden) Test für die Möglichkeiten der Infinitesimalrechnung, die er am 29. Oktober entdeckt hatte, das folgende Problem: Gesucht sei die Kurve $y = y(x)$, so dass die *Subnormale* p, vgl. Abb. 39.1, reziprok proportional zu y ist. Leibniz argumentierte wie folgt: Aus der Ähnlichkeit, vgl. Abb. 39.1, erhalten wir

$$\frac{dy}{dx} = \frac{p}{y}.$$

Die Annahme, dass die Subnormale p reziprok proportional zu y ist, d.h.

$$p = \frac{\alpha}{y},$$

wobei α eine positive Konstante ist, führt zur Differentialgleichung

$$\frac{dy}{dx} = \frac{\alpha}{y^2} = \frac{h(x)}{g(y)}, \tag{39.7}$$

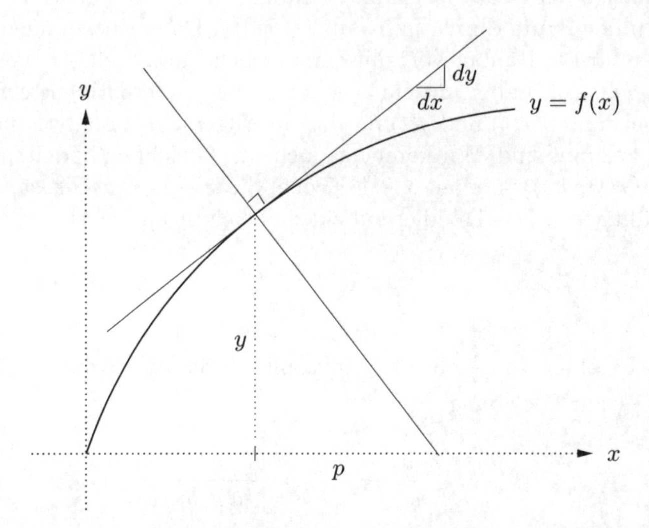

Abb. 39.1. Das Leibnizsche Problem der Subnormalen (Änderung von $y = y(x)$ in $y = f(x)$)

die separierbar ist. Dabei ist $h(x) = \alpha$ und $g(y) = y^2$. Die Lösung $y = y(x)$ für $y(0) = 0$ entspricht somit, vgl. Abb. 39.1:

$$\frac{y^3}{3} = \alpha x, \quad \text{d.h. } y = (3\alpha x)^{\frac{1}{3}}. \tag{39.8}$$

Am nächsten Morgen präsentierte Leibniz seine Lösung einem sprachlosen Auditorium von Kollegen in Paris und gelangte dadurch zum Ruf eines führenden Mathematikers und des Erfinders der Infinitesimalrechnung.

39.3 Räuber-Beute-Modell nach Volterra-Lotka

Wir betrachten ein biologisches System, das aus Beutetieren und Räubern, wie etwa Hasen und Füchsen, besteht, die interagieren. Sei zur Zeit t die Populationsdichte der Beute $x(t)$ und sei $y(t)$ die Populationsdichte der Räuber. Wir betrachten das Räuber-Beute-Modell nach Volterra-Lotka für deren Wechselwirkung:

$$\begin{aligned} \dot{x}(t) &= ax(t) - bx(t)y(t), \\ \dot{y}(t) &= -\alpha y(t) + \beta x(t)y(t), \end{aligned} \tag{39.9}$$

wobei a, b, α und β positive Konstanten sind und $\dot{x} = \frac{dx}{dt}$ und $\dot{y} = \frac{dy}{dt}$. Das Modell beinhaltet einen Wachstumsausdruck $ax(t)$ für die Beute, der der Geburtenrate entspricht und einen Verminderungsausdruck $bx(t)y(t)$, der zur Population der Beutetiere und der Räuber proportional ist. Er gibt das Auffressen der Beute durch die Räuber wieder. Daneben kommen analoge Ausdrücke für die Räuber vor, mit entsprechend umgekehrten Vorzeichen.

Es handelt sich dabei um ein System zweier Differentialgleichungen in zwei Unbekannten $x(t)$ und $y(t)$ für das im Allgemeinen analytische Lösungen nicht bekannt sind. Wir können jedoch eine Gleichung herleiten, die von Punkten $(x(t), y(t))$ in einer $x-y$-Ebene, die $x-y$-*Phasenebene* genannt wird, erfüllt wird: Das Dividieren beider Gleichungen liefert

$$\frac{\dot{y}}{\dot{x}} = \frac{-\alpha y + \beta xy}{ax - bxy}.$$

Formales Ersetzen von $\frac{\dot{y}}{\dot{x}}$ (indem wir formal durch dt dividieren) führt uns mit $y' = \frac{dy}{dx}$ zur Gleichung

$$y'(x) = \frac{-\alpha y + \beta xy}{ax - bxy} = \frac{y(-\alpha + \beta x)}{(a - by)x}.$$

Dies ist eine separierbare Gleichung, bei der die Lösung $y = y(x)$

$$a\log(y) - by = -\alpha\log(x) + \beta x + C,$$

bzw.

$$y^a \exp(-by) = \exp(C)x^{-\alpha} \exp(\beta x)$$

erfüllt, wobei C eine Konstante ist, die aus den Anfangsbedingungen bestimmbar ist. In Abb. 39.2 sind (x, y) Paare abgebildet, die diese Gleichung erfüllen. Dabei verändert sich x, wodurch bei Änderung von t eine *Kurve in der Phasenebene* der Lösung $(x(t), y(t))$ entsteht, vgl. Abb. 39.2. Wir erkennen, dass die Lösung periodisch ist mit einer Veränderung von (viele Hasen, viele Füchse) zu (wenige Hasen, viele Füchse) zu (wenig Hasen, wenig Füchse) zu (viele Hasen, wenig Füchse) und zurück zu (viele Hasen, viele Füchse). Beachten Sie, dass die Kurve in der Phasenebene zwar verschiedene Kombinationen von Hasen und Füchsen (x, y) wiedergibt, aber *nicht* die Änderung $(x(t), y(t))$ ihrer Wechselwirkung als Funktion der Zeit t. Wir wissen, dass zu einer gewissen Zeit t der Punkt $(x(t), y(t))$ auf der Kurve in der Phasenebene liegt, aber wir wissen nicht, wo.

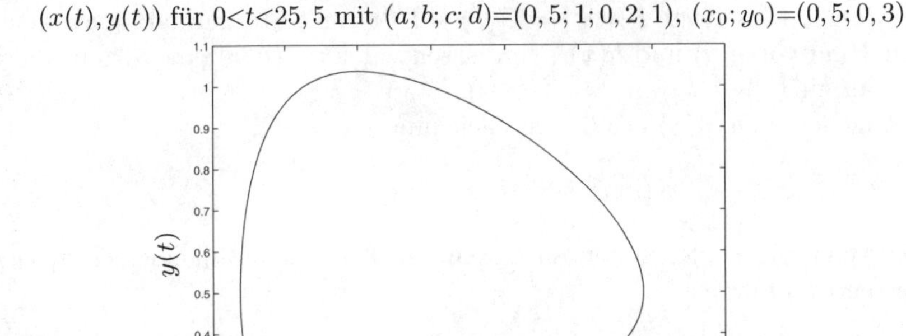

Abb. 39.2. Phasenebenendarstellung einer Lösung der Volterra-Lotka Gleichung

39.4 Eine Verallgemeinerung

Wir wollen nun die separierbare Differentialgleichung (39.3) mit der Lösung $u(x)$, die $G(u(x)) - H(x) = C$ löst, zu einer Differentialgleichung verallgemeinern, deren Lösung eine allgemeinere Gleichung $F(x, u(x)) = C$ erfüllt. Dies steht in engem Zusammenhang mit dem Kapitel „Potientialfelder". Dabei nutzen wir eine Verallgemeinerung der Kettenregel, was zunächst einmal vom wohlwollenden Leser akzeptiert werden kann, die wir im Kapitel „Vektorwertige Funktionen mehrerer Variablen" wieder treffen.

Wir betrachten also das skalare Anfangswertproblem

$$u'(x) = f(u(x), x) \quad \text{für } 0 < x \leq 1,\ u(0) = u_0, \tag{39.10}$$

für den Fall, dass $f(u(x), x)$ die Gestalt

$$f(u(x), x) = \frac{h(u(x), x)}{g(u(x), x)} \tag{39.11}$$

besitzt, wobei $h(v, x)$ und $g(v, x)$ Funktionen von v und x mit der besonderen Eigenschaft sind, dass

$$g(v, x) = \frac{\partial F}{\partial v}(v, x), \qquad h(v, x) = -\frac{\partial F}{\partial x}(v, x), \tag{39.12}$$

wobei $F(v, x)$ eine gegebene Funktion von v und x ist. Oben haben wir den Fall $g(v, x) = g(v)$ untersucht, wobei g nur von v abhing und $h(v, x) = h(x)$ nur von x. Dabei war $F(v, x) = G(v) - H(x)$, mit Stammfunktionen $G(v)$ und $H(x)$ von $g(v)$ und $h(x)$. Nun lassen wir für $F(v, x)$ eine allgemeinere Gestalt zu.

Angenommen, $u(x)$ erfülle die Gleichung

$$F(u(x), x) = C \qquad \text{für } 0 < x \leq 1.$$

Die Ableitung beider Seiten nach x mit Hilfe einer Verallgemeinerung der Kettenregel führt zu

$$\frac{\partial F}{\partial u}\frac{du}{dx} + \frac{\partial F}{\partial x}\frac{dx}{dx} = g(u(x), x)u'(x) - h(u(x), x) = 0,$$

und somit löst $u'(x)$ Gleichung (39.10) für $f(u(x), x)$ in der Form (39.11). Wir haben somit wiederum eine Differentialgleichung in eine analytische Gleichung $F(u(x), x) = C$ umgeschrieben, wobei x als Parameter fungiert. Wir geben ein Beispiel. Der Leser kann viele weitere ähnliche Beispiele konstruieren.

Beispiel 39.3. Sei $F(v, x) = \frac{x^3}{3} + xv + \frac{v^3}{3}$, so dass $g(v, x) = \frac{\partial F}{\partial v} = x + v^2$ und $h(v, x) = -\frac{\partial F}{\partial x} = -x^2 - v$. Erfüllt $u(x)$ die algebraische Gleichung $\frac{x^3}{3} + xu(x) + \frac{u^3(x)}{3} = C$ für $x \in [0, 1]$, dann löst $u(x)$ die Differentialgleichung

$$u'(x) = -\frac{x^2 + u(x)}{x + u^2(x)} \qquad \text{für } 0 < x < 1.$$

Wir fassen zusammen: In diesem Kapitel haben wir für einige Spezialfälle analytische Lösungsformeln für das skalare Anfangswertproblem (39.1) vorgestellt, aber wir waren nicht in der Lage, eine Lösungsformel für eine allgemeine nicht-autonome skalare Gleichung zu präsentieren.

Aufgaben zu Kapitel 39

39.1. Beweisen Sie, dass Lösungen $(x(t), y(t))$ des Volterra-Lotka Modells

$$\bar{x} = \frac{1}{T}\int_0^T x(t)\,dt = \frac{c}{d}, \quad \bar{y} = \frac{1}{T}\int_0^T y(t)\,dt = \frac{a}{b}$$

erfüllen, wobei T die Periode der periodischen Lösungen ist. Untersuchen Sie die Auswirkung auf die Mittelwerte $\bar{x}$ und $\bar{y}$ durch Jagd auf Beute und Räuber, indem sie dissipative Ausdrücke $-\epsilon x$ und $-\epsilon y$ hinzufügen, mit $\epsilon > 0$. Hinweis: Betrachten Sie das Integral von $\dot{x}/x$ über eine Periode.

39.2. Erweitern Sie das Volterra-Lotka Modell auf

$$\begin{aligned} \dot{x}(t) &= ax(t) - bx(t)y(t) - ex^2(t), \\ \dot{y}(t) &= -cy(t) + dx(t)y(t) - fy^2(t), \end{aligned} \tag{39.13}$$

wobei e und f positive Konstanten sind. Die zusätzlichen Ausdrücke modellieren negative Einflüsse durch Wettbewerb innerhalb einer Spezies, falls die Populationsdichte ansteigt. Vergleichen Sie die Lösungen der beiden Modelle numerisch. Ist das erweiterte Modell separierbar?

39.3. Betrachten Sie die Ausbreitung einer Infektion, die durch

$$\dot{u} = -auv,$$
$$\dot{v} = auv - bv,$$

modelliert wird, wobei $u(t)$ die Zahl der Ansteckbaren angibt und $v(t)$ für die Zahl der Infizierten zur Zeit t steht. a und b sind Konstanten. Der Ausdruck $\pm auv$ modelliert den Übergang von Ansteckbaren zu Infizierten, der proportional zu uv ist und $-bv$ modelliert die Abnahme der Infizierten durch Tod oder Immunität. Untersuchen Sie das qualitative Verhalten von Kurven in der Phasenebene.

39.4. Erweitern Sie das vorherige Modell, indem Sie die erste Gleichung in $\dot{u} = -auv + \mu$ verändern, wobei μ eine positive Konstante ist, mit deren Hilfe ein konstantes Wachstum der Zahl der Ansteckbaren modelliert wird. Finden Sie den Gleichgewichtspunkt und untersuchen Sie das im Gleichgewichtspunkt linearisierte Modell.

39.5. Begründen Sie das folgende Modell für eine nationale Volkswirtschaft:

$$\dot{u} = u - av,$$
$$\dot{v} = b(u - v - w).$$

Dabei ist u das Nationaleinkommen, v die Verbraucherausgaben und w die Staatsausgaben. $a > 0$ und $b \geq 1$ sind Konstanten. Zeigen Sie, dass für konstantes w ein Gleichgewichtszustand existiert, der unabhängig von der Zeit die Gleichung $u - av = b(u - v - w) = 0$ erfüllt. Zeigen Sie, dass die Wirtschaft für $b = 1$ oszilliert. Untersuchen Sie die Stabilität der Lösungen. Untersuchen Sie ein Modell für $w = w_0 + cu$ mit Konstanter w_0. Zeigen Sie, dass für dieses Modell kein Gleichgewichtszustand existiert, falls $c \geq (a-1)/a$. Ziehen Sie Schlussfolgerungen. Untersuchen Sie ein Modell mit $w = w_0 + cu^2$.

39.6. Betrachten Sie ein Boot, das über einen Fluss gerudert wird, der das Band $\{(x,y) : 0 \leq x \leq 1, y \in \mathbb{R}\}$ einnimmt. Dabei soll das Boot stets in Richtung $(0,0)$ zeigen. Nehmen Sie an, dass sich das Boot mit konstanter Geschwindigkeit u relativ zum Wasser bewegt und dass der Fluss mit konstanter Geschwindigkeit v in positiver y-Richtung fließt. Zeigen Sie, dass die Bewegungsgleichungen

$$\dot{x} = -\frac{ux}{\sqrt{x^2+y^2}}, \quad \dot{y} = -\frac{uy}{\sqrt{x^2+y^2}}$$

lauten. Zeigen Sie, dass die Kurven in der Phasenebene durch

$$y = \sqrt{x^2+y^2} = Ax^{1-\alpha}, \quad \text{für } \alpha - \frac{v}{u}$$

gegeben sind. Was geschieht für $v > u$? Berechnen Sie Lösungen.

40
Das allgemeine Anfangswertproblem

Dinge sind wie sie sind, da sie waren, wie sie waren. (Thomas Gold)

40.1 Einleitung

Wir untersuchen nun das Anfangswertproblem oder AWP für ein *System* nicht-linearer Differentialgleichungen der Form: Gesucht ist $u : [0, 1] \to \mathbb{R}^d$, so dass

$$u'(x) = f(u(x), x) \quad \text{für } 0 < x \leq 1,\ u(0) = u^0, \tag{40.1}$$

wobei $f : \mathbb{R}^d \times [0, 1] \to \mathbb{R}^d$ eine gegebene beschränkte und Lipschitz-stetige Funktion ist, $u^0 \in \mathbb{R}^d$ ist ein gegebener Anfangswert und $d \geq 1$ die Dimension des Systems. Der Leser mag $d = 2$ oder $d = 3$ annehmen und begleitend die Kapitel über analytische Geometrie im $\mathbb{R}^2$ und $\mathbb{R}^3$ wiederholen. Nach dem Kapitel „Analytische Geometrie im $\mathbb{R}^n$" kann dies auf den Fall $d > 3$ erweitert werden. Die Inhalte im Kapitel „Vektorwertige Funktionen mehrerer reeller Variablen" werden zum großen Teil durch die Notwendigkeit der Untersuchung von Problemen der Gestalt (40.1) motiviert, weswegen dieses Kapitel mit jenem eng verknüpft ist. Wir halten dieses Kapitel abstrakt (und etwas philosophisch) und behalten uns viele Beispiele für unten vor. Beachten Sie, dass wir hier der Einfachheit halber für den Anfangswert einen hochgestellten Index u^0 (statt u_0) benutzen.

Das AWP (40.1) ist die nicht-autonome Vektorversion des skalaren Anfangswertproblems (38.1) und lautet in Komponentenschreibweise folgendermaßen: Gesucht sind Funktionen $u_i : [0,1] \to \mathbb{R}$, $i = 1, \ldots, d$, so dass

$$\begin{aligned} u_1'(x) &= f_1(u_1(x), u_2(x), \ldots, u_d(x), x) \quad \text{für } 0 < x \leq 1, \\ u_2'(x) &= f_2(u_1(x), u_2(x), \ldots, u_d(x), x) \quad \text{für } 0 < x \leq 1, \\ &\cdots\cdots\cdots \\ u_d'(x) &= f_d(u_1(x), u_2(x), \ldots, u_d(x), x) \quad \text{für } 0 < x \leq 1, \\ u_1(0) &= u_1^0, \; u_2(0) = u_2^0, \; u_d(0) = u_d^0. \end{aligned} \tag{40.2}$$

Dabei sind $f_i : \mathbb{R}^d \times [0,1] \to \mathbb{R}$, $i = 1, \ldots, d$ vorgegebene Funktionen und u_i^0, $i = 1, \ldots, d$ sind gegebene Anfangswerte. Mit Hilfe der Vektorschreibweise $u = (u_1, \ldots, u_d)$, $f = (f_1, \ldots, f_d)$ und $u^0 = (u_1^0, \ldots, u_d^0)$ können wir (40.2) in der kompakten Form (40.1) schreiben. Natürlich bedeutet $f : \mathbb{R}^d \times [0,1] \to \mathbb{R}^d$, dass für jeden Vektor $v = (v_1, \ldots, v_d) \in \mathbb{R}^d$ und $x \in [0,1]$ ein zugehöriger Vektor $f(v,x) = (f_1(v,x), \ldots, f_d(v,x)) \in \mathbb{R}^d$ existiert, mit $f_i(v,x) = f_i(v_1, \ldots, v_d, x)$.

Wir setzen für $f : \mathbb{R}^d \times [0,1] \to \mathbb{R}^d$ Beschränktheit und Lipschitz-Stetigkeit voraus, d.h., dass Konstanten L_f und M_f existieren, so dass für alle $v, w \in \mathbb{R}^d$ und $x, y \in [0,1]$ gilt:

$$|f(v,x) - f(w,y)| \leq L_f(|v-w| + |x-y|) \quad \text{und} \quad |f(v,x)| \leq M_f, \tag{40.3}$$

wobei $|v| = (\sum_{i=1}^d v_i^2)^{1/2}$ die euklidische Norm von $v = (v_1, \ldots, v_d) \in \mathbb{R}^d$ ist.

Schlicht gesehen sieht alles wie im skalaren Fall (38.1) aus, mit einer natürlichen Erweiterung auf ein nicht-autonomes Problem. Aber die Vektorinterpretation bedeutet einen wesentlichen Unterschied für den Inhalt dieses Kapitels, verglichen zum Kapitel „Skalare autonome Anfangswertprobleme". Insbesondere gibt es im Allgemeinen keine analytische Lösungsformel für $d > 1$. Die Lösungsformel für $d = 1$ basiert auf der Existenz einer Stammfunktion von $1/f(v)$, was sich nicht auf $d > 1$ verallgemeinern lässt.

Wir beweisen die Existenz einer eindeutigen Lösung des AWP (40.1) konstruktiv. Damit verallgemeinern wir direkt die Vorgehensweise für das skalare Probleme (38.1), die ihrerseits eine direkte Verallgemeinerung für die Konstruktion des Integrals ist. Das Ergebnis dieses Kapitels ist wegen seiner Allgemeinheit und Einfachheit auf jeden Fall eines der Höhepunkte der Mathematik (oder zumindest von diesem Buch): $f : \mathbb{R}^d \times [0,1] \to \mathbb{R}^d$ kann *jede* beschränkte Lipschitz-stetige Funktion mit beliebig großem d sein und der Beweis sieht genau gleich aus wie für den skalaren Fall. Daher nimmt dieses Kapitel eine zentrale Rolle in diesem Buch ein und verbindet mehrere andere Kapitel dieses Buches, inklusive „Analytische Geometrie im $\mathbb{R}^n$", „Lösung linearer Gleichungssysteme", „Linearisierung und Stabilität von AWP", „Adaptive Löser für AWP", „Vektorwertige Funktionen mehrerer reellwertiger Variablen" und zahlreiche Kapitel zu Anwendungen inklusive mechanischer Systeme, elektrischer Schaltungen, chemischer Reaktionen und anderer Phänomene. Das bedeutet aber auch, dass dieses Kapitel erst nach Verarbeitung dieses Stoffes vollständig erfasst werden kann. Nichtsdestoweniger sollte es möglich sein, dieses Kapitel durchzuarbeiten und zu verstehen, dass das allgemeine AWP (40.1) durch einen konstruktiven Prozess gelöst werden kann, der mehr oder weniger viel Arbeit verlangt. Dieses Kapitel können wir auch als Ausgangspunkt philosophischer Diskussionen über konstruktive Gesichtspunkte dieser Welt nutzen. Dies werden wir nun (für den interessierten Leser) ausführen.

40.2 Determinismus und Materialismus

Bevor wir den Existenzbeweis vorstellen (den wir eigentlich schon kennen), halten wir kurz inne und reflektieren über die damit zusammenhängende *mechanistische/deterministische* Sicht von Wissenschaft und Philosophie, die bereits auf Descartes und Newton zurückgeht. Sie bildet die Grundlage der industriellen Gesellschaft und reicht bis in unsere Zeit hinein. Aus diesem Blickwinkel ist die Welt eine große mechanische Uhr, die von mechanischen Gesetzen beherrscht wird, die als Anfangswertproblem der Form (40.1) formuliert werden können, mit einer bestimmten Funktion f und Anfangswert u^0 zur Zeit $x = 0$. Der Zustand dieses Systems ist, so sagt der Existenzbeweis, für positive Zeiten eindeutig durch die Funktion f und u^0 bestimmt, wodurch ein *deterministischer* oder *materialistischer* Blick auf die Welt entsteht, inklusive der geistigen Prozesse menschlicher Wesen: Alles, was passieren wird, wird im Prinzip bereits durch den momentanen Zustand bestimmt (falls keine Explosion auftritt). Diese Vorstellung steht natürlich in tiefem Widerspruch zu unserer täglichen Erfahrung mit unvorhersehbaren Ereignissen und unserem festen Glauben an einen *freien Willen.* Es fanden über Jahrhunderte hinweg beträchtliche Anstrengungen statt, um dieses Paradoxon zu lösen; bisher allerdings ohne vollständigen Erfolg.

Wir wollen dieses Paradoxon aus einem mathematischen Blickwinkel betrachten. Schließlich basiert die deterministische/materialistische Sicht auf dem Existenzbeweis einer eindeutigen Lösung eines Anfangswertproblems der Gestalt (40.1) und daher mögen vielleicht auch die Wurzeln dieses Paradoxons in dem mathematischen Beweis versteckt sein. Wir werden ausführen, dass die Lösung dieses Paradoxons mit der *Vorhersagbarkeit* und *Berechenbarkeit* des Problems (40.1) zusammenhängen muss, was wir hier zunächst nur kurz ausführen und weiter unten nochmals detailliert aufgreifen werden. Wir hoffen, dass der Leser zu dieser Art Diskurs, wie er nur selten in Infinitesimalbüchern angetroffen wird, bereit ist. Wir betonen nochmals die Wichtigkeit des tiefen Verständnisses eines mathematischen Ergebnisses, das, wie der Existenzbeweis, für sich genommen einfach und klar erscheinen mag, das aber vielfältige Erklärungen und Voraussetzungen verlangt, um Missverständnisse zu vermeiden.

40.3 Vorhersagbarkeit und Berechenbarkeit

Die *Vorhersagbarkeit* des Problems (40.1) hängt mit der Abhängigkeit/*Sensitivität* der Lösung von den *Eingangsdaten*, d.h. der Funktion f und dem Anfangswert u^0, ab. Die Sensitivität ist ein Maß für die Änderung der Lösung bei Änderungen der Eingangsdaten f und u^0. Ändert sich die Lösung selbst für kleine Veränderungen der Eingangsdaten stark, dann ist die Sensitivität hoch. Für diesen Fall müssen wir die Eingangsdaten mit hoher Präzision kennen, um die Lösung genau vorherzusagen. Wir werden unten sehen, dass die Lösungen bestimmter Anfangswertprobleme sehr sensitiv auf Änderungen der Eingangsdaten reagieren, so dass für diese Probleme genaue Vorhersagen unmöglich sind. Ein Beispiel ist das Werfen einer Münze, das als Anfangswertproblem modelliert werden kann. Prinzipiell könnte die Person, die die Münze wirft, durch identische Wahl der Anfangswerte immer Kopf werfen. Wir wissen jedoch, dass dies praktisch unmöglich ist, da der Vorgang sehr sensitiv auf die kleinste Änderung des Anfangswerts (und der zugehörigen Funktion f) reagiert. Um derartige unvorhersagbare Probleme zu behandeln, wurde die *Statistik* entwickelt.

Ganz ähnlich hängt die *Berechenbarkeit* des Problems (40.1) von (i) der Sensitivität der Lösung auf Fehler, die bei der Konstruktion der Lösung entsprechend dem Existenzbeweis gemacht werden und (ii) dem Berechnungsaufwand, der zur Lösung notwendig ist, ab. Normalerweise gehen (i) und (ii) Hand in Hand: Ist die Sensitivität groß, dann ist viel Arbeit notwendig und natürlich wächst die Arbeit mit der Dimension d an. Ein hochgradig sensitives Problem mit sehr großem d ist daher für die Berechnung ein Alptraum. Selbst für einen kleinen Teil des Universums die Lösung des Anfangswertproblems zu konstruieren, ist daher mit jedem vorstellbaren Computer praktisch unmöglich und die Behauptung, dass die Lösung prinzipiell determiniert ist, würde daher wenig Sinn machen.

Wenn wir uns numerischen Methoden zuwenden, werden wir dieses Problem schmerzlich erfahren. Wir werden erkennen, dass die meisten Systeme der Gestalt (40.1) für kleine d (etwa $d \leq 10$) innerhalb von Bruchteilen einer Sekunde auf einem PC gelöst werden können, wohingegen einige Systeme (wie das berühmte Lorenz-System, das wir unten für $d = 3$ behandeln) aufgrund ihrer sehr hohen Sensitivität sehr schnell selbst Supercomputer überfordern. Wir werden außerdem erkennen, dass viele praktisch relevanten Systeme mit großem d ($d \approx 10^6 - 10^7$) innerhalb von Minuten/Stunden auf einem PC lösbar sind, wohingegen die genaue Modellierung etwa von turbulenten Strömungen $d \geq 10^{10}$ erfordert und damit die Leistung von Supercomputern. Der aktuell leistungsstärkste Supercomputer in der Entwicklung, der sogenannte *Blue Gene*, besteht aus 10^6 verbundenen PCs und wird in einigen Jahren verfügbar sein. Er ist für Anfangswertprobleme der Molekulardynamik der Proteinfaltung vorgesehen und soll in der Arzneimittelforschung eingesetzt werden. Ein Meilenstein in der Leistungsfähigkeit von Rechnern wurde 1997 durch den Schachcomputer *Deep Blue* erreicht, der 1997 den amtierenden Weltmeister Gary Kasparov schachmatt setzte.

Der Berechnungsaufwand für die Lösung von (40.1) kann daher beträchtlich variieren. Unten werden wir nach und nach einen Teil dieses Rätsels lüften und wichtige Eigenschaften identifizieren, die zu unterschiedlichem rechnerischen Aufwand führen.

Wir werden auf die Gesichtspunkte der Vorhersagbarkeit und Berechenbarkeit von Differentialgleichungen unten zurückkommen. Hier wollten wir nur einen Ausblick auf den folgenden konstruktiven Beweis geben und Grenzen der Mathematik für uns Menschen aufzeichnen.

40.4 Konstruktion der Lösung

Die Konstruktion der Lösung $u(x)$ von (40.1) gleicht der Konstruktion der Lösung von (38.1), wenn wir $u(x)$ und $f(u(x))$ als Vektoren, statt als Skalare, auffassen und die natürliche Erweiterung auf ein nicht-autonomes Problem durchführen.

Wir beginnen mit der Einteilung (Diskretisierung) von $[0, 1]$ mit Hilfe eines Knotennetzes $x_i^n = ih_n$ für $i = 1, \ldots, N$, mit $h_n = 2^{-n}$ und $N = 2^n$. Für $n = 1, \ldots$ definieren wir eine stückweise lineare Lösung $U^n : [0, 1] \to \mathbb{R}^d$ durch die Gleichung

$$U^n(x_i^n) = U^n(x_{i-1}^n) + h_n f(U^n(x_{i-1}^n), x_{i-1}^n), \quad \text{für } i = 1, \ldots, N \tag{40.4}$$

und setzen dabei $U^n(0) = u^0$. Beachten Sie, dass $U^n(x)$ auf jedem Teilintervall $[x_{i-1}^n, x_i^n]$ linear ist.

Wir wollen beweisen, dass $\{U^n(x)\}_{n=1}^{\infty}$ für $x \in [0, 1]$ eine Cauchy-Folge in $\mathbb{R}^d$ ist. Dazu schätzen wir zunächst $U^n(x_i^n) - U^{n+1}(x_i^n)$ für $i = 1, \ldots, N$ ab. Mit zwei Schritten der Schrittweite $h_{n+1} = \frac{1}{2}h_n$ gelangen wir von der Zeit $x_{i-1}^n = x_{2i-2}^{n+1}$ zu $x_i^n = x_{2i}^{n+1}$ und erhalten dabei:

$$\begin{aligned} U^{n+1}(x_{2i-1}^{n+1}) &= U^{n+1}(x_{2i-2}^{n+1}) + h_{n+1} f(U^{n+1}(x_{2i-2}^{n+1}), x_{i-1}^n), \\ U^{n+1}(x_{2i}^{n+1}) &= U^{n+1}(x_{2i-1}^{n+1}) + h_{n+1} f(U^{n+1}(x_{2i-1}^{n+1}), x_{2i-1}^{n+1}). \end{aligned}$$

Wenn wir nun den Wert von $U^{n+1}(x_{2i-1}^{n+1})$ im Zwischenschritt x_{2i-1}^{n+1} aus der ersten Gleichung in die zweite Gleichung einsetzen, so erhalten wir:

$$\begin{aligned} U^{n+1}(x_{2i}^{n+1}) = U^{n+1}(x_{2i-2}^{n+1}) &+ h_{n+1} f(U^{n+1}(x_{2i-2}^{n+1}), x_{i-1}^n) \\ &+ h_{n+1} f\big(U^{n+1}(x_{2i-2}^{n+1}) + h_{n+1} f(U^{n+1}(x_{2i-2}^{n+1}), x_{i-1}^n), x_{2i-1}^{n+1}\big). \end{aligned} \tag{40.5}$$

Die Subtraktion von (40.5) von (40.4) liefert mit Hilfe der Identität $e_i^n \equiv U^n(x_i^n) - U^{n+1}(x_{2i}^{n+1})$:

$$\begin{aligned} e_i^n = e_{i-1}^n &+ h_n\big(f(U^n(x_{i-1}^n), x_{i-1}^n) - f(U^{n+1}(x_{2i-2}^{n+1}), x_{i-1}^n)\big) \\ &+ h_{n+1}\Bigg(f(U^{n+1}(x_{2i-2}^{n+1}), x_{i-1}^n) - f\big(U^{n+1}(x_{2i-2}^{n+1}) \\ &+ h_{n+1} f(U^{n+1}(x_{2i-2}^{n+1}), x_{i-1}^n), x_{2i-1}^{n+1}\big)\Bigg) \equiv e_{i-1}^n + F_{1,n} + F_{2,n}\,, \end{aligned}$$

mit einer offensichtlichen Definition von $F_{1,n}$ und $F_{2,n}$. Mit Hilfe von (40.3) ergibt sich

$$\begin{aligned} &|F_{1,n}| \leq L_f h_n |e_{i-1}^n|, \\ &|F_{2,n}| \leq L_f h_{n+1}^2 (|f(U^{n+1}(x_{2i-2}^{n+1}), x_{i-1}^n)| + 1) \leq L_f \bar{M}_f h_{n+1}^2, \end{aligned}$$

mit $\bar{M}_f = M_f + 1$ und somit für $i = 1, \ldots, N$

$$|e_i^n| \leq (1 + L_f h_n)|e_{i-1}^n| + L_f \bar{M}_f h_{n+1}^2.$$

Wenn wir diese Ungleichung über i iterieren, erhalten wir mit Hilfe von $e_0^n = 0$:

$$|e_i^n| \leq L_f \bar{M}_f h_{n+1}^2 \sum_{k=0}^{i-1} (1 + L_f h_n)^k \quad \text{für } i = 1, \ldots, N.$$

Nun berücksichtigen wir (31.10) und (31.27), was zu

$$\sum_{k=0}^{i-1} (1 + L_f h_n)^k = \frac{(1 + L_f h_n)^i - 1}{L_f h_n} \leq \frac{\exp(L_f) - 1}{L_f h_n}$$

führt. Somit haben wir bewiesen, dass für $i = 1, \ldots, N$

$$|e_i^n| \leq \frac{1}{2} \bar{M}_f \exp(L_f) h_{n+1},$$

d.h., für $\bar{x} = i h_n$ mit $i = 0, \ldots, N$ gilt:

$$|U^n(\bar{x}) - U^{n+1}(\bar{x})| \leq \frac{1}{2} \bar{M}_f \exp(L_f) h_{n+1}.$$

Wenn wir, wie im Beweis des Fundamentalsatzes, diese Ungleichung iterieren, erhalten wir für $m > n$ und $\bar{x} = i h_n$ mit $i = 0, \ldots, N$:

$$|U^n(\bar{x}) - U^m(\bar{x})| \leq \frac{1}{2} \bar{M}_f \exp(L_f) h_n. \tag{40.6}$$

Wie im Beweis des Fundamentalsatzes können wir daraus folgern, dass $\{U^n(x)\}$ für jedes $x \in [0, 1]$ eine Cauchy-Folge bildet und somit gegen eine

Funktion $u(x)$ konvergiert, die nach Konstruktion die Differentialgleichung $u'(x) = f(u(x))$ für $x \in (0,1]$ und $u(0) = u^0$ erfüllt. Somit ist der Grenzwert $u(x)$ eine Lösung des Anfangswertproblems (40.1). Die Eindeutigkeit der Lösung folgt wie im skalaren Fall im Kapitel „Skalare autonome Anfangswertprobleme". Damit haben wir nun das folgende wichtige Ergebnis bewiesen:

Satz 40.1 *Das Anfangswertproblem* (40.1) *mit Lipschitz-stetiger und beschränkter Funktion* $f : \mathbb{R}^d \times [0,1] \to \mathbb{R}^d$ *hat eine eindeutige Lösung* $u(x)$, *die sich als Grenzwert der Folge stückweise linearer Funktionen* $\{U^n(x)\}$, *die nach* (40.4) *konstruiert werden, ergibt. Dabei wird folgende Ungleichung erfüllt:*

$$|u(x) - U^n(x)| \le (M_f + 1)\exp(L_f)h_n \qquad \textit{für } x \in [0,1]. \tag{40.7}$$

40.5 Berechnungsaufwand

Die Konvergenzabschätzung (40.7) lässt vermuten, dass der Aufwand für die Berechnung einer Lösung $u(x)$ von (40.1) mit einer gewissen Genauigkeit zu $\exp(L_f)$ proportional ist, bzw. zu $\exp(L_f T)$, wenn wir das Zeitintervall $[0,T]$ anstelle von $[0,1]$ betrachten. Für $L_f = 10$ und $T = 10$, was ein sehr unkomplizierter Fall zu sein scheint, würden wir $\exp(L_f T) = \exp(10^2)$ erhalten und wir müssten daher h_n kleiner als $\exp(-10^2) \approx 10^{-30}$ wählen. Damit wäre die Zahl der notwendigen Berechnungsschritte von der Größenordnung 10^{30}, was an der Grenze der praktischen Machbarkeit liegt. Bereits mäßig große Konstanten, wie $L_f = 100$ und $T = 100$, würden zum Exponentialfaktor $\exp(10^4)$ führen, der außerhalb des Begriffsvermögens liegt. Wir folgern, dass das Auftreten des Exponentialfaktors $\exp(L_f T)$, der dem schlimmsten Fall entspricht, das Interesse am Existenzbeweis stark einzuschränken scheint. Natürlich muss der schlimmste Fall nicht notwendigerweise immer eintreffen. Unten werden wir Probleme mit besonderen Eigenschaften vorstellen, bei denen der Fehler tatsächlich kleiner als der schlimmst mögliche Fall ist, inklusive der wichtigen Klasse *steifer Probleme*, bei denen große Lipschitz-Konstanten zu schneller exponentieller Abschwächung statt zu exponentiellem Wachstum führen. Auch das Lorenz-System gehört dazu. Dort wächst bei $L_f = 100$ der Fehler mit $\exp(T)$ statt mit $\exp(L_f T)$.

40.6 Erweiterung auf Anfangswertprobleme zweiter Ordnung

Wir betrachten ein Anfangswertproblem zweiter Ordnung

$$\ddot{v}(t) = g(v(t), \dot{v}(t)) \text{ für } 0 < t \le 1,\ v(0) = v_0,\ \dot{v}(0) = \dot{v}_0, \tag{40.8}$$

mit Anfangsbedingungen für $v(0)$ und $\dot{v}(0)$, wobei $g : \mathbb{R}^d \times \mathbb{R}^d \to \mathbb{R}^d$ Lipschitz-stetig ist, $v : [0,1] \to \mathbb{R}^d$ und $\dot{v} = \frac{dv}{dt}$. In der Mechanik treten derartige Anfangswertprobleme zweiter Ordnung oft auf, wobei $\ddot{v}(t)$ im Newtonschen-Gesetz für die Beschleunigung steht und $g(v(t), \dot{v}(t))$ für die Kraft. Dieses Problem lässt sich auf ein System erster Ordnung der Gestalt (40.1) reduzieren, wenn wir die neue Variable $w(t) = \dot{v}(t)$ einführen und (40.8), wie folgt, schreiben:

$$\begin{aligned} \dot{w}(t) &= g(v(t), w(t)) \quad \text{für } 0 < t \leq 1, \\ \dot{v}(t) &= w(t) \quad \text{für } 0 < t \leq 1, \\ v(0) &= v_0,\; w(0) = \dot{v}_0. \end{aligned} \tag{40.9}$$

Wenn wir $f(u) = (g_1(u), \ldots, g_d(u), u_{d+1}, \ldots, u_{2d})$ und $u = (u_1, \ldots, u_{2d}) = (v_1, \ldots, v_d, w_1, \ldots, w_d)$ setzen, nimmt das System (40.9) mit $0 < t \leq 1$ und $u(0) = (v_0, \dot{v}_0)$ die Form $\dot{u}(t) = f(u(t))$ an.

Insbesondere können wir so die skalaren Gleichungen zweiter Ordnung $\ddot{v} + v = 0$ als ein System erster Ordnung schreiben und erhalten mit Hilfe des allgemeinen Existenzbeweises für Systeme erster Ordnung die Existenz der trigonometrischen Funktionen als Lösungen für das zugehörige Anfangswertproblem mit entsprechenden Eingangsdaten.

40.7 Numerische Methoden

Die numerische Lösung von Differentialgleichungen ist in vielerlei Hinsicht wichtig. Dabei ist das durchgängige Ziel, eine Näherungslösung mit so geringerem Berechnungsaufwand pro genau bestimmter Dezimalstelle zu berechnen wie möglich. Bisher haben wir nur die einfachste Methode für die Konstruktion von Näherungslösungen betrachtet. In diesem Abschnitt wollen wir einen kleinen Einblick in andere Methoden geben. Im Kapitel „Adaptive Löser für AWP" werden wir diese Untersuchung fortsetzen.

Bisher haben wir als Berechnungsmethode das sogenannte *vorwärtige Euler Verfahren*

$$U^n(x_i^n) = U^n(x_{i-1}^n) + h_n f(U^n(x_{i-1}^n), x_{i-1}^n), \quad \text{für } i = 1, \ldots, N, \tag{40.10}$$

mit $U^n(0) = u^0$ eingesetzt. Das vorwärtige Euler Verfahren ist ein *explizites* Verfahren, da wir $U^n(x_i^n)$ direkt aus $U^n(x_{i-1}^n)$ berechnen können.

Im Unterschied dazu wird beim *rückwärtigen Euler* Verfahren die Näherungslösung aus der Gleichung

$$U^n(x_i^n) = U^n(x_{i-1}^n) + h_n f(U^n(x_i^n), x_i^n), \quad \text{für } i = 1, \ldots, N, \tag{40.11}$$

mit $U^n(0) = u^0$ berechnet. Es ist somit ein *implizites* Verfahren. Dabei muss in jedem Schritt das System

$$V = U^n(x_{i-1}^n) + h_n f(V, x_i^n) \tag{40.12}$$

gelöst werden, um $U^n(x_i^n)$ aus $U^n(x_{i-1}^n)$ zu berechnen. Eine andere implizite Methode ist das *Mittelpunktsverfahren*

$$U^n(x_i^n) = U^n(x_{i-1}^n) + h_n f\left(\frac{1}{2}(U^n(x_{i-1}^n) + U^n(x_i^n)), \bar{x}_{i-1}^n\right), \; i = 1, \ldots, N, \tag{40.13}$$

mit $\bar{x}_{i-1}^n = \frac{1}{2}(x_{i-1}^n + x_i^n)$. Hierbei muss in jedem Schritt das System

$$V = U^n(x_{i-1}^n) + h_n f\left(\frac{1}{2}(U^n(x_{i-1}^n) + V), \bar{x}_{i-1}^n\right) \tag{40.14}$$

gelöst werden. Beachten Sie, dass sowohl (40.12) als auch (40.14) nichtlineare Gleichungen sind, wenn f nicht-linear ist. Wir können zu ihrer Lösung die Fixpunkt-Iteration oder die Newtonsche Methode benutzen wie im Kapitel „Vektorwertige Funktionen mehrerer reeller Variablen".

Wir werden auch die folgende Variante des Mittelpunktsverfahrens vorstellen, die wir cG(1), *kontinuierliche Galerkin-Methode mit Testfunktionen der Ordnung* 1, nennen: Die Näherungslösung wird nach

$$U^n(x_i^n) = U^n(x_{i-1}^n) + \int_{x_{i-1}^n}^{x_i^n} f(U^n(x), x)\, dx, \quad i = 1, \ldots, N \tag{40.15}$$

berechnet, mit $U^n(0) = u^0$. Dabei ist $U^n(x)$ eine stetige stückweise lineare Funktion mit den Werten $U^n(x_i^n)$ in den Knoten x_i^n. Wenn wir das Integral in (40.15) mit der Mittelpunktsmethode der Quadratur berechnen, erhalten wir das Mittelpunktsverfahren. Wir können natürlich auch andere Quadraturformeln einsetzen und so verschiedene Verfahren erhalten.

Wir werden zeigen, dass cG(1) das erste Glied einer Verfahrensfamilie cG(q) mit $q = 1, 2, \ldots$ ist, wobei die Lösung durch stetige stückweise definierte Polynome der Ordnung q angenähert wird. Die Galerkin-Eigenschaft von cG(1) erlaubt es, das Verfahren durch

$$\int_{x_{i-1}^n}^{x_i^n} \left(\frac{dU^n}{dx}(x) - f(U^n(x), x)\right) dx = 0$$

zu definieren. Die Gleichung besagt, dass der Mittelwert des *Residuums* $\frac{dU^n}{dx}(x) - f(U^n(x), x)$ der stetigen stückweise linearen Näherungslösung $U^n(x)$ in jedem Teilintervall gleich Null ist (bzw., dass das Residuum zur Menge konstanter Funktionen auf jedem Teilintervall orthogonal ist, wobei wir eine Terminologie benutzen, die wir unten einführen werden).

Wir können die Konvergenz des rückwärtigen Euler Verfahrens und des Mittelpunktverfahrens auf dieselbe Weise beweisen wie die des vorwärtigen Euler Verfahrens. Die vorwärtigen und rückwärtigen Euler Verfahren sind *in erster Ordnung genaue* Methoden, d.h. der Fehler $|u(x) - U^n(x)|$ ist proportional zur Schrittweite h_n. Dagegen ist das Mittelpunktsverfahren eine *in zweiter Ordnung genaue* Methode, dessen Fehler proportional zu h_n^2 ist und daher im Allgemeinen genauer arbeitet. Der Berechnungsaufwand in jedem Schritt ist im Allgemeinen bei einer expliziten Methode geringer als bei einer impliziten Methode, da nicht in jedem Schritt ein Gleichungssystem gelöst werden muss. Bei sogenannten steifen Problemen können explizite Methoden kleinere Zeitschritte erforderlich machen als mit impliziten Methoden, so dass dann implizite Verfahren einen geringeren Aufwand bedeuten können. Wir werden darauf im Kapitel „Adaptive Löser für AWP" zurückkommen.

Beachten Sie, dass sich alle bisher diskutierten Verfahren auf nicht-gleichförmige Gitter $0 = x_0 < x_1 < x_2 < \ldots < x_N = 1$ verallgemeinern lassen, bei denen die Schritte $x_i - x_{i-1}$ unterschiedlich sein können. Wir werden unten auf das Problem der *automatischen Schrittweitenkontrolle* zurückkommen, um bei vorgegebener Toleranz TOL durch Veränderung der Schrittweite zu erreichen, dass wir so wenige Schritte wie möglich benötigen, damit für $i = 1, \ldots, N$ der Fehler $|u(x_i) - U(x_i)| \leq TOL$ bleibt, vgl. das Kapitel „Numerische Quadratur".

Aufgaben zu Kapitel 40

40.1. Beweisen Sie die Existenz einer Lösung des Anfangswertproblems (40.1) mit Hilfe des rückwärtigen Euler Verfahrens oder des Mittelpunktverfahrens.

40.2. Vervollständigen Sie den Existenzbeweis von (40.1), indem Sie zeigen, dass die konstruierte Grenzfunktion $u(x)$ das Anfangswertproblem löst. Hinweis: Nutzen Sie, dass $u_i(x) = \int_0^x f_i(u(y))\,dy$ für $x \in [0,1]$, $i = 1, \ldots, d$.

40.3. Formulieren Sie Beispiele der Form (40.1).

41
Werkzeugkoffer: Infinitesimalrechnung I

Nachdem die Erfahrung mich gelehrt hat, dass alle üblichen Umgebungen des sozialen Lebens eitel und nutzlos sind; die Erkenntnis, dass keine meiner Befürchtungen in sich weder Gutes noch Böses enthielten, außer dass der Verstand durch sie beeinflusst wird, brachte mich dazu, die Suche nach etwas wirklich Gutem, das die Kraft hat sich mitzuteilen und einzig den Verstand betrifft und alles andere ausschließt, beizulegen: Ob es tatsächlich irgendetwas gibt, dessen Entdeckung und Erlangung mir ermöglichen würde, anhaltendes, äußerstes und nie endendes Glück zu genießen. (Spinoza)

Sapiens nihil affirmat quod non probat.

41.1 Einleitung

Wir stellen hier einen *Werkzeugkoffer I* der Infinitesimalrechnung zusammen, der ein Minimum an wichtigen Werkzeugen und Begriffen der Infinitesimalrechnung für Funktionen $f : \mathbb{R} \to \mathbb{R}$ enthält. Unten werden wir noch einen *Werkzeugkoffer II* liefern, der die entsprechenden Werkzeuge und Begriffe der Infinitesimalrechnung für Funktionen $f : \mathbb{R}^m \to \mathbb{R}^n$ beinhaltet.

41.2 Rationale Zahlen

Wir beginnen mit ganzen Zahlen $\mathbb{Z} = \{\ldots, -3, -2, -1, 0, 1, 2, 3, \ldots\}$ und den üblichen Operationen der Addition, Subtraktion und Multiplikation.

Wir definieren die Menge der rationalen Zahlen $\mathbb{Q}$ als die Menge der Paare (p, q) mit ganzen Zahlen p und $q \neq 0$ und wir schreiben $(p, q) = \frac{p}{q}$ zusammen mit den arithmetischen Operationen der Addition

$$\frac{p}{q} + \frac{r}{s} = \frac{ps + qr}{qs},$$

der Multiplikation

$$\frac{p}{q} \times \frac{r}{s} = \frac{pr}{qs},$$

und der Division

$$(p, q)/(r, s) = \frac{(p, q)}{(r, s)} = (ps, qr),$$

wobei wir davon ausgehen, dass auch $r \neq 0$. Mit Hilfe der Division können wir die Gleichung $ax = b$ lösen und erhalten so $x = b/a$ für $a, b \in \mathbb{Q}$ mit $a \neq 0$.

Rationale Zahlen haben periodische Dezimalentwicklungen. Es gibt keine rationale Zahl x, so dass $x^2 = 2$.

41.3 Reelle Zahlen, Folgen und Grenzwerte

Definitionen: Eine reelle Zahl besitzt eine *unendliche Dezimalentwicklung* in der Gestalt

$$\pm p_m \ldots p_0, q_1 q_2 q_3 \ldots,$$

mit nicht endender Folge von Dezimalstellen q_1, q_2, ..., wobei jedes der p_i und q_j einer der 10 Ziffern $0, 1, \ldots, 9$ entspricht. Die Menge aller (möglichen) reellen Zahlen wird mit $\mathbb{R}$ bezeichnet.

Eine Folge $\{x_i\}_{i=1}^{\infty}$ reeller Zahlen konvergiert gegen eine reelle Zahl x, falls für jedes $\epsilon > 0$ eine natürliche Zahl N existiert, so dass $|x_i - x| < \epsilon$ für $i \geq N$ und wir schreiben dann $x = \lim_{i \to \infty} x_i$.

Eine Folge $\{x_i\}_{i=1}^{\infty}$ reeller Zahlen ist eine Cauchy-Folge, falls für alle $\epsilon > 0$ eine natürliche Zahl N existiert, so dass

$$|x_i - x_j| \leq \epsilon \quad \text{für} \quad i, j \geq N.$$

Wichtige Eigenschaften: Eine konvergente Folge reeller Zahlen ist eine Cauchy-Folge. Eine Cauchy-Folge reeller Zahlen konvergiert gegen eine eindeutige reelle Zahl. Es gilt $\lim_{i \to \infty} x_i = x$, wobei $\{x_i\}_{i=1}^{\infty}$ die Folge der abgeschnittenen Dezimalentwicklungen von x ist.

41.4 Polynome und rationale Funktionen

Eine Polynomfunktion $f : \mathbb{R} \to \mathbb{R}$ vom Grad n besitzt die Gestalt $f(x) = a_0 + a_1 x + \cdots + a_n x^n$ mit Koeffizienten $a_i \in \mathbb{R}$. Eine rationale Funktion

$h(x)$ besitzt die Form $h(x) = f(x)/g(x)$, wobei $f(x)$ und $g(x)$ Polynome sind.

41.5 Lipschitz-Stetigkeit

Definition: Eine Funktion $f : I \to \mathbb{R}$ ist auf dem Intervall I reeller Zahlen Lipschitz-stetig zur Lipschitz-Konstanten $L_f \geq 0$, falls

$$|f(x_1) - f(x_2)| \leq L_f |x_1 - x_2| \quad \text{für alle } x_1, x_2 \in I.$$

Wichtige Fakten: Polynomfunktionen sind auf beschränkten Intervallen Lipschitz-stetig. Summen, Produkte von Lipschitz-stetigen Funktionen und zusammengesetzte Lipschitz-stetige Funktionen sind Lipschitz-stetig. Quotienten Lipschitz-stetiger Funktionen sind Lipschitz-stetig auf Intervallen, auf denen der Nenner von Null entfernt bleibt. Für eine Lipschitz-stetige Funktion $f : I \to \mathbb{R}$ auf einem Intervall reeller Zahlen gilt:

$$f(\lim_{i\to\infty} x_i) = \lim_{i\to\infty} f(x_i),$$

für jede konvergente Folge $\{x_i\}$ in I mit $\lim_{i\to\infty} x_i \in I$.

41.6 Ableitungen

Definition: Die Funktion $f : (a,b) \to \mathbb{R}$ ist differenzierbar in $\bar{x} \in (a,b)$ mit der Ableitung $f'(\bar{x}) = \frac{df}{dx}(\bar{x})$, wenn es reelle Zahlen $f'(\bar{x})$ und $K_f(\bar{x})$ gibt, so dass für $x \in (a,b)$ nahe bei $\bar{x}$:

$$f(x) = f(\bar{x}) + f'(\bar{x})(x - \bar{x}) + E_f(x, \bar{x}),$$
$$\text{mit } |E_f(x,\bar{x})| \leq K_f(\bar{x})|x - \bar{x}|^2.$$

Kann die Konstante $K_f(\bar{x})$ unabhängig von $\bar{x} \in (a,b)$ gewählt werden, dann heißt $f : (a,b) \to \mathbb{R}$ gleichmäßig differenzierbar auf (a,b).
Ableitung von x^α mit $\alpha \neq 0$: Die Ableitung von $f(x) = x^\alpha$ lautet $f'(x) = \alpha x^{\alpha-1}$ für $\alpha \neq 0$ und $x \neq 0$ für $\alpha < 1$.
Beschränkte Ableitung impliziert Lipschitz-Stetigkeit: Ist $f(x)$ auf dem Intervall $I = (a,b)$ gleichmäßig differenzierbar und gibt es eine Konstante L, so dass

$$|f'(x)| \leq L, \quad \text{für } x \in I,$$

dann ist $f(x)$ Lipschitz-stetig auf I zur Lipschitz-Konstanten L.

41.7 Ableitungsregeln

Regel für Linearkombinationen:

$$(f+g)'(x) = f'(x) + g'(x),$$
$$(cf)'(x) = cf'(x),$$

wobei c eine Konstante ist.
Produktregel:

$$(fg)'(x) = f(x)g'(x) + f'(x)g(x).$$

Kettenregel:

$$(f \circ g)'(x) = f'(g(x))g'(x), \quad \text{oder}$$
$$\frac{dh}{dx} = \frac{df}{dy}\frac{dy}{dx},$$

wobei $h(x) = f(y)$ und $y = g(x)$, d.h. $h(x) = f(g(x)) = (f \circ g)(x)$.
Quotientenregel:

$$\left(\frac{f}{g}\right)'(x) = \frac{f'(x)g(x) - f(x)g'(x)}{g(x)^2},$$

vorausgesetzt, dass $g(x) \neq 0$.
Die Ableitung einer inversen Funktion:

$$\frac{d}{dy}f^{-1}(y) = \frac{1}{\frac{d}{dx}f(x)},$$

wobei $y = f(x)$ und $x = f^{-1}(y)$.

41.8 Nullstellen von $f(x)$ für $f : \mathbb{R} \to \mathbb{R}$

Bisektion: Ist $f : [a,b] \to \mathbb{R}$ auf $[a,b]$ Lipschitz-stetig und $f(a)f(b) < 0$, dann konvergiert der Bisektionsalgorithmus zu einer Nullstelle $\bar{x} \in [a,b]$ von $f(x)$.
Fixpunkt-Iteration: Eine Lipschitz-stetige Funktion $g : \mathbb{R} \to \mathbb{R}$ zur Lipschitz-Konstanten $L < 1$ wird auch Kontraktion genannt. Eine Kontraktion $g : \mathbb{R} \to \mathbb{R}$ besitzt einen eindeutigen Fixpunkt $\bar{x} \in \mathbb{R}$ mit $\bar{x} = g(\bar{x})$ und jede durch eine Fixpunkt-Iteration $x_i = g(x_{i-1})$ erzeugte Folge $\{x_i\}_{i=1}^{\infty}$ konvergiert gegen $\bar{x}$.
Satz von Bolzano: Ist $f : [a,b] \to \mathbb{R}$ Lipschitz-stetig und $f(a)f(b) < 0$, dann gibt es eine reelle Zahl $\bar{x} \in [a,b]$, so dass $f(\bar{x}) = 0$ (Folgerung aus der Bisektion).
Newtonsche Methode: Die Newtonsche Methode $x_{i+1} = x_i - \frac{f(x_i)}{f'(x_i)}$ zur Berechnung einer Nullstelle $\bar{x}$ von $f : \mathbb{R} \to \mathbb{R}$ konvergiert quadratisch, falls $f'(x)$ für x nahe bei $\bar{x}$ von Null entfernt bleibt und die Anfangsnäherung nahe genug bei der Nullstelle $\bar{x}$ liegt.

41.9 Integrale

Fundamentalsatz der Infinitesimalrechnung: Zu einer Lipschitz-stetigen Funktion $f : [a, b] \to \mathbb{R}$ existiert eine eindeutige gleichmäßig differenzierbare Funktion $u : [a, b] \to \mathbb{R}$, die das Anfangswertproblem

$$\begin{cases} u'(x) = f(x) & \text{für } x \in (a, b], \\ u(a) = u_a \end{cases}$$

löst, wobei $u_a \in \mathbb{R}$ gegeben ist. Die Funktion $u : [a, b] \to \mathbb{R}$ kann in der Form

$$u(\bar{x}) = u_a + \int_a^{\bar{x}} f(x)\, dx \quad \text{für } \bar{x} \in [a, b]$$

geschrieben werden, wobei

$$\int_0^{\bar{x}} f(x)\, dx = \lim_{n\to\infty} \sum_{i=1}^{j} f(x_{i-1}^n) h_n,$$

mit $\bar{x} = x_j^n$, $x_i^n = a + ih_n$, $h_n = 2^{-n}(b - a)$. Genauer formuliert, so ist für $n = 1, 2, \ldots,$

$$\left| \int_a^{\bar{x}} f(x)\, dx - \sum_{i=1}^{j} f(x_{i-1}^n) h_n \right| \leq \frac{1}{2}(\bar{x} - a) L_f h_n,$$

falls L_f die Lipschitz-Konstante von f ist. Ist ferner $|f(x)| \leq M_f$ für $x \in [a, b]$, dann ist $u : [a, b] \to \mathbb{R}$ Lipschitz-stetig zur Lipschitz-Konstanten M_f und $K_u \leq \frac{1}{2} L_f$, wobei K_u die Konstante zur gleichmäßigen Differenzierbarkeit von u ist.

Additivität:

$$\int_a^b f(x)\, dx = \int_a^c f(x)\, dx + \int_c^b f(x)\, dx.$$

Linearität: Seien α und β reelle Zahlen, dann gilt:

$$\int_a^b (\alpha f(x) + \beta g(x))\, dx = \alpha \int_a^b f(x)\, dx + \beta \int_a^b g(x)\, dx.$$

Monotonie: Sei $f(x) \geq g(x)$ für $a \leq x \leq b$. Dann gilt:

$$\int_a^b f(x)\, dx \geq \int_a^b g(x)\, dx.$$

Ableitung und Integration sind inverse Operationen:

$$\frac{d}{dx} \int_a^x f(y)\, dy = f(x).$$

Substitution: Substitution von $y = g(x)$ und Berücksichtigung der formalen Beziehung $dy = g'(x)\,dx$:

$$\int_a^b f(g(x))g'(x)\,dx = \int_{g(a)}^{g(b)} f(y)\,dy.$$

Produktregel:

$$\int_a^b u'(x)v(x)\,dx = u(b)v(b) - u(a)v(a) - \int_a^b u(x)v'(x)\,dx.$$

Der Zwischenwertsatz: Sei $u(x)$ gleichmäßig differenzierbar auf $[a,b]$ mit Lipschitz-stetiger Ableitung $u'(x)$. Dann gibt es (mindestens ein) $\bar{x} \in [a,b]$, so dass

$$u(b) - u(a) = u'(\bar{x})(b-a).$$

Satz von Taylor:

$$u(x) = u(\bar{x}) + u'(\bar{x})(x-\bar{x}) + \cdots + \frac{u^{(n)}(\bar{x})}{n!}(x-\bar{x})^n + \int_{\bar{x}}^x \frac{(x-y)^n}{n!} u^{(n+1)}(y)\,dy.$$

41.10 Der Logarithmus

Definition:

$$\log(x) = \int_1^x \frac{1}{y}\,dy \quad \text{für } x > 0.$$

Wichtige Eigenschaften:

$$\frac{d}{dx}\log(x) = \frac{1}{x} \quad \text{für } x > 0,$$
$$\log(ab) = \log(a) + \log(b) \quad \text{für } a, b > 0,$$
$$\log(a^r) = r\log(a), \quad \text{für } r \in \mathbb{R}, a > 0.$$

41.11 Die Exponentialfunktion

Definition: $\exp(x) = e^x$ ist die eindeutige Lösung der Differentialgleichung $u'(x) = u(x)$ für $x \in \mathbb{R}$ und $u(0) = 1$.
Wichtige Eigenschaften:

$$\frac{d}{dx}\exp(x) = \exp(x),$$
$$\exp(a+b) = \exp(a)\exp(b) \quad \text{oder } e^{a+b} = e^a e^b,$$
$$\exp(x) = \lim_{j\to\infty}\left(1 + \frac{x}{j}\right)^j.$$

Das Inverse der Exponentialfunktion ist der Logarithmus:

$$y = \exp(x), \quad \text{dann und nur dann, wenn } x = \log(y).$$

Die Funktion a^x mit $a > 0$:

$$a^x = \exp(x \log(a)), \quad \frac{d}{dx} a^x = \log(a) a^x.$$

41.12 Die trigonometrischen Funktionen

Definition von $\sin(x)$ und $\cos(x)$: Für $x > 0$ besitzt das Anfangswertproblem $u''(x) + u(x) = 0$ für $u_0 = 0$ und $u'(0) = 1$ eine eindeutige Lösung, die mit $\sin(x)$ bezeichnet wird. Das Anfangswertproblem $u''(x) + u(x) = 0$ für $x > 0$ hat für $u_0 = 1$ und $u'(0) = 0$ eine eindeutige Lösung, die mit $\cos(x)$ bezeichnet wird. Die Funktionen $\sin(x)$ und $\cos(x)$ lassen sich als Lösungen von $u''(x) + u(x) = 0$ auf $x < 0$ erweitern. Sie sind periodisch mit der Periode 2π und $\sin(\pi) = 0$, $\cos(\frac{\pi}{2}) = 0$.
Eigenschaften:

$$\begin{aligned}
\frac{d}{dx} \sin(x) &= \cos(x), \\
\frac{d}{dx} \cos(x) &= -\sin(x), \\
\cos(-x) &= \cos(x), \\
\sin(-x) &= -\sin(x), \\
\cos(\pi - x) &= -\cos(x), \\
\sin(\pi - x) &= \sin(x), \\
\cos(x) &= \sin\left(\frac{\pi}{2} - x\right), \\
\sin(x) &= \cos\left(\frac{\pi}{2} - x\right), \\
\sin\left(\frac{\pi}{2} + x\right) &= \cos(x), \\
\cos\left(\frac{\pi}{2} + x\right) &= -\sin(x).
\end{aligned}$$

Definition von $\tan(x)$ und $\cot(x)$:

$$\tan(x) = \frac{\sin(x)}{\cos(x)}, \quad \cot(x) = \frac{\cos(x)}{\sin(x)}.$$

Ableitungen von $\tan(x)$ und $\cot(x)$:

$$\frac{d}{dx} \tan(x) = \frac{1}{\cos^2(x)}, \quad \frac{d}{dx} \cot(x) = -\frac{1}{\sin^2(x)}.$$

Trigonometrische Formeln:

$$\begin{aligned}
\sin(x+y) &= \sin(x)\cos(y) + \cos(x)\sin(y),\\
\sin(x-y) &= \sin(x)\cos(y) - \cos(x)\sin(y),\\
\cos(x+y) &= \cos(x)\cos(y) - \sin(x)\sin(y),\\
\cos(x-y) &= \cos(x)\cos(y) + \sin(x)\sin(y),\\
\sin(2x) &= 2\sin(x)\cos(x),\\
\cos(2x) &= \cos^2(x) - \sin^2(x) = 2\cos^2(x) - 1 = 1 - 2\sin^2(x),\\
\cos(x) - \cos(y) &= -2\sin\left(\frac{x+y}{2}\right)\sin\left(\frac{x-y}{2}\right),\\
\tan(x+y) &= \frac{\tan(x)+\tan(y)}{1-\tan(x)\tan(y)},\\
\tan(x-y) &= \frac{\tan(x)-\tan(y)}{1+\tan(x)\tan(y)},\\
\sin(x) + \sin(y) &= 2\sin\left(\frac{x+y}{2}\right)\cos\left(\frac{x-y}{2}\right),\\
\sin(x) - \sin(y) &= 2\cos\left(\frac{x+y}{2}\right)\sin\left(\frac{x-y}{2}\right),\\
\cos(x) + \cos(y) &= 2\cos\left(\frac{x+y}{2}\right)\cos\left(\frac{x-y}{2}\right).
\end{aligned}$$

Inverse der trigonometrischen Funktionen: Die Inverse von $f(x) = \sin(x)$ auf $D(f) = [\frac{-\pi}{2}, \frac{\pi}{2}]$ ist $f^{-1}(y) = \arcsin(y)$ mit $D(\arcsin) = [-1, 1]$. Die Inverse von $f(x) = \tan(x)$ auf $D(f) = (\frac{-\pi}{2}, \frac{\pi}{2})$ ist $f^{-1}(y) = \arctan(y)$ mit $D(\arctan) = \mathbb{R}$. Die Inverse von $y = f(x) = \cos(x)$ auf $D(f) = [0, \pi]$ ist $f^{-1}(y) = \arccos(y)$ mit $D(\arccos) = [-1, 1]$. Die Inverse von $f(x) = \cot(x)$ auf $D(f) = (0, \pi)$ ist $f^{-1}(y) = \operatorname{arccot}(y)$ mit $D(\operatorname{arccot}) = \mathbb{R}$. Es gilt:

$$\begin{aligned}
\frac{d}{dy}\arcsin(y) &= \frac{1}{\sqrt{1-y^2}},\\
\frac{d}{dy}\arctan(y) &= \frac{1}{1+y^2},\\
\frac{d}{dy}\arccos(y) &= -\frac{1}{\sqrt{1-y^2}},\\
\frac{d}{dy}\operatorname{arccot}(y) &= -\frac{1}{1+y^2},\\
\arctan(u) + \arctan(v) &= \arctan\left(\frac{u+v}{1-uv}\right).
\end{aligned}$$

Definition von sinh(x) und cosh(x):

$$\sinh(x) = \frac{e^x - e^{-x}}{2}, \qquad \cosh(x) = \frac{e^x + e^{-x}}{2} \qquad \text{für } x \in \mathbb{R}.$$

Ableitungen von sinh(x) und cosh(x):

$$D\sinh(x) = \cosh(x), \qquad D\cosh(x) = \sinh(x).$$

Inverse von sinh(x) und cosh(x): Die Inverse von $y = f(x) = \sinh(x)$ auf $D(f) = \mathbb{R}$ ist $f^{-1}(y) = \text{arcsinh}(y)$ mit $D(\text{arcsinh}) = \mathbb{R}$. Die Inverse von $y = f(x) = \cosh(x)$ auf $D([0,\infty))$ ist $f^{-1}(y) = \text{arccosh}(y)$ mit $D(\text{arccosh}) = [1,\infty)$. Es gilt:

$$\frac{d}{dy}\text{arcsinh}(y) = \frac{1}{\sqrt{y^2+1}}, \quad \frac{d}{dy}\text{arccosh}(y) = \frac{1}{\sqrt{y^2-1}}.$$

41.13 Liste von Stammfunktionen

$$\int_{x_0}^{x} \frac{1}{s-c}\,ds = \log|x-c| - \log|x_0-c|, \quad c \neq 0,$$

$$\int_{x_0}^{x} \frac{s-a}{(s-a)^2+b^2}\,dx = \frac{1}{2}\log((x-a)^2+b^2) - \frac{1}{2}\log((x_0-a)^2+b^2),$$

$$\int_{x_0}^{x} \frac{1}{(s-a)^2+b^2}\,ds = \left[\frac{1}{b}\arctan\left(\frac{x-a}{b}\right)\right] - \left[\frac{1}{b}\arctan\left(\frac{x_0-a}{b}\right)\right], \quad b \neq 0,$$

$$\int_{0}^{x} y\cos(y)\,dy = x\sin(x) + \cos(x) + 1,$$

$$\int_{0}^{x} \sin(\sqrt{y})\,dy = -2\sqrt{x}\cos(\sqrt{x}) + 2\sin(\sqrt{x}),$$

$$\int_{1}^{x} y^2\log(y)\,dy = \frac{x^3}{3}\log(x) - \frac{x^3}{9} + \frac{1}{9},$$

$$\int_{0}^{x} \frac{1}{\sqrt{1-y^2}}\,dy = \arcsin(x) \quad \text{für } x \in (-1,1),$$

$$\int_{0}^{x} \frac{1}{\sqrt{1-y^2}} = \frac{\pi}{2} - \arccos(x)\,dy \quad \text{für } x \in (-1,1),$$

$$\int_{0}^{x} \frac{1}{1+y^2}\,dy = \arctan(x) \quad \text{für } x \in \mathbb{R},$$

$$\int_{0}^{x} \frac{1}{1+y^2}\,dy = \frac{\pi}{2} - \text{arccot}(x) \quad \text{für } x \in \mathbb{R}.$$

41.14 Reihen

Definition der Konvergenz: Eine Reihe $\sum_{i=1}^{\infty} a_i$ konvergiert dann und nur dann, wenn die Folge $\{s_n\}_{n=1}^{\infty}$ der Teilsummen $s_n = \sum_{i=1}^{n} a_i$ konvergiert.

Geometrische Reihe: $\sum_{i=0}^{\infty} a^i = \frac{1}{1-a}$ falls $|a| < 1$.
Wichtige Fakten: Eine positive Reihe $\sum_{i=1}^{\infty} a_i$ konvergiert dann und nur dann, wenn die Folge der Teilsummen nach oben beschränkt ist.
Die Reihe $\sum_{i=1}^{\infty} i^{-\alpha}$ konvergiert dann und nur dann, wenn $\alpha > 1$.
Eine absolut konvergente Reihe ist konvergent.
Eine alternierende Reihe mit der Eigenschaft, dass der Betrag der Ausdrücke monoton gegen Null strebt, konvergiert. Beispiel: $\sum_{i=1}^{\infty}(-i)^{-1}$ konvergiert.

41.15 Die Differentialgleichung $\dot{u} + \lambda(x)u(x) = f(x)$

Die Lösung des Anfangswertproblems $\dot{u} + \lambda(x)u(x) = f(x)$ für $x > 0$, $u(0) = u^0$ lautet:

$$u(x) = \exp(-\Lambda(x))u^0 + \exp(-\Lambda(x)) \int_0^x \exp(\Lambda(y))f(y)\,dy,$$

wobei $\Lambda(x)$ eine Stammfunktion von $\lambda(x)$ ist mit $\Lambda(0) = 0$.

41.16 Separierbare skalare Anfangswertprobleme

Die Lösung des separierbaren skalaren Anfangswertproblems

$$u'(x) = \frac{h(x)}{g(u(x))} \quad \text{für } 0 < x \leq 1,\ u(0) = u_0,$$

wobei $g : \mathbb{R} \to \mathbb{R}$ und $h : \mathbb{R} \to \mathbb{R}$ vorgegebene Funktionen sind, erfüllen für $0 \leq x \leq 1$ die algebraische Gleichung

$$G(u(x)) = H(x) + C,$$

wobei $G(v)$ und $H(x)$ Stammfunktionen von $g(v)$ und $h(x)$ sind und $C = G(u_0) - H(0)$.

42
Analytische Geometrie in $\mathbb{R}^n$

Ich bin davon überzeugt, dass die (mathematische) Mine zu tief vorangetrieben wurde und dass sie früher oder später aufgegeben werden muss, falls keine neuen erzhaltigen Adern entdeckt werden. Physik und Chemie bieten Schätze, die strahlender sind und leichter auszubeuten. Daher hat sich offensichtlich jeder ganz dieser Richtung zugewandt und Positionen in der Akademie der Wissenschaften für Geometrie werden eines Tages so aussehen wie die Lehrstühle über arabische Sprache in Universitäten heutzutage. (Lagrange, 1781)

42.1 Einleitung und Überblick über wichtige Ziele

Wir wollen nun die Diskussion der analytischen Geometrie auf den $\mathbb{R}^n$ verallgemeinern, wobei n eine beliebige natürliche Zahl ist. Entsprechend der obigen Definitionen für $\mathbb{R}^2$ und $\mathbb{R}^3$ definieren wir $\mathbb{R}^n$ als die Menge aller möglichen geordneten n-Tupel der Form $(x_1, x_2, \ldots, x_n)$ mit $x_i \in \mathbb{R}$. Wir bezeichnen $\mathbb{R}^n$ als den *n-dimensionalen euklidischen Raum*.

Wir alle besitzen eine direkte Vorstellung über $\mathbb{R}^3$ als den dreidimensionalen Raum unserer Welt und wir können uns $\mathbb{R}^2$ als unendliche ebene Fläche denken, aber wir besitzen keine ähnliche Vorstellung beispielsweise für $\mathbb{R}^4$, außer vielleicht von einem Science-Fiction Roman, bei dem die Raumschiffe in der vierdimensionalen Raumzeit reisen. Tatsächlich benutzte Einstein in seiner Relativitätstheorie den $\mathbb{R}^4$ als die Menge der Raumzeit-Koordinaten (x_1, x_2, x_3, x_4) mit $x_4 = t$ für die Zeit, aber auch er hatte, wie wir alle, dieselben Schwierigkeiten ein Objekt im $\mathbb{R}^4$ zu „sehen". In

Abb. 42.1 haben wir eine Projektion in den $\mathbb{R}^3$ eines 4-Würfels in $\mathbb{R}^4$ dargestellt und wir hoffen, dass einige Leser den 4-Würfel sehen können.

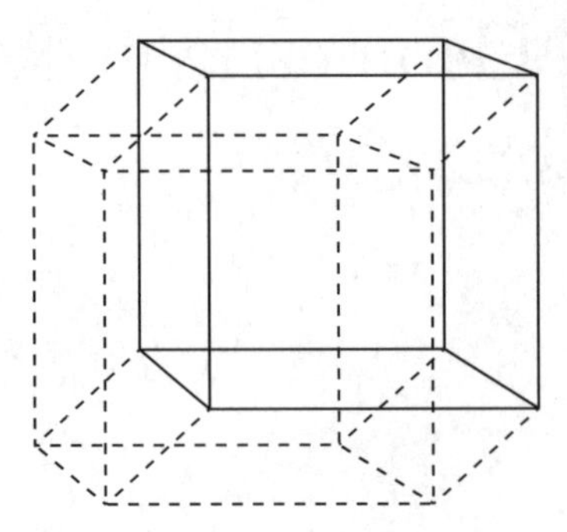

Abb. 42.1. Ein Würfel im $\mathbb{R}^4$

Ganz allgemein entsteht die Notwendigkeit für den $\mathbb{R}^n$, wenn wir mit n verschiedenen Variablen umgehen müssen, wie es in Anwendungen ständig der Fall ist, und der $\mathbb{R}^n$ ist daher einer der nützlichsten Begriffe der Mathematik. Glücklicherweise können wir mit dem $\mathbb{R}^n$ rein algebraisch arbeiten, ohne geometrische Figuren zu zeichnen, d.h. wir können die Werkzeuge der analytischen Geometrie im $\mathbb{R}^n$ auf ziemlich genau die gleiche Weise benutzen wie im $\mathbb{R}^2$ und $\mathbb{R}^3$.

Die meiste Zeit werden wir uns in diesem Kapitel auf die eine oder andere Art mit Systemen von m linearen Gleichungen in n Unbekannten $x_1, \ldots, x_n$, der Form

$$\sum_{j=1}^{n} a_{ij} x_j = b_i \quad \text{für } i = 1, \ldots, m \tag{42.1}$$

beschäftigen, d.h.

$$\begin{aligned} a_{11}x_1 + a_{12}x_2 + \ldots + a_{1n}x_n &= b_1, \\ a_{21}x_1 + a_{22}x_2 + \ldots + a_{2n}x_n &= b_2, \\ \ldots\ldots & \\ a_{m1}x_1 + a_{m2}x_2 + \ldots + a_{mn}x_n &= b_m, \end{aligned} \tag{42.2}$$

wobei die a_{ij} gegebene (reelle) Koeffizienten sind und $(b_1, \ldots, b_m) \in \mathbb{R}^m$ eine vorgegebene rechte Seite. Wir werden dieses System in Matrix-Schreibweise formulieren:

$$Ax = b, \tag{42.3}$$

d.h.

$$\begin{pmatrix} a_{11} & a_{12} & .. & a_{1n} \\ . & . & .. & . \\ . & . & .. & . \\ a_{m1} & a_{m2} & .. & a_{mn} \end{pmatrix} \begin{pmatrix} x_1 \\ . \\ . \\ x_n \end{pmatrix} = \begin{pmatrix} b_1 \\ . \\ . \\ b_m \end{pmatrix}. \tag{42.4}$$

Dabei ist $A = (a_{ij})$ eine $m \times n$-Matrix mit den Zeilen $(a_{i1}, \dots, a_{in})$, $i = 1, \dots, m$ und den Spalten $(a_{1j}, \dots, a_{mj})$, $j = 1, \dots, n$ und wir betrachten $x = (x_1, \dots, x_n) \in \mathbb{R}^n$ und $b = (b_1, \dots, b_m) \in \mathbb{R}^m$ als Spaltenvektor. Wir werden das System auch in der Form

$$x_1 a_1 + \cdots + x_n a_n = b \tag{42.5}$$

schreiben, um damit den vorgegebenen Spaltenvektor $b \in \mathbb{R}^m$ als Linearkombination der Spaltenvektoren $a_j = (a_{1j}, a_{2j}, \dots, a_{mj})$, $j = 1, 2, \dots, n$ mit den Koeffizienten $(x_1, \dots, x_n)$ zum Ausdruck zu bringen. Beachten Sie, dass wir sowohl (Spalten-)Vektoren in $\mathbb{R}^m$ (wie die Spalten der Matrix A und die rechte Seite b) als auch (Spalten-)Vektoren in $\mathbb{R}^n$ wie den Lösungsvektor x benutzen.

Wir werden $f(x) = Ax$ als Funktion oder Abbildung $f : \mathbb{R}^n \to \mathbb{R}^m$ betrachten und uns daher auf den besonderen Fall eines Gleichungssystems der Form $f(x) = b$ konzentrieren, bei dem $f : \mathbb{R}^n \to \mathbb{R}^m$ die *lineare Abbildung* $f(x) = A$ ist. Wir bezeichnen mit $B(A)$ das *Bild* von $f(x) = Ax$, d.h.,

$$B(A) = \{Ax \in \mathbb{R}^m : x \in \mathbb{R}^n\} = \left\{ \sum_{j=1}^{n} x_j a_j : x_j \in \mathbb{R} \right\}$$

und mit $N(A)$ den *Nullraum* oder *Kern* von $f(x) = Ax$, d.h.,

$$N(A) = \{x \in \mathbb{R}^n : Ax = 0\} = \left\{ x \in \mathbb{R}^n : \sum_{j=1}^{n} x_j a_j = 0 \right\}.$$

Uns interessiert die Frage nach der Existenz und/oder Eindeutigkeit von Lösungen $x \in \mathbb{R}^n$ für das Problem $Ax = b$ für eine gegebene $m \times n$-Matrix A und rechter Seite $b \in \mathbb{R}^m$. Von besonderem Interesse ist dabei der Fall $m = n$ mit gleicher Anzahl von Gleichungen wie Unbekannten.

Die Existenz einer Lösung x von $Ax = b$ bedeutet natürlich das Gleiche wie die Aussage $b \in B(A)$, was wiederum das Gleiche ist, wie zu sagen, dass b eine Linearkombination der Spalten von A ist. Eindeutigkeit ist das Gleiche wie die Aussage, dass $N(A) = 0$. Gilt nämlich sowohl für x, dass $Ax = b$ als auch für $\hat{x}$, dass $A\hat{x} = b$, so ist wegen der Linearität $A(x - \hat{x}) = 0$. Ist dann $N(A) = 0$, so ist $x - \hat{x} = 0$, d.h. $x = \hat{x}$. Daher wird die Nicht-Eindeutigkeit von Lösungen von $Ax = b$ durch $N(A)$ beschrieben: Gilt $Ax = b$ und $A\hat{x} = b$, dann ist $x - \hat{x} \in N(A)$.

Wir können nun die vorrangigen Ziele bei der Untersuchung der linearen Abbildung $f(x) = Ax$, die durch die Matrix A bestimmt wird, formulieren:

- Bestimmung von $B(A)$.
- Bestimmung von $N(A)$.
- Lösung von $Ax = b$ für ein gegebenes b.

Wir formulieren hier die folgende Teilantwort, die uns der *Fundamentalsatz der linearen Algebra* liefert, den wir auf mehrere verschiedene Arten unten beweisen werden: Sei $m = n$ und sei $N(A) = 0$. Dann hat $Ax = b$ eine eindeutige Lösung für jedes $b \in \mathbb{R}^m$, d.h. $B(A) = \mathbb{R}^m$. Anders formuliert, so bedeutet für $m = n$ die Eindeutigkeit auch gleich die Existenz.

Unsere Untersuchungen werden uns zu Begriffen führen wie: Linearkombination, lineares Aufspannen, linearer Raum, Vektorraum, Unterraum, lineare Unabhängigkeit, Basis, Determinante, lineare Abbildung und Projektion, die wir wir bereits in den Kapiteln zur analytischen Geometrie im $\mathbb{R}^2$ und $\mathbb{R}^3$ kennen gelernt haben.

Dieses Kapitel behandelt hauptsächlich theoretische Aspekte, während die Berechnungsmethoden wie das Gausssche Eliminationsverfahren und iterative Methoden detaillierter im Kapitel „Lösung linearer Gleichungssysteme“ betrachtet werden.

42.2 Body & Soul und künstliche Intelligenz

Bevor wir nun vollständig in die Geometrie des $\mathbb{R}^n$ eintauchen, wollen wir nochmals innehalten und zur Geschichte von Body & Soul zurückkehren, die sich bis in unsere Zeit mit neuen Fragen hinzieht: Ist es möglich, Computerprogramme für künstliche Intelligenzen zu schreiben, d.h. können wir einem Computer mehr oder weniger eigenständige fortgeschrittene Möglichkeiten verleihen, um wie ein intelligenter Organismus zu agieren und mit einer gewissen Fähigkeit ausstatten zu „denken“? Es scheint so, dass es bisher auf diese Frage keine klare positive Antwort gibt, trotz vielerlei Träume in dieser Richtung seit der Entwicklung der Computer. Auf der Suche nach einer Antwort spielt Spencers Prinzip der Anpassungsfähigkeit eine wichtige Rolle: Ein intelligentes Wesen muss in der Lage sein, sich Änderungen in seiner Umgebung anzupassen. Weiterhin scheint nach Leibniz eine Zielvorgabe oder gerichtetes Handeln ein wichtiges Zeichen von Intelligenz zu sein um beurteilen zu können, ob eine Handlung eines Systems unsinnig ist oder nicht. Unten werden wir adaptive AWP-Löser entwickeln, das sind Computer-Programme zur Lösung von Differentialgleichungen, die im Hinblick auf eine Fehlerkontrolle mit adaptiver Rückkopplung programmiert sind. Diese AWP-Löser besitzen ein gewisses Maß an rudimentärer Intelligenz und sind auf jeden Fall unendlich viel „schlauer“ als traditionelle nicht-adaptive AWP-Löser ohne Rückkopplung.

42.3 Die Vektorraumstruktur des $\mathbb{R}^n$

Wir betrachten den $\mathbb{R}^n$ als *Vektorraum*, der aus *Vektoren* besteht, d.h. aus geordneten n-Tupeln $x = (x_1, \ldots, x_n)$ mit Komponenten $x_i \in \mathbb{R}$,

$i = 1, \ldots, n$. Wir schreiben in Kurzform $x = (x_1, \ldots, x_n)$ und bezeichnen $x \in \mathbb{R}^n$ als Vektor mit der Komponente x_i an Position i.

Wir können zwei Vektoren $x = (x_1, \ldots, x_n)$ und $y = (y_1, \ldots, y_n)$ in $\mathbb{R}^n$ komponentenweise *addieren* und erhalten so einen neuen Vektor $x + y$ in $\mathbb{R}^n$:

$$x + y = (x_1 + y_1, x_2 + y_2, \ldots, x_n + y_n). \tag{42.6}$$

Außerdem können wir einen Vektor $x = (x_1, \ldots, x_n)$ mit einer reellen Zahl λ komponentenweise multiplizieren und erhalten so einen neuen Vektor λx in $\mathbb{R}^n$:

$$\lambda x = (\lambda x_1, \ldots, \lambda x_n). \tag{42.7}$$

Natürlich sind die Addition zweier Vektoren in $\mathbb{R}^n$ und die Multiplikation eines Vektors im $\mathbb{R}^n$ mit einer reellen Zahl direkte Verallgemeinerungen der entsprechenden Operationen für $n = 2$ und $n = 3$, wie wir sie oben kennen gelernt haben. Diese Verallgemeinerungen helfen uns dabei, mit dem $\mathbb{R}^n$ umzugehen, indem wir Begriffe und Werkzeuge benutzen, die wir beim Arbeiten in $\mathbb{R}^2$ und $\mathbb{R}^3$ hilfreich fanden.

Somit können wir Vektoren in $\mathbb{R}^n$ addieren und sie mit reellen Zahlen (Skalaren) multiplizieren und es gelten für diese Operationen die üblichen Kommutativ- und Distributiv-Gesetze und der $\mathbb{R}^n$ ist somit ein Vektorraum. Wir sagen, dass $(0, 0, \ldots, 0)$ der *Nullvektor* in $\mathbb{R}^n$ ist und schreiben $0 = (0, 0, \ldots, 0)$.

Lineare Algebra beschäftigt sich mit Vektoren in Vektorräumen, die auch *lineare Räume* genannt werden, und linearen Funktionen von Vektoren, d.h. *linearen Abbildungen* von Vektoren. Wir wir gerade gesehen haben, ist $\mathbb{R}^n$ ein Vektorraum, aber es gibt noch viele andere Arten von Vektorräumen, mit vollständig anderen Vektoren. Insbesondere werden wir unten auf Vektorräume treffen, die aus Vektoren bestehen, die Funktionen sind. In diesem Kapitel konzentrieren wir uns auf $\mathbb{R}^n$, dem wichtigsten und grundlegendsten Vektorraum. Wir wissen, dass lineare Abbildungen in $\mathbb{R}^2$ und $\mathbb{R}^3$ zu 2×2- und 3×3-Matrizen führen und wir werden nun zu linearen Abbildungen von $\mathbb{R}^n$ in $\mathbb{R}^m$ verallgemeinern, die als $m \times n$-*Matrizen* dargestellt werden können.

In diesem Kapitel geben wir eine zusammengefasste (und trockene) Darstellung einiger wichtiger Tatsachen der linearen Algebra in $\mathbb{R}^n$, aber wir werden diese theoretischen Ergebnisse in vielen Anwendungen im Rest dieser Buchreihe wieder finden.

42.4 Das Skalarprodukt und Orthogonalität

Wir definieren das *Skalarprodukt* $x \cdot y = (x, y)$ zweier Vektoren x und y in $\mathbb{R}^n$ durch

$$x \cdot y = (x, y) = \sum_{i=1}^{n} x_i y_i. \tag{42.8}$$

Dadurch wird das Skalarprodukt in $\mathbb{R}^2$ und $\mathbb{R}^3$ verallgemeinert. Beachten Sie, dass wir hier eine neue Schreibweise für das Skalarprodukt zweier Vektoren x und y einführen, nämlich (x, y), als Alternative zum „Punktprodukt" $x \cdot y$ im $\mathbb{R}^2$ und $\mathbb{R}^3$. Sie sollten mit der Verwendung beider Schreibweisen vertraut sein.

Das Skalarprodukt ist *bilinear*, da $(x + y, z) = (x, z) + (y, z)$, $(\lambda x, z) = \lambda(x, z)$, $(x, y + z) = (x, y) + (x, z)$ und $(x, \lambda y) = \lambda(x, y)$ und *symmetrisch*, da $(x, y) = (y, x)$, für alle Vektoren $x, y, z \in \mathbb{R}^n$ und $\lambda \in \mathbb{R}$.

Wir sagen, dass zwei Vektoren x und y in $\mathbb{R}^n$ *orthogonal* sind, wenn $(x, y) = 0$. Wir definieren

$$|x| = \left(\sum_{i=1}^{n} x_i^2\right)^{1/2} = (x, x)^{1/2} \tag{42.9}$$

als die euklidische *Länge* oder *Norm* des Vektors x. Beachten Sie, dass diese Definition der *Länge* eine direkte Verallgemeinerung der natürlichen Länge $|x|$ eines Vektors x in $\mathbb{R}^n$, $n = 1, 2, 3$ ist.

Beispiel 42.1. Seien $x = (2, -4, 5, 1, 3)$ und $y = (1, 4, 6, -1, 2)$ zwei Vektoren in $\mathbb{R}^5$. Wir berechnen $(x, y) = 2\times 1 + (-4)\times 4 + 5\times 6 + 1\times(-1) + 3\times 2 = 21$.

42.5 Cauchysche Ungleichung

Nach der *Cauchyschen Ungleichung* gilt für zwei Vektoren $x, y \in \mathbb{R}^n$:

$$|(x, y)| \leq |x|\,|y|.$$

In Worte gefasst: Der Absolutbetrag des Skalarprodukts zweier Vektoren ist durch das Produkt der Normen dieser Vektoren beschränkt. Wir beweisen die Cauchysche Ungleichung, indem wir festhalten, dass für alle $s \in \mathbb{R}$

$$0 \leq |x + sy|^2 = (x + sy, x + sy) = |x|^2 + 2s(x, y) + s^2|y|^2$$

und dabei annehmen, dass $y \neq 0$. Wenn wir $s = -(x, y)/|y|^2$ wählen (wodurch die rechte Seite minimiert wird), erhalten wir

$$0 \leq |x|^2 - 2\frac{(x, y)^2}{|y|^2} + \frac{(x, y)^2}{|y|^2} = |x|^2 - \frac{(x, y)^2}{|y|^2},$$

womit wir den gewünschten Beweis erbracht haben.

Wir wiederholen, dass für $n = 2, 3$

$$(x, y) = x \cdot y = \cos(\theta)|x||y|,$$

wobei θ der Winkel zwischen x und y ist, woraus sich natürlich die Cauchysche Ungleichung sofort ergibt, da $|\cos(\theta)| \leq 1$.

Wir definieren den Winkel $\theta \in [0, 2\pi)$ zwischen zwei von Null verschiedenen Vektoren x und y in $\mathbb{R}^n$ durch

$$\cos(\theta) = \frac{(x, y)}{|x||y|}, \tag{42.10}$$

womit wir die entsprechende Schreibweise für $n = 2, 3$ verallgemeinern.

Beispiel 42.2. Der Winkel zwischen den Vektoren $x = (1, 2, 3, 4)$ und $y = (4, 3, 2, 1)$ in $\mathbb{R}^4$ ist gleich $\arccos \frac{2}{3} \approx 0,8411 \approx 48°$, da $(x, y) = 20$ und $|x| = |y| = \sqrt{30}$.

42.6 Linearkombinationen einer Menge von Vektoren

Wir wissen, dass zwei nicht parallele Vektoren a_1 und a_2 in $\mathbb{R}^3$ eine Ebene durch den Ursprung in $\mathbb{R}^3$ definieren, die aus allen Linearkombinationen $\lambda_1 a_1 + \lambda_2 a_2$ mit Koeffizienten λ_1 und λ_2 in $\mathbb{R}$ besteht. Die Normale zur Ebene lautet $a_1 \times a_2$. Eine Ebene durch den Ursprung ist ein Beispiel für einen *Unterraum* des $\mathbb{R}^3$; das ist eine Teilmenge des $\mathbb{R}^3$ mit der Eigenschaft, dass Addition und skalare Multiplikation von Vektoren nicht aus der Menge herausführen. Also ist eine Teilmenge S von $\mathbb{R}^3$ ein Unterraum, falls die Summe zweier beliebiger Vektoren von S wieder zu S gehört und skalare Multiplikation eines Vektors in S wieder ein Vektor in S ergibt. Offensichtlich ist eine Ebene durch den Ursprung ein Unterraum des $\mathbb{R}^3$ sowie eine Gerade durch den Ursprung, die als skalares Vielfache $\lambda_1 a_1$ eines Koeffizienten $\lambda_1 \in \mathbb{R}$ mit einem Vektor $a_1 \in \mathbb{R}^3$ definiert wird. Die Unterräume des $\mathbb{R}^3$ bestehen aus Geraden und Ebenen durch den Ursprung. Beachten Sie, dass eine Ebene oder Gerade in $\mathbb{R}^3$, die nicht durch den Ursprung verläuft, keinen Unterraum bildet.

Ganz allgemein benutzen wir den Begriff des *Vektorraums*, um eine Menge von Vektoren zu bezeichnen, bei der weder Vektoraddition noch skalare Multiplikation zu Ergebnissen außerhalb der Menge führen. Natürlich ist $\mathbb{R}^3$ ein Vektorraum. Ein Unterraum des $\mathbb{R}^3$ ist ein Vektorraum. Eine Ebene oder Gerade in $\mathbb{R}^3$ durch den Ursprung ist ein Vektorraum. Der Begriff des Vektorraums ist fundamental für die Mathematik und wir werden unten oft auf diesen Ausdruck treffen.

Wir wollen dies nun auf $\mathbb{R}^m$ mit $m > 3$ verallgemeinern und wir werden damit auch neue Beispiele von Vektorräumen und Unterräumen von Vektorräumen treffen. Seien $a_1, a_2, \ldots, a_n$ n von Null verschiedene Vektoren in $\mathbb{R}^m$. Ein Vektor b in $\mathbb{R}^m$ der Gestalt

$$b = \lambda_1 a_1 + \lambda_2 a_2 + \cdots + \lambda_n a_n, \tag{42.11}$$

mit $\lambda_i \in \mathbb{R}$, wird *Linearkombination* der Menge von Vektoren $\{a_1, \dots, a_n\}$ mit den *Koeffizienten* $\lambda_1, \dots, \lambda_n$ genannt. Ist

$$c = \mu_1 a_1 + \mu_2 a_2 + \cdots + \mu_n a_n \tag{42.12}$$

eine weitere Linearkombination von $\{a_1, \dots, a_n\}$ mit den Koeffizienten $\mu_j \in \mathbb{R}$, dann ist der Vektor

$$b + c = (\lambda_1 + \mu_1)a_1 + (\lambda_2 + \mu_2)a_2 + \cdots + (\lambda_n + \mu_n)a_n \tag{42.13}$$

ebenfalls eine Linearkombination von $\{a_1, \dots, a_n\}$; nun mit den Koeffizienten $\lambda_j + \mu_j$. Ferner ist für jedes $\alpha \in \mathbb{R}$ auch der Vektor

$$\alpha b = \alpha\lambda_1 a_1 + \alpha\lambda_2 a_2 + \cdots + \alpha\lambda_n a_n \tag{42.14}$$

eine Linearkombination von $\{a_1, \dots, a_n\}$ mit den Koeffizienten $\alpha\lambda_j$. Das bedeutet, dass $S(a_1, \dots a_n)$, die Menge aller Linearkombinationen

$$\lambda_1 a_1 + \lambda_2 a_2 + \cdots + \lambda_n a_n \tag{42.15}$$

von $\{a_1, \dots, a_n\}$, mit Koeffizienten $\lambda_j \in \mathbb{R}$, tatsächlich einen Vektorraum bilden, da Vektoraddition und skalare Multiplikation kein Ergebnis außerhalb der Menge ergeben. Die Summe zweier Linearkombinationen von $\{a_1, \dots, a_n\}$ ist wieder eine Linearkombination von $\{a_1, \dots, a_n\}$ und eine Linearkombination von $\{a_1, \dots, a_n\}$ multipliziert mit einer reellen Zahl ist wieder eine Linearkombination von $\{a_1, \dots, a_n\}$.

Wir bezeichnen den Vektorraum $S(a_1, \dots a_n)$ aller Linearkombinationen der Form (42.15) der Vektoren $\{a_1, \dots, a_n\}$ in $\mathbb{R}^m$ als den *durch die Vektoren* $\{a_1, \dots, a_n\}$ *aufgespannten Unterraum von* $\mathbb{R}^m$ oder einfacher als *Spann von* $\{a_1, \dots, a_n\}$, den wir folgendermaßen beschreiben können:

$$S(a_1, \dots a_n) = \left\{ \sum_{j=1}^{n} \lambda_j a_j : \ \lambda_j \in \mathbb{R}, j = 1, \dots, n \right\}.$$

Ist $m = 2$ und $n = 1$, dann ist der Unterraum $S(a_1)$ eine Gerade in $\mathbb{R}^2$ durch den Ursprung in Richtung a_1. Ist $m = 3$ und $n = 2$, dann entspricht $S(a_1, a_2)$ der Ebene durch den Ursprung in $\mathbb{R}^3$, die von a_1 und a_2 aufgespannt wird (vorausgesetzt a_1 und a_2 sind nicht parallel), d.h. der Ebene durch den Ursprung mit Normaler $a_1 \times a_2$.

Wir halten fest, dass für jedes $\mu \in \mathbb{R}$

$$S(a_1, a_2, \dots, a_n) = S(a_1, a_2 - \mu a_1, a_3, \dots, a_n) \tag{42.16}$$

gilt, da wir a_2 in jeder Linearkombination durch $(a_2 - \mu a_1) + \mu a_1$ in der rechten Menge ersetzen können. Ganz allgemein können wir jedes beliebige Vielfache eines Vektors zu einem anderen Vektor hinzufügen, ohne dadurch den *Spann* zu verändern! Natürlich können wir auch jeden Vektor a_j durch μa_j ersetzen, wobei μ eine reelle Zahl ungleich Null ist, ohne den *Spann* zu verändern. Wir werden darauf unten noch zurückkommen.

42.7 Die Einheitsbasis

Die Menge an Vektoren in $\mathbb{R}^n$

$$\{(1,0,0,\ldots,0,0),(0,1,0,\ldots,0,0),\ldots,(0,0,0,\ldots,0,1)\},$$

die üblicherweise $\{e_1,\ldots,e_n\}$ geschrieben wird, wird *Einheitsbasis* von $\mathbb{R}^n$ genannt. Dabei besitzt $e_i = (0,0,\ldots,0,1,0,\ldots,0)$ an der i. Position den Koeffizienten 1 und ansonsten nur Nullen. Jeder Vektor $x = (x_1,\ldots,x_n) \in \mathbb{R}^n$ kann als Linearkombination der Basisvektoren $\{e_1,\ldots,e_n\}$ geschrieben werden:

$$x = x_1e_1 + x_2e_2 + \cdots + x_ne_n, \tag{42.17}$$

wobei die Koeffizienten x_j von x jeweils den Basisvektoren e_j zugeordnet sind. Wir halten fest, dass $(e_j, e_k) = e_j \cdot e_k = 0$ für $j \neq k$, d.h. die Vektoren der Einheitsbasis sind *paarweise orthogonal* und besitzen die Länge eins, da $(e_j, e_j) = |e_j|^2 = 1$. Wir können daher die Koeffizienten x_i eines vorgegebenen Vektors $x = (x_1,\ldots,x_n)$ bezüglich der Einheitsbasis $\{e_1,\ldots,e_n\}$ auch, wie folgt, formulieren:

$$x_i = (e_i, x) = e_i \cdot x. \tag{42.18}$$

42.8 Lineare Unabhängigkeit

Wir wiederholen, dass wir für die Angabe einer Ebene in $\mathbb{R}^2$ als Linearkombination zweier Vektoren a_1 und a_2 davon ausgehen, dass a_1 und a_2 nicht parallel sind. Die Verallgemeinerung dieser Bedingung an eine Menge $\{a_1,\ldots,a_m\}$ von m Vektoren in $\mathbb{R}^n$ wird lineare Unabhängigkeit bezeichnet, die wir im Folgenden definieren wollen. Dies wird uns schließlich zum Begriff der *Basis* eines Vektorraums führen, einer der wichtigsten Begriffe der linearen Algebra.

Eine Menge $\{a_1,\ldots,a_n\}$ von Vektoren in $\mathbb{R}^m$ heißt *linear unabhängig*, falls keiner der Vektoren a_i als Linearkombination der anderen ausgedrückt werden kann. Umgekehrt nennen wir die Menge $\{a_1,a_2,\ldots,a_n\}$ *linear abhängig*, falls einige der Vektoren a_i sich als Linearkombination der anderen schreiben lassen, wie beispielsweise

$$a_1 = \lambda_2a_2 + \cdots + \lambda_na_n \tag{42.19}$$

mit gewissen Zahlen $\lambda_2,\ldots,\lambda_n$. Als Test auf lineare Unabhängigkeit von $\{a_1,a_2,\ldots,a_n\}$ können wir versuchen, die Gleichung

$$\lambda_1a_1 + \lambda_2a_2 + \ldots + \lambda_na_n = 0 \tag{42.20}$$

zu lösen. Ist $\lambda_1 = \lambda_2 = \ldots = \lambda_n = 0$ die einzige Lösungsmöglichkeit, dann ist $\{a_1,a_2,\ldots,a_n\}$ linear unabhängig. Ist nämlich eines der λ_j ungleich 0, z.B. $\lambda_1 \neq 0$, könnten wir (42.20) durch λ_1 dividieren und a_1 als

Linearkombination von $\{a_1, a_2, \ldots, a_n\}$ ausdrücken:

$$a_1 = -\frac{\lambda_2}{\lambda_1} a_2 - \cdots - \frac{\lambda_n}{\lambda_1} a_n. \tag{42.21}$$

Die Einheitsbasis $\{e_1, \ldots, e_n\}$ ist (natürlich) eine linear unabhängige Menge, da aus

$$\lambda_1 e_1 + \ldots + \lambda_n e_n = 0$$

folgt, dass $\lambda_i = 0$ für $i = 1, \ldots, n$, da $0 = (0, 0, \ldots, 0) = \lambda_1 e_1 + \ldots + \lambda_n e_n = (\lambda_1, \ldots, \lambda_n)$.

42.9 Reduktion einer Menge von Vektoren zu einer Basis

Wir betrachten den Teilraum $S(a_1, \ldots, a_n)$, der von der Menge von Vektoren $\{a_1, a_2, \ldots, a_n\}$ aufgespannt wird. Ist die Menge $\{a_1, a_2, \ldots, a_n\}$ linear abhängig, dann kann etwa a_n als Linearkombination von $\{a_1, \ldots, a_{n-1}\}$ ausgedrückt werden. Daher wird $S(a_1, \ldots, a_n)$ aber genauso gut durch $\{a_1, \ldots, a_{n-1}\}$ aufgespannt und somit ist $S(a_1, \ldots, a_n) = S(a_1, \ldots, a_{n-1})$. Dies ergibt sich einfach durch Ersetzen von a_n durch die entsprechende Linearkombination aus $\{a_1, \ldots, a_{n-1}\}$. Wenn wir auf diese Weise fortfahren und linear abhängige Vektoren entfernen, können wir schließlich $S(a_1, \ldots, a_n)$ als *Spann* von $\{a_1, a_2, \ldots, a_k\}$ (mit einer sinnvollen Nummerierung) ausdrücken, d.h. $S(a_1, \ldots, a_n) = S(a_1, a_2, \ldots, a_k)$, wobei $k \leq n$. Die Menge $\{a_1, a_2, \ldots, a_k\}$ ist linear unabhängig, d.h. $\{a_1, a_2, \ldots, a_k\}$ ist eine *Basis* für den Vektorraum $S = S(a_1, \ldots, a_n)$, da die folgenden beiden Bedingungen erfüllt sind:

- Jeder Vektor in S kann als Linearkombination von $\{a_1, a_2, \ldots, a_k\}$ ausgedrückt werden,
- die Menge $\{a_1, a_2, \ldots, a_k\}$ ist linear unabhängig.

Beachten Sie, dass aufgrund der linearen Unabhängigkeit die Koeffizienten in der Linearkombination eindeutig bestimmt sind: Sind zwei Linearkombinationen $\sum_{j=1}^k \lambda_j a_j$ und $\sum_{j=1}^k \mu_j a_j$ gleich, dann gilt $\lambda_j = \mu_j$ für $j = 1, \ldots, k$.

Jeder Vektor $b \in S$ lässt sich daher als eindeutige Linearkombination der Basisvektoren $\{a_1, a_2, \ldots, a_k\}$ ausdrücken:

$$b = \sum_{j=1}^{k} \lambda_j a_j.$$

Wir bezeichnen die $(\lambda_1, \ldots, \lambda_k)$ als die Koeffizienten von b bezüglich der Basis $\{a_1, a_2, \ldots, a_k\}$.

Die *Dimension* eines Vektorraums S ist gleich der Zahl der Basisvektoren der Basis von S. Wir werden unten beweisen, dass die Dimension eindeutig bestimmt ist, so dass zwei Basissätze immer die gleiche Zahl von Elementen haben.

Beispiel 42.3. Wir betrachten die drei Vektoren $a_1 = (1,2,3,4)$, $a_2 = (1,1,1,1)$ und $a_3 = (3,3,5,6)$ in $\mathbb{R}^4$. Wir erkennen, dass $a_3 = a_1 + 2a_2$ und somit ist die Menge $\{a_1, a_2, a_3\}$ linear abhängig. Der *Spann* von $\{a_1, a_2, a_3\}$ ist folglich gleich dem *Spann* von $\{a_1, a_2\}$, da a_3 stets durch $a_1 + 2a_2$ ersetzt werden kann. Somit ist der Vektor a_3 überflüssig, da er durch eine Linearkombination von a_1 und a_2 ersetzt werden kann. Offensichtlich ist $\{a_1, a_2\}$ eine linear unabhängige Menge, die dieselbe Menge aufspannt wie $\{a_1, a_2, a_3\}$. Wir könnten ebenso a_2 durch a_1 und a_3 ausdrücken oder a_1 durch a_2 und a_3, so dass also jede Menge zweier Vektoren $\{a_1, a_2\}$, $\{a_1, a_3\}$ oder $\{a_2, a_3\}$ als Basis für den von $\{a_1, a_2, a_3\}$ aufgespannten Unterraum dienen kann.

42.10 Erzeugen einer Basis durch Spaltenstaffelung

Wir wollen nun einen konstruktiven Algorithmus vorstellen, um eine Basis für den Vektorraum $S(a_1, \ldots, a_n)$, der durch die Menge an Vektoren $\{a_1, a_2, \ldots, a_n\}$ aufgespannt wird, zu bestimmen. Dabei betrachten wir $a_j = (a_{1j}, \ldots, a_{mj}) \in \mathbb{R}^m$ für $j = 1, \ldots, n$ als Spaltenvektoren. Wir bezeichnen diese Vorgehensweise als *Reduktion durch Spaltenstaffelung* oder Reduktion auf Treppenform und wir werden auf diese wichtige Technik unten in verschiedenen Zusammenhängen zurückkommen. Wir beginnen mit der Annahme, dass $a_{11} = 1$ und wählen $\mu \in \mathbb{R}$ so, dass $\mu a_{11} = a_{12}$. Offensichtlich ist $S(a_1, \ldots, a_n) = S(a_1, a_2 - \mu a_1, a_3, \ldots, a_n)$, wobei nun die erste Komponente $\hat{a}_{12}$ von $a_2 - \mu a_1$ gleich Null ist. Dabei haben wir ausgenutzt, dass wir ohne Veränderung des aufgespannten Vektorraums einen mit einem Skalar multiplizierten Vektor zu einem anderen Vektor addieren können. So können wir fortfahren und erhalten $S(a_1, \ldots, a_n) = S(a_1, \hat{a}_2, \hat{a}_3, \ldots, \hat{a}_n)$, mit $\hat{a}_{1j} = 0$ für $j > 1$. Mit den $a_j \in \mathbb{R}^m$ als Spaltenvektoren können wir dies in Matrixform, wie folgt, schreiben:

$$S\begin{pmatrix} a_{11} & a_{12} & .. & a_{1n} \\ a_{21} & a_{22} & .. & a_{2n} \\ . & . & .. & . \\ a_{m1} & a_{m2} & .. & a_{mn} \end{pmatrix} = S\begin{pmatrix} 1 & 0 & .. & 0 \\ a_{21} & \hat{a}_{22} & .. & \hat{a}_{2n} \\ . & . & .. & . \\ a_{m1} & \hat{a}_{m2} & .. & \hat{a}_{mn} \end{pmatrix}.$$

Wenn wir die erste Zeile und Spalte wegstreichen, können wir denselben Vorgang für eine Menge von $n-1$ Vektoren in $\mathbb{R}^{m-1}$ wiederholen. Allerdings müssen wir vorher noch den Fall $a_{11} \neq 1$ berücksichtigen. Ist $a_{11} \neq 0$, können wir einfach zu $a_{11} = 1$ gelangen, indem wir a_1 durch μa_1 ersetzen, mit $\mu = 1/a_{11}$. Wir können ja jede Zeile mit einer von Null verschiedenen Zahl multiplizieren, ohne dadurch den *Spann* zu verändern. Ist $a_{11} = 0$, so können wir die Vektoren einfach umnummerieren, um ein von Null verschiedenes Element zu finden und wir benutzen dann dieses, wie oben ausgeführt. Ist jedoch $a_{1j} = 0$ für $j = 1, \ldots, n$ so suchen wir eine Basis für

$$S \begin{pmatrix} 0 & 0 & .. & 0 \\ a_{21} & a_{22} & .. & a_{2n} \\ . & . & .. & . \\ a_{m1} & a_{m2} & .. & a_{mn} \end{pmatrix},$$

wobei die erste Zeile nur Nullen enthält. In diesem Fall können wir die erste Zeile effektiv streichen und das Problem auf eine Menge von n Vektoren in $\mathbb{R}^{m-1}$ zurückführen.

Wenn wir diese Vorgehensweise wiederholen, erhalten wir

$$S \begin{pmatrix} a_{11} & a_{12} & .. & a_{1n} \\ . & . & .. & . \\ . & . & .. & . \\ a_{m1} & a_{m2} & .. & a_{mn} \end{pmatrix} = S \begin{pmatrix} 1 & 0 & 0 & .. & 0 & .. & 0 \\ \hat{a}_{21} & 1 & 0 & .. & 0 & .. & 0 \\ . & . & . & 0 & 0 & .. & 0 \\ . & . & .. & 1 & 0 & .. & 0 \\ . & . & .. & . & . & .. & . \\ \hat{a}_{m1} & \hat{a}_{m2} & .. & \hat{a}_{mk} & 0 & .. & 0 \end{pmatrix}$$

mit $k \leq \min(n, m)$, wobei wir die rechte Matrix als *Spaltenstaffelungsform* der Matrix bezeichnen. Dabei ist k die Zahl der von Null verschiedenen Spalten. Wir erkennen, dass jede von Null verschiedene Spalte $\hat{a}_j$, $j = 1, \ldots, k$ in der Staffelungsform einen Koeffizienten besitzt, der gleich 1 ist und dass alle Matrixelemente rechts davon und oberhalb davon gleich Null sind. Weiterhin treten die Einsen in Stufen auf, die nach rechts auf bzw. unterhalb der Diagonalen liegen. Die von Null verschiedenen Spalten $\{\hat{a}_1, \ldots, \hat{a}_k\}$ sind linear unabhängig. Prüfen wir nämlich

$$\sum_{j=1}^{k} \hat{x}_j \hat{a}_j = 0,$$

so erhalten wir nach und nach $\hat{x}_1 = 0$, $\hat{x}_2 = 0$, $\ldots$, $\hat{x}_k = 0$ und folglich bildet $\{\hat{a}_1, \ldots, \hat{a}_k\}$ eine Basis für $S(a_1, \ldots, a_n)$ und die Dimension von $S(a_1, \ldots, a_n)$ ist gleich k. Treten Spalten mit Nullen in der Staffelungsform auf, dann ist die ursprüngliche Menge $\{a_1, \ldots, a_n\}$ linear abhängig.

Wir halten fest, dass aus der Konstruktion deutlich wird, dass Spalten mit Nullen auftreten müssen, falls $n > m$, was uns verdeutlicht, dass eine Menge von n Vektoren in $\mathbb{R}^m$ linear abhängig ist, falls $n > m$. Es ist ebenso offensichtlich, dass für $n < m$ die Menge $\{a_1, \ldots, a_n\}$ nicht den $\mathbb{R}^m$ aufspannen kann, da es für $k < m$ Vektoren $b \in \mathbb{R}^m$ gibt, die nicht als Linearkombination von $\{\hat{a}_1, \ldots, \hat{a}_k\}$ ausgedrückt werden können. Dies wollen wir jetzt zeigen. Sei

$$b = \sum_{j=1}^{k} \hat{x}_j \hat{a}_j,$$

dann werden die Koeffizienten $\hat{x}_1, \ldots, \hat{x}_k$ durch die Koeffizienten $b_1, \ldots, b_k$ von b bestimmt, die in den Zeilen mit den Koeffizienten 1 auftreten. Liegen beispielsweise die Einsen auf der Diagonalen, so berechnen wir zunächst $\hat{x}_1 = b_1$, dann $\hat{x}_2 = b_1 - \hat{a}_{21}\hat{x}_1$ etc., und folglich können die verbleibenden Koeffizienten $b_{k+1}, \ldots, b_m$ von b nicht beliebig ausfallen.

42.11 Bestimmung von $B(A)$ durch Spaltenstaffelung

Die Reduktion durch Spaltenstaffelung erlaubt es, eine Basis für $B(A)$ für eine gegebene $m \times n$-Matrix A mit Spaltenvektoren $a_1, \ldots, a_n$ zu konstruieren, da

$$Ax = \sum_{j=1}^{n} x_j a_j.$$

Somit ist $B(A) = S(a_1, \ldots, a_n)$, was nichts anders bedeutet, als dass $B(A) = \{Ax : x \in \mathbb{R}^n\}$ dem Vektorraum $S(a_1, \ldots, a_n)$ aller Linearkombinationen der Menge von Spaltenvektoren $\{a_1, \ldots, a_n\}$ entspricht. Wenn wir nun

$$A = \begin{pmatrix} a_{11} & a_{12} & .. & a_{1n} \\ . & . & .. & . \\ . & . & .. & . \\ a_{m1} & a_{m2} & .. & a_{mn} \end{pmatrix}, \qquad \hat{A} = \begin{pmatrix} 1 & 0 & 0 & .. & 0 & .. & 0 \\ \hat{a}_{21} & 1 & 0 & .. & 0 & .. & 0 \\ . & . & . & 0 & 0 & .. & 0 \\ . & . & .. & 1 & 0 & .. & 0 \\ . & . & .. & . & . & .. & . \\ \hat{a}_{m1} & \hat{a}_{m2} & .. & \hat{a}_{mk} & 0 & .. & 0 \end{pmatrix}$$

schreiben, wobei $\hat{A}$ aus A durch Reduktion durch Spaltenstaffelung erhalten wird, so gilt

$$B(A) = B(\hat{A}) = S(\hat{a}_1, \ldots, \hat{a}_k)$$

und somit bildet $\{\hat{a}_1, \ldots, \hat{a}_k\}$ eine Basis für $B(A)$. Insbesondere können wir mit Hilfe der Spaltenstaffelung sehr einfach überprüfen, ob ein gegebener Vektor $b \in \mathbb{R}^m$ in $B(A)$ enthalten ist. Die Reduktion durch Spaltenstaffelung erlaubt es somit, die Frage nach $B(A)$ für eine gegebene Matrix A zu beantworten. Nicht schlecht. Für den Fall $m = n$ erhalten wir beispielsweise dann und nur dann $B(A) = \mathbb{R}^m$, wenn $k = n = m$. In diesem Fall besitzt das Spaltenstaffelungsresultat in jedem Diagonalelement eine 1.

Wir wollen ein Beispiel für die Matrixfolge geben, wie sie bei der Reduktion durch Spaltenstaffelung auftritt:

Beispiel 42.4. Wir erhalten

$$A = \begin{pmatrix} 1 & 1 & 1 & 1 & 1 \\ 1 & 2 & 3 & 4 & 7 \\ 1 & 3 & 4 & 5 & 8 \\ 1 & 4 & 5 & 6 & 9 \end{pmatrix} \rightarrow \begin{pmatrix} 1 & 0 & 0 & 0 & 0 \\ 1 & 1 & 2 & 3 & 6 \\ 1 & 2 & 3 & 4 & 7 \\ 1 & 3 & 4 & 5 & 8 \end{pmatrix}$$

$$\rightarrow \begin{pmatrix} 1 & 0 & 0 & 0 & 0 \\ 1 & 1 & 0 & 0 & 0 \\ 1 & 2 & -1 & -2 & -5 \\ 1 & 3 & -2 & -4 & -10 \end{pmatrix} \rightarrow \begin{pmatrix} 1 & 0 & 0 & 0 & 0 \\ 1 & 1 & 0 & 0 & 0 \\ 1 & 2 & 1 & -2 & -5 \\ 1 & 3 & 2 & -4 & -10 \end{pmatrix}$$

$$\rightarrow \begin{pmatrix} 1 & 0 & 0 & 0 & 0 \\ 1 & 1 & 0 & 0 & 0 \\ 1 & 2 & 1 & 0 & 0 \\ 1 & 3 & 2 & 0 & 0 \end{pmatrix} = \hat{A}.$$

Wir folgern daraus, dass $B(A)$ durch die 3 von Null verschiedenen Spalten von $\hat{A}$ aufgespannt wird und dass insbesondere die Dimension von $B(A)$ gleich 3 ist. In diesem Beispiel ist A eine 4×5-Matrix und $B(A)$ spannt $\mathbb{R}^4$ nicht auf. Dies wird bei der Lösung des Gleichungssystems

$$\ddot{A}\hat{x} = \begin{pmatrix} 1 & 0 & 0 & 0 & 0 \\ 1 & 1 & 0 & 0 & 0 \\ 1 & 2 & 1 & 0 & 0 \\ 1 & 3 & 2 & 0 & 0 \end{pmatrix} \begin{pmatrix} \hat{x}_1 \\ \hat{x}_2 \\ \hat{x}_3 \\ \hat{x}_4 \\ \hat{x}_5 \end{pmatrix} = \begin{pmatrix} b_1 \\ b_2 \\ b_3 \\ b_4 \end{pmatrix}$$

deutlich. So liefern die ersten drei Gleichungen eindeutig $\hat{x}_1$, $\hat{x}_2$ und $\hat{x}_3$. Um die vierte Gleichung zu erfüllen, muss $b_4 = \hat{x}_1 + 3\hat{x}_2 + 2\hat{x}_3$ gelten, so dass wir b_4 also nicht frei wählen können.

42.12 Bestimmung von $N(A)$ durch Zeilenstaffelung

Wir wollen nun das andere wichtige Problem angehen und $N(A)$ bestimmen, indem wir *Reduktion durch Zeilenstaffelung* benutzen, die analog zur Reduktion durch Spaltenstaffelung funktioniert, nur dass wir nun mit den Zeilen anstatt mit den Spalten arbeiten. Wir betrachten dazu eine $m \times n$-Matrix

$$A = \begin{pmatrix} a_{11} & a_{12} & .. & a_{1n} \\ . & . & .. & . \\ . & . & .. & . \\ a_{m1} & a_{m2} & .. & a_{mn} \end{pmatrix},$$

und führen dazu (i) Multiplikation einer Zeile mit einer reellen Zahl und (ii) Multiplikation einer Zeile mit einer reellen Zahl und ihre Subtraktion von einer anderen Zeile aus. Dadurch erhalten wir die *Reduktion durch Zeilenstaffelung* von A (möglicherweise bedarf es noch einer Umnummerierung von Zeilen):

$$\hat{A} = \begin{pmatrix} 1 & \hat{a}_{12} & . & . & .. & . & \hat{a}_{1n} \\ 0 & 1 & . & .. & . & .. & \hat{a}_{2n} \\ . & . & . & . & . & .. & . \\ 0 & 0 & .. & 1 & . & .. & \hat{a}_{kn} \\ 0 & 0 & .. & 0 & 0 & .. & 0 \\ . & . & .. & . & . & .. & . \\ 0 & 0 & .. & 0 & 0 & .. & 0 \end{pmatrix}$$

Jede von Null verschiedene Zeile der Zeilenstaffelungsform von $\hat{A}$ besitzt eine 1 als Element und alle Elemente links davon und unterhalb davon sind Nullen. Die Einsen liegen stufenartig auf bzw. oberhalb der Diagonalen und beginnen links oben.

Beachten Sie, dass der Nullraum $N(A) = \{x : Ax = 0\}$ durch die Zeilenoperationen nicht verändert wird, da wir die Zeilenoperationen im Gleichungssystem $Ax = 0$

$$\begin{aligned} a_{11}x_1 + a_{12}x_2 + \ldots + a_{1n}x_n &= 0, \\ a_{21}x_1 + a_{22}x_2 + \ldots + a_{2n}x_n &= 0, \\ &\ldots\ldots \\ a_{m1}x_1 + a_{m2}x_2 + \ldots + a_{mn}x_n &= 0, \end{aligned}$$

ausführen können, d.h. wir können das System $\hat{A}x = 0$ durch Zeilenstaffelung umformen, ohne den Vektor $x = (x_1, \ldots, x_n)$ zu verändern. Wir folgern daraus, dass

$$N(A) = N(\hat{A}),$$

so dass wir folglich $N(A)$ nach Reduktion durch Zeilenstaffelung von A direkt als $N(\hat{A})$ bestimmen können. Offensichtlich ist die Dimension von $N(A) = N(\hat{A})$ gleich $n - k$, wie wir an folgendem Beispiel verdeutlichen wollen. Für den Fall $n = m$ ist $N(A) = 0$ dann und nur dann, wenn $k = m = n$, d.h. wenn alle Diagonalelemente von $\hat{A}$ gleich 1 sind.

Wir geben ein Beispiel um die Abfolge der Matrizen zu zeigen, wie sie bei der Reduktion durch Zeilenstaffelung auftreten:

Beispiel 42.5. Wir erhalten

$$A = \begin{pmatrix} 1 & 1 & 1 & 1 & 1 \\ 1 & 2 & 3 & 4 & 7 \\ 1 & 3 & 4 & 5 & 8 \\ 1 & 4 & 5 & 6 & 9 \end{pmatrix} \to \begin{pmatrix} 1 & 1 & 1 & 1 & 1 \\ 0 & 1 & 2 & 3 & 6 \\ 0 & 2 & 3 & 4 & 7 \\ 0 & 3 & 4 & 5 & 8 \end{pmatrix} \to$$

$$\begin{pmatrix} 1 & 1 & 1 & 1 & 1 \\ 0 & 1 & 2 & 3 & 6 \\ 0 & 0 & -1 & -2 & -5 \\ 0 & 0 & -2 & -4 & -10 \end{pmatrix} \to \begin{pmatrix} 1 & 1 & 1 & 1 & 1 \\ 0 & 1 & 2 & 3 & 6 \\ 0 & 0 & 1 & 2 & 5 \\ 0 & 0 & 0 & 0 & 0 \end{pmatrix} = \hat{A}.$$

Wir bestimmen nun $N(A)$ aus $N(\hat{A}) = N(A)$, indem wir die Lösungen $x = (x_1, \ldots, x_5)$ des Gleichungssystems $\hat{A}x = 0$ bestimmen, d.h.

$$\begin{pmatrix} 1 & 1 & 1 & 1 & 1 \\ 0 & 1 & 2 & 3 & 6 \\ 0 & 0 & 1 & 2 & 5 \\ 0 & 0 & 0 & 0 & 0 \end{pmatrix} \begin{pmatrix} x_1 \\ x_2 \\ x_3 \\ x_4 \\ x_5 \end{pmatrix} = \begin{pmatrix} 0 \\ 0 \\ 0 \\ 0 \end{pmatrix}.$$

Wir erkennen, dass wir x_4 und x_5 frei wählen können, um dann nach x_3, x_2 und x_1 aufzulösen und Lösungen der Form

$$x = \lambda_1 \begin{pmatrix} 0 \\ 1 \\ -2 \\ 1 \\ 0 \end{pmatrix} + \lambda_2 \begin{pmatrix} 0 \\ 4 \\ -5 \\ 0 \\ 1 \end{pmatrix}$$

erhalten, wobei λ_1 und λ_2 beliebige reelle Zahlen sein können. Dadurch haben wir eine Basis für $N(A)$ bestimmt und wir erkennen insbesondere, dass die Dimension von $N(A)$ gleich 2 ist. Wir erinnern daran, dass die Dimension von $B(A)$ gleich 3 ist und halten fest, dass die Summe der Dimensionen von $B(A)$ und $N(A)$ genau gleich 5 ist, was der Anzahl der Spalten von A entspricht. Dies trifft im Allgemeinen zu, wie wir im Fundamentalsatz unten beweisen werden.

42.13 Das Gausssche Eliminationsverfahren

Das *Gausssche Eliminationsverfahren* zur Lösung von Gleichungssystemen

$$\begin{pmatrix} a_{11} & a_{12} & .. & a_{1n} \\ . & . & .. & . \\ . & . & .. & . \\ a_{m1} & a_{m2} & .. & a_{mn} \end{pmatrix} \begin{pmatrix} x_1 \\ . \\ . \\ x_n \end{pmatrix} = \begin{pmatrix} b_1 \\ . \\ . \\ b_m \end{pmatrix}$$

hängt eng mit der Reduktion durch Zeilenstaffelung zusammen. Mit Hilfe von Umformungen von Zeilen können wir das Ausgangssystem in die Gestalt

$$\hat{A} = \begin{pmatrix} 1 & \hat{a}_{12} & . & . & .. & . & \hat{a}_{1n} \\ 0 & 1 & . & .. & . & .. & \hat{a}_{2n} \\ . & . & . & . & . & .. & . \\ 0 & 0 & .. & 1 & . & .. & \hat{a}_{kn} \\ 0 & 0 & .. & 0 & 0 & .. & 0 \\ . & . & .. & . & . & .. & . \\ 0 & 0 & .. & 0 & 0 & .. & 0 \end{pmatrix} \begin{pmatrix} x_1 \\ . \\ . \\ x_n \end{pmatrix} = \begin{pmatrix} \hat{b}_1 \\ . \\ . \\ \hat{b}_m \end{pmatrix}$$

umformen, das denselben Lösungsvektor x besitzt. Wir können dabei davon ausgehen, gegebenenfalls durch Umnumerierung der Komponenten von x, dass die Einsen auf der Diagonale stehen. Wir erkennen, dass die Lösbarkeit des Systems davon abhängt, ob die $\hat{b}_j = 0$ für $j = k+1, \ldots, m$ und dass, wie oben ausgeführt, die Nicht-Eindeutigkeit mit $N(A)$ zusammenhängt. Für den Fall $m = n$ erhalten wir dann und nur dann $N(A) = 0$, wenn $k = m = n$, was gleichbedeutend damit ist, dass alle Diagonalelemente von $\hat{A}$ gleich 1 sind. Dann ist das System $\hat{A}x = \hat{b}$ eindeutig lösbar für alle $\hat{b} \in \mathbb{R}^m$ und somit ist $Ax = b$ für alle $b \in \mathbb{R}^m$ eindeutig lösbar. Wir folgern daraus, dass für $m = n$ die Eindeutigkeit die Existenz der Lösung impliziert. Wir können daher sagen, dass durch das Gausssche Eliminationsverfahren oder durch Reduktion durch Zeilenstaffelung unsere Hauptprobleme der Existenz und der Eindeutigkeit von Lösungen von Systemen $Ax = b$ gelöst werden. Wir werden diese Erkenntnisse im Fundamentalsatz der linearen Algebra noch mit weiteren Informationen anreichern. Für weitergehende Informationen zum Gaussschen Eliminationsverfahren verweisen wir auf das Kapitel „Die Lösung linearer Gleichungssysteme“.

42.14 Eine Basis für $\mathbb{R}^n$ enthält n Vektoren

Wir wollen nun beweisen, dass $m = n$ für eine Basis $\{a_1, \ldots, a_m\}$ für den $\mathbb{R}^n$ gilt, d.h., dass jede Basis für den $\mathbb{R}^n$ genau n Elemente besitzt; nicht mehr und nicht weniger. Wir haben diese Tatsache bereits aus der Reduktion durch Spaltenstaffelung gefolgert, aber wir wollen hier einen von „Koordinaten unabhängigen“ Beweis geben, der auch für allgemeinere Situationen anwendbar ist.

Wir wiederholen, dass eine Menge $\{a_1, \ldots, a_m\}$ von Vektoren in $\mathbb{R}^n$ eine *Basis* für $\mathbb{R}^n$ ist, wenn die folgenden zwei Bedingungen erfüllt sind:

- $\{a_1, \ldots, a_m\}$ ist linear unabhängig,
- jeder Vektor $x \in \mathbb{R}^n$ kann als Linearkombination $x = \sum_{j=1}^m \lambda_j a_j$ von $\{a_1, \ldots, a_m\}$ mit den Koeffizienten λ_j ausgedrückt werden.

Natürlich ist $\{e_1, \ldots, e_n\}$ in diesem Sinne eine Basis des $\mathbb{R}^n$.

Um zu beweisen dass $m = n$ gelten muss, betrachten wir die Menge $\{e_1, a_1, a_2, \ldots, a_m\}$. Da $\{a_1, \ldots, a_m\}$ eine Basis des $\mathbb{R}^n$ ist, d.h. $\mathbb{R}^n$ aufspannt, kann der Vektor e_1 als Linearkombination von $\{a_1, \ldots, a_m\}$ ausgedrückt werden:

$$e_1 = \sum_{j=1}^{m} \lambda_j a_j,$$

mit geeigneten $\lambda_j \neq 0$. Angenommen $\lambda_1 \neq 0$. Dann erhalten wir durch Division mit λ_1, dass a_1 als Linearkombination von $\{e_1, a_2, \ldots, a_m\}$ ausgedrückt werden kann. Das bedeutet aber, dass $\{e_1, a_2, \ldots, a_m\}$ den $\mathbb{R}^n$

aufspannt. Nun betrachten wir die Menge $\{e_1, e_2, a_2, \ldots, a_m\}$. Der Vektor e_2 lässt sich als Linearkombination von $\{e_1, a_2, \ldots, a_m\}$ formulieren und einige der Koeffizienten der a_j müssen dabei ungleich Null sein, da $\{e_1, e_2\}$ linear unabhängig ist. Angenommen, der Koeffizient von a_2 sei ungleich Null, so können wir a_2 entfernen und erhalten, dass $\mathbb{R}^n$ durch $\{e_1, e_2, a_3, \ldots, a_m\}$ aufgespannt wird. Wenn wir auf diese Weise fortfahren, so erhalten wir die Menge $\{e_1, e_2, \ldots, e_n, a_{n+1}, \ldots, a_m\}$ falls $m > n$ und die Menge $\{e_1, e_2, \ldots, e_n\}$ für $m = n$, die beide $\mathbb{R}^n$ aufspannen. Wir folgern daraus, dass $m \geq n$, da wir beispielsweise für $m = n - 1$ zur Menge $\{e_1, e_2, \ldots, e_{n-1}\}$ gelangen würden, die $\mathbb{R}^n$ nicht aufspannt, was zum Widerspruch führt.

Wenn wir die Argumentation wiederholen und dabei die Rolle der Basis $\{e_1, e_2, \ldots, e_n\}$ und $\{a_1, a_2, \ldots, a_m\}$ vertauschen, kommen wir zur umgekehrten Ungleichung $n \geq m$ und somit zu $n = m$. Natürlich besitzt $\mathbb{R}^n$ rein intuitiv n unabhängige Richtungen und somit besitzt eine Basis von $\mathbb{R}^n$ n Elemente, nicht mehr und nicht weniger.

Wir wollen noch festhalten, dass durch Hinzufügen geeigneter Elemente $a_{m+1}, \ldots, a_n$ eine linear unabhängige Menge $\{a_1, a_2, \ldots, a_m\}$ in $\mathbb{R}^n$ zu einer Basis $\{a_1, \ldots, a_m, a_{m+1}, \ldots, a_n\}$ erweitert werden kann. Die Erweiterung beginnt mit dem Hinzufügen eines Vektors a_{m+1}, der sich nicht als Linearkombination der Menge $\{a_1, \ldots, a_m\}$ ausdrücken lässt. Dann ist die entstehende Menge $\{a_1, \ldots, a_m, a_{m+1}\}$ linear unabhängig und, falls $m + 1 < n$, kann dieser Prozess fortgesetzt werden.

Wir fassen dies, wie folgt, zusammen:

Satz 42.1 *Jede Basis des $\mathbb{R}^n$ besitzt n Elemente. Ferner wird $\mathbb{R}^n$ dann und nur dann durch eine Menge von n Vektoren in $\mathbb{R}^n$ aufgespannt, wenn sie linear unabhängig ist, d.h., eine Menge von n Vektoren in $\mathbb{R}^n$, die $\mathbb{R}^n$ aufspannt oder linear unabhängig ist, muss eine Basis sein. Ebenso kann eine Menge mit weniger als n Vektoren in $\mathbb{R}^n$ nicht den $\mathbb{R}^n$ aufspannen und eine Menge von mehr als n Vektoren in $\mathbb{R}^n$ muss linear abhängig sein.*

Die Argumente, die für den Beweis dieses Satzes benutzt wurden, können auch benutzt werden, um zu beweisen, dass die Dimension eines Vektorraums S wohl-definiert ist, in dem Sinne, dass zwei Basen jeweils die gleiche Zahl von Elementen besitzen.

42.15 Koordinaten in verschiedenen Basen

Es gibt für den $\mathbb{R}^n$ viele verschiedene Basen, falls $n > 1$, und die Koordinaten eines Vektors hinsichtlich einer Basis sind von den Koordinaten hinsichtlich einer anderen Basis verschieden.

Angenommen $\{a_1, \ldots, a_n\}$ sei eine Basis für den $\mathbb{R}^n$. Wir wollen nach einem Zusammenhang zwischen den Koordinaten ein und desselben Vektors in der Einheitsbasis $\{e_1, \ldots, e_n\}$ und der Basis $\{a_1, \ldots, a_n\}$ suchen. Seien die Koordinaten der Basisvektoren a_j in der Einheitsbasis $\{e_1, \ldots, e_n\}$ durch $a_j = (a_{1j}, \ldots a_{nj})$ für $j = 1, \ldots, n$ gegeben, d.h.

$$a_j = \sum_{i=1}^{n} a_{ij} e_i.$$

Wenn wir die Koordinaten eines Vektors x bezüglich $\{e_1, \ldots, e_n\}$ durch x_j bezeichnen und die Koordinaten bezüglich $\{a_1, \ldots, a_n\}$ durch $\hat{x}_j$, so erhalten wir

$$x = \sum_{j=1}^{n} \hat{x}_j a_j = \sum_{j=1}^{n} \hat{x}_j \sum_{i=1}^{n} a_{ij} e_i = \sum_{i=1}^{n} \left(\sum_{j=1}^{n} a_{ij} \hat{x}_j \right) e_i. \tag{42.22}$$

Da außerdem $x = \sum_{i=1}^{n} x_i e_i$ und die Koeffizienten x_i von x eindeutig definiert sind, gilt

$$x_i = \sum_{j=1}^{n} a_{ij} \hat{x}_j \quad \text{für } i = 1, \ldots n. \tag{42.23}$$

Durch diese Beziehung wird die Verbindung zwischen den Koordinaten $\hat{x}_j$ bezüglich der Basis $\{a_1, \ldots, a_n\}$ und den Koordinaten x_i bezüglich der Einheitsbasis $\{e_1, \ldots, e_n\}$ mit Hilfe der Koordinaten a_{ij} der Basisvektoren a_j bezüglich $\{e_1, \ldots, e_n\}$ ausgedrückt. Dies ist ein wichtiger Zusammenhang, der in der Fortsetzung eine wichtige Rolle spielen wird.

Mit Hilfe des Skalarprodukts können wir die Koordinaten a_{ij} des Basisvektors a_j als $a_{ij} = (e_i, a_j)$ formulieren. Um die Beziehung (42.23) zwischen den Koordinaten $\hat{x}_j$ bezüglich der Basis $\{a_1, \ldots, a_n\}$ und den Koordinaten x_i bezüglich der Einheitsbasis $\{e_1, \ldots, e_n\}$ aufzustellen, können wir auch von der Gleichung $\sum_{j=1}^{n} x_j e_j = x = \sum_{j=1}^{n} \hat{x}_j a_j$ ausgehen und für beide das Skalarprodukt mit e_i bilden. Wir erhalten so

$$x_i = \sum_{j=1}^{n} \hat{x}_j (e_i, a_j) = \sum_{j=1}^{n} a_{ij} \hat{x}_j, \tag{42.24}$$

mit $a_{ij} = (e_i, a_j)$.

Beispiel 42.6. Die Menge $\{a_1, a_2, a_3\}$ mit $a_1 = (1, 0, 0)$, $a_2 = (1, 1, 0)$, $a_3 = (1, 1, 1)$ bezüglich der Einheitsbasis bilden eine Basis für den $\mathbb{R}^3$, da die Menge $\{a_1, a_2, a_3\}$ linear unabhängig ist. Dies erkennt man daran, dass aus $\lambda_1 a_1 + \lambda_2 a_2 + \lambda_3 a_3 = 0$ folgt, dass $\lambda_3 = 0$ und somit auch $\lambda_2 = 0$ und folglich $\lambda_1 = 0$. Sind (x_1, x_2, x_3) die Koordinaten bezüglich der Einheitsbasis und $(\hat{x}_1, \hat{x}_2, \hat{x}_3)$ die Koordinaten bezüglich $\{a_1, a_2, a_3\}$ für einen Vektor, dann lautet die Verbindung zwischen den Koordinaten $(x_1, x_2, x_3) = \hat{x}_1 a_1 + \hat{x}_2 a_2 + \hat{x}_3 a_3 = (\hat{x}_1 + \hat{x}_2 + \hat{x}_3, \hat{x}_2 + \hat{x}_3, \hat{x}_3)$. Das Auflösen nach $\hat{x}_j$ mit Hilfe der x_i liefert $(\hat{x}_1, \hat{x}_2, \hat{x}_3) = (x_1 - x_2, x_2 - x_3, x_3)$.

42.16 Lineare Funktionen $f : \mathbb{R}^n \to \mathbb{R}$

Ein *lineare Funktion* $f : \mathbb{R}^n \to \mathbb{R}$ erfüllt

$$f(x+y) = f(x) + f(y),\ f(\alpha x) = \alpha f(x) \quad \text{für alle } x, y \in \mathbb{R}^n,\ \alpha \in \mathbb{R}.$$

Wir bezeichnen $f(x)$ als *skalare lineare Funktion*, da $f(x) \in \mathbb{R}$. Wenn wir $x = x_1e_1 + \ldots + x_ne_n$ bezüglich der Einheitsbasis $\{e_1, \ldots, e_n\}$ ausdrücken und die Linearität von $f(x)$ ausnutzen, erhalten wir:

$$f(x) = x_1 f(e_1) + \ldots + x_n f(e_n) \tag{42.25}$$

und somit besitzt $f(x)$ die Form

$$f(x) = f(x_1, \ldots, x_n) = a_1x_1 + a_2x_2 + \ldots + a_nx_n, \tag{42.26}$$

wobei die $a_j = f(e_j)$ reelle Zahlen sind. Wir können $f(x)$ auch als

$$f(x) = (a, x) = a \cdot x \tag{42.27}$$

schreiben, mit $a = (a_1, \ldots, a_n) \in \mathbb{R}^n$, d.h. $f(x)$ kann als Skalarprodukt von x mit dem Vektor $a \in \mathbb{R}^n$ aufgefasst werden, wobei die Komponenten a_j sich aus $a_j = f(e_j)$ ergeben.

Die Menge skalarer linearer Funktionen ist die Mutter aller anderen Funktionen. Wir verallgemeinern nun zu Systemen skalarer Funktionen. Lineare Algebra ist das Studium von Systemen linearer Funktionen.

Beispiel 42.7. Mit $f(x) = 2x_1 + 3x_2 - 7x_3$ definieren wir eine lineare Funktion $f : \mathbb{R}^3 \to \mathbb{R}$ mit Koeffizienten $f(e_1) = a_1 = 2$, $f(e_2) = a_2 = 3$ und $f(e_3) = a_3 = -7$.

42.17 Lineare Abbildungen: $f : \mathbb{R}^n \to \mathbb{R}^m$

Eine Funktion $f : \mathbb{R}^n \to \mathbb{R}^m$ heißt *linear*, falls

$$f(x+y) = f(x) + f(y),\ f(\alpha x) = \alpha f(x) \quad \text{für alle } x, y \in \mathbb{R}^n,\ \alpha \in \mathbb{R}. \tag{42.28}$$

Wir nennen eine lineare Funktion $f : \mathbb{R}^n \to \mathbb{R}^m$ auch *lineare Abbildung* von $\mathbb{R}^n$ nach $\mathbb{R}^m$.

Das Bild $f(x)$ von $x \in \mathbb{R}^n$ ist ein Vektor in $\mathbb{R}^m$ mit Komponenten, die wir als $f_i(x)$, $i = 1, 2, \ldots, m$ bezeichnen, so dass $f(x) = (f_1(x), \ldots, f_m(x))$. Jede *Koordinatenfunktion* $f_i(x)$ ist eine lineare skalare Funktion $f_i : \mathbb{R}^n \to \mathbb{R}$, falls $f : \mathbb{R}^n \to \mathbb{R}^m$ linear ist. Somit können wir eine lineare Abbildung $f : \mathbb{R}^n \to \mathbb{R}^m$ darstellen als:

$$\begin{aligned} f_1(x) &= a_{11}x_1 + a_{12}x_2 + \ldots + a_{1n}x_n \\ f_2(x) &= a_{21}x_1 + a_{22}x_2 + \ldots + a_{2n}x_n \\ \ldots\ldots & \\ f_m(x) &= a_{m1}x_1 + a_{m2}x_2 + \ldots + a_{mn}x_n \end{aligned} \tag{42.29}$$

mit Koeffizienten $a_{ij} = f_i(e_j) = (e_i, f(e_j)) \in \mathbb{R}$.

Wir können (42.29) auch in kompakter Form schreiben:

$$f_i(x) = \sum_{j=1}^{n} a_{ij} x_j \quad \text{für } i = 1, \ldots, m. \tag{42.30}$$

Beispiel 42.8. $f(x) = (2x_1 + 3x_2 - 7x_3, x_1 + x_3)$ definiert eine lineare Funktion $f : \mathbb{R}^3 \to \mathbb{R}^2$ mit Koeffizienten $f_1(e_1) = a_{11} = 2$, $f_1(e_2) = a_{12} = 3$ und $f_1(e_3) = a_{13} = -7$, $f_2(e_1)a_{21} = 1$, $f_2(e_2)a_{22} = 0$ und $f_2(e_3) = a_{23} = 1$.

42.18 Matrizen

Nun kehren wir zur Schreibweise einer *Matrix* zurück und entwickeln Matrixberechnungen. Dabei ist die Verbindung zu linearen Abbildungen sehr wichtig. Wir definieren die $m \times n$-*Matrix* $A = (a_{ij})$ als rechteckiges Feld

$$\begin{pmatrix} a_{11} & a_{12} & .. & a_{1n} \\ . & . & .. & . \\ . & . & .. & . \\ a_{m1} & a_{m2} & .. & a_{mn} \end{pmatrix} \tag{42.31}$$

mit Zeilen $(a_{i1}, \ldots, a_{in})$, $i = 1, \ldots, m$ und Spalten $(a_{1j}, \ldots, a_{mj})$, $j = 1, \ldots, n$, mit $a_{ij} \in \mathbb{R}$.

Wir können jede Zeile $(a_{i1}, \ldots, a_{in})$ als n-Zeilenvektor oder als eine $1 \times n$-Matrix betrachten und jede Spalte $(a_{1j}, \ldots, a_{mj})$ als m-Spaltenvektor oder als $m \times 1$-Matrix. Daher können wir die $m \times n$-Matrix $A = (a_{ij})$ mit den Elementen a_{ij} so auffassen, als bestünde sie aus m Zeilenvektoren $(a_{i1}, \ldots, a_{in})$, $i = 1, \ldots, m$ oder n Spaltenvektoren $(a_{1j}, \ldots, a_{mj})$, $j = 1, \ldots, n$.

42.19 Matrixberechnungen

Seien $A = (a_{ij})$ und $B = (b_{ij})$ zwei $m \times n$-Matrizen. Wir definieren $C = A + B$ als die $m \times n$-Matrix $C = (c_{ij})$ mit den Elementen

$$c_{ij} = a_{ij} + b_{ij}, \quad i = 1, \ldots, n, \ j = 1, \ldots, m. \tag{42.32}$$

Wir können daher zwei $m \times n$-Matrizen addieren, indem wir die entsprechenden Elemente addieren.

Ähnlich definieren wir für eine reelle Zahl λ die Matrix λA mit den Elementen (λa_{ij}), entsprechend der Multiplikation aller Elemente von A mit der reellen Zahl λ.

Wir definieren nun die Multiplikation von Matrizen und wir beginnen mit der Definition des Produkts Ax einer $m \times n$-Matrix $A = (a_{ij})$ mit einem $n \times 1$-Spaltenvektor $x = (x_j)$, das den $m \times 1$-Spaltenvektor $y = Ax$ mit den Elementen $y_i = (Ax)_i$ ergibt, für die gilt:

$$(Ax)_i = \sum_{j=1}^{n} a_{ij} x_j, \tag{42.33}$$

bzw. in Matrixschreibweise

$$\begin{pmatrix} y_1 \\ y_2 \\ \dots \\ y_m \end{pmatrix} = \begin{pmatrix} a_{11} & a_{12} & \dots & a_{1n} \\ a_{21} & a_{22} & \dots & a_{2n} \\ \dots & & & \\ a_{m1} & a_{m2} & \dots & a_{mn} \end{pmatrix} \begin{pmatrix} x_1 \\ x_2 \\ \dots \\ x_n \end{pmatrix}.$$

Wir erhalten also das Element $y_i = (Ax)_i$ des Produkts von Matrix mit Vektor Ax, indem wir das Skalarprodukt der i. Zeile von A mit dem Vektor x bilden, wie es in (42.33) formuliert ist.

Wir können nun eine lineare Abbildung $f : \mathbb{R}^n \to \mathbb{R}^m$ als Produkt von Matrix mit Vektor formulieren:

$$f(x) = Ax,$$

wobei $A = (a_{ij})$ eine $m \times n$-Matrix mit den Elementen $a_{ij} = f_i(e_j) = (e_i, f(e_j))$ ist und $f(x) = (f_1(x), \dots, f_m(x))$. Dies entspricht (42.30).

Wir fahren nun mit der Definition des Produkts einer $m \times p$-Matrix $A = (a_{ij})$ mit einer $p \times n$-Matrix $B = (b_{ij})$ fort. Dazu verknüpfen wir das Matrizenprodukt mit der zusammengesetzten Funktion $f \circ g : \mathbb{R}^n \to \mathbb{R}^m$, die definiert ist durch

$$f \circ g(x) = f(g(x)) = f(Bx) = A(Bx), \tag{42.34}$$

wobei $f : \mathbb{R}^p \to \mathbb{R}^m$ die lineare Abbildung $f(y) = Ay$ ist, mit $A = (a_{ij})$ und $a_{ik} = f_i(e_k)$. $g : \mathbb{R}^n \to \mathbb{R}^p$ ist die lineare Abbildung $g(x) = Bx$, mit $B = (b_{kj})$ und $b_{kj} = g_k(e_j)$. Hierbei steht e_k für die Einheitsbasisvektoren e_k in $\mathbb{R}^p$ und e_j für die entsprechenden Basisvektoren in $\mathbb{R}^n$. Offensichtlich ist $f \circ g : \mathbb{R}^n \to \mathbb{R}^m$ linear und kann daher durch eine $m \times n$-Matrix dargestellt werden. Sind $(f \circ g)_i(x)$ die Komponenten von $(f \circ g)(x)$, so gilt:

$$(f \circ g)_i(e_j) = f_i(g(e_j)) = f_i\left(\sum_{k=1}^{p} b_{kj} e_k\right) = \sum_{k=1}^{p} b_{kj} f_i(e_k) = \sum_{k=1}^{p} a_{ik} b_{kj},$$

woraus wir erkennen, dass $f \circ g(x) = Cx$, mit der $m \times n$-Matrix $C = (c_{ij})$ mit den Elementen:

$$c_{ij} = \sum_{k=1}^{p} a_{ik} b_{kj}, \quad i = 1, \dots, m, \; j = 1, \dots, n. \tag{42.35}$$

Wir folgern daraus, dass $A(Bx) = Cx$, so dass wir also das Matrizenprodukt $AB = C$ durch (42.35) definieren können, mit der $m \times p$-Matrix A und der $p \times n$-Matrix B, deren Produkt AB eine $m \times n$-Matrix ist. Wir können dann auch

$$A(Bx) = ABx$$

schreiben, in Anlehnung an $f(g(x)) = f \circ g(x)$.

Die $m \times n$ Gestalt des Produkts AB erhalten wir rein formal dadurch, dass wir das p in der $m \times p$ Form von A und der $p \times n$ Form von B streichen. Wir erkennen, dass die Formel (42.35) auch folgendermaßen formuliert werden kann: Das Element c_{ij} in Zeile i und Spalte j von AB wird dadurch erhalten, dass wir das Skalarprodukt der Zeile i von A mit der j. Spalte von B bilden.

Wir können die Formel für die Matrizenmultiplikation folgendermaßen schreiben:

$$(AB)_{ij} = \sum_{k=1}^{p} a_{ik} b_{kj}, \quad \text{für } i = 1, \ldots, n, j = 1, \ldots, m \tag{42.36}$$

oder in Matrixschreibweise:

$$AB = \begin{pmatrix} a_{11} & a_{12} & \ldots & a_{1p} \\ a_{21} & a_{22} & \ldots & a_{2p} \\ \ldots & & & \\ a_{m1} & a_{m2} & \ldots & a_{mp} \end{pmatrix} \begin{pmatrix} b_{11} & b_{12} & \ldots & b_{1n} \\ b_{21} & b_{22} & \ldots & b_{2n} \\ \ldots & & & \\ b_{p1} & b_{p2} & \ldots & b_{pn} \end{pmatrix}$$

$$= \begin{pmatrix} \sum_{k=1}^{p} a_{1k} b_{k1} & \sum_{k=1}^{p} a_{1k} b_{k2} & \ldots & \sum_{k=1}^{p} a_{1k} b_{kn} \\ \sum_{k=1}^{p} a_{2k} b_{k1} & \sum_{k=1}^{p} a_{2k} b_{k2} & \ldots & \sum_{k=1}^{p} a_{2k} b_{kn} \\ \ldots & & & \\ \sum_{k=1}^{p} a_{mk} b_{k1} & \sum_{k=1}^{p} a_{mk} b_{k2} & \ldots & \sum_{k=1}^{p} a_{mk} b_{kn} \end{pmatrix}.$$

Die Matrizenmultiplikation ist im Allgemeinen nicht kommutativ, d.h. $AB \neq BA$. Insbesondere ist BA nur dann definiert, wenn $n = m$.

Als Sonderfall haben wir das Produkt Ax einer $m \times n$-Matrix A mit einer $n \times 1$-Matrix x wie in (42.33) betrachtet. Wir können daher das durch (42.33) definierte Produkt einer Matrix mit einem Vektor Ax als ein Sonderfall des Matrizenprodukts (42.35), mit der $n \times 1$-Matrix x als Spaltenvektor, betrachten. Der Vektor Ax wird dadurch erhalten, dass wir das Skalarprodukt der Zeilen von A mit dem Spaltenvektor x bilden.

Wir fassen dies im folgenden Satz zusammen:

Satz 42.2 *Eine lineare Abbildung* $f : \mathbb{R}^n \to \mathbb{R}^m$ *kann als*

$$f(x) = Ax \tag{42.37}$$

geschrieben werden, wobei $A = (a_{ij})$ *eine* $m \times n$*-Matrix mit den Elementen* $a_{ij} = f_i(e_j) = (e_i, f(e_j))$ *und* $f(x) = (f_1(x), \ldots, f_m(x))$ *ist. Sind* $g : \mathbb{R}^n \to \mathbb{R}^p$ *und* $f : \mathbb{R}^p \to \mathbb{R}^m$ *zwei lineare Abbildungen mit entsprechenden Matrizen* A *und* B*, so entspricht die Matrixdarstellung von* $f \circ g : \mathbb{R}^n \to \mathbb{R}^m$ *gerade* AB*.*

42.20 Die Transponierte einer linearen Abbildung

Sei $f : \mathbb{R}^n \to \mathbb{R}^m$ eine lineare Abbildung, die durch $f(x) = Ax$ definiert ist, mit der $m \times n$-Matrix $A = (a_{ij})$. Wir definieren nun eine andere lineare Abbildung $f^\top : \mathbb{R}^m \to \mathbb{R}^n$, die wir als *Transponierte* von f bezeichnen, durch die Beziehung:

$$(x, f^\top(y)) = (f(x), y) \quad \text{für alle } x \in \mathbb{R}^n,\ y \in \mathbb{R}^m. \tag{42.38}$$

Wenn wir ausnutzen, dass $f(x) = Ax$, so erhalten wir

$$(f(x), y) = (Ax, y) = \sum_{i=1}^{m} \sum_{j=1}^{n} a_{ij} x_j y_i. \tag{42.39}$$

Setzen wir $x = e_j$, so erkennen wir, dass

$$(f^\top(y))_j = \sum_{i=1}^{m} a_{ij} y_i \tag{42.40}$$

und somit, dass $f^\top(y) = A^\top y$, wobei $A^\top$ die $n \times m$-Matrix mit den Elementen $(a_{ji}^\top)$ ist, für die $a_{ji}^\top = a_{ij}$ gilt. Anders formuliert, so sind die Spalten von $A^\top$ die Zeilen von A und umgekehrt. Ist beispielsweise

$$A = \begin{pmatrix} 1 & 2 & 3 \\ 4 & 5 & 6 \end{pmatrix}, \quad \text{dann ist} \quad A^\top = \begin{pmatrix} 1 & 4 \\ 2 & 5 \\ 3 & 6 \end{pmatrix}.$$

Zusammengefasst gilt also:

Satz 42.3 *Sei $A = (a_{ij})$ eine $m \times n$-Matrix, dann ist die Transponierte $A^\top$ eine $n \times m$-Matrix mit den Elementen $a_{ji}^\top = a_{ij}$ und es gilt:*

$$(Ax, y) = (x, A^\top y) \quad \textit{für alle } x \in \mathbb{R}^n,\ y \in \mathbb{R}^m. \tag{42.41}$$

Eine $n \times n$-Matrix, für die $A^\top = A$ gilt, d.h. $a_{ij} = a_{ji}$ für $i, j = 1, \ldots n$, heißt *symmetrische* Matrix.

42.21 Matrixnormen

In vielen Situationen müssen wir die „Größe" einer $m \times n$-Matrix $A = (a_{ij})$ abschätzen, etwa um die „Länge" von $y = Ax$ in Abhängigkeit von der „Länge" von x zu schätzen. Dabei können wir beobachten, dass

$$\sum_{i=1}^{m} |y_i| \leq \sum_{i=1}^{m} \sum_{j=1}^{n} |a_{ij}||x_j| = \sum_{j=1}^{n} \sum_{i=1}^{m} |a_{ij}||x_j| \leq \max_{j=1,\ldots,n} \sum_{i=1}^{m} |a_{ij}| \sum_{j=1}^{n} |x_j|,$$

woran wir sehen können, dass nach der Definition von $\|x\|_1 = \sum_j |x_j|$ und von $\|y\|_1 = \sum_i |y_i|$ gilt, dass

$$\|y\|_1 \leq \|A\|_1 \|x\|_1,$$

falls wir definieren:

$$\|A\|_1 = \max_{j=1,\dots,n} \sum_{i=1}^{m} |a_{ij}|.$$

Ganz ähnlich erhalten wir

$$\max_i |y_i| \leq \max_i \sum_{j=1}^{n} |a_{ij}||x_j| \leq \max_i \sum_{j=1}^{n} |a_{ij}| \max_j |x_j|,$$

so dass uns die Definition von $\|x\|_\infty = \max_j |x_j|$ und $\|y\|_\infty = \max_i |y_i|$ zur Beziehung

$$\|y\|_\infty \leq \|A\|_\infty \|x\|_\infty$$

führt, mit

$$\|A\|_\infty = \max_{i=1,\dots,m} \sum_{j=1}^{n} |a_{ij}|.$$

Wir können auch die *euklidische Norm* $\|A\|$ durch

$$\|A\| = \max_{x \in \mathbb{R}^n} \frac{\|Ax\|}{\|x\|} \tag{42.42}$$

definieren, wobei wir über $x \neq 0$ maximieren und mit $\|\cdot\|$ die euklidische Norm bezeichnet. Damit entspricht $\|A\|$ der kleinsten Konstanten C, so dass $\|Ax\| \leq C\|x\|$ für alle $x \in \mathbb{R}^n$. Wir werden unten im Kapitel „Der Spektralsatz" auf die Frage zurückkommen, wie wir für $\|A\|$ eine von ihren Koeffizienten abhängige Formel für symmetrisches A (mit insbesondere $m = n$) angeben können. Aus der Definition ergibt sich offensichtlich, dass

$$\|Ax\| \leq \|A\| \, \|x\|. \tag{42.43}$$

Ist $A = (\lambda_i)$ eine $n \times n$-Diagonalmatrix mit den Elementen $a_{ii} = \lambda_i$, dann gilt:

$$\|A\| = \max_{i=1,\dots,n} |\lambda_i|. \tag{42.44}$$

42.22 Die Lipschitz-Konstante einer linearen Abbildung

Wir betrachten eine lineare Abbildung $f : \mathbb{R}^n \to \mathbb{R}^m$, die durch die $m \times n$-Matrix $A = (a_{ij})$ gegeben ist, d.h.

$$f(x) = Ax, \qquad \text{für } x \in \mathbb{R}^n.$$

Aufgrund der Linearität gilt:

$$\|f(x) - f(y)\| = \|Ax - Ay\| = \|A(x - y)\| \leq \|A\|\|x - y\|.$$

Wir können daher sagen, dass die Lipschitz-Konstante von $f : \mathbb{R}^n \to \mathbb{R}^m$ gleich $\|A\|$ ist. Allerdings können wir, je nachdem, ob wir mit $\|\cdot\|_1$ oder $\|\cdot\|_\infty$ arbeiten, die Lipschitz-Konstante sowohl gleich $\|A\|_1$ oder $\|A\|_\infty$ annehmen.

42.23 Das Volumen in $\mathbb{R}^n$: Determinanten und Permutationen

Sei $\{a_1, a_2, \dots, a_n\}$ eine Menge von Vektoren in $\mathbb{R}^n$. Wir werden nun den Begriff des *Volumens* $V(a_1, \dots, a_n)$, das von $\{a_1, a_2, \dots, a_n\}$ aufgespannt wird und das wir bereits oben für $n = 2$ und $n = 3$ kennen gelernt haben, verallgemeinern. Insbesondere wird uns das Volumen ein Werkzeug an die Hand geben, mit dessen Hilfe wir bestimmen können, ob die Menge von Vektoren $\{a_1, a_2, \dots, a_n\}$ linear unabhängig ist oder nicht. Mit Hilfe der Determinante werden wir auch die Cramersche Regel zur Lösung eines $n \times n$-Systems $Ax = b$ herleiten, womit wir die Lösungsformeln für 2×2 und 3×3 Probleme, die wir bereits kennen gelernt haben, verallgemeinern. Die Determinante ist ziemlich kompliziert und wir versuchen, sie so einfach wie möglich zu erklären. Für die Berechnung von Determinanten werden wir auf die Spaltenstaffelung zurückgreifen.

Bevor wir tatsächlich eine Formel für das Volumen $V(a_1, \dots, a_n)$ aufstellen, das auf den Koordinaten $(a_{1j}, \dots, a_{nj})$ der Vektoren a_j, $j = 1, 2, \dots, n$ basiert, wollen wir zunächst festhalten, dass wir aus den Erfahrungen mit $\mathbb{R}^2$ und $\mathbb{R}^3$ erwarten, dass $V(a_1, \dots, a_n)$ eine *multilineare alternierende Form* besitzt, d.h.

$$V(a_1, \dots, a_n) \in \mathbb{R},$$

$$V(a_1, \dots, a_n) \quad \text{ist linear in jedem Argument } a_j,$$

$$V(a_1, \dots, a_n) = -V(\hat{a}_1, \dots, \hat{a}_n),$$

wobei $\hat{a}_1, \dots, \hat{a}_n$ eine Auflistung der $a_1, \dots, a_n$ ist, bei der zwei der a_j miteinander vertauscht sind, etwa $\hat{a}_1 = a_2$, $\hat{a}_2 = a_1$ und $\hat{a}_j = a_j$ für $j = 3, \dots, n$. Wir halten fest, dass bei zwei identischen Argumenten in einer alternierenden Form, etwa $a_1 = a_2$, $V(a_2, a_2, a_3, \dots, a_n) = 0$ gilt. Dies folgt sofort aus der Tatsache, dass $V(a_2, a_2, a_3, \dots, a_n) = -V(a_2, a_2, a_3, \dots, a_n)$. Diese Eigenschaften sind uns für $n = 2, 3$ vertraut.

Wir benötigen auch noch einige Vorkenntnisse zu Vertauschungen (Permutationen). Eine *Permutation* einer geordneten Liste $\{1, 2, 3, 4, \dots, n\}$ bedeutet eine Neuordnung dieser Liste. Beispielsweise ist $\{2, 1, 3, 4, \dots, n\}$ eine Permutation, bei der die Elemente 1 und 2 vertauscht werden. Eine andere Permutation ist $\{n, n-1, \dots, 2, 1\}$, die einer Umkehrung der Ordnung entspricht.

Wir können Permutationen auch als eins zu eins Abbildungen der Menge $\{1, 2, \ldots, n\}$ auf sich selbst betrachten. Wir können diese Abbildung mit $\pi : \{1, 2, \ldots, n\} \to \{1, 2, \ldots, n\}$ bezeichnen, und $\pi(j)$ entspricht einer der Zahlen $1, 2, \ldots, n$ für jedes $j = 1, 2, \ldots, n$ und $\pi(i) \neq \pi(j)$ falls $i \neq j$. Wir können dann auch *Produkte* $\sigma\tau$ zweier Permutationen σ und τ betrachten und sie als zusammengesetzte Funktionen von τ und σ begreifen:

$$\sigma\tau(j) = \sigma(\tau(j)), \quad \text{für } j = 1, \ldots, n, \tag{42.45}$$

womit offensichtlich eine neue Permutation definiert wird. Wir wollen festhalten, dass dabei die Reihenfolge wichtig sein kann: Im Allgemeinen ist die Permutation $\sigma\tau$ von der Permutation $\tau\sigma$ verschieden oder anders ausgedrückt, ist die Multiplikation von Permutationen nicht kommutativ. Die Multiplikation ist jedoch assoziativ, vgl. Aufgabe 42.6:

$$(\pi\sigma)\tau = \pi(\sigma\tau). \tag{42.46}$$

Dies folgt direkt aus der Definition zusammengesetzter Funktionen.

Eine Permutation, bei der zwei Elemente vertauscht werden, wird *Transposition* genannt. Genauer formuliert, so gibt es bei einer Transposition π zwei Elemente p und q aus der Menge der Elemente $\{1, 2, \ldots, n\}$, so dass

$$\begin{aligned} \pi(p) &= q \\ \pi(q) &= p \\ \pi(j) &= j \quad \text{für } j \neq p,\, j \neq q. \end{aligned}$$

Die Permutation π mit $\pi(j) = j$ für $j = 1, \ldots, n$ wird Identitätspermutation genannt. Wir werden die folgende wichtige Eigenschaft von Permutationen benutzen:

Satz 42.4 *Jede Permutation kann als Produkt von Transpositionen geschrieben werden. Diese Darstellung ist zwar nicht eindeutig, aber für jede Permutation ist die Anzahl an Transpositionen in einem derartigen Produkt entweder gerade oder ungerade; sie kann nicht ungerade in einer Darstellung und gerade in einer anderen sein.*

Wir bezeichnen eine Permutation als *gerade*, wenn ihre Produktdarstellung eine gerade Anzahl von Transpositionen enthält und *ungerade*, wenn sie eine ungerade Zahl von Transpositionen enthält.

42.24 Definition des Volumens $V(a_1, \ldots, a_n)$

Aus den Annahmen, dass $V(a_1, \ldots, a_n)$ multilinear und alternierend ist und dass $V(e_1, e_2, \ldots, e_n) = 1$, ergibt sich folgende Beziehung:

$$\begin{aligned} V(a_1, \ldots, a_n) &= V(\sum_j a_{j1} e_j, \sum_j a_{j2} e_j, \ldots, \sum_j a_{jn} e_j) \\ &= \sum_\pi \pm a_{\pi(1)\,1} a_{\pi(2)\,2} \cdots a_{\pi(n)\,n}, \end{aligned} \tag{42.47}$$

mit $a_j = (a_{1j}, \ldots, a_{nj})$ für $j = 1, \ldots, n$. Dabei wird über alle Permutationen π der Menge $\{1, \ldots, n\}$ summiert und das Vorzeichen richtet sich danach, ob die Permutation gerade (+) oder ungerade (-) ist. Beachten Sie, dass die Identitätspermutation, die in der Menge der Permutationen enthalten ist, mit dem Vorzeichen + eingeht.

Wir drehen nun den Spieß um und betrachten (42.47) als Definition des Volumens $V(a_1, \ldots, a_n)$, das von der Menge an Vektoren $\{a_1, \ldots, a_n\}$ aufgespannt wird. Aus dieser Definition folgt, dass $V(a_1, \ldots, a_n)$ tatsächlich eine multilineare alternierende Form in $\mathbb{R}^n$ besitzt und dass $V(e_1, \ldots, e_n) = 1$, da dabei der einzige von Null verschiedene Ausdruck in der Summe (42.47) durch die Identitätspermutation geliefert wird.

Wir können die Definition von $V(a_1, \ldots, a_n)$, wie folgt, in Matrixschreibweise formulieren. Sei $A = (a_{ij})$ die $n \times n$-Matrix

$$\begin{pmatrix} a_{11} & a_{12} & \ldots & a_{1n} \\ a_{21} & a_{22} & \ldots & a_{2n} \\ . & . & \ldots & . \\ a_{n1} & a_{n2} & \ldots & a_{nn} \end{pmatrix}, \tag{42.48}$$

mit Spaltenvektoren $a_1, \ldots, a_n$ und den Koeffizienten $a_j = (a_{1j}, \ldots, a_{nj})$. Nun definieren wir die *Determinante* $\det A$ von A durch:

$$\det A = V(a_1, \ldots, a_n) = \sum_{\pi} \pm a_{\pi(1)\,1} a_{\pi(2)\,2} \cdots a_{\pi(n)\,n}\,,$$

wobei wir über alle Permutationen π der Menge $\{1, \ldots, n\}$ summieren. Das Vorzeichen hängt davon ab, ob die Permutation gerade (+) oder ungerade (-) ist.

Da A den Einheitsvektor e_j in $\mathbb{R}^n$ in den Spaltenvektor a_j abbildet, d.h. da $Ae_j = a_j$, wird durch A auch der Einheits-n-Würfel in $\mathbb{R}^n$ auf das Parallelogramm in $\mathbb{R}^n$ abgebildet, das von $a_1, \ldots, a_n$ aufgespannt wird. Da das Volumen des n-Würfels Eins beträgt und das Volumen des von $a_1, \ldots, a_n$ aufgespannten Parallelogramms gleich $V(a_1, \ldots, a_n)$ ist, ist die *Volumenskalierung* der Abbildung $x \to Ax$ gleich $V(a_1, \ldots, a_n)$.

42.25 Das Volumen $V(a_1, a_2)$ in $\mathbb{R}^2$

Ist A die 2×2-Matrix

$$\begin{pmatrix} a_{11} & a_{12} \\ a_{21} & a_{22} \end{pmatrix},$$

dann entspricht $\det A = V(a_1, a_2)$

$$\det A = V(a_1, a_2) = a_{11}a_{22} - a_{21}a_{12}. \tag{42.49}$$

Dabei sind $a_1 = (a_{11}, a_{21})$ und $a_2 = (a_{12}, a_{22})$ die Spaltenvektoren von A.

42.26 Das Volumen $V(a_1, a_2, a_3)$ in $\mathbb{R}^3$

Ist A die 3×3-Matrix

$$\begin{pmatrix} a_{11} & a_{12} & a_{13} \\ a_{21} & a_{22} & a_{23} \\ a_{31} & a_{32} & a_{33} \end{pmatrix},$$

dann entspricht $\det A = V(a_1, a_2, a_3)$:

$$\begin{aligned} &\det A = V(a_1, a_2, a_3) = a_1 \cdot a_2 \times a_3 \\ &= a_{11}(a_{22}a_{33} - a_{23}a_{32}) - a_{12}(a_{21}a_{33} - a_{23}a_{31}) + a_{13}(a_{21}a_{32} - a_{22}a_{31}). \end{aligned}$$

Wir erkennen, dass wir $\det A$ als

$$\begin{aligned} \det A &= a_{11} \det A_{11} - a_{12} \det A_{12} + a_{13}A_{13} \\ &= a_{11}V(\hat{a}_2, \hat{a}_3) - a_{12}V(\hat{a}_1, \hat{a}_3) + a_{13}V(\hat{a}_1, \hat{a}_2) \end{aligned} \quad (42.50)$$

schreiben können, wobei die A_{1j} die 2×2-Matrizen sind, die man durch Streichen der ersten Zeile und der j. Spalte von A erhält:

$$A_{11} = \begin{pmatrix} a_{22} & a_{23} \\ a_{32} & a_{33} \end{pmatrix} \quad A_{12} = \begin{pmatrix} a_{21} & a_{23} \\ a_{31} & a_{33} \end{pmatrix} \quad A_{13} = \begin{pmatrix} a_{21} & a_{22} \\ a_{31} & a_{32} \end{pmatrix}.$$

Die $\hat{a}_1 = (a_{21}, a_{31})$, $\hat{a}_2 = (a_{22}, a_{32})$, und $\hat{a}_3 = (a_{23}, a_{33})$ sind die 2-Spaltenvektoren, die man durch Streichen des ersten Elements im 3-Spaltenvektor a_j erhält. Wir bezeichnen (42.50) auch als *Entwicklung* der 3×3-Matrix A, basierend auf den Elementen der ersten Zeile von A und den zugehörigen 2×2-Matrizen. Die Entwicklungsformel ergibt sich, wenn alle Ausdrücke, die a_{11} als Faktor enthalten, zusammengefasst werden und dasselbe für alle Ausdrücke mit a_{12} und a_{13} als Faktor wiederholt wird.

42.27 Das Volumen $V(a_1, a_2, a_3, a_4)$ in $\mathbb{R}^4$

Mit Hilfe der Entwicklungsformel können wir die Determinante $\det A = V(a_1, \ldots, a_4)$ einer 4×4-Matrix $A = (a_{ij})$ mit den Spaltenvektoren $a_j = (a_{1j}, \ldots, a_{4j})$ für $j = 1, 2, 3, 4$ berechnen. Wir erhalten

$$\begin{aligned} \det A = V(a_1, a_2, a_3, a_4) &= a_{11}V(\hat{a}_2, \hat{a}_3, \hat{a}_4) - a_{12}V(\hat{a}_1, \hat{a}_3, \hat{a}_4) \\ &+ a_{13}V(\hat{a}_1, \hat{a}_2, \hat{a}_4) - a_{14}V(\hat{a}_1, \hat{a}_2, \hat{a}_3), \end{aligned}$$

mit den 3-Spaltenvektoren $\hat{a}_j$, $j = 1, 2, 3, 4$, die sich durch Streichen des ersten Koeffizienten in a_j ergeben. Somit haben wir die Determinante einer 4×4-Matrix A als eine Summe von Determinanten von 3×3-Matrizen formuliert, wobei die ersten Elemente der Zeile von A als Faktoren auftreten.

42.28 Das Volumen $V(a_1, \ldots, a_n)$ in $\mathbb{R}^n$

Wenn wir die oben hergeleitete Zeilen-Entwicklungsformel iterieren, können wir die Determinante einer beliebigen $n \times n$-Matrix A berechnen. Als Beispiel führen wir die Entwicklungsformel für eine 5×5-Matrix $A = (a_{ij})$ an:

$$\det A = V(a_1, a_2, a_3, a_4, a_5) = a_{11} V(\hat{a}_2, \hat{a}_3, \hat{a}_4, \hat{a}_5) - a_{12} V(\hat{a}_1, \hat{a}_3, \hat{a}_4, \hat{a}_5)$$
$$+ a_{13} V(\hat{a}_1, \hat{a}_2, \hat{a}_4, \hat{a}_5) - a_{14} V(\hat{a}_1, \hat{a}_2, \hat{a}_3, \hat{a}_5) + a_{15} V(\hat{a}_1, \hat{a}_2, \hat{a}_3, \hat{a}_4).$$

Offensichtlich können wir die folgende Vorzeichenregel für den Ausdruck mit dem Faktor a_{ij} formulieren: Es gilt das $+$ Zeichen, falls $i + j$ gerade ist, und das $-$ Zeichen, falls $i + j$ ungerade ist. Diese Regel lässt sich auf Entwicklungen mit beliebigen Zeilen von A verallgemeinern.

42.29 Die Determinante einer Dreiecksmatrix

Sei $A = (a_{ij})$ eine *obere* $n \times n$*-Dreiecksmatrix*, d.h. $a_{ij} = 0$ für $i > j$. Alle Elemente a_{ij} von A unterhalb der Diagonalen sind Null. In diesem Fall ist der einzige von Null verschiedene Ausdruck für $\det A$ das Produkt der Diagonalelemente von A, entsprechend der Identitätspermutation, so dass also

$$\det A = a_{11} a_{22} \cdots a_{nn}. \tag{42.51}$$

Diese Formel gilt ebenso für eine *untere* $n \times n$*-Dreiecksmatrix* mit $a_{ij} = 0$ für $i < j$.

42.30 Berechnung von $\det A$ mit Hilfe der Spaltenstaffelung

Wir wollen nun eine Möglichkeit zur Berechnung von $\det A = V(a_1, \ldots, a_n)$, einer $n \times n$-Matrix $A = (a_{ij})$ mit Spalten a_j, vorstellen, die auf der Reduktion durch Spaltenstaffelung beruht. Dabei nutzen wir aus, dass sich das Volumen nicht ändert, wenn wir eine mit einer reellen Zahl multiplizierten Spalte von einer anderen Spalte abziehen, was uns zu

$$\det A = V(a_1, a_2, \ldots, a_n) = V(\hat{a}_1, \hat{a}_2, \hat{a}_3, \ldots, \hat{a}_n)$$

führt, mit $\hat{a}_{ij} = 0$ für $j > i$, d.h. die zugehörige Matrix $\hat{A}$ ist eine untere Dreiecksmatrix. Dann können wir $V(\hat{a}_1, \hat{a}_2, \hat{a}_3, \ldots, \hat{a}_n)$ einfach durch Multiplikation der Diagonalelemente berechnen. Falls wir auf Null als Diagonalelement treffen, vertauschen wir wie üblich Spalten, bis wir ein mögliches

Diagonalelement ungleich Null finden. Finden wir auf diese Weise kein Diagonalelement, so können wir zwar fortfahren, aber wir wissen, dass in der endgültigen Dreiecksmatrix ein Diagonalelement Null sein wird und somit wird auch die Determinante Null sein.

Beispiel 42.9. Wir zeigen die Matrixfolge für ein konkretes Beispiel:

$$A = \begin{pmatrix} 1 & 1 & 1 \\ 2 & 4 & 6 \\ 3 & 4 & 6 \end{pmatrix} \quad \rightarrow \begin{pmatrix} 1 & 0 & 0 \\ 2 & 2 & 4 \\ 3 & 1 & 3 \end{pmatrix} \quad \rightarrow \begin{pmatrix} 1 & 0 & 0 \\ 2 & 2 & 0 \\ 3 & 1 & 1 \end{pmatrix}$$

woraus sich $\det A = 2$ ergibt.

42.31 Die Zauberformel $\det AB = \det A \cdot \det B$

Seien A und B zwei $n \times n$-Matrizen. Wir wissen, dass AB der Matrix der zusammengesetzten Abbildung $f(g(x))$ entspricht, mit $f(y) = Ay$ und $g(x) = Bx$. Die Volumenskalierung der Abbildung $x \rightarrow Bx$ entspricht $\det B$ und die Volumenskalierung der Abbildung $y \rightarrow Ay$ entspricht $\det A$ und somit entspricht die Volumenskalierung der Abbildung $x \rightarrow ABx$ $\det A \cdot \det B$. Damit haben wir gezeigt, dass

$$\det AB = \det A \cdot \det B,$$

und einen der Ecksteine der Infinitesimalrechnung von Determinanten bewiesen. Der vorgeschlagene Beweis ist ein „kurzer Beweis", der algebraische Berechnungen vermeidet. Wir können auch mit geeigneten Entwicklungsformeln für die Determinanten einen direkten algebraischen Beweis führen.

42.32 Nachprüfen der linearen Unabhängigkeit

Wir können das Volumen $V(a_1, a_2, \ldots, a_n)$ benutzen, um die lineare Unabhängigkeit einer gegebenen Menge von n Vektoren $\{a_1, a_2, \ldots, a_n\}$ in $\mathbb{R}^n$ zu überprüfen. Genauer gesagt, werden wir zeigen, dass $\{a_1, a_2, \ldots, a_n\}$ dann und nur dann linear unabhängig ist, wenn $V(a_1, a_2, \ldots, a_n) \neq 0$. Zunächst halten wir fest, dass eine linear abhängige Menge $\{a_1, a_2, \ldots, a_n\}$, wenn z.B. $a_1 = \sum_{j=2}^n \lambda_j a_j$ eine Linearkombination von $\{a_2, \ldots, a_n\}$ ist, das Volumen $V(a_1, a_2, \ldots, a_n) = \sum_{j=2}^n \lambda_j V(a_j, a_2, \ldots, a_n) = 0$ besitzt, da jeder Faktor $V(a_j, a_2, \ldots, a_n)$ zwei gleiche Vektoren enthält.

Als Nächstes muss $V(a_1, \ldots, a_n) \neq 0$ gelten, wenn $\{a_1, a_2, \ldots, a_n\}$ linear unabhängig ist, d.h. $\{a_1, a_2, \ldots, a_n\}$ eine Basis des $\mathbb{R}^n$ ist. Um dies zu erkennen, drücken wir e_j, für $j = 1, \ldots, n$, als Linearkombination der

Menge $\{a_1, a_2, \ldots, a_n\}$ aus, etwa $e_1 = \sum \lambda_{1j} a_j$. Da das Volumen V multilinear ist und verschwindet, falls zwei Argumente identisch sind, und da $V(a_{\pi(1)}, \ldots, a_{\pi(n)}) = \pm V(a_1, \ldots, a_n)$ für jede Permutation π, gilt:

$$1 = V(e_1, \ldots, e_n) = V\left(\sum_j \lambda_{1j} a_j, e_2, \ldots, e_n\right) = \sum_j \lambda_{1j} V(a_j, e_2, \ldots, e_n)$$

$$= \sum_j \lambda_{1j} V\left(a_j, \sum_k \lambda_{2k} a_k, e_3, \ldots, e_n\right) = \ldots = cV(a_1, \ldots, a_n), \quad (42.52)$$

mit Konstanter c. Daraus folgt, dass $V(a_1, \ldots, a_n) \neq 0$. Wir fassen zusammen:

Satz 42.5 *Eine Menge $\{a_1, a_2, \ldots, a_n\}$ von n Vektoren in $\mathbb{R}^n$ ist dann und nur dann linear unabhängig, wenn $V(a_1, \ldots, a_n) \neq 0$.*

Wir können dieses Ergebnis in Matrixschreibweise, wie folgt, umformulieren: Die Spalten einer $n \times n$-Matrix A sind dann und nur dann linear unabhängig, wenn $\det A \neq 0$. Wir fassen zusammen:

Satz 42.6 *Sei A eine $n \times n$-Matrix. Dann sind die folgenden Aussagen äquivalent:*

- *Die Spalten von A sind linear unabhängig.*
- *Ist $Ax = 0$, dann ist $x = 0$.*
- $\det A \neq 0$.

Um die lineare Unabhängigkeit der Spalten einer gegebenen Matrix A zu überprüfen, können wir daher $\det A$ berechnen und prüfen, ob $\det A = 0$. Wir können diesen Test auch quantitativ nutzen: Ist $\det A$ klein, dann sind die Spalten fast linear abhängig und die Eindeutigkeit der Lösung von $Ax = 0$ ist in Gefahr!

Eine Matrix A mit $\det A = 0$ heißt *singulär*, wohingegen Matrizen mit $\det A \neq 0$ als *nicht-singulär* bezeichnet werden. Also ist eine $n \times n$-Matrix dann und nur dann nicht-singulär, wenn ihre Spalten linear unabhängig sind. Wiederum können wir diese Aussage quantifizieren und sagen, dass eine Matrix A fast singulär ist, falls ihre Determinante nahezu Null ist. Die Abhängigkeit der Lösung von $Ax = 0$ von der Größe der Determinante wird im nächsten Abschnitt deutlich.

42.33 Die Cramersche Regel für nicht-singuläre Systeme

Wir wollen uns wieder dem linearen Gleichungssystem

$$Ax = b \quad (42.53)$$

zuwenden, bzw.

$$\sum_{j=1}^{n} a_j x_j = b. \tag{42.54}$$

Dabei ist $A = (a_{ij})$ eine $n \times n$-Matrix mit den Spalten $a_j = (a_{1j}, \ldots, a_{nj})$, $j = 1, \ldots, n$. Angenommen, die Spalten a_j von A seien linear unabhängig oder äquivalent, dass $\det A = V(a_1, \ldots, a_n) \neq 0$. Dann wissen wir, dass (42.53) für jedes $b \in \mathbb{R}^n$ eine eindeutige Lösung $x \in \mathbb{R}^n$ besitzt. Wir wollen nun nach einer Formel für die Lösung x in Abhängigkeit von b und den Spalten a_j von A suchen.

Mit Hilfe der Eigenschaften der Volumenfunktion $V(g_1, \ldots, g_n)$ einer Menge $\{g_1, \ldots, g_n\}$ von n Vektoren g_i, insbesondere der Eigenschaft, dass $V(g_1, \ldots, g_n) = 0$, falls irgendwelche g_i gleich sind, erhalten wir die folgende Lösungsformel (*Cramersche Regel*):

$$\begin{aligned} x_1 &= \frac{V(b, a_2, \ldots, a_n)}{V(a_1, a_2, \ldots, a_n)}, \\ &\cdots \\ x_n &= \frac{V(a_1, \ldots, a_{n-1}, b)}{V(a_1, a_2, \ldots, a_n)}. \end{aligned} \tag{42.55}$$

Um beispielsweise die Formel für x_1 zu erhalten, benutzen wir, dass

$$\begin{aligned} V(b, a_2, \ldots, a_n) &= V\left(\sum_j a_j x_j, a_2, \ldots, a_n\right) \\ &= \sum_{j=1}^{n} x_j V(a_j, a_2, \ldots, a_n) = x_1 V(a_1, a_2, \ldots, a_n). \end{aligned}$$

Wir fassen zusammen:

Satz 42.7 *Sei A eine nicht-singuläre $n \times n$-Matrix mit* $\det A \neq 0$. *Dann besitzt das Gleichungssystem $Ax = b$ für jedes $b \in \mathbb{R}^n$ eine eindeutige Lösung x. Die Lösung ergibt sich nach der Cramerschen Regel* (42.55).

Ein ähnliches Ergebnis wurde zuerst von Leibniz hergeleitet und dann von Gabriel Cramer (1704–1752), (der im Alter von 18 für seine Klangtheorie den Doktortitel verliehen bekam), in *Introduction l'analyse des lignes courbes algbraique* veröffentlicht. Im gesamten Werk benutzt Cramer ausdrücklich weder die Infinitesimalrechnung in der Schreibweise von Leibniz oder Newton, obwohl er sich mit Gebieten wie Tangenten, Maxima und Minima und Kurvenkrümmungen beschäftigt und in Fußnoten Maclaurin und Taylor zitiert. Wir schließen daraus, dass er die Infinitesimalrechnung niemals akzeptierte oder beherrschte.

Beachten Sie, dass die Cramersche Regel für $Ax = b$ sehr rechenintensiv ist und daher nicht für die tatsächliche Berechnung der Lösung benutzt

Abb. 42.2. Gabriel Cramer: „Ich bin freundlich, gut gelaunt, angenehm in der Stimme und im Erscheinen und besitze ein gutes Gedächtnis, Urteilsvermögen und Gesundheit“

werden kann, wenn n nicht klein ist. Um lineare Gleichungssysteme zu lösen, werden andere Methoden verwendet, wie das Gausssche Eliminationsverfahren und iterative Methoden, vgl. Kapitel „Die Lösung linearer Gleichungssysteme“.

42.34 Die inverse Matrix

Sei A eine nicht-singuläre $n \times n$-Matrix mit $V(a_1, \dots, a_n) \neq 0$. Dann kann $Ax = b$ für alle $b \in \mathbb{R}^n$ nach der Cramerschen Regel (42.55) eindeutig gelöst werden. Offensichtlich hängt x linear von b ab und die Lösung x kann als $A^{-1}b$ formuliert werden, wobei A^{-1} eine $n \times n$-Matrix ist, die wir *Inverse* von A bezeichnen. Die j. Spalte von A^{-1} ist der Lösungsvektor für $b = e_j$. Nach der Cramerschen Regeln erhalten wir somit die folgende Formel für die Inverse A^{-1} von A:

$$A^{-1} = V(a_1, \dots, a_n)^{-1} \begin{pmatrix} V(e_1, a_2, \dots, a_n) & .. & V(a_1, \dots, a_{n-1}, e_1) \\ . & .. & . \\ . & .. & . \\ V(e_n, a_2, \dots, a_n) & .. & V(a_1, \dots, a_{n-1}, e_n) \end{pmatrix}.$$

Für die inverse Matrix A^{-1} von A gilt:

$$A^{-1}A = AA^{-1} = I,$$

wobei I die $n \times n$-Einheitsmatrix ist, mit Einsen auf der Diagonalen und ansonsten nur Nullen.

Offensichtlich können wir die Lösung von $Ax = b$ in der Form $x = A^{-1}b$ schreiben, wenn A eine nicht-singuläre $n \times n$-Matrix ist (indem wir $Ax = b$ von links mit A^{-1} multiplizieren).

42.35 Projektion auf einen Unterraum

Sei V ein Unterraum von $\mathbb{R}^n$, der von der linear unabhängigen Menge von Vektoren $\{a_1, \ldots, a_m\}$ aufgespannt werde. Anders ausgedrückt, sei $\{a_1, \ldots, a_m\}$ eine Basis von V. Die Projektion Pv eines Vektors $v \in \mathbb{R}^n$ auf V wird definiert als der Vektor $Pv \in V$, der die Orthogonalitätsbeziehung

$$(v - Pv, w) = 0 \quad \text{für alle Vektoren } w \in V \tag{42.56}$$

erfüllt oder äquivalent

$$(Pv, a_j) = (v, a_j) \quad \text{für } j = 1, \ldots, m. \tag{42.57}$$

Damit wir die Äquivalenz der beiden Gleichungen erkennen, halten wir zunächst fest, dass (42.57) offensichtlich aus (42.56) folgt. Umgekehrt ist jedes $w \in V$ eine Linearkombination der Form $\sum \mu_j a_j$. Die Multiplikation von (42.57) mit μ_j mit anschließender Summation über j, ergibt $(Pv, \sum_j \mu_j a_j) = (v, \sum_j \mu_j a_j)$, was uns mit $w = \sum_j \mu_j a_j$ wie gewünscht (42.56) liefert.

Wenn wir $Pv = \sum_{i=1}^m \lambda_i a_i$ in der Basis $\{a_1, \ldots, a_m\}$ von V ausdrücken, so führt uns die Orthogonalitätsbeziehung (42.57) auf ein lineares $m \times m$-Gleichungssystem

$$\sum_{i=1}^m \lambda_i (a_i, a_j) = (v, a_j) \quad \text{für } j = 1, 2, \ldots, m. \tag{42.58}$$

Wir wollen nun beweisen, dass dieses System eine eindeutige Lösung besitzt. Damit zeigen wir, dass die Projektion Pv von v auf V existiert und eindeutig ist. Nach Satz 42.6 genügt es, die Eindeutigkeit zu zeigen. Daher nehmen wir an, dass

$$\sum_{i=1}^m \lambda_i (a_i, a_j) = 0 \quad \text{für } j = 1, 2, \ldots, m.$$

Die Multiplikation mit λ_j mit anschließender Summation liefert

$$0 = \left(\sum_{i=1}^m \lambda_i a_i, \sum_{j=1}^m \lambda_j a_j \right) = |\sum_{i=1}^m \lambda_i a_i|^2,$$

woraus folgt, dass $\sum_i \lambda_i a_i = 0$ und somit $\lambda_i = 0$ für $i = 1, \ldots, m$, da die $\{a_1, \ldots, a_m\}$ linear unabhängig sind.

Wir haben nun das folgende wichtige Ergebnis bewiesen:

Satz 42.8 *Sei V ein linearer Unterraum von $\mathbb{R}^n$. Dann ist für alle $v \in \mathbb{R}^n$ die Projektion Pv von v auf V, die wir durch $Pv \in V$ und $(v - Pv, w) = 0$ für alle $w \in V$ definieren, existent und eindeutig.*

Wir halten fest, dass $P : \mathbb{R}^n \to V$ eine lineare Abbildung ist. Um dies zu zeigen, gehen wir von zwei Vektoren v und $\hat{v}$ in $\mathbb{R}^n$ aus, die folglich $(v - Pv, w) = 0$ und $(\hat{v} - P\hat{v}, w) = 0$ für alle $w \in V$ erfüllen. Dann gilt

$$(v + \hat{v} - (Pv + P\hat{v}), w) = (v - Pv, w) + (\hat{v} - P\hat{v}, w) = 0,$$

woraus wir erkennen, dass $Pv + P\hat{v} = P(v + \hat{v})$. Ähnlich erhalten wir $Pw = \lambda Pv$ für $w = \lambda v$ für jedes $\lambda \in \mathbb{R}$ und $v \in \mathbb{R}^n$. Damit haben wir die Linearität von $P : \mathbb{R}^n \to V$ gezeigt.

Wir wollen ferner festhalten, dass $PP = P$. Wir fassen zusammen:

Satz 42.9 *Die Projektion $P : \mathbb{R}^n \to V$ auf einen linearen Unterraum V von $\mathbb{R}^n$ ist eine lineare Abbildung, die durch $(v - Pv, w) = 0$ für alle $w \in V$ definiert wird und die $PP = P$ erfüllt.*

42.36 Eine äquivalente Charakterisierung der Projektion

Wir wollen nun beweisen, dass die *Projektion* Pv eines Vektors $v \in \mathbb{R}^n$ auf V den Vektor $Pv \in V$ ergibt, der den kleinsten Abstand zu v besitzt, d.h. $|v - Pv| \leq |v - w|$ für alle $w \in V$.

Wir behaupten zunächst die Äquivalenz der beiden Definitionen der Projektion in folgendem wichtigen Satz:

Satz 42.10 *Sei $v \in \mathbb{R}^n$ gegeben. Der Vektor $Pv \in V$ erfüllt die Orthogonalitätsbeziehung*

$$(v - Pv, w) = 0 \quad \text{für alle Vektoren } w \in V, \tag{42.59}$$

dann und nur dann, wenn Pv den kürzesten Abstand zu v besitzt, d.h.

$$|v - Pv| \leq |v - w| \quad \text{für alle } w \in V. \tag{42.60}$$

Außerdem ist das Elemente $Pv \in V$, das (42.59) und (42.60) erfüllt, eindeutig bestimmt.

Um den Satz zu beweisen, halten wir zunächst fest, dass aufgrund der Orthogonalität (42.56) für jedes $w \in V$ gilt:

$$\begin{aligned}|v - Pv|^2 &= (v - Pv, v - Pv)\\ &= (v - Pv, v - w) + (v - Pv, w - Pv) = (v - Pv, v - w),\end{aligned}$$

da $w - Pv \in V$. Mit Hilfe der Cauchyschen Ungleichung erhalten wir

$$|v - Pv|^2 \leq |v - Pv|\,|v - w|,$$

woraus wir erkennen, dass $|v - Pv| \leq |v - w|$ für alle $w \in V$.

Umgekehrt gilt für alle $\epsilon \in \mathbb{R}$ und $w \in V$, falls $|v - Pv| \leq |v - w|$ für alle $w \in V$, dass

$$\begin{aligned}|v - Pv|^2 &\leq |v - Pv + \epsilon w|^2 \\ &= |v - Pv|^2 + \epsilon(v - Pv, w) + \epsilon^2|w|^2,\end{aligned}$$

d.h. für alle $\epsilon > 0$:

$$(v - Pv, w) + \epsilon|w|^2 \geq 0,$$

womit gezeigt ist, dass

$$(v - Pv, w) \geq 0 \quad \text{für alle } w \in V.$$

Ein Vertauschen von w mit $-w$ beweist die andere Ungleichungsrelation und wir folgern daraus, dass $(v - Pv, w) = 0$ für alle $w \in V$.

Schließlich nehmen wir für den Beweis der Eindeutigkeit an, dass $z \in V$

$$(v - z, w) = 0 \quad \text{für alle Vektoren } w \in V$$

erfüllt. Dann gilt $(Pv - z, w) = (Pv - v, w) + (v - z, w) = 0 + 0 = 0$ für alle $w \in V$. Da $Pv - z$ ein Vektor in V ist, können wir $w = Pv - z$ wählen, was zu $|Pv - z|^2 = 0$ führt, d.h. $z = Pv$. Damit ist der Beweis des Satzes abgeschlossen.

Die eben angeführten Argumente sind sehr grundlegend und werden unten an verschieden Stellen vielfach wiederholt. Deshalb sollten Sie sich die Zeit nehmen, sie jetzt zu verstehen.

42.37 Orthogonale Zerlegung: Der Satz von Pythagoras

Sei V ein Unterraum des $\mathbb{R}^n$ und P die Projektion auf V. Jeder Vektor x lässt sich zerlegen in

$$x = Px + (x - Px), \tag{42.61}$$

wobei $Px \in V$ und außerdem $(x - Px) \perp V$, da nach der Definition von P gilt, dass $(x - Px, w) = 0$ für alle $w \in V$. Wir bezeichnen $x = Px + (x - Px)$ als *orthogonale Zerlegung* von x, da $(Px, x - Px) = 0$.

Wir definieren das *orthogonale Komplement* $V^\perp$ von V durch $V^\perp = \{y \in \mathbb{R}^n : y \perp V\} = \{y \in \mathbb{R}^n : y \perp x \quad \text{für alle } x \in V\}$. Offensichtlich ist $V^\perp$ ein linearer Unterraum des $\mathbb{R}^n$. Ist $x \in V$ und $y \in V^\perp$, dann gilt $(x, y) = 0$. Außerdem lässt sich jeder Vektor $z \in \mathbb{R}^n$ in der Form $z = x + y$, mit $x = Pz \in V$ und $y = (z - Pz) \in V^\perp$ schreiben. Wir fassen dies zusammen und sagen, dass

$$V \oplus V^\perp = \mathbb{R}^n \tag{42.62}$$

eine *orthogonale Zerlegung* des $\mathbb{R}^n$ in zwei orthogonale Unterräume V und $V^\perp$ ist: $x \in V$ und $y \in V^\perp$ impliziert $(x, y) = 0$ und jedes $z \in \mathbb{R}^n$ kann eindeutig in der Form $z = x + y$ geschrieben werden. Die Eindeutigkeit der Zerlegung $z = Pz + (z - Pz)$ folgt dabei aus der Eindeutigkeit von Pz.

Wir halten die folgende Verallgemeinerung des Satzes von Pythagoras fest: Für jedes $x \in \mathbb{R}^n$ gilt:

$$|x|^2 = |Px|^2 + |x - Px|^2. \tag{42.63}$$

Dies ergibt sich aus der Schreibweise $x = Px + (x - Px)$ und der Tatsache, dass $Px \perp (x - Px)$:

$$|x|^2 = |Px + (x - Px)|^2 = |Px|^2 + 2(Px, x - Px) + |x - Px|^2.$$

Ganz allgemein gilt für $z = x + y$ und $x \perp y$ (d.h. $(x, y) = 0$), dass

$$|z|^2 = |x|^2 + |y|^2.$$

42.38 Eigenschaften von Projektionen

Sei P die orthogonale Projektion auf einen linearen Unterraum V des $\mathbb{R}^n$. Dann ist $P : \mathbb{R}^n \to \mathbb{R}^n$ eine lineare Abbildung, für die gilt:

$$P^\top = P \quad \text{und} \quad PP = P. \tag{42.64}$$

Wir haben bereits gezeigt, dass $PP = P$. Wir erkennen, dass $P^\top = P$ gilt, daran, dass

$$(w, P^\top v) = (Pw, v) = (Pw, Pv) = (w, Pv) \quad \text{für alle } v, w \in \mathbb{R}^n, \tag{42.65}$$

und somit $P^\top = P$. Sei andererseits $P : \mathbb{R}^n \to \mathbb{R}^n$ eine lineare Abbildung, die (42.64) erfüllt. Dann ist P eine orthogonale Projektion auf einen Unterraum V des $\mathbb{R}^n$, denn für $V = B(P)$ und $P^\top = P$ und $PP = P$:

$$\begin{aligned}(x - Px, Px) &= (x, Px) - (Px, Px) = (x, Px) - (x, P^\top Px)\\ &= (x, Px) - (x, Px) = 0.\end{aligned}$$

Damit haben wir gezeigt, dass $x = Px + (x - Px)$ eine orthogonale Zerlegung ist und somit auch, dass P eine orthogonale Projektion auf $V = B(P)$ ist.

42.39 Orthogonalisierung: Das Gram-Schmidt Verfahren

Sei $\{a_1, \ldots, a_m\}$ eine Basis für einen Unterraum V des $\mathbb{R}^n$, d.h. $\{a_1, \ldots, a_m\}$ ist linear unabhängig und V ist die Menge an Linearkombinationen von

$\{a_1, \ldots, a_m\}$. Wir wollen eine andere Basis $\{\hat{e}_1, \ldots, \hat{e}_m\}$ für V konstruieren, die *orthonormal* ist, d.h. so, dass die Basisvektoren $\hat{e}_i$ gegenseitig orthogonal sind und dabei die Einheitslänge Eins besitzen oder

$$(\hat{e}_i, \hat{e}_j) = 0 \quad \text{für } i \neq j, \quad \text{und } |\hat{e}_i| = 1. \tag{42.66}$$

Wir wählen $\hat{e}_1 = \frac{1}{|a_1|} a_1$ und bezeichnen mit V_1 den Unterraum, der von $\hat{e}_1$ oder, was äquivalent ist, von a_1 aufgespannt wird. Sei P_1 die Projektion auf V_1. Wir definieren

$$\hat{e}_2 = \frac{1}{|a_2 - P_1 a_2|}(a_2 - P_1 a_2).$$

Dann ist $(\hat{e}_1, \hat{e}_2) = 0$ und $|\hat{e}_2| = 1$. Außerdem wird der Unterraum V_2, der von $\{a_1, a_2\}$ aufgespannt wird, auch von $\{\hat{e}_1, \hat{e}_2\}$ aufgespannt. Wir fahren auf die gleiche Weise fort: Sei P_2 die Projektion auf V_2, so definieren wir

$$\hat{e}_3 = \frac{1}{|a_3 - P_2 a_3|}(a_3 - P_2 a_3).$$

Dann wird derselbe Unterraum V_3 sowohl von $\{a_1, a_2, a_3\}$ als auch von der orthonormalen Menge $\{\hat{e}_1, \hat{e}_2, \hat{e}_3\}$ aufgespannt.

Wenn wir fortfahren, erhalten wir eine orthonormale Basis $\{\hat{e}_1, \ldots, \hat{e}_m\}$ für den von $\{a_1, \ldots, a_m\}$ aufgespannten Unterraum, mit der Eigenschaft, dass für $i = 1, \ldots, m$, sowohl $\{a_1, \ldots, a_i\}$ als auch $\{\hat{e}_1, \ldots, \hat{e}_i\}$ dieselben Unterräume aufspannen.

Wir halten fest, dass das Gleichungssystem (42.58), das der Berechnung von $P_{i-1} a_i$ entspricht, aufgrund der Orthogonalität der Basis $\{\hat{e}_1, \ldots, \hat{e}_m\}$, diagonal ist.

42.40 Orthogonale Matrizen

Wir betrachten die Matrix Q mit den Spalten $\hat{e}_1, \ldots, \hat{e}_n$, wobei $\{\hat{e}_1, \ldots, \hat{e}_n\}$ eine orthonormale Basis des $\mathbb{R}^n$ ist. Da die Vektoren $\hat{e}_j$ paarweise orthogonal sind und die Länge Eins besitzen, gilt $Q^\top Q = I$, wobei I die $n \times n$-Einheitsmatrix ist. Ist andererseits Q eine Matrix, für die $Q^\top Q = I$ gilt, dann müssen die Spalten von Q orthonormal sein.

Eine $n \times n$-Matrix Q für die $Q^\top Q = I$ gilt, wird *orthonormale Matrix* oder auch *orthogonale Matrix* genannt. Eine orthonormale $n \times n$-Matrix kann daher folgendermaßen charakterisiert werden: Ihre Spalten bilden eine *orthonormale Basis* des $\mathbb{R}^n$, d.h. eine Basis, die aus paarweise orthogonalen Vektoren der Länge Eins besteht.

Wir fassen zusammen:

Satz 42.11 *Eine orthonormale Matrix Q erfüllt $Q^\top Q = QQ^\top = I$ und $Q^{-1} = Q^\top$.*

42.41 Invarianz des Skalarprodukts unter orthonormalen Abbildungen

Sei Q eine $n \times n$-orthonormale Matrix, deren Spalten aus den Koeffizienten von Basisvektoren $\hat{e}_j$ einer orthonormalen Basis $\{\hat{e}_1, \ldots, \hat{e}_n\}$ gebildet werden. Wir wissen dann, dass die Koordinaten x eines Vektors bezüglich der Einheitsbasis und die Koordinaten $\hat{x}$ bezüglich der Basis $\{\hat{e}_1, \ldots, \hat{e}_n\}$ folgendermaßen zusammenhängen:

$$x = Q\hat{x}.$$

Wir wollen nun beweisen, dass das Skalarprodukt bei orthonormaler Änderung der Koordinaten $x = Q\hat{x}$ unverändert erhalten bleibt. Wir benutzen dazu einen zweiten Vektor $y = Q\hat{y}$ und berechnen

$$(x, y) = (Q\hat{x}, Q\hat{y}) = (Q^\top Q\hat{x}, \hat{y}) = (\hat{x}, \hat{y}),$$

d.h. das Skalarprodukt ist in den $\{e_1, \ldots, e_n\}$ Koordinaten identisch zu dem in den $\{\hat{e}_1, \ldots, \hat{e}_n\}$ Koordinaten. Wir fassen zusammen:

Satz 42.12 *Ist Q eine orthonormale $n \times n$ Matrix, dann gilt $(x, y) = (Qx, Qy)$ für alle $x, y \in \mathbb{R}^n$.*

42.42 Die QR-Zerlegung

Wir können dem Gram-Schmidt Verfahren die folgende Interpretation verleihen: Seien $\{a_1, \ldots, a_m\}$ m linear unabhängige Vektoren in $\mathbb{R}^n$ und sei A die $n \times m$-Matrix mit den a_j als Spalten. Sei $\{\hat{e}_1, \ldots, \hat{e}_m\}$ die zugehörige orthonormale Menge, die nach dem Gram-Schmidt Verfahren gebildet wird und sei Q die $n \times m$-Matrix mit den $\hat{e}_j$ als Spalten. Dann gilt

$$A = QR, \tag{42.67}$$

wobei R eine obere $m \times m$-Dreiecksmatrix ist, mit deren Hilfe jedes a_j als Linearkombination der $\{\hat{e}_1, \ldots, \hat{e}_j\}$ ausgedrückt wird.

Die Matrix Q erfüllt $Q^\top Q = I$, wobei I die $m \times m$-Einheitsmatrix ist, da die $\hat{e}_j$ paarweise orthogonal sind und die Länge Eins besitzen. Wir folgern, dass eine $m \times n$ Matrix A mit linear unabhängigen Spalten in $A = QR$ zerlegt werden kann, wobei Q die Gleichung $Q^\top Q = I$ erfüllt und R eine obere Dreiecksmatrix ist. Die Spalten der Matrix Q sind orthonormal, wie immer bei orthonormalen Matrizen, aber für $m < n$ spannen sie nicht den kompletten $\mathbb{R}^n$ auf.

42.43 Der Fundamentalsatz der linearen Algebra

Wir kehren zu der grundlegenden Frage nach der Existenz und der Eindeutigkeit von Lösungen für das System $Ax = b$ zurück, wobei A eine gegebene $m \times n$-Matrix ist und $b \in \mathbb{R}^m$ ein gegebener Vektor. Wir lassen dabei ausdrücklich zu, dass m von n verschieden ist und erinnern uns daran, dass wir uns oben auf den Fall $m = n$ konzentriert haben. Wir wollen nun den Fundamentalsatz der linearen Algebra beweisen, der uns eine theoretische Antwort auf unsere grundlegende Frage nach der Existenz und der Eindeutigkeit liefert.

Wir betrachten dazu die folgende Kette äquivalenter Aussagen für eine $m \times n$-Matrix A, wobei wir $\iff$ als Symbol für „dann und nur dann, wenn" benutzen.

$$
\begin{aligned}
x \in N(A) \quad \iff \quad Ax = 0 \quad \iff \quad x \perp \text{ Zeilen von } A \quad \iff \\
x \perp \text{ Spalten von } A^\top \quad \iff \\
x \perp B(A^\top) \quad \iff \\
x \in (B(A^\top))^\perp.
\end{aligned}
$$

Somit ist $N(A) = (B(A^\top))^\perp$ und da $(B(A^\top))^\perp \oplus B(A^\top) = \mathbb{R}^n$, erkennen wir, dass

$$N(A) \oplus B(A^\top) = \mathbb{R}^n. \tag{42.68}$$

Als Konsequenz dieser orthogonalen Zerlegung sehen wir, dass

$$\dim N(A) + \dim B(A^\top) = n, \tag{42.69}$$

wobei $\dim V$ die Dimension des linearen Raums V ist. Wir erinnern daran, dass die Dimension $\dim V$ eines linearen Raumes V der Zahl der Elemente in einer Basis von V entspricht. Ähnlich erhalten wir, wenn wir A durch $A^\top$ ersetzen und ausnutzen, dass $(A^\top)^\top = A$:

$$N(A^\top) \oplus B(A) = \mathbb{R}^m \tag{42.70}$$

und somit insbesondere, dass

$$\dim N(A^\top) + \dim B(A) = m. \tag{42.71}$$

Sei $g_1, \ldots, g_k$ eine Basis des $N(A)^\perp$, so dass $Ag_1, \ldots, Ag_k$ den Raum $B(A)$ aufspannt und folglich $\dim B(A) \leq k$, so erhalten wir als Nächstes:

$$\dim N(A) + \dim B(A) \leq n, \quad \text{und} \quad \dim N(A^\top) + \dim B(A^\top) \leq m. \tag{42.72}$$

Wenn wir (42.69) und (42.71) addieren, erkennen wir, dass in (42.72) das Gleichheitszeichen gilt. Wir fassen zusammen:

Satz 42.13 Fundamentalsatz der linearen Algebra *Sei A eine $m \times n$-Matrix. Dann gilt*

$$N(A) \oplus B(A^\top) = \mathbb{R}^n, \quad N(A^\top) \oplus B(A) = \mathbb{R}^m,$$

$$dim\ N(A) + dim\ B(A^\top) = n,\ dim\ N(A^\top) + dim\ B(A) = m,$$

$$dim\ N(A) + dim\ B(A) = n,\ dim\ N(A^\top) + dim\ B(A^\top) = m,$$

$$dim\ B(A) = dim\ B(A^\top).$$

Für den Spezialfall $m = n$ gilt dann und nur dann $B(A) = \mathbb{R}^m$, wenn $N(A) = 0$ (was wir oben mit der Cramerschen Regel bewiesen haben), was besagt, dass Eindeutigkeit Existenz impliziert.

Wir nennen dim $B(A)$ den *Spaltenrang* der Matrix A. Der Spaltenrang von A ist gleich der Dimension des Raumes, der durch die Spalten von A aufgespannt wird. Der *Zeilenrang* von A ist analog gleich der Dimension des Raums, der von den Zeilen von A aufgespannt wird. Die Gleichung dim $B(A) =$ dim $B(A^\top)$ im Fundamentalsatz bringt zum Ausdruck, dass der Spaltenrang von A dem von $A^\top$ entspricht, d.h., dass der Spaltenrang von A dem Zeilenrang von A gleich ist. Wir formulieren dieses Ergebnis:

Satz 42.14 *Die Zahl linear unabhängiger Spalten von A ist gleich der Zahl der linear unabhängigen Zeilen von A.*

Beispiel 42.10. Wir kehren zu Beispiel 42.5 zurück und halten fest, dass die Spaltenstaffelungsform von $A^\top$ der Transponierten der Zeilenstaffelungsform von A entspricht, d.h.

$$\begin{pmatrix} 1 & 0 & 0 & 0 \\ 1 & 1 & 0 & 0 \\ 1 & 2 & 1 & 0 \\ 1 & 3 & 2 & 0 \\ 1 & 6 & 5 & 0 \end{pmatrix}.$$

Wir können nun prüfen, ob die beiden Spaltenvektoren $(0, 1, -2, 1, 0)$ und $(0, 4, -5, 0, 1)$, die $N(A)$ aufspannen, zu $B(A^\top)$ orthogonal sind, d.h. zu den Spalten der Staffelungsform von $\hat{A}^\top$. Natürlich ist dies nur eine Umformulierung der Tatsache, dass diese Vektoren zu den Zeilen der Zeilenstaffelungsform $\hat{A}$ von A orthogonal sind (was direkt aus dem Beweis des Fundamentalsatzes folgt). Wir sehen ferner, dass $N(A) \oplus B(A^\top) = \mathbb{R}^5$, wie wir aus dem Fundamentalsatz erwarten.

42.44 Basiswechsel: Koordinaten und Matrizen

Sei $\{s_1, \ldots, s_n\}$ eine Basis des $\mathbb{R}^n$, wobei $s_j = (s_{1j}, \ldots, s_{nj})$ die Koordinaten der Basisvektoren bezüglich der Einheitsbasis $\{e_1, \ldots, e_n\}$ sind. Mit

(42.32) erhalten wir die folgende Beziehung zwischen den Koordinaten x_i eines Vektors x bezüglich der Einheitsbasis und den Koordinaten $\hat{x}_j$ von x bezüglich der Basis $\{s_1, \ldots, s_n\}$:

$$x_i = \sum_{j=1}^{n} s_{ij}\hat{x}_j \quad \text{für } i = 1, \ldots, n. \tag{42.73}$$

Dies ergibt sich direkt aus dem Skalarprodukt von $\sum_{j=1}^n x_j e_j = \sum_{j=1}^n \hat{x}_j s_j$ mit e_i, unter Zuhilfenahme von $s_{ij} = (e_i, s_j)$.

Wenn wir die Matrix $S = (s_{ij})$ einführen, erhalten wir die folgende Verbindung zwischen den Koordinaten $x = (x_1, \ldots, x_n)$ bezüglich $\{e_1, \ldots, e_n\}$ und den Koordinaten $\hat{x} = (\hat{x}_1, \ldots, \hat{x}_n)$ bezüglich $\{s_1, \ldots, s_n\}$:

$$x = S\hat{x}, \quad \text{d.h. } \hat{x} = S^{-1}x. \tag{42.74}$$

Wir betrachten nun eine lineare Abbildung $f : \mathbb{R}^n \to \mathbb{R}^n$ mit Matrix $A = (a_{ij})$ bezüglich der Einheitsbasis $\{e_1, \ldots, e_n\}$, d.h. mit $a_{ij} = f_i(e_j) = (e_i, f(e_j))$, mit $f(x) = (f_1(x), \ldots, f_n(x))$ in der Einheitsbasis $\{e_1, \ldots, e_n\}$, d.h.

$$y = f(x) = \sum_i f_i(x)e_i = \sum_{i=1}^{n}\sum_{j=1}^{n} a_{ij}x_j e_i = Ax.$$

Wenn wir $y = S\hat{y}$ und $x = S\hat{x}$ schreiben, so erhalten wir

$$S\hat{y} = AS\hat{x}, \quad \text{d.h. } \hat{y} = S^{-1}AS\hat{x}.$$

Daran erkennen wir, dass die Matrix der linearen Abbildung $f : \mathbb{R}^n \to \mathbb{R}^n$ mit der Matrix A bezüglich der Einheitsbasis bezüglich der Basis $\{s_1, \ldots, s_n\}$ die folgende Form annimmt:

$$S^{-1}AS, \tag{42.75}$$

wobei die Koeffizienten s_{ij} der Matrix $S = (s_{ij})$ die Koordinaten der Basisvektoren s_j bezüglich der Einheitsbasis sind.

42.45 Methode der kleinsten Fehlerquadrate

Wir betrachten das lineare $m \times n$-Gleichungssystem $Ax = b$ oder

$$\sum_j^n a_j x_j = b,$$

wobei $A = (a_{ij})$ eine $m \times n$-Matrix ist mit den Spalten $a_j = (a_{1j}, \ldots, a_{mj})$, für $j = 1, \ldots, n$. Wir wissen, dass das System gelöst werden kann, wenn $b \in B(A)$ und dass die Lösung eindeutig ist, wenn $N(A) = 0$. Angenommen, $b \notin B(A)$. Dann gibt es kein $x \in \mathbb{R}^n$, so dass $Ax = b$, und das System

$Ax = b$ hat keine Lösung. Wir können allerdings das Problem durch das folgende Problem der *kleinsten Fehlerquadrate* ersetzen:

$$\min_{x \in \mathbb{R}^n} |Ax - b|^2.$$

Dieses Problem entspricht der Suche nach der Projektion Pb von b auf $B(A)$, d.h. nach der Projektion von b auf den durch die Spalten a_j von A aufgespannten Raum.

Aus den Eigenschaften von Projektionen wissen wir, dass $Pb \in B(A)$ existent ist und durch die Beziehung

$$(Pb, y) = (b, y) \quad \text{für alle } y \in B(A)$$

eindeutig definiert ist. Somit suchen wir $Pb = A\hat{x}$ für ein $\hat{x} \in \mathbb{R}^n$, so dass

$$(A\hat{x}, Ax) = (b, Ax) \quad \text{für alle } x \in \mathbb{R}^n.$$

Diese Beziehung kann umformuliert werden zu:

$$(A^\top A\hat{x}, x) = (A^\top b, x) \quad \text{für alle } x \in \mathbb{R}^n,$$

was der Matrixgleichung

$$A^\top A\hat{x} = A^\top b$$

entspricht, die wir auch *Normalgleichungen* bezeichnen.

Die Matrix $A^\top A$ ist eine symmetrische $n \times n$-Matrix. Wir gehen nun davon aus, dass die Spalten a_j von A linear unabhängig sind. Dann ist $A^\top A$ nicht-singulär, da aus $A^\top Ax = 0$ folgt, dass

$$0 = (A^\top Ax, x) = (Ax, Ax) = |Ax|^2$$

und somit $Ax = 0$ und daher $x = 0$, da die Spalten von A linear unabhängig sind. Somit besitzt die Gleichung $A^\top A\hat{x} = A^\top b$ eine eindeutige Lösung $\hat{x}$ für jede rechte Seite $A^\top b$, die durch

$$\hat{x} = (A^\top A)^{-1} A^\top b$$

gegeben wird. Insbesondere erhalten wir so die folgende Formel für die Projektion Pb von b auf $B(A)$:

$$Pb = A(A^\top A)^{-1} A^\top b.$$

Wir können direkt nachprüfen, dass das so definierte $P : \mathbb{R}^m \to \mathbb{R}^m$ symmetrisch ist und $PP = P$ erfüllt.

Sind die Spalten von A linear abhängig, dann ist $\hat{x}$ bis auf Vektoren $\hat{x}$ in $N(A)$ unbestimmt. Es ist dann eine ganz natürlich Forderung, ein eindeutiges $\hat{x}$ herauszufinden, für das $|\hat{x}|^2$ minimal ist. Aufgrund der orthogonalen Zerlegung $\mathbb{R}^n = B(A^\top) \oplus N(A)$ ist dies äquivalent zur Suche nach einem $\hat{x}$ in $B(A^\top)$, da dadurch nach dem Satz von Pythagoras $|\hat{x}|$ minimiert wird. Wir suchen daher ein $\hat{x}$, so dass

- $A\hat{x}$ der Projektion Pb von b auf $B(A)$ gleich ist,
- $\hat{x} \in B(A^\top)$.

Dies führt uns zu der folgenden Gleichung für $\hat{x} = A^\top \hat{y}$:

$$(A\hat{x}, AA^\top y) = (b, AA^\top y) \quad \text{für alle } y \in \mathbb{R}^m, \tag{42.76}$$

wodurch $\hat{x}$ eindeutig bestimmt wird.

Aufgaben zu Kapitel 42

42.1. Beweisen Sie, dass eine Ebene in $\mathbb{R}^3$, die nicht durch den Ursprung verläuft, kein Unterraum von $\mathbb{R}^3$ ist.

42.2. (a) Was ist ein Vektorraum? (b) Was ist der Unterraum eines Vektorraums?

42.3. Beweisen Sie (42.17) und (42.18).

42.4. Warum muss eine Menge mit mehr als n Vektoren in $\mathbb{R}^n$ linear abhängig sein? Warum muss eine Menge von n linear unabhängigen Vektoren in $\mathbb{R}^n$ eine Basis bilden?

42.5. Beweisen Sie, dass $B(A)$ und $N(A)$ lineare Unterräume von $\mathbb{R}^m$ und $\mathbb{R}^n$ sind und außerdem, dass das orthogonale Komplement $V^\top$ eines Unterraums V von $\mathbb{R}^n$ ebenfalls ein Unterraum von $\mathbb{R}^n$ ist.

42.6. (a) Geben Sie ein Beispiel dafür, dass Permutationen nicht kommutativ sein müssen. (b) Beweisen Sie das Assoziativ-Gesetz für Permutationen.

42.7. Berechnen Sie die Determinanten einiger $n \times n$-Matrizen für $n = 2, 3, 4, 5$.

42.8. Vervollständigen Sie den Beweis der Cauchyschen Ungleichung.

42.9. Schreiben Sie einen Algorithmus für das Gram-Schmidt Orthogonalisierungsverfahren und implementieren Sie es z.B. in *MATLAB*©.

42.10. Vervollständigen Sie (42.52).

42.11. Zeigen Sie, dass für eine orthonormale Matrix $QQ^\top = I$ gilt. Hinweis: Multiplizieren Sie $QQ^\top = I$ von rechts mit C und von links mit Q, wobei C die Matrix ist, für die $QC = I$ gilt.

42.12. Zeigen Sie für 2×2-Matrizen A und B, dass $\det AB = \det A \cdot \det B$.

42.13. Wie viele Operationen werden für die Lösung eines linearen $n \times n$-Gleichungssystems nach der Cramerschen Regel benötigt?

42.14. Beweisen Sie mit Hilfe der Reduktion durch Spaltenstaffelung, dass eine Basis des $\mathbb{R}^n$ genau n Elemente enthält.

42.15. Implementieren Sie Algorithmen für die Reduktion durch Spalten- und Zeilenstaffelung.

42.16. Beweisen Sie, dass die Lösung $\hat{x} \in B(A^\top)$ von (42.76) eindeutig bestimmt ist.

42.17. Konstruieren Sie die Zeilen- und Spaltenstaffelungsform für verschiedene (kleine) Matrizen und prüfen Sie die Gültigkeit des Fundamentalsatzes.

43
Der Spektralsatz

Es scheint drei Möglichkeiten (für eine umfassende physikalische Theorie) zu geben:

1. Es gibt tatsächlich eine alles umfassende Theorie, die wir eines Tages entdecken, falls wir dafür klug genug sind.
2. Es gibt keine abschließende Theorie für das Universum, sondern nur eine unendliche Folge von Theorien, die das Universum immer genauer beschreiben.
3. Es gibt keine Theorie für das Universum; Vorgänge können nicht beliebig genau vorhergesagt werden, sondern sie geschehen in einer Art von Zufälligkeit und Beliebigkeit.

(Stephen Hawking, in *A Brief History of Time*)

43.1 Eigenwerte und Eigenvektoren

Sei $A = (a_{ij})$ eine quadratische $n \times n$-Matrix. Wir wollen die Situation untersuchen, in der sich die Multiplikation eines Vektors mit A wie eine skalare Multiplikation auswirkt. Zunächst wollen wir annehmen, dass die Elemente a_{ij} reelle Zahlen sind. Ist $x = (x_1, \ldots, x_n) \in \mathbb{R}^n$ ein von Null verschiedener Vektor, für den

$$Ax = \lambda x \tag{43.1}$$

gilt, wobei λ eine reelle Zahl ist, dann nennen wir $x \in \mathbb{R}^n$ einen *Eigenvektor* von A und λ den zugehörigen *Eigenwert* von A. Ein Eigenvektor x besitzt die Eigenschaft, dass Ax parallel zu x ist (falls $\lambda \neq 0$) oder $Ax = 0$ (falls $\lambda = 0$). Dies ist eine besondere Eigenschaft, wie sich an den Beispielen leicht erkennen lässt.

Ist x ein Eigenvektor mit zugehörigem Eigenwert λ, dann ist $\bar{x} = \mu x$ für jede von Null verschiedene Zahl μ ebenso ein Eigenvektor zum Eigenwert λ, da,

$$\text{falls } Ax = \lambda x, \text{ dann } A\bar{x} = \mu Ax = \mu\lambda x = \lambda\mu x = \lambda\bar{x}.$$

Daher können wir die Länge eines Eigenvektors ändern, ohne den zugehörigen Eigenwert zu beeinflussen. So können wir beispielsweise einen Eigenvektor auf die Länge 1 normieren. Von Interesse ist nur die Richtung eines Eigenvektors, aber nicht seine Länge.

Wir wollen nun untersuchen, wie Eigenwerte und zugehörige Eigenvektoren einer quadratischen Matrix ermittelt werden. Wir werden sehen, dass dies ein wichtiges Problem der linearen Algebra ist, das in vielfältigen Situationen auftritt. Wir werden den *Spektralsatz* beweisen, nach dem für symmetrische reelle $n \times n$-Matrizen A eine orthogonale Basis des $\mathbb{R}^n$ aus Eigenvektoren existiert. Auch den Fall nicht-symmetrischer Matrizen werden wir kurz ansprechen.

Wenn wir (43.1) zu $(A - \lambda I)x = 0$ mit einem von Null verschiedenen Eigenvektor $x \in \mathbb{R}^n$ und der Einheitsmatrix I umschreiben, so erkennen wir, dass die Matrix $A - \lambda I$ singulär sein muss, falls λ ein Eigenwert ist, d.h. $\det(A - \lambda I) = 0$. Andererseits ist für $\det(A - \lambda I) = 0$ die Matrix $A - \lambda I$ singulär. Daher ist der Nullraum $N(A - \lambda I)$ ungleich dem Nullvektor, so dass also ein Vektor x ungleich Null existiert, für den $(A - \lambda I)x = 0$ gilt, d.h. aber, dass x Eigenvektor zum Eigenwert λ ist. Mit Hilfe der Entwicklungsformel für die Determinante erkennen wir, dass $\det(A - \lambda I)$ ein Polynom in λ vom Grade n ist, dessen Koeffizienten von den Koeffizienten a_{ij} von A abhängen. Die Polynomialgleichung

$$\det(A - \lambda I) = 0$$

wird auch *charakteristische Gleichung* genannt. Wir fassen zusammen:

Satz 43.1 *Die Zahl λ ist dann und nur dann ein Eigenwert der $n \times n$-Matrix A, wenn λ die charakteristische Gleichung* $\det(A - \lambda I) = 0$ *löst.*

Beispiel 43.1. Ist $A = (a_{ij})$ eine 2×2-Matrix, dann lautet die charakteristische Gleichung

$$\det(A - \lambda I) = (a_{11} - \lambda)(a_{22} - \lambda) - a_{12}a_{21} = 0,$$

was einem quadratischen Polynom in λ entspricht. Ist beispielsweise

$$A = \begin{pmatrix} 0 & 1 \\ 1 & 0 \end{pmatrix},$$

dann lautet die charakteristische Gleichung $\det(A - \lambda I) = \lambda^2 - 1 = 0$ mit den Lösungen $\lambda_1 = 1$ und $\lambda_2 = -1$. Die zugehörigen normierten Eigenvektoren lauten $s_1 = \frac{1}{\sqrt{2}}(1, 1)$ und $s_2 = \frac{1}{\sqrt{2}}(1, -1)$, da

$$(A - \lambda_1 I)\begin{pmatrix}1\\1\end{pmatrix} = \begin{pmatrix}-1 & 1\\1 & -1\end{pmatrix}\begin{pmatrix}1\\1\end{pmatrix} = \begin{pmatrix}0\\0\end{pmatrix}.$$

Ganz analog ergibt sich $(A - \lambda_2)s_2 = 0$. Wir halten fest, dass $(s_1, s_2) = s_1 \cdot s_2 = 0$, d.h., die zu verschiedenen Eigenwerten gehörigen Eigenvektoren sind zueinander orthogonal.

43.2 Basis von Eigenvektoren

Angenommen, $\{s_1, \ldots, s_n\}$ sei eine Basis des $\mathbb{R}^n$, die aus Eigenvektoren der $n \times n$-Matrix $A = (a_{ij})$ besteht und die zugehörigen Eigenwerte seien $\lambda_1, \ldots, \lambda_n$, so dass also

$$As_i = \lambda_i s_i \quad \text{für } i = 1, \ldots, n. \tag{43.2}$$

Sei S die Matrix, deren Spalten den Eigenvektoren s_j bezüglich der Einheitsbasis entsprechen. Wir können dann (43.2), wie folgt, in Matrixschreibweise formulieren:

$$AS = SD, \tag{43.3}$$

wobei D eine Diagonalmatrix ist, die die Eigenwerte λ_j auf der Diagonalen trägt. Folglich gilt:

$$A = SDS^{-1} \qquad \text{oder} \qquad D = S^{-1}AS, \tag{43.4}$$

da S eine Basis repräsentiert und daher nicht-singulär ist und folglich invertiert werden kann. Wir sagen, dass S die Matrix A diagonalisiert oder in eine Diagonalmatrix D überführt, wobei die Eigenwerte auf der Diagonalen stehen.

Können wir andererseits die Matrix A in die Form $A = SDS^{-1}$ bringen, mit nicht-singulärem S und Diagonalmatrix D, dann gilt auch $AS = SD$, woran wir sehen, dass die Spalten von S Eigenvektoren zu den zugehörigen Eigenwerten auf der Diagonalen von D sind.

Wenn wir die $n \times n$-Matrix A als lineare Abbildung $f : \mathbb{R}^n \to \mathbb{R}^n$ mit $f(x) = Ax$ betrachten, so können wir die Wirkung von $f(x)$ in einer Basis von Eigenvektoren $\{s_1, \ldots, s_n\}$ durch die Diagonalmatrix D ausdrücken, da $f(s_i) = \lambda_i s_i$. Somit wird die lineare Abbildung $f : \mathbb{R}^n \to \mathbb{R}^n$ durch die Matrix A in der Einheitsbasis und durch die Diagonalmatrix D in der Basis der Eigenvektoren beschrieben. Die Verknüpfung liefert

$$D = S^{-1}AS.$$

Natürlich ist die Wirkung einer Diagonalmatrix sehr einfach zu beschreiben und zu verstehen. Dies ist der Grund dafür, weswegen wir an Eigenwerten und Eigenvektoren interessiert sind.

Wir wollen nun die folgende wichtige Frage auf zwei äquivalente Weisen stellen:

- Gibt es für eine gegebene $n\times n$-Matrix A eine Basis von Eigenvektoren von A?
- Gibt es für eine $n \times n$-Matrix A eine nicht-singuläre Matrix S, so dass $S^{-1}AS$ diagonal ist?

Wie wir wissen, sind die Spalten der Matrix S die Eigenvektoren von A und die Diagonalelemente sind die zugehörigen Eigenwerte.

Wir wollen nun die folgende Teilantwort geben: Ist A eine symmetrische $n \times n$-Matrix, dann gibt es eine orthogonale Basis von $\mathbb{R}^n$, die aus Eigenvektoren besteht. Dies ist der hochgelobte *Spektralsatz für symmetrische Matrizen*. Beachten Sie, dass wir voraussetzen, dass A symmetrisch ist und dass folglich eine Basis von Eigenvektoren so gewählt werden kann, dass sie orthogonal ist.

Beispiel 43.2. Wir wiederholen Beispiel 43.1 und erkennen, dass $s_1 = \frac{1}{\sqrt{2}}(1,1)$ und $s_2 = \frac{1}{\sqrt{2}}(1,-1)$ eine orthogonale Basis bilden. Aus der Orthonormalität von S folgt $S^{-1} = S^\top$ und

$$
\begin{aligned}
S^{-1}AS = \frac{1}{2}\begin{pmatrix}1 & 1\\ 1 & -1\end{pmatrix}\begin{pmatrix}0 & 1\\ 1 & 0\end{pmatrix}\begin{pmatrix}1 & 1\\ 1 & -1\end{pmatrix}& \\
= \frac{1}{2}\begin{pmatrix}1 & 1\\ -1 & 1\end{pmatrix}\begin{pmatrix}1 & 1\\ 1 & -1\end{pmatrix} = \begin{pmatrix}1 & 0\\ 0 & -1\end{pmatrix}&.
\end{aligned}
$$

43.3 Ein einfacher Spektralsatz für symmetrische Matrizen

Die folgende Version des Spektralsatzes für symmetrische Matrizen lässt sich einfach beweisen:

Satz 43.2 *Sei A eine symmetrische $n \times n$-Matrix. Angenommen, A habe n verschiedene Eigenwerte $\lambda_1, \ldots, \lambda_n$ und zugehörige verschiedene Eigenvektoren $s_1, \ldots, s_n$ mit $\|s_j\| = 1$, $j = 1, \ldots, n$. Dann ist $\{s_1, \ldots, s_n\}$ eine orthonormale Basis von Eigenvektoren. Sei $Q = (q_{ij})$ die orthogonale Matrix, wobei die Spalten $(q_{1j}, \ldots, q_{nj})$ den Koordinaten der Eigenvektoren s_j bezüglich der Einheitsbasis entsprechen. Dann ist $D = Q^{-1}AQ$ eine Diagonalmatrix mit den Eigenwerten λ_j auf der Diagonalen und $A = QDQ^{-1}$, mit $Q^{-1} = Q^\top$.*

Um dieses Ergebnis zu beweisen, genügt es, zu zeigen, dass zu verschiedenen Eigenwerten gehörende Eigenvektoren orthogonal sind. Dies ergibt sich aus der Annahme von n verschiedene Eigenwerten $\lambda_1, \ldots, \lambda_n$ mit zugehörigen normierten Eigenvektoren $s_1, \ldots, s_n$. Wenn wir zeigen können, dass diese Eigenvektoren paarweise orthogonal sind, dann bilden sie eine Basis für $\mathbb{R}^n$ und der Beweis ist beendet. Somit nehmen wir an, dass s_i und s_j Eigenvektoren zu den zugehörigen verschiedenen Eigenwerten λ_i und λ_j sind. Da A symmetrisch ist und $(Ax, y) = (x, Ay)$ für alle $x, y \in \mathbb{R}^n$ gilt, erhalten wir:

$$\begin{aligned}\lambda_i(s_i, s_j) &= (\lambda_i s_i, s_j) = (As_i, s_j) = (s_i, As_j)\\ &= (s_i, \lambda_j s_j) = \lambda_j(s_i, s_j).\end{aligned}$$

Daraus folgt, dass $(s_i, s_j) = 0$, da $\lambda_i \neq \lambda_j$. Wir formulieren diese Beobachtung wegen seiner Wichtigkeit in einem Satz.

Satz 43.3 *Sei A eine symmetrische $n \times n$-Matrix und s_i und s_j seien Eigenvektoren von A mit den zugehörigen Eigenwerten λ_i und λ_j mit $\lambda_i \neq \lambda_j$. Dann gilt $(s_i, s_j) = 0$. Anders formuliert, so sind die zu verschiedenen Eigenwerten gehörenden Eigenvektoren orthogonal.*

Beachten Sie, dass wir oben den Spektralsatz für eine symmetrische $n \times n$-Matrix A für den Fall bewiesen haben, dass die charakteristische Gleichung $\det(A - \lambda I) = 0$ tatsächlich n verschiedene Lösungen hat. Somit verbleibt noch, den Fall mehrfacher Lösungen zu untersuchen, wenn es also weniger als n verschiedene Lösungen gibt. Wir werden diesen Fall unten untersuchen. Eilige Leser können diesen Beweis überschlagen.

43.4 Anwendung des Spektralsatzes für ein AWP

Wir präsentieren eine typische Anwendung des Spektralsatzes. Dazu betrachten wir das Anfangswertproblem: Gesucht sei $u : [0, 1] \to \mathbb{R}^n$, so dass

$$\dot{u} = Au, \quad \text{für } 0 < t \leq 1, \quad u(0) = u_0.$$

Dabei ist $A = (a_{ij})$ eine symmetrische $n \times n$-Matrix, mit reellen Koeffizienten a_{ij}, die von t unabhängig sind. Systeme dieser Form treten in vielen Anwendungen auf und das Verhalten solch eines Systems kann sehr kompliziert werden.

Wir setzen nun voraus, dass $\{g_1, \ldots, g_n\}$ eine orthonormale Basis von Eigenvektoren von A ist und dass Q die Matrix ist, deren Spalten den Koordinaten der Eigenvektoren g_j bezüglich der Einheitsbasis entprechen. Dann gilt $A = QDQ^{-1}$, wobei D die Diagonalmatrix ist mit den Eigenwerten λ_j auf der Diagonalen. Wir führen die neuen Variablen $v = Q^{-1}u$ ein, d.h. wir setzen $u = Qv$, mit $v : [0, 1] \to \mathbb{R}^n$. Damit nimmt die Gleichung

$\dot{u} = Au$ die Form $Q\dot{v} = AQv$ an, d.h. $\dot{v} = Q^{-1}AQv = Dv$, wobei wir ausnutzen, dass Q von der Zeit unabhängig ist. Somit gelangen wir zum folgenden Diagonalsystem in der neuen Variablen v:

$$\dot{v} = Dv \quad \text{für } 0 < t \leq 1, \quad v(0) = v_0 = Q^{-1}u_0.$$

Die Lösung dieses entkoppelten Problems lautet

$$v(t) = \begin{pmatrix} \exp(\lambda_1 t) & 0 & 0 & .... & 0 \\ 0 & \exp(\lambda_2 t) & 0 & .... & 0 \\ . & . & . & . & . \\ 0 & 0 & 0 & .... & \exp(\lambda_n) \end{pmatrix} v_0 = \exp(Dt)v_0,$$

wobei $\exp(Dt)$ eine Diagonalmatrix mit den Elementen $\exp(\lambda_j t)$ ist. Die Dynamik dieses Systems lässt sich ganz einfach verstehen: Jede Komponente $v_j(t)$ von $v(t)$ verändert sich mit der Zeit exponentiell mit $v_j(t) = \exp(\lambda_j t)v_{0j}$.

Durch Rücktransformation erhalten wir die folgende Lösungsformel in der ursprünglichen Variablen u:

$$u(t) = Q\exp(Dt)Q^{-1}u_0. \tag{43.5}$$

Mit A aus Beispiel 43.1 erhalten wir die folgenden Lösungsformeln:

$$\begin{aligned} u(t) &= \frac{1}{2}\begin{pmatrix} 1 & 1 \\ 1 & -1 \end{pmatrix}\begin{pmatrix} e^t & 0 \\ 0 & e^{-t} \end{pmatrix}\begin{pmatrix} 1 & 1 \\ 1 & -1 \end{pmatrix}\begin{pmatrix} u_{01} \\ u_{02} \end{pmatrix} \\ &= \frac{1}{2}\begin{pmatrix} (e^t + e^{-t})u_{01} + (e^t - e^{-t})u_{02} \\ (e^t - e^{-t})u_{01} + (e^t + e^{-t})u_{02} \end{pmatrix}. \end{aligned}$$

43.5 Der allgemeine Spektralsatz für symmetrische Matrizen

Oben haben wir gesehen, dass die Eigenwerte einer Matrix A mit den Lösungen der charakteristischen Gleichung $\det(A - \lambda I) = 0$ übereinstimmen. Prinzipiell könnten wir die Eigenwerte und Eigenvektoren einer Matrix dadurch finden, dass wir zunächst einmal die charakteristische Gleichung lösen, so alle Eigenwerte bestimmen und daraus durch Lösen des linearen Gleichungssystems $(A - \lambda I)x = 0$ für jeden Eigenwert λ die zugehörigen Eigenvektoren finden.

Wir wollen nun eine alternative Möglichkeit vorstellen, um die Eigenvektoren und Eigenwerte einer symmetrischen Matrix A zu konstruieren bzw. zu ermitteln, wodurch außerdem der Spektralsatz für eine symmetrische $n \times n$-Matrix A für den allgemeinen Fall mit möglicherweise mehrfachen Lösungen bewiesen wird. In diesem Beweis werden wir eine orthonormale Basis von Eigenvektoren $\{s_1, \ldots, s_n\}$ von A konstruieren, indem wir einen Eigenvektor nach dem anderen, beginnend bei s_1, bestimmen.

Konstruktion des ersten Eigenvektors s_1

Zur Konstruktion des ersten Eigenvektors s_1 betrachten wir das Minimierungsproblem: Gesucht sei $\bar{x} \in \mathbb{R}^n$, so dass

$$F(\bar{x}) = \min_{x \in \mathbb{R}^n} F(x), \tag{43.6}$$

mit dem sogenannten *Rayleigh-Quotienten*:

$$F(x) = \frac{(Ax, x)}{(x, x)} = \frac{(f(x), x)}{(x, x)}. \tag{43.7}$$

Wir beobachten, dass die Funktion $F(x)$ eine *homogene Funktion vom Grade Null* ist, d.h. für jedes $\lambda \in \mathbb{R}$, $\lambda \neq 0$, gilt:

$$F(x) = F(\lambda x),$$

da wir den Faktor λ einfach ausdividieren können. Insbesondere gilt für jedes $x \neq 0$

$$F(x) = F\left(\frac{x}{\|x\|}\right), \tag{43.8}$$

so dass wir unsere Suche nach x in (43.6) auf Vektoren der Länge Eins einschränken können, d.h. wir können das folgende äquivalente Minimierungsproblem betrachten: Gesucht sei $\bar{x}$ mit $\|\bar{x}\| = 1$, so dass

$$F(\bar{x}) = \min_{x \in \mathbb{R}^n, \|x\|=1} F(x). \tag{43.9}$$

Da $F(x)$ auf der abgeschlossenen und beschränkten Untermenge $\{x \in \mathbb{R}^n : \|x\| = 1\}$ von $\mathbb{R}^n$ Lipschitz-stetig ist, wissen wir aus dem Kapitel „Optimierung", dass das Problem (43.9) eine Lösung $\bar{x}$ besitzt und folglich besitzt auch (43.6) eine Lösung $\bar{x}$. Wir setzen $s_1 = \bar{x}$ und kontrollieren, ob s_1 tatsächlich ein Eigenvektor von A ist, d.h. ein Eigenvektor von $f : \mathbb{R}^n \to \mathbb{R}^n$.

Da $\bar{x}$ das Minimierungsproblem (43.6) löst, gilt $\nabla F(\bar{x}) = 0$, wobei ∇F der Gradient von F ist. Die Berechnung von $\nabla F(\bar{x}) = 0$ mit Hilfe der Symmetrie von $F(x)$, bzw. der Matrix A, liefert

$$\nabla F(x) = \frac{(x, x)2Ax - (Ax, x)2x}{(x, x)^2}, \tag{43.10}$$

so dass wir mit $x = \bar{x}$ und $(\bar{x}, \bar{x}) = 1$ erhalten:

$$\nabla F(\bar{x}) = 2(A\bar{x} - (A\bar{x}, \bar{x})\bar{x}) = 0,$$

d.h.

$$A\bar{x} = \lambda_1 \bar{x}, \tag{43.11}$$

mit

$$\lambda_1 = (A\bar{x}, \bar{x}) = \frac{(A\bar{x}, \bar{x})}{(\bar{x}, \bar{x})} = \min_{x \in \mathbb{R}^n} F(x). \tag{43.12}$$

Wenn wir $s_1 = \bar{x}$ setzen, erhalten wir folglich:

$$As_1 = \lambda_1 s_1, \quad \lambda_1 = (As_1, s_1), \quad \|s_1\| = 1.$$

Somit haben wir den ersten normierten Eigenvektor s_1 mit zugehörigem Eigenwert λ_1 konstruiert. Nun definieren wir V_1, als das orthogonale Komplement des durch s_1 aufgespannten Raums, der aus allen Vektoren $x \in \mathbb{R}^n$ besteht, für die $(x, s_1) = 0$. Die Dimension von V_1 ist $n - 1$.

Invarianz von A

Wir halten fest, dass V_1 hinsichtlich A *invariant* ist, da für $x \in V_1$ auch $Ax \in V_1$ gilt. Dies folgt daraus, dass für $(x, s_1) = 0$ auch $(Ax, s_1) = (x, As_1) = (x, \lambda_1 s_1) = \lambda_1(x, s_1) = 0$ gilt. Das bedeutet, dass wir unsere weitere Aufmerksamkeit auf die Wirkung von A auf V_1 beschränken können, da wir die Wirkung von A auf den Raum, der von dem ersten Eigenvektor s_1 aufgespannt wird, bereits untersucht haben.

Konstruktion des zweiten Eigenvektors s_2

Wir betrachten folgendes Minimierungsproblem, um $\bar{x} \in V_1$ zu finden:

$$F(\bar{x}) = \min_{x \in V_1} F(x). \tag{43.13}$$

Mit denselben Argumenten besitzt auch dieses Problem eine Lösung, die wir mit s_2 bezeichnen und die $As_2 = \lambda_2 s_2$ erfüllt, mit $\lambda_2 = \frac{(As_2, s_2)}{(s_2, s_2)}$ und $\|s_2\| = 1$. Da wir in (43.13) über eine kleinere Menge als in (43.6) minimieren, ist $\lambda_2 \geq \lambda_1$. Beachten Sie, dass der Fall $\lambda_2 = \lambda_1$ auftreten kann, obwohl V_1 eine Untermenge des $\mathbb{R}^n$ ist. In diesem Fall sagen wir, dass $\lambda_1 = \lambda_2$ ein *mehrfacher Eigenwert* ist.

Fortsetzung

Sei V_2 der zu $\text{span}\{s_1, s_2\}$ orthogonale Unterraum. Wiederum ist V_2 invariant unter A. Wir können auf diese Weise fortfahren und erhalten so eine orthonormale Basis $\{s_1, \ldots, s_n\}$ von Eigenvektoren von A mit deren zugehörigen Eigenwerten λ_i.

Somit haben wir den berühmten Spektralsatz bewiesen:

Satz 43.4 (Spektralsatz): *Sei $f : \mathbb{R} \to \mathbb{R}$ eine lineare symmetrische Abbildung mit zugehöriger symmetrischer $n \times n$-Matrix A bezüglich der Einheitsbasis. Dann gibt es eine orthogonale Basis $\{g_1, \ldots, g_n\}$ des $\mathbb{R}^n$,* *die aus den Eigenvektoren g_i von f besteht. Die Eigenvektoren erfüllen mit den zugehörigen Eigenwerten λ_j die Gleichung $f(g_j) = Ag_j = \lambda_j g_j$, für $j = 1, \ldots, n$. Es gilt $D = Q^{-1}AQ$, wobei Q eine orthogonale Matrix ist, deren Spalten aus den Koeffizienten der Eigenvektoren g_j bezüglich der Einheitsbasis bestehen. D ist eine Diagonalmatrix mit den Eigenwerten λ_j als Diagonalelementen.*

43.6 Die Norm einer symmetrischen Matrix

Wir wiederholen, dass wir die *euklidische Norm* $\|A\|$ einer $n \times n$-Matrix A durch

$$\|A\| = \max_{x \in \mathbb{R}^n} \frac{\|Ax\|}{\|x\|} \tag{43.14}$$

definierten, wobei wir über $x \neq 0$ maximieren. Aus der Definition folgt

$$\|Ax\| \leq \|A\| \, \|x\|, \tag{43.15}$$

weswegen wir $\|A\|$ als die kleinste Konstante C betrachten können, für die $\|Ax\| \leq C\|x\|$ für alle $x \in \mathbb{R}^n$ gilt.

Wir wollen nun beweisen, dass wir für symmetrisches A die Norm $\|A\|$ direkt mit den Eigenwerten $\lambda_1, \ldots, \lambda_n$ von A verbinden können:

$$\|A\| = \max_{i=1,\ldots,n} |\lambda_i|. \tag{43.16}$$

Dazu gehen wir folgendermaßen vor. Mit Hilfe des Spektralsatzes können wir A als $A = Q^\top \Lambda Q$ schreiben, mit orthonormalem Q und Diagonalmatrix Λ, deren Diagonalelemente den Eigenwerten λ_i entsprechen. Wir erinnern daran (vgl. (42.44)), dass

$$\|\Lambda\| = \max_{i=1,\ldots,n} |\lambda_i| = |\lambda_j| \tag{43.17}$$

und somit gilt für alle $x \in \mathbb{R}^n$:

$$\|Ax\| = \|Q^\top \Lambda Qx\| = \|\Lambda Qx\| \leq \|\Lambda\|\|Qx\| = \|\Lambda\|\|x\| = \max_{i=1,\ldots,n} |\lambda_i|\|x\|,$$

womit wir gezeigt haben, dass $\|A\| \leq \max_{i=1,\ldots,n} |\lambda_i|$. Wenn wir x als den Eigenvektor wählen, der dem betragsgrößten Eigenwert λ_j zugehörig ist, erhalten wir tatsächlich, dass $\|A\| = \max_{i=1,\ldots,n} |\lambda_i| = |\lambda_j|$. Somit haben wir das folgende Ergebnis, einen Eckstein in der numerischen linearen Algebra, bewiesen:

Satz 43.5 *Sei A eine symmetrische $n \times n$-Matrix. Dann ist $\|A\| = \max |\lambda_i|$, wobei $\lambda_1, \ldots, \lambda_n$ die Eigenwerte von A sind.*

43.7 Erweiterung auf nicht-symmetrische reelle Matrizen

Bis jetzt haben wir uns hauptsächlich auf den Fall *reeller Skalarer* konzentriert, d.h. wir haben angenommen, dass die Komponenten der Vektoren reelle Zahlen sind. Wir wissen, dass die Komponenten von Vektoren auch *komplexe Zahlen* sein können und wir können dann auch komplexwertige Eigenwerte zulassen. Nach dem Fundamentalsatz der Algebra besitzt ein Polynom vom Grade n mit komplexen Koeffizienten n komplexe Nullstellen und somit besitzt auch die charakteristische Gleichung $\det(A - \lambda I) = 0$ genau n komplexe Lösungen $\lambda_1, \ldots, \lambda_n$. Folglich besitzt eine $n \times n$-Matrix A n komplexe Eigenwerte $\lambda_1, \ldots, \lambda_n$, falls wir mehrfache Nullstellen entsprechend zählen. Wir haben uns in diesem Kapitel auf symmetrische Matrizen mit reellen Koeffizienten konzentriert und dabei bewiesen, dass eine symmetrische Matrix mit reellen Koeffizienten n reelle Eigenwerte besitzt, falls wir Multiplizitäten berücksichtigen. Für symmetrische Matrizen können wir uns also auf reelle Lösungen der charakteristischen Gleichung beschränken.

Aufgaben zu Kapitel 43

43.1. Beweisen Sie (43.10).

43.2. Berechnen Sie die Eigenwerte und Eigenvektoren einer beliebigen symmetrischen 2×2-Matrix und lösen Sie das entsprechende Anfangswertproblem $\dot{u}(t) = Au(t)$ für $t > 0$, $u(0) = u^0$.

44
Die Lösung linearer Gleichungssysteme

Alles Denken ist ein Art von Berechnung. (Hobbes)

44.1 Einleitung

Wir sind an der Lösung eines linearen Gleichungssystems

$$Ax = b$$

interessiert, wobei A eine $n \times n$-Matrix und $b \in \mathbb{R}^n$ ein n-Vektor ist. Gesucht wird der Lösungsvektor $x \in \mathbb{R}^n$. Wir wissen, dass wir für eine nichtsinguläre Matrix A mit einer Determinante ungleich Null theoretisch die Lösung nach der Cramerschen Regel bestimmen können. Ist n jedoch groß, so ist der Rechenaufwand dabei so immens hoch, dass wir nach einem effizienteren Zugang für die Berechnung der Lösung suchen müssen.

Wir werden zwei Arten von Methoden für die Lösung des Systems $Ax = b$ betrachten: (i) *direkte Methoden*, die auf dem *Gaussschen Eliminationsverfahren* beruhen, die theoretisch nach endlich vielen arithmetischen Operationen eine Lösung liefern, und (ii) *iterative Verfahren*, die im Allgemeinen eine genauer werdende unendliche Folge von Näherungslösungen liefern.

44.2 Direkte Methoden

Wir beginnen mit der Bemerkung, dass einige lineare Systeme einfacher zu lösen sind als andere. Ist beispielsweise $A = (a_{ij})$ *diagonal*, d.h., dass

$a_{ij} = 0$ für $i \neq j$, so ist das System mit n Operationen gelöst: $x_i = b_i/a_{ii}$, $i = 1, \ldots, n$. Ist die Matrix etwa eine *obere Dreiecksmatrix*, d.h., dass $a_{ij} = 0$ für $i > j$ oder eine *untere Dreiecksmatrix*, d.h., dass $a_{ij} = 0$ für $i < j$, lässt sich das System jeweils durch *Rückwärtseinsetzen* oder *Vorwärtseinsetzen* lösen; vgl. Abb. 44.1 für eine Darstellung dieser Matrizentypen. Ist beispielsweise A eine obere Dreiecksmatrix, so löst das „Pseudo-Programm" in Abb. 44.2 das System $Ax = b$ für den Vektor $x = (x_i)$, wenn der Vektor $b = (b_i)$ gegeben ist (unter der Voraussetzung, dass $a_{kk} \neq 0$): In allen drei Fällen besitzt das System eine eindeutige Lösung, solange die Diagonalelemente von A von Null verschieden sind.

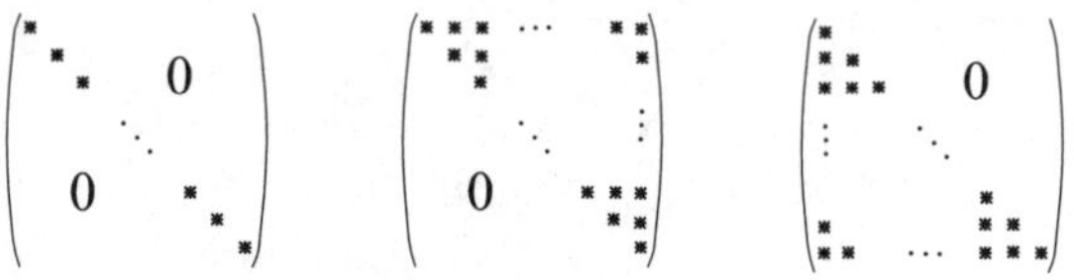

$$\begin{pmatrix} * & & & & 0 \\ & * & & & \\ & & \ddots & & \\ & & & * & \\ 0 & & & & * \end{pmatrix} \quad \begin{pmatrix} * & * & * & \cdots & * & * \\ & * & * & & & * \\ & & * & & & \vdots \\ & & & \ddots & & \\ & 0 & & & * & * \\ & & & & & * \end{pmatrix} \quad \begin{pmatrix} * & & & & & \\ * & * & & & 0 & \\ * & * & * & & & \\ \vdots & & & \ddots & & \\ * & & & & * & \\ * & * & \cdots & & * & * \end{pmatrix}$$

Abb. 44.1. Das Element-Muster von Diagonalmatrizen, oberen und unteren Dreiecksmatrizen A. „$*$" kennzeichnet ein möglicherweise von Null verschiedenes Element

Direkte Methoden basieren auf dem Gaussschen Eliminationsverfahren, das seinerseits auf der Beobachtung beruht, dass die Lösung eines linearen Systems sich unter den folgenden *elementaren Zeilenoperationen* nicht verändert:

- Vertauschen zweier Gleichungen,
- Addition eines Vielfachen einer Gleichung zu einer anderen,
- Multiplikation einer Gleichung mit einer Konstanten ungleich 0.

Die Idee hinter dem Gaussschen Eliminationsverfahren ist, ein gegebenes System mit Hilfe dieser Operationen in eine obere Dreiecksmatrix umzuformen, das dann durch Rückwärtseinsetzen gelöst werden kann.

Beispiel 44.1. Wollen wir beispielsweise das System

$$\begin{aligned} x_1 + x_2 + x_3 &= 1 \\ x_2 + 2x_3 &= 1 \\ 2x_1 + x_2 + 3x_3 &= 1, \end{aligned}$$

lösen, so subtrahieren wir zunächst zweimal die erste Gleichung von der dritten. Dadurch erhalten wir das äquivalente System

$$\begin{aligned} x_1 + x_2 + x_3 &= 1 \\ x_2 + 2x_3 &= 1 \\ -x_2 + x_3 &= -1. \end{aligned}$$

```
x_n = b_n/a_nn

for k = n-1, n-2, ..., 1, do
    sum = 0
    for j = k+1, ..., n, do
        sum = sum + a_kj · x_j
    x_k = (b_k - sum)/a_kk
```

Abb. 44.2. Rückwärtseinsetzen für die Lösung eines Systems mit oberer Dreiecksmatrix

Dabei benutzen wir den *Faktor* 2. Als Nächstes subtrahieren wir -1-mal die zweite Zeile von der dritten und erhalten so:

$$\begin{aligned} x_1 + x_2 + x_3 &= 1 \\ x_2 + 2x_3 &= 1 \\ 3x_3 &= 0. \end{aligned}$$

Dabei ist -1 der Faktor. Nun besitzt das System obere Dreiecksgestalt und kann durch Rückwärtseinsetzen gelöst werden. Wir erhalten so $x_3 = 0$, $x_2 = 1$ und $x_1 = 0$. Das Gausssche Eliminationsverfahren lässt sich in Matrixschreibweise direkt programmieren.

Faktorisieren der Matrix

Es gibt noch eine andere Betrachtungsmöglichkeit für das Gausssche Eliminationsverfahren, das für die Programmierung und für die Spezialbehandlung nützlich ist. Das Gausssche Eliminationsverfahren ist nämlich äquivalent zur Berechnung einer *Faktorisierung* der Koeffizientenmatrix $A = LU$, wobei L eine untere Dreiecksmatrix und U eine obere $n \times n$ Dreiecksmatrix ist. Liegt solch eine Faktorisierung von A vor, dann ist das Lösen des Systems $Ax = b$ einfach. Wir setzen zunächst $y = Ux$, lösen dann $Ly = b$ durch Vorwärtseinsetzen und lösen schließlich $Ux = y$ durch Rückwärtseinsetzen.

Beispiel 44.2. Wir wollen mit dem Gaussschen Eliminationsverfahren die LU Faktorisierung von A aus Beispiel 44.1 illustrieren. Wir führten Zeilenoperationen durch, die das System in obere Dreiecksgestalt brachte. Wenn wir diese Zeilenoperationen auf die Matrix A anwenden, so erhalten wir die folgende Folge:

$$\begin{pmatrix} 1 & 1 & 1 \\ 0 & 1 & 2 \\ 2 & 1 & 3 \end{pmatrix} \to \begin{pmatrix} 1 & 1 & 1 \\ 0 & 1 & 2 \\ 0 & -1 & 1 \end{pmatrix} \to \begin{pmatrix} 1 & 1 & 2 \\ 0 & 1 & 2 \\ 0 & 0 & 3 \end{pmatrix}.$$

Dies entspricht einer oberen Dreiecksmatrix; dem „U" in der LU Zerlegung.

Wir erhalten die Matrix L, wenn wir die Zeilenoperationen als Folge von Matrix Multiplikationen von links, den sogenannten *Gaussschen Abbildungen* formulieren. Diese sind untere Dreiecksmatrizen, die höchstens ein von Null verschiedenes Element außerhalb der Diagonale besitzen und nur Einsen auf der Diagonale. Wir zeigen in Abb. 44.3 eine Gausssche Abbildungsmatrix. Die Multiplikation von A von links mit der Matrix in Abb. 44.3 bewirkt eine Addition der mit α_{ij} multiplizierten j. Zeile von A zur i. Zeile von A. Beachten Sie, dass die Inverse dieser Matrix einfach dadurch erhalten wird, dass wir α_{ij} durch $-\alpha_{ij}$ ersetzen; davon werden wir unten noch Gebrauch machen.

$$\begin{pmatrix} 1 & 0 & & & & \cdots & & & 0 \\ 0 & 1 & 0 & & & & & & 0 \\ & \ddots & 1 & \ddots & & 0 & & & \\ \vdots & & & & & & & & \vdots \\ & 0 & 0 & 0 & \ddots & 0 & & & \\ & 0 & \alpha_{ij} & 0 & \ddots & 1 & \ddots & & \\ & 0 & 0 & 0 & & & \ddots & & \\ & & & & & & 0 & 1 & 0 \\ 0 & & \cdots & & & & & 0 & 1 \end{pmatrix}$$

Abb. 44.3. Eine Gausssche Abbildungsmatrix

Beispiel 44.3. Um in Beispiel 44.2 die erste Zeilenoperation auf A anzuwenden, multiplizieren wir A von links mit

$$L_1 = \begin{pmatrix} 1 & 0 & 0 \\ 0 & 1 & 0 \\ -2 & 0 & 1 \end{pmatrix}$$

und erhalten so:

$$L_1 A = \begin{pmatrix} 1 & 1 & 1 \\ 0 & 1 & 2 \\ 0 & -1 & -1 \end{pmatrix}.$$

Die Multiplikation von links mit L_1 bewirkt die Addition von $-2\times$ (Zeile 1) von A zu (Zeile 3). Wir halten fest, dass L_1 eine untere Dreiecksmatrix ist, mit Einsen als Diagonalelemente.

Als Nächstes multiplizieren wir $L_1 A$ von links mit

$$L_2 = \begin{pmatrix} 1 & 0 & 0 \\ 0 & 1 & 0 \\ 0 & 1 & 1 \end{pmatrix}$$

und erhalten so:

$$L_2 L_1 A = \begin{pmatrix} 1 & 1 & 1 \\ 0 & 1 & 2 \\ 0 & 0 & 3 \end{pmatrix} = U.$$

L_2 ist ebenfalls eine untere Dreiecksmatrix mit Einsen als Diagonalelemente. Daraus erkennen wir, dass $A = L_1^{-1} L_2^{-1} U$ oder $A = LU$, mit

$$L = L_1^{-1} L_2^{-1} = \begin{pmatrix} 1 & 0 & 0 \\ 0 & 1 & 0 \\ 2 & -1 & 1 \end{pmatrix}.$$

Offensichtlich ist L ebenfalls eine untere Dreiecksmatrix mit Einsen als Diagonalelemente und den Faktoren der Zerlegung (mit umgekehrtem Vorzeichen) an den entsprechenden Stellen. Somit haben wir die folgende Faktorisierung erhalten:

$$A = LU = \begin{pmatrix} 1 & 0 & 0 \\ 0 & 1 & 0 \\ 2 & -1 & 1 \end{pmatrix} \begin{pmatrix} 1 & 1 & 1 \\ 0 & 1 & 2 \\ 0 & 0 & 3 \end{pmatrix}.$$

Wir halten fest, dass die Elemente in L unterhalb der Diagonalen genau den Faktoren entsprechen, die wir für das Gausssche Verfahren für A benötigten.

Ein allgemeines lineares System kann in genau derselben Weise mit dem Gaussschen Eliminationsverfahren gelöst werden, wobei wir eine Folge von Gaussschen Abbildungen erzeugen, um damit eine Faktorisierung $A = LU$ zu erhalten.

Eine LU Faktorisierung kann direkt *in situ* durchgeführt werden, wenn wir den für die Matrix A vorgesehenen Speicherplatz zu Hilfe nehmen. Das Programmfragment in Abb. 44.4 berechnet die LU Faktorisierung von A und speichert dabei U im oberen Dreieck von A und die Elemente von L unterhalb der Diagonalen von A. Wir stellen die Speicherung von L und U in Abb. 44.5 dar.

```
for k = 1, ..., n-1, do                              (Schleife über die Zeilen)
   for j = k+1, ..., n, do                           (Entferne Elemente
                                                      unterhalb der Diagonalen)
      a_jk = a_jk/a_kk                               (Speichere die Elemente
                                                      von L)
      for m = k+1, ..., n, do                        (Korrigiere die rest-
                                                      lichen Elemente der Zeile)
         a_jm = a_jm - a_jk × a_km                   (Speichere die Elemente
                                                      von U)
```

Abb. 44.4. Ein Algorithmus zur Berechnung der LU Faktorisierung von A, bei dem die Elemente von L und U auf den Speicherplatz von A geschrieben werden

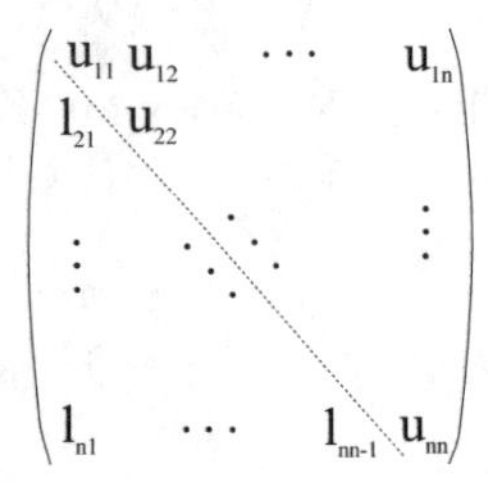

Abb. 44.5. Die Ergebnismatrix aus Algorithmus Abb. 44.4. L und U werden an dem für A vorgesehenen Platz gespeichert

Aufwandsabschätzung

Der Aufwand für die Lösung eines linearen Systems mit einer direkten Methode wird als Zeit zur Berechnung für den Computer gemessen. Praktisch ist die Zeit für den Computer in etwa proportional der Zahl der arithmetischen Operationen plus der Speicheroperationen, die der Computer für die Berechnung benötigt. Traditionell werden (auf einem sequentiellen Computer) die Kosten für die Speicherung eines Wertes mit der Addition und Subtraktion gleichgesetzt, ebenso wie die Zeiten für eine Multiplikation und eine Division. Da Multiplikationen (d.h. Multiplikationen und Divisionen) auf älteren Computern einen entschieden größeren Aufwand verursachten als Additionen, ist es auch üblich, einfach nur die Zahl der Multiplikationen (=Multiplikationen + Divisionen) zu berücksichtigen.

Mit diesem Maß beträgt der Berechnungsaufwand für die LU Zerlegung einer $n \times n$-Matrix $(n^3 - n)/3 = O(n^3/3)$. Wir führen dabei eine neue Schreibweise ein: Das große „O". Der tatsächliche Aufwand ist $(n^3 - n)/3$. Ist n jedoch groß, wird der Ausdruck kleinerer Ordnung $-n/3$ weniger wichtig. Tatsächlich ist

$$\lim_{n\to\infty} \frac{n^3/3 - n/3}{n^3/3} = 1, \tag{44.1}$$

was als Definitionsgleichung für das große „O“ betrachtet werden kann. (Manchmal bedeutet die große „O“-Schreibweise, dass der Grenzwert des Verhältnisses der beiden wichtigen Größen eine beliebige Konstante ist). Mit dieser Schreibweise, beträgt der Berechnungsaufwand für die LU Zerlegung einfach $O(n^3)$.

Der Aufwand für das Vorwärts- und Rückwärtseinsetzen ist viel geringer.

Pivotierung

Während des Eliminationsverfahrens kann es dazu kommen, dass der Koeffizient auf der Diagonalen Null wird. Tritt dies ein, so kann natürlich diese Gleichung nicht zur Elimination der entsprechenden Elemente in derselben Spalte unterhalb dieser Position benutzt werden. Ist die Matrix invertierbar, so ist es jedoch möglich, einen von Null verschiedenen Koeffizienten in derselben Spalte unterhalb der Diagonalposition zu finden. Nach Vertauschen beider Zeilen kann das Gausssche Eliminationsverfahren fortgesetzt werden. Dies wird als *Null-Pivotierung* oder nur *Pivotierung* bezeichnet.

Es ist einfach, Pivotierung in den LU Zerlegungsalgorithmus einzubauen. Bevor wir mit der Elimination mit dem aktuellen Diagonalelement beginnen, prüfen wir, ob es ungleich Null ist. Ist es Null, suchen wir in derselben Spalte bei den Elementen unterhalb der Diagonalen nach dem ersten von Null verschiedenen Wert und vertauschen die zu diesem Wert gehörige Zeile mit der aktuellen Zeile. Da dieser Zeilentausch nur Zeilen in dem „nichtfaktorisierten“ Teil von A einschließt, werden die Gestalten von L und U dadurch nicht beeinflusst. Wir stellen dies in Abb. 44.6 dar.

```
for k = 1, ..., n-1, do                   (Schleife über Zeilen)
  j=k                                      (Suche in der aktuellen
  while a_jk = 0, j=j+1                    Zeile das erste Element
                                           ungleich Null)
  for m = 1, ..., n do
    temp = a_km                            (Vertausche k. und
    a_km = a_jm                            j. Zeile von A)
    a_jm = temp
  for j = k+1, ..., n, do                  (Entferne Elemente
                                           unterhalb des Diagonal-
                                           elements)
    a_jk = a_jk/a_kk                       (Speichere die Elemente
                                           von L)
    for m = k+1, ..., n, do                (Korrigiere die rest-
                                           lichen Elemente der Zeile)
      a_jm = a_jm - a_jk × a_km            (Speichere die Elemente
                                           von U)
```

Abb. 44.6. Ein Algorithmus zur Berechnung der LU Faktorisierung von A mit Pivotierung zur Vermeidung von Nullen auf der Diagonalen

Um eine richtige Lösung für das lineare System $Ax = b$ zu erhalten, müssen wir alle Pivotierungen, die wir an A ausgeführt haben, in b spiegeln. Dies ist mit dem folgenden Trick sehr einfach. Wir definieren einen Vektor ganzer Zahlen $p = (1, 2, \ldots, n)^\top$. Dieser Vektor wird an die Funktion zur LU Faktorisierung weitergegeben und, falls je zwei Zeilen von A vertauscht werden, vertauschen wir auch die zugehörigen Elemente in p. Dann reichen wir den veränderten Vektor p für das Vorwärts- und Rückwärtseinsetzen weiter und adressieren dabei den Vektor b indirekt mit Hilfe des Vektors p, d.h., wir benutzen anstelle von b den Vektor mit den Elementen $(b_{p_i})_{i=1}^n$, wodurch die Zeilen von b korrekt vertauscht werden.

In der Praxis gibt es weitere Gründe für eine Pivotierung. Wie wir bereits bemerkt haben, kann die Berechnung der LU Faktorisierung sehr sensitiv auf Fehler reagieren, die mit der endlichen Genauigkeit der Computer zusammenhängen, falls die Matrix A fast singulär ist. Wir werden dies unten weiter ausführen. Hier wollen wir nur darauf hinweisen, dass eine besondere Art der Pivotierung, die *partielle Pivotierung* genannt wird, benutzt werden kann, um diese Sensitivität zu reduzieren. Bei der partiellen Pivotierung benutzen wir die Strategie, in derselben Spalte unterhalb der aktuellen Diagonalposition nach dem Element mit größtem Betrag zu suchen. Die entsprechende Zeile wird dann mit der aktuellen Zeile vertauscht. Der Einsatz partieller Pivotierung liefert im Allgemeinen genauere Ergebnisse als die Faktorisierung ohne partielle Pivotierung. Ein Grund dafür ist, dass die partielle Pivotierung dafür sorgt, dass Faktoren im Eliminationsverfahren so klein wie möglich bleiben und deswegen Fehlereinträge während des Gaussschen Eliminationsverfahrens so klein wie möglich gehalten werden. Wir verdeutlichen dies an einem Beispiel. Angenommen, wir wollten

$$\begin{aligned} 0{,}00010x_1 + 1{,}00x_2 &= 1{,}00 \\ 1{,}00x_1 + 1{,}00x_2 &= 2{,}00 \end{aligned}$$

auf einem Computer lösen, der drei Dezimalstellen speichern kann. Ohne Pivotierung erhalten wir

$$\begin{aligned} 0{,}00010x_1 + 1{,}00x_2 &= 1{,}00 \\ -10000x_2 &= -10000, \end{aligned}$$

woraus sich $x_2 = 1$ und $x_1 = 0$ ergibt. Beachten Sie, dass wir einen großen Faktor für die Elimination benötigen. Da die richtige Lösung $x_1 = 1{,}0001$ und $x_2 = 0{,}9999$ lautet, besitzt das Ergebnis einen Fehler von 100% in x_1. Vertauschen wir die beiden Zeilen vor der Elimination, was dem partiellen Pivotieren entspricht, erhalten wir

$$\begin{aligned} 1{,}00x_1 + 1{,}00x_2 &= 2{,}00 \\ 1{,}00x_2 &= 1{,}00 \end{aligned}$$

was uns $x_1 = x_2 = 1{,}00$ als Ergebnis liefert.

44.3 Direkte Methoden für Spezialfälle

Oft haben die Matrizen der finiten Element-Methode nach Galerkin zur Lösung von Differentialgleichungen besondere Eigenschaften, die für die Lösung der zugehörigen algebraischen Gleichungen hilfreich sein können. So ist beispielsweise die Steifigkeitsmatrix der finiten Element-Näherung nach Galerkin für das Zwei-Punkte Randwertproblem ohne Konvektion symmetrisch, positiv-definit und tridiagonal. In diesem Abschnitt wollen wir daher eine Reihe von oft vorkommenden unterschiedlichen Spezialfällen untersuchen.

Symmetrische und positiv-definite Systeme

Wie wir angedeutet haben, treten symmetrische und positiv-definite Matrizen oft bei der Diskretisierung von Differentialgleichungen auf (besonders dann, wenn der räumliche Teil der Differentialgleichung vom Typ her elliptisch ist). Ist die Matrix A symmetrisch und positiv-definit, dann kann sie in $A = BB^\top$ faktorisiert werden, wobei B eine untere Dreiecksmatrix mit positiven Diagonalelementen ist. Diese Faktorisierung kann aus der LU Zerlegung von A berechnet werden, aber es gibt eine *kompakte Methode* für die Faktorisierung von A, die nur $O(n^3/6)$ Multiplikationen benötigt und *Cholesky-Verfahren* genannt wird:

$$
\begin{aligned}
&b_{11} = \sqrt{a_{11}} \\
&b_{i1} = \frac{a_{i1}}{b_{11}}, \quad 2 \le i \le n, \\
&\begin{cases} b_{jj} = \left(a_{jj} - \sum_{k=1}^{j-1} b_{jk}^2\right)^{1/2}, \\ b_{ij} = \left(a_{ij} - \sum_{k=1}^{j-1} b_{ik} b_{jk}\right)/b_{jj}. \end{cases} \qquad 2 \le j \le n,\ j+1 \le i \le n
\end{aligned}
$$

Das Verfahren wird als kompakt bezeichnet, da seine Herleitung darauf beruht, dass die Faktorisierung existiert und die Koeffizienten von B direkt aus den Gleichungen berechnet werden, die man aus dem Ansatz $BB^\top = A$ erhält. Beispielsweise ergibt die Multiplikation $BB^\top = A$ für das Element in der ersten Zeile und Spalte b_{11}^2, das deswegen gleich a_{11} sein muss. Dies ist möglich, da A positiv-definit und symmetrisch ist, woraus unter anderem folgt, dass die Diagonalelemente von A während der Faktorisierung positiv bleiben und dass keine Pivotierung bei der Berechnung der LU Zerlegung notwendig ist.

Wir können die Quadratwurzeln in dieser Formel vermeiden, wenn wir eine Faktorisierung $A = CDC^\top$ berechnen, wobei C eine untere Dreiecksmatrix mit Einsen auf der Diagonale ist und D eine Diagonalmatrix mit positiven Diagonalelementen.

Bandmatrizen

Bandmatrizen besitzen nur in einigen Diagonalen um die Hauptdiagonale herum von Null verschiedene Koeffizienten. Anders formuliert, ist $a_{ij} = 0$ für $j \leq i - d_l$ und $j \geq i + d_u$, $1 \leq i, j \leq n$, wobei d_l die *untere Bandbreite*, d_u die *obere Bandbreite* und $d = d_u + d_l - 1$ die *Bandbreite* genannt wird. Wir stellen dies in Abb. 44.7 graphisch dar. Die Steifigkeitsmatrix, die für das Zwei-Punkte Randwertproblem ohne Konvektion berechnet wird, ist ein Beispiel für eine tridiagonale Matrix, das ist eine Matrix mit unterer und oberer Bandbreite 2 und Bandbreite 3.

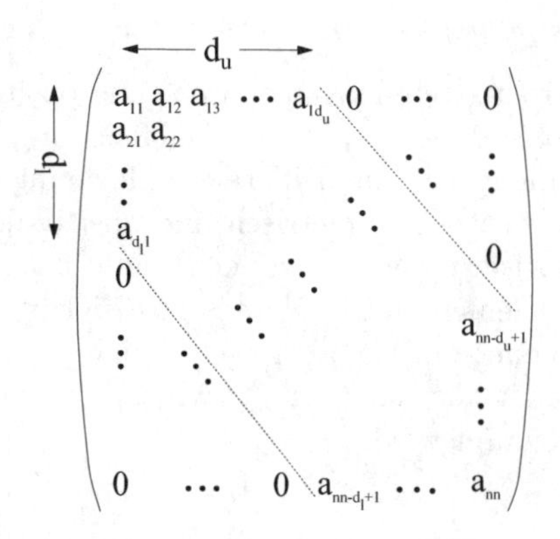

Abb. 44.7. Die Schreibweise für eine Bandmatrix

Wenn wir das Gausssche Eliminationsverfahren zur *LU* Zerlegung ausführen, erkennen wir, dass die Elemente von A, die bereits Null sind, nicht weiter behandelt werden müssen. Gibt es nur relativ wenige Diagonale mit Elementen ungleich Null, dann kann die Ersparnis dadurch groß sein. Außerdem ist keine Speicherung der Null-wertigen Elemente von A notwendig. Eine Anpassung der *LU* Faktorisierung und des Vorwärts- und Rückwärtseinsetzens an eine Bandstruktur kann einfach umgesetzt werden, falls erst einmal ein Speicherschema für die Matrix A ausgedacht wurde. So können wir beispielsweise eine Tridiagonalmatrix als $3 \times n$-Matrix speichern:

$$\begin{pmatrix}
a_{21} & a_{31} & 0 & & \cdots & & 0 \\
a_{12} & a_{22} & a_{32} & 0 & \cdots & & 0 \\
0 & a_{13} & a_{23} & a_{33} & 0 & \cdots & \vdots \\
 & \ddots & \ddots & \ddots & \ddots & \ddots & 0 \\
\vdots & & & 0 & a_{1n-1} & a_{2n-1} & a_{3n-1} \\
0 & & \cdots & & 0 & a_{1n} & a_{2n}
\end{pmatrix}.$$

Dic in Abb. 44.8 dargestellte Funktion berechnet die *LU* Faktorisierung, während die Funktion in Abb. 44.9 das Vorwärts-/Rückwärtseinsetzen liefert.

Der Berechnungsaufwand dieser Funktionen wächst linear mit der Dimension, statt kubisch wie für vollbesetzte Matrizen. Außerdem benötigen wir nur das Äquivalent von sechs Vektoren der Länge n zur Speicherung. Eine effektivere Methode, die als kompakte Methode hergeleitet wird, benötigt sogar weniger Speicherplatz.

Dieser Algorithmus geht davon aus, dass keine Pivotierung für die Faktorisierung von A notwendig ist. Pivotierung während der Faktorisierung einer Bandmatrix führt dazu, dass die Bandbreite größer wird. Dies kann einfach für eine Tridiagonalmatrix gesehen werden, für die wir einen extra Vektor benötigen, um die zusätzlichen Elemente oberhalb der Diagonale zu speichern, die aus der Vertauschung zweier benachbarter Zeilen herrühren.

Wie für eine Tridiagonalmatrix lassen sich auch für Bandmatrizen mit Bandbreite d einfach spezielle *LU* Faktorisierungen und Funktionen zum Vorwärts-/Rückwärtseinsetzen programmieren. Der Berechnungsaufwand beträgt $O(nd^2/2)$ und die Speicheranforderungen entsprechen denen einer Matrix der Dimension $d \times n$, falls keine Pivotierung notwendig wird. Ist d viel kleiner als n, dann sind die Einsparungen für eine Spezialversion beträchtlich.

Es ist zwar wahr, dass L und U Bandmatrizen sind, wenn A eine Bandmatrix ist, aber es stimmt auch, dass im Allgemeinen L und U Elemente

```
for k = 2, ..., n, do
    a_1k = a_1k / a_2k-1
    a_2k = a_2k - a_1k × a_3k-1
```

Abb. 44.8. Eine Funktion zur Berechnung der *LU* Faktorisierung einer Tridiagonalmatrix

```
y_1 = b_1
for k = 2, ..., n, do
    y_k = b_k - a_1k × y_k-1

x_n = y_n / a_2n
for k = n-1, ..., 1, do
    x_k = (y_k - a_3k × x_k+1) / a_2k
```

Abb. 44.9. Vorwärts-/Rückwärtseinsetzen zur Lösung eines tridiagonalen Systems nach durchgeführter *LU* Faktorisierung

ungleich Null an Positionen haben, an denen A Null ist. Dies wird *fill-in* genannt. Insbesondere besitzt die Steifigkeitsmatrix eines Randwertproblems mit mehreren Variablen Bandstruktur, und außerdem haben die meisten der Sub-Diagonalen im Band Koeffizienten, die Null sind. L und U haben diese Eigenschaft jedoch nicht, und wir können A genauso behandeln, als ob alle Diagonale im Band ausschließlich Elemente ungleich Null haben.

Bandmatrizen sind ein Beispiel für die Klasse *dünn besetzter* Matrizen. Dabei ist eine dünn besetzte Matrix eine Matrix, die fast nur Null-Elemente besitzt. Wie bei Bandmatrizen kann die dünne Besetzung ausgenutzt werden, um den Berechnungsaufwand für die Faktorisierung von A bezüglich Zeit und Speicherplatz zu reduzieren. Es ist jedoch schwieriger als für Bandmatrizen, falls die Besetzungsstruktur Elemente an beliebigen Positionen von A aufweist. Ein Verfahren beruht auf der Umordnung von Gleichungen und Variablen oder äquivalent in der Umordnung von Zeilen und Spalten, um eine Bandstruktur zu bilden.

44.4 Iterative Methoden

Statt $Ax = b$ direkt zu lösen, betrachten wir nun iterative Lösungsmethoden, die auf der Berechnung einer Folge von Näherungen $x^{(k)}$, $k = 1, 2, \ldots$, beruhen, so dass

$$\lim_{k\to\infty} x^{(k)} = x \quad \text{oder} \quad \lim_{k\to\infty} \|x^{(k)} - x\| = 0$$

in einer Norm $\|\cdot\|$.

Beachten Sie, dass die endliche Genauigkeit eines Computers sich bei einer iterativen Methode anders auswirkt als bei einer direkten Methode. Eine theoretisch konvergente Folge kann im Allgemeinen auf einem Computer mit endlicher Anzahl von Dezimalstellen ihren Grenzwert nicht erreichen. Tatsächlich verändert sich eine Folge nicht mehr ab dem Punkt, an dem eine Iteration Änderungen bewirkt, die jenseits der darstellbaren Genauigkeit liegen. Praktisch bedeutet dies, dass es keinen Sinn macht, Iterationen über diesen Punkt hinaus zu berechnen, selbst dann, wenn der Grenzwert nicht erreicht wurde. Auf der anderen Seite ist eine geringere Genauigkeit, als die ultimative Maschinengenauigkeit oft ausreichend, weswegen es wichtig ist, die Genauigkeit der augenblicklichen Iterierten abzuschätzen.

Minimierungsalgorithmen

Wir betrachten zunächst iterative Methoden für das lineare System $Ax = b$ mit symmetrischem und positiv-definitem A. Für diesen Fall kann die Lösung x des Gleichungssystems auch in äquivalenter Form als Lösung eines quadratischen Minimierungsproblems charakterisiert werden: Gesucht ist $x \in \mathbb{R}^n$, so dass

$$F(x) \leq F(y) \quad \text{für alle } y \in \mathbb{R}^n, \tag{44.2}$$

mit

$$F(y) = \frac{1}{2}(Ay, y) - (b, y),$$

wobei $(\cdot, \cdot)$ das übliche euklidische Skalarprodukt bedeutet.

Wir konstruieren eine iterative Methode für die Lösung des Minimierungsproblems (44.2), das auf der folgenden einfachen Idee beruht: Wenn $x^{(k)}$ eine Näherungslösung ist, so berechnen wir eine neue Näherung $x^{(k+1)}$ so, dass $F(x^{(k+1)}) < F(x^{(k)})$. Zum einen muss es eine „Abwärts"-Richtung in der aktuellen Position geben, da F eine quadratische Funktion ist, es sei denn wir sind im Minimum. Zum anderen hoffen wir, dass die Funktionswerte monoton abnehmen, wenn wir die Iterierten berechnen und dass so die Folge zum Minimum x konvergieren muss. Solch eine iterative Methode wird *Minimierungsmethode* genannt.

Wenn wir $x^{(k+1)} = x^{(k)} + \alpha_k d^{(k)}$ schreiben, wobei $d^{(k)}$ eine *Suchrichtung* ist und α_k eine *Schrittlänge*, so erhalten wir durch direkte Berechnung:

$$F(x^{(k+1)}) = F(x^{(k)}) + \alpha_k \left(Ax^{(k)} - b, d^{(k)}\right) + \frac{\alpha_k^2}{2}\left(Ad^{(k)}, d^{(k)}\right).$$

Dabei haben wir die Symmetrie von A ausgenutzt, um $(Ax^{(k)}, d^{(k)}) = (x^{(k)}, Ad^{(k)})$ zu erhalten. Ist die Schrittlänge so klein, dass der Ausdruck zweiter Ordnung in α_k vernachlässigt werden kann, dann ergibt sich die Richtung $d^{(k)}$, in die F am schnellsten abnimmt, die auch Richtung des *steilsten Abstiegs* genannt wird, durch

$$d^{(k)} = -(Ax^{(k)} - b) = -r^{(k)},$$

was der entgegengesetzten Richtung des Residuumfehlers $r^{(k)} = Ax^{(k)} - b$ entspricht. Dies führt uns zu einer iterativen Methode der Form

$$x^{(k+1)} = x^{(k)} - \alpha_k r^{(k)}. \tag{44.3}$$

Eine Minimierungsmethode mit dieser Richtungswahl wird *Methode des steilsten Abstiegs* genannt. Die Richtung des steilsten Abstiegs ist senkrecht zur *Höhenlinie* von F durch $x^{(k)}$, wie in Abb. 44.10 dargestellt.

Die Schrittlängen α_k müssen noch gewählt werden. Wir bleiben bei unserer prinzipiellen Vorgehensweise und wählen α_k so, dass wir von $x^{(k)}$ aus zum kleinsten Wert von F in Richtung $d^{(k)}$ gelangen. Die Ableitung von $F(x^{(k)} + \alpha_k r^{(k)})$ nach α_k und Suche nach der Nullstelle der Ableitung führt zu:

$$\alpha_k = -\frac{\left(r^{(k)}, d^{(k)}\right)}{\left(d^{(k)}, Ad^{(k)}\right)}. \tag{44.4}$$

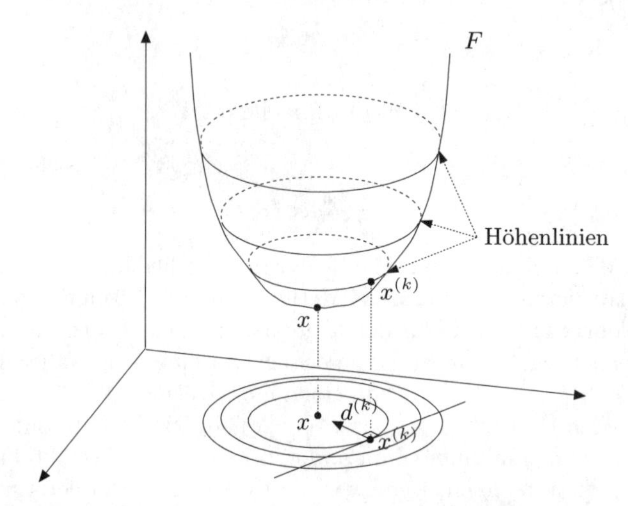

Abb. 44.10. Die Richtung des steilsten Abstiegs von F ist in jedem Punkt senkrecht zur Höhenlinie von F durch diesen Punkt

Beispiel 44.4. Als einfaches Beispiel betrachten wir den Fall

$$A = \begin{pmatrix} \lambda_1 & 0 \\ 0 & \lambda_2 \end{pmatrix}, \quad 0 < \lambda_1 < \lambda_2, \tag{44.5}$$

mit $b = 0$, was dem Minimierungsproblem

$$\min_{y \in \mathbb{R}^n} \frac{1}{2}(\lambda_1 y_1^2 + \lambda_2 y_2^2),$$

mit der Lösung $x = 0$ entspricht.

Wenn wir (44.3) auf dieses Problem anwenden, so iterieren wir nach der Vorschrift

$$x^{(k+1)} = x^{(k)} - \alpha_k A x^{(k)},$$

wobei wir der Einfachheit halber statt (44.4) eine konstante Schrittlänge $\alpha_k = \alpha$ benutzen. In Abb. 44.11 haben wir die Iterationen für $\lambda_1 = 1$, $\lambda_2 = 9$ und $x^{(0)} = (9, 1)^\top$ wiedergegeben. Die Konvergenz ist für diesen Fall ziemlich langsam. Der Grund dafür liegt darin, dass für $\lambda_2 \gg \lambda_1$ die Suchrichtung $-(\lambda_1 x_1^{(k)}, \lambda_2 x_2^{(k)})^\top$ und die Richtung $-(x_1^{(k)}, x_2^{(k)})^\top$ zum Minimum sehr unterschiedlich sind. Daher pendeln die Iterierten in einem langen, engen „Tal" hin und her.

Es zeigt sich, dass die Konvergenzgeschwindigkeit der Methode des steilsten Abstiegs von der *Konditionszahl* $\kappa(A) = \lambda_n/\lambda_1$ von A abhängt, wobei $\lambda_1 \leq \lambda_2 \leq \ldots \leq \lambda_n$ die Eigenwerte von A sind (Die Multiplizitäten sind mitgezählt). Anders ausgedrückt, so entspricht die Konditionszahl einer symmetrischen und positiv-definiten Matrix dem Verhältnis des größten zum kleinsten Eigenwerts.

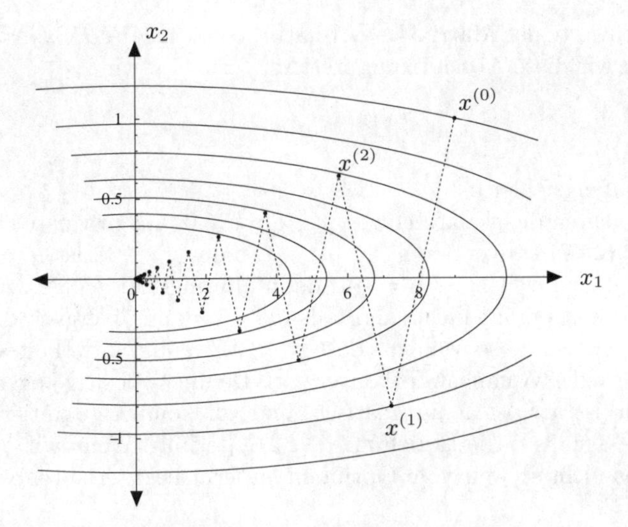

Abb. 44.11. Eine Folge nach der Methode des steilsten Abstiegs für (44.5), wiedergegeben mit einigen Höhenlinien von F

Die allgemeine Definition der Konditionszahl einer Matrix A als Ausdruck der Norm $\|\cdot\|$ lautet $\kappa(A) = \|A\|\|A^{-1}\|$. In der $\|\cdot\|_2$ Norm sind beide Definitionen für symmetrische Matrizen äquivalent. Unabhängig von der Definition der Norm wird eine Matrix *schlecht konditioniert* genannt, wenn $\log(\kappa(A))$ in der gleichen Größenordnung ist wie die Anzahl, der im Computer gespeicherten Dezimalstellen. Wir wir schon sagten, müssen wir mit Schwierigkeiten rechnen, wenn wir ein schlecht konditioniertes System lösen; daraus ergeben sich aufgrund des Rundungsfehlers große Fehler bei direkten Methoden und bei iterativen Methoden führt es zu langsamer Konvergenz.

Wir wollen nun die Methode des steilsten Abstiegs für $Ax = b$ für den Fall einer konstanten Schrittlänge α genauer untersuchen, wobei wir die Vorschrift

$$x^{(k+1)} = x^{(k+1)} - \alpha(Ax^{(k)} - b)$$

benutzen. Da $x = x - \alpha(Ax - b)$ für die genaue Lösung x gilt, erhalten wir die folgende Gleichung für den Fehler $e^{(k)} = x - x^{(k)}$:

$$e^{(k+1)} = (I - \alpha A)e^{(k)}.$$

Die Iterationsmethode konvergiert, wenn der Fehler gegen Null geht. Normieren wir, so erhalten wir

$$\|e^{(k+1)}\| \leq \mu \, \|e^{(k)}\|, \tag{44.6}$$

wobei wir die Spektralnorm (43.16) benutzen, mit

$$\mu = \|I - \alpha A\| = \max_j |1 - \alpha\lambda_j|,$$

da die Eigenwerte der Matrix $I - \alpha A$ natürlich gleich $1 - \alpha\lambda_j$, $j = 1, \ldots, n$ sind. Wenn wir diese Abschätzung iterieren, erhalten wir

$$\|e^{(k+1)}\| \leq \mu^k \, \|e^{(0)}\| \tag{44.7}$$

mit dem Anfangsfehler $e^{(0)}$.

Wir betrachten die skalare Folge $\{\mu^k\}$ für $k \geq 0$, um zu verstehen, wann (44.6) oder (44.7) konvergieren. Ist $|\mu| < 1$, dann $\mu^k \to 0$; ist $\mu = 1$, dann bleibt die Folge gleich 1; ist $\mu = -1$, dann alterniert die Folge zwischen 1 und -1 und konvergiert nicht; und falls $|\mu| > 1$, dann divergiert die Folge. Daher müssen wir α so wählen, dass $\mu < 1$, wenn wir wollen, dass die Iteration für jeden Anfangswert konvergiert. Da die λ_j positiv angenommen werden, gilt $1 - \alpha\lambda_j < 1$ automatisch, und wir können garantieren, dass $1 - \alpha\lambda_j > -1$, falls α die Beziehung $\alpha < 2/\lambda_n$ erfüllt. Wenn wir $\alpha = 1/\lambda_n$ wählen, was nicht so weit vom Optimum entfernt liegt, erhalten wir

$$\mu = 1 - 1/\kappa(A).$$

Ist $\kappa(A)$ groß, kann die Konvergenz langsam sein, da dann der Reduktionsfaktor $1 - 1/\kappa(A)$ fast Eins ist. Um genauer zu sein, so ist die Zahl der Schritte, die nötig sind, um den Fehler um einen bestimmten Betrag zu reduzieren, proportional zur Konditionszahl.

Konvergiert eine Iteration auf diese Weise, d.h., nimmt der Fehler (mehr oder weniger) in jeder Iteration mit einem bestimmten Faktor ab, so sagen wir, dass die Iteration *linear* konvergiert. Wir definieren die *Konvergenzgeschwindigkeit* zu $-\log(\mu)$. Der Grund dafür ist der, dass die Zahl der Iterationen, die nötig sind, um den Fehler um den Faktor 10^{-m} zu reduzieren, ungefähr $-m\log(\mu)$ ist. Beachten Sie, dass eine höhere Konvergenzgeschwindigkeit einen kleineren Wert von μ voraussetzt.

Dies ist eine *a priori* Schätzung für die Reduktion des Fehlers pro Iteration, da wir den Fehler vor der Berechnung abschätzen. Solch eine Analyse muss die kleinstmögliche Konvergenzgeschwindigkeit liefern, da sie für alle Anfangsvektoren gelten muss.

Beispiel 44.5. Wir betrachten das System $Ax = 0$ mit

$$A = \begin{pmatrix} \lambda_1 & 0 & 0 \\ 0 & \lambda_2 & 0 \\ 0 & 0 & \lambda_3 \end{pmatrix} \tag{44.8}$$

und $0 < \lambda_1 < \lambda_2 < \lambda_3$. Für einen Anfangswert $x^{(0)}=(x_1^0, x_2^0, x_3^0)^\top$ liefert die Methode des steilsten Abstiegs mit $\alpha = 1/\lambda_3$ die Folge

$$x^{(k)} = \left(\left(1 - \frac{\lambda_1}{\lambda_3}\right)^k x_1^0, \left(1 - \frac{\lambda_2}{\lambda_3}\right)^k x_2^0, 0\right), \quad k = 1, 2, \ldots,$$

mit

$$\|e^{(k)}\| = \sqrt{\left(1-\frac{\lambda_1}{\lambda_3}\right)^{2k}\left(x_1^0\right)^2 + \left(1-\frac{\lambda_2}{\lambda_3}\right)^{2k}\left(x_2^0\right)^2}, \quad k = 1, 2, \ldots$$

Daher ergibt sich der Fehler für einen beliebigen Anfangsvektor aus der Wurzel des quadratischen Mittels der zugehörigen Iterierten. Die Fehlerabnahme verhält sich wie die Wurzel des quadratischen Mittels der Abnahme in den Komponenten. In Abhängigkeit vom Anfangsvektor konvergieren daher im Allgemeinen die Iterierten zu Anfang schneller als die Abnahme der ersten, d.h. langsamsten, Komponente, oder anders ausgedrückt, schneller als durch (44.6) vorhergesagt. Denn in (44.6) ist die Abnahmegeschwindigkeit des Fehlers durch die Abnahmegeschwindigkeit der langsamsten Komponente beschränkt. Im Iterationsverlauf wird die zweite Komponente jedoch tatsächlich sehr viel kleiner als die erste Komponente (so lange wie $x_1^0 \neq 0$) und wir können dann diesen Ausdruck für den Fehler vernachlässigen, d.h.

$$\|e^{(k)}\| \approx \left(1-\frac{\lambda_1}{\lambda_3}\right)^{k} |x_1^0| \quad \text{für } k \text{ genügend groß.} \tag{44.9}$$

Anders ausgedrückt, so wird die Konvergenzgeschwindigkeit des Fehlers für fast alle Anfangsvektoren tatsächlich durch die Konvergenzgeschwindigkeit der langsamsten Komponente dominiert. Wir können einfach zeigen, dass die Zahl der Iterationen, die wir warten müssen, bis diese Näherung zutrifft, von der relativen Größe der ersten und zweiten Komponente von $x^{(0)}$ abhängt.

Diese einfache Fehleranalyse lässt sich nicht für die originale Methode des steilsten Abstiegs mit veränderlichem α_k anwenden. Es ist jedoch im Allgemeinen wahr, dass die Konvergenzgeschwindigkeit von der Konditionszahl von A abhängt, wobei eine größere Konditionszahl langsamere Konvergenz bedeutet. Wenn wir wiederum die 2×2 Matrix aus Beispiel 44.4 mit $\lambda_1 = 1$ und $\lambda_2 = 9$ betrachten, so besagt die Abschätzung (44.6) für die vereinfachte Methode, dass der Fehler um einen Faktor $1 - \lambda_1/\lambda_2 \approx 0,89$ in jeder Iteration abnehmen sollte. Die durch $x^{(0)} = (9,1)^\top$ erzeugte Folge nimmt exakt mit $0,8$ in jeder Iteration ab. Die vereinfachte Analyse überschätzt die Konvergenzgeschwindigkeit für diese besondere Folge, wenn auch nicht viel. Wenn wir für einen Vergleich $x^{(0)} = (1,1)^\top$ wählen, dann iteriert das Verhältnis zwischen aufeinander folgenden Iterationen zwischen $\approx 0,126$ und $\approx 0,628$, da der Wert von α_k oszilliert und die Folge konvergiert viel schneller als vorhergesagt. Es gibt allerdings auch Anfangsvektoren, die zu Folgen führen, die exakt mit der vorhergesagten Geschwindigkeit konvergieren.

Die Steifigkeitsmatrix A eines linearen Zwei-Punkte Randwertproblems zweiter Ordnung ohne Konvektion ist symmetrisch und positiv-definit und ihre Konditionszahl liegt bei $\kappa(A) \propto h^{-2}$. Daher ist die Konvergenz der Methode des steilsten Abstiegs sehr langsam, wenn die Zahl der Knotenpunkte groß ist.

Ein allgemeines Umfeld für iterative Methoden

Wir wollen nun in Kürze iterative Methoden für ein allgemeines lineares System $Ax = b$ diskutieren. Wir folgen dabei der klassischen Darstellung iterativer Methoden in Isaacson und Keller ([13]). Wir wiederholen, dass einige Matrizen, wie Diagonal- und Dreiecksmatrizen, ziemlich einfach und ohne großen Aufwand invertierbar sind und dass wir das Gausssche Eliminationsverfahren zur Faktorisierung von A in derartige Matrizen verwenden können. Iterative Methoden können als der Versuch betrachtet werden, A^{-1} durch einen Teil von A anzunähern, der einfach invertierbar ist. Dabei setzen wir eine Näherung der Inversen von A ein, um eine Näherungslösung für das lineare System zu berechnen. Da wir die Matrix A nicht wirklich invertieren, versuchen wir die Näherungslösung dadurch zu verbessern, dass wir die Teil-Invertierung immer wieder wiederholen. Auf diesem Hintergrund beginnen wir mit der *Zerlegung* von A in zwei Teile:

$$A = N - P,$$

wobei der Teil N so gewählt wird, dass das System $Ny = c$ für ein c relativ einfach zu berechnen ist. Wir halten fest, dass die wahre Lösung x $Nx = Px + b$ erfüllt und berechnen $x^{(k+1)}$ aus $x^{(k)}$ durch die Lösung von

$$Nx^{(k+1)} = Px^{(k)} + b \quad \text{für } k = 1, 2, \ldots, \tag{44.10}$$

für einen Anfangsvektor $x^{(0)}$. Wir können beispielsweise N als Diagonale von A wählen:

$$N_{ij} = \begin{cases} a_{ij}, & i = j, \\ 0, & i \neq j \end{cases}$$

oder als Dreiecksmatrix:

$$N_{ij} = \begin{cases} a_{ij}, & i \geq j, \\ 0, & i < j. \end{cases}$$

In beiden Fällen ist die Lösung des Systems $Nx^{(k+1)} = Px^{(k)} + b$, verglichen mit einer vollständigen Gaussschen Zerlegung von A so wenig aufwändig, dass wir es uns leisten können, es wiederholt zu lösen.

Beispiel 44.6. Wir betrachten

$$A = \begin{pmatrix} 4 & 1 & 0 \\ 2 & 5 & 1 \\ -1 & 2 & 4 \end{pmatrix} \quad \text{und} \quad b = \begin{pmatrix} 1 \\ 0 \\ 3 \end{pmatrix} \tag{44.11}$$

und wir wählen

$$N = \begin{pmatrix} 4 & 0 & 0 \\ 0 & 5 & 0 \\ 0 & 0 & 4 \end{pmatrix} \quad \text{und} \quad P = \begin{pmatrix} 0 & -1 & 0 \\ -2 & 0 & -1 \\ 1 & -2 & 0 \end{pmatrix},$$

so dass die Gleichung $Nx^{(k+1)} = Px^{(k)} + b$, wie folgt, lautet:

$$\begin{aligned} 4x_1^{k+1} &= -x_2^k + 1 \\ 5x_2^{k+1} &= -2x_1^k - x_3^k \\ 4x_3^{k+1} &= x_1^k - 2x_2^k + 3. \end{aligned}$$

Da N diagonal ist, kann das System einfachst gelöst werden. Mit einem Anfangsvektor erhalten wir die Folge:

$$x^{(0)} = \begin{pmatrix} 1 \\ 1 \\ 1 \end{pmatrix}, \; x^{(1)} = \begin{pmatrix} 0 \\ -0,6 \\ 0,5 \end{pmatrix}, \; x^{(2)} = \begin{pmatrix} 0,4 \\ -0,1 \\ 1,05 \end{pmatrix}, \; x^{(3)} = \begin{pmatrix} 0,275 \\ -0,37 \\ 0,9 \end{pmatrix},$$

$$x^{(4)} = \begin{pmatrix} 0,3425 \\ -0,29 \\ 1,00375 \end{pmatrix}, \cdots \; x^{(15)} = \begin{pmatrix} 0,333330098 \\ -0,333330695 \\ 0,999992952 \end{pmatrix}, \cdots$$

Die Iteration scheint gegen die wahre Lösung $(1/3, -1/3, 1)^\top$ zu konvergieren.

Im Allgemeinen können wir $N = N_k$ und $P = P_k$ in jeder Iteration veränderlich wählen.

Um die Konvergenz von (44.10) zu analysieren, subtrahieren wir (44.10) von der Gleichung $Nx = Px + b$, die von der wahren Lösung erfüllt wird, und erhalten so eine Gleichung für den Fehler $e^{(k)} = x - x^{(k)}$:

$$e^{(k+1)} = Me^{(k)},$$

wobei $M = N^{-1}P$ die *Iterationsmatrix* ist. Iterieren mit k liefert

$$e^{(k+1)} = M^{k+1}e^{(0)}. \tag{44.12}$$

Wir formulieren die Frage nach der Konvergenz etwas um und fragen danach, ob $e^{(k)} \to 0$ für $k \to \infty$. In Analogie zum skalaren Fall, den wir oben untersucht haben, ergibt sich, dass der Fehler $e^{(k)}$ für „kleines" M gegen Null streben sollte. Wir weisen darauf hin, dass die Konvergenzfrage von b unabhängig ist.

Ist $e^{(0)}$ zufälligerweise ein Eigenvektor von M, dann ergibt sich aus (44.12)

$$\|e^{(k+1)}\| = |\lambda|^{k+1}\|e^{(0)}\|,$$

woraus wir folgern, dass die Methode konvergiert, wenn $|\lambda| < 1$ (oder $\lambda = 1$). Umgekehrt können wir zeigen, dass, wenn $|\lambda| < 1$ für alle Eigenwerte von M, die Methode (44.10) tatsächlich konvergiert:

Satz 44.1 *Eine iterative Methode konvergiert dann und nur dann für alle Anfangsvektoren, wenn jeder Eigenwert der zugehörigen Iterationsmatrix betragsmäßig kleiner als Eins ist.*

Dieser Satz wird oft mit Hilfe des *Spektralradiuses* $\rho(M)$ von M ausgedrückt, der dem Maximum der Beträge der Eigenwerte von A entspricht. Eine iterative Methode konvergiert dann und nur dann für alle Anfangsvektoren, falls $\rho(M) < 1$. Im Allgemeinen liegt der asymptotische Grenzwert des Verhältnisses aufeinander folgender Fehler in der Norm $\| \ \|_\infty$ nahe bei $\rho(M)$, wenn die Zahl der Iterationen gegen Unendlich strebt. Wir definieren die *Konvergenzgeschwindigkeit* zu $R_M = -\log(\rho(M))$. Die Zahl der Iterationen, die nötig sind, um den Fehler um einen Faktor 10^m zu reduzieren, ist etwa m/R_M.

Praktisch gesprochen, bedeutet dabei „asymptotisch", dass das Verhältnis mit fortschreitender Iteration variieren kann, besonders zu Anfang. In den vorherigen Beispielen haben wir gesehen, dass diese Art von a priori Fehlerbetrachtungen die Konvergenzgeschwindigkeit unterschätzen kann, sogar für den Spezialfall einer symmetrischen und positiv-definiten Matrix (die eine orthonormale Basis von Eigenvektoren besitzt) bei der Methode des steilsten Abstiegs. Der Allgemeinfall, den wir betrachten, ist komplizierter, da Wechselwirkungen in der Richtung wie auch der Größe auftreten können und eine Abschätzung durch den Spektralradius kann die Konvergenzgeschwindigkeit zu Beginn überschätzen.

Beispiel 44.7. Wir betrachten die nicht-symmetrische (sogar nicht-normale) Matrix

$$A = \begin{pmatrix} 2 & -100 \\ 0 & 4 \end{pmatrix}. \tag{44.13}$$

Die Wahl von

$$N = \begin{pmatrix} 10 & 0 \\ 0 & 10 \end{pmatrix} \text{ und } P = \begin{pmatrix} 8 & 100 \\ 0 & 6 \end{pmatrix} \text{ ergibt } M = \begin{pmatrix} 0{,}9 & 10 \\ 0 & 0{,}8 \end{pmatrix}.$$

Für diesen Fall ist $\rho(M) = 0{,}9$ und wir erwarten, dass die Iteration konvergiert. Sie konvergiert auch tatsächlich, aber die Fehler werden sehr groß, bevor sie sich anschicken, gegen Null zu gehen. Wir stellen die Iterationen, angefangen bei $x^{(0)} = (1,1)^\top$ in Abb. 44.12 dar.

Unser Ziel ist es offensichtlich, eine iterative Methode zu wählen, so dass der Spektralradius der Iterationsmatrix klein ist. Unglücklicherweise ist die Berechnung von $\rho(M)$ im Allgemeinen viel aufwändiger als die Lösung des ursprünglichen linearen Systems und daher unpraktikabel. Wir erinnern daran, dass für jede Norm und jeden Eigenwert λ von A die Ungleichung $|\lambda| \leq \|A\|$ gilt. Der folgende Satz eröffnet uns einen praktikablen Weg zur Konvergenzkontrolle.

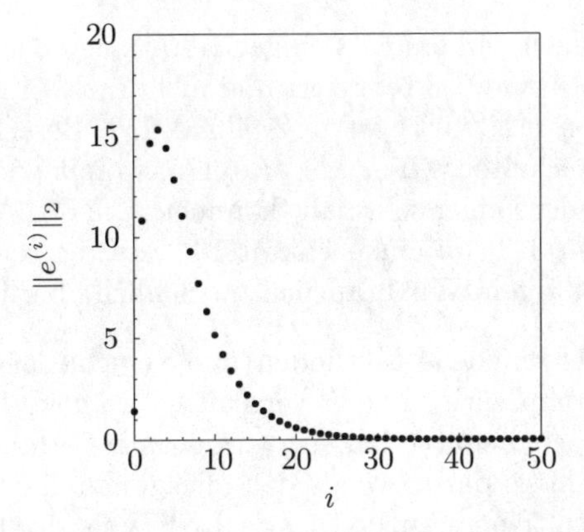

Abb. 44.12. Ergebnisse einer iterativen Methode für eine nicht-normale Matrix

Satz 44.2 *Sei $\|N^{-1}P\| \leq \mu$ für eine Matrixnorm $\|\cdot\|$ und eine Konstante $\mu < 1$. Dann konvergiert die Iteration mit $\|e^{(k)}\| \leq \mu^k \|e^{(0)}\|$ für $k \geq 0$.*

Dieser Satz ist ebenfalls eine a priori Aussage zur Konvergenz und leidet daher unter denselben Schwächen wie oben die Analyse für die vereinfachte Methode des steilsten Abstiegs. Tatsächlich liefert die Wahl einer einfach zu berechnenden Matrixnorm, wie $\| \|_\infty$, im Allgemeinen eine noch ungenauere Abschätzung der Konvergenzgeschwindigkeit als mit Hilfe des Spektralradiuses. Im schlimmsten Fall ist es sogar möglich, dass für die gewählte Norm $\rho(M) < 1 < \|M\|$ gilt, so dass die iterative Methode konvergiert, obwohl der Satz keine Gültigkeit besitzt. Die „Schlampigkeit“ in der Abschätzung in Satz 44.2 hängt davon ab, um wie viel $\|A\|_\infty$ größer ist als $\rho(A)$.

Beispiel 44.8. Wir berechnen für die 3×3-Matrix aus Beispiel 44.6 $\|N^{-1}P\|_\infty = 3/4 = \lambda$ und wissen daher, dass die Folge konvergiert. Der Satz sagt voraus, dass der Fehler in jeder Iteration um einen Faktor 3/4 abnimmt. Wir geben den Fehler in jeder Iteration zusammen mit den Verhältnissen aufeinander folgender Fehler nach der ersten Iteration wieder:

i	$\|e^{(i)}\|_\infty$	$\|e^{(i)}\|_\infty / \|e^{(i-1)}\|_\infty$
0	1,333	
1	0,5	0,375
2	0,233	0,467
3	0,1	0,429
4	0,0433	0,433
5	0,0194	0,447
6	0,00821	0,424
7	0,00383	0,466
8	0,00159	0,414
9	0,000772	0,487

Tatsächlich wird nach den ersten wenigen Iterationen der Fehler um einen Faktor zwischen 0,4 und 0,5 reduziert und nicht um 3/4 wie vorhergesagt. Das Verhältnis von $e^{(40)}/e^{(39)}$ ist ungefähr 0,469. Berechnen wir die Eigenwerte von M, erhalten wir $\rho(M) \approx 0,476$, womit wir dem Verhältnis aufeinander folgender Fehler sehr nahe kommen. Um den Anfangsfehler mit der Vorhersage von 3/4 um einen Faktor 10^{-4} zu reduzieren, würden wir 33 Iterationen benötigen. Wir brauchen tatsächlich aber nur 13.

Wir erhalten verschiedene Methoden und verschiedene Konvergenzgeschwindigkeiten, wenn wir N und P verschieden wählen. Die Methode, die wir im Beispiel oben benutzt haben, wird *Jacobi*-Verfahren genannt. Im Allgemeinen besteht es darin, N als den „Diagonalteil" von A zu wählen und P als den negativen „Außer-Diagonalteil" von A. Dies führt uns zu folgenden Gleichungen

$$x_i^{k+1} = -\frac{1}{a_{ii}}\Big(\sum_{j\neq i} a_{ij}x_j^k - b_i\Big), \qquad i = 1,\ldots,n.$$

Um eine etwas ausgefeiltere Methode herzuleiten, stellen wir diese Glei-

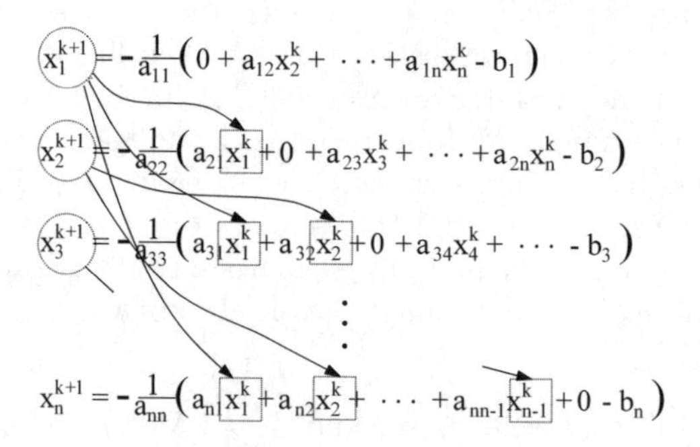

Abb. 44.13. Beim Gauss-Seidel Verfahren werden die neusten Werte eingesetzt, sobald sie verfügbar sind

chungen in Abb. 44.13 anschaulich dar. Die Idee hinter dem *Gauss-Seidel* Verfahren ist, die neuesten Werte der Näherung in diesen Gleichungen zu benutzen, sobald sie bekannt sind. Das Ersetzungsmuster ist in Abb. 44.13 angedeutet. Vermutlich sind die neuen Werte genauer als die alten Werte, weshalb wir die Konvergenzgeschwindigkeit für diese Iteration höher einschätzen würden. Die Gleichungen lauten

$$x_i^{k+1} = \frac{1}{a_{ii}}\Big(-\sum_{j=1}^{i-1} a_{ij}x_j^{k+1} - \sum_{j=i+1}^{n} a_{ij}x_j^k + b_i\Big).$$

Wenn wir die Matrix A in die Summe ihrer unteren Dreiecksmatrix L, der Diagonalen D und der oberen Dreiecksmatrix U zerlegen, $A = L + D + U$, können die Gleichungen in der Form $Dx^{(k+1)} = -Lx^{(k+1)} - Ux^{(k)} + b$ oder

$$(D+L)x^{(k+1)} = -Ux^{(k)} + b$$

geschrieben werden. Daher ist $N = D + L$ und $P = -U$. Die Iterationsmatrix lautet $M_{\mathrm{GS}} = N^{-1}P = -(D+L)^{-1}U$.

Bei der Diskretisierung eines parabolischen Problems treten oft diagonaldominante Matrizen auf. Wir haben für symmetrisches und positiv-definites A bereits gesehen, dass das Gauss-Seidel Verfahren konvergiert. Dies lässt sich allerdings nur schwer beweisen, vgl. Isaacson and Keller ([13]).

44.5 Fehlerschätzungen

Die Frage nach dem Fehler einer numerischen Lösung eines linearen Systems $Ax = b$ tritt sowohl beim Gaussschen Eliminationsverfahren, wegen der kumulativen Wirkung von Rundungsfehlern, als auch bei iterativen Methoden auf, bei denen wir ein Endkriterium benötigen. Daher sollte man in der Lage sein, den Fehler in einer Norm mit einer gewissen Genauigkeit abzuschätzen.

Wir haben dieses Problem bereits im Zusammenhang mit iterativen Methoden im letzten Abschnitt diskutiert, als wir die Konvergenz iterativer Methoden analysiert haben und Satz 44.2 erlaubt uns eine *a priori* Abschätzung der Konvergenzgeschwindigkeit. Es ist eine a priori Schätzung, da der Fehler geschätzt wird, bevor wir mit der Berechnung beginnen. Unglücklicherweise mussten wir uns davon überzeugen lassen, dass diese Abschätzung für eine bestimmte Berechnung sehr ungenau sein kann und außerdem wird die Kenntnis des Anfangsfehlers vorausgesetzt. In diesem Kapitel beschreiben wir eine Technik, um den Fehler *a posteriori* abzuschätzen. Dabei wird also die Näherung nach ihrer Berechnung benutzt, um eine Abschätzung des Fehlers gerade dieser Näherung zu bestimmen.

Wir gehen davon aus, dass x_c eine numerische Lösung des Systems $Ax = b$ ist, das die exakte Lösung x besitzt und wir wollen den Fehler $\|x - x_c\|$ in einer Norm $\|\cdot\|$ abschätzen. Wir sollten uns dabei im Klaren sein, dass wir tatsächlich die Näherungslösung $\tilde{x}_c$ von $\tilde{A}\tilde{x} = \tilde{b}$ mit der wahren Lösung $\tilde{x}$ vergleichen, wobei $\tilde{A}$ und $\tilde{b}$ den Darstellungen der echten Matrix A und des Vektors b mit endlicher Genauigkeit im Computer entsprechen. Das Beste was wir hoffentlich erreichen, ist, $\tilde{x}$ genau zu berechnen. Um ein vollständiges Verständnis zu bekommen, wäre es notwendig, die Einflüsse kleiner Fehler in A und b auf die Lösung x zu untersuchen. Der Einfachheit halber ignorieren wir diesen Teil der Analyse und lassen das $\tilde{}$ weg. Dies ist bei einer typischen iterativen Methode auch sinnvoll. Dies wäre offensichtlich bei der Betrachtung einer direkten Methode weniger sinnvoll, da die Fehler bei direkten Methoden ausschließlich aus der endlichen Genauigkeit herrühren. Allerdings tritt der anfängliche Fehler bei der Speicherung von

A und b auf einem Computer mit eine endlichen Zahl von Dezimalstellen nur einmal auf, wohingegen die Fehler bei arithmetischen Operationen, wie sie beim Gaussschen Eliminationsverfahren anfallen, oft auftreten, so dass dies auch in diesem Fall keine unsinnige Vereinfachung ist.

Wir beginnen mit der Betrachtung des *Residualfehlers*

$$r = Ax_c - b,$$

der ein Maß dafür ist, wie gut x_c die exakte Gleichung löst. Natürlich ist der Residualfehler für die exakte Lösung x gleich Null, aber der Residualfehler von x_c ist ungleich Null, außer wenn wunderbarerweise $x_c = x$. Wir wollen nun den unbekannten Fehler $e = x - x_c$ als Ausdruck des berechenbaren Residualfehlers r abschätzen.

Wenn wir $Ax - b = 0$ von $Ax_c - b = r$ abziehen, erhalten wir eine Gleichung, die eine Verbindung zwischen dem Fehler und dem Residualfehler herstellt:

$$Ae = -r. \tag{44.14}$$

Diese Gleichung besitzt dieselbe Form wie die ursprüngliche Gleichung. Numerische Lösung dieser Gleichung mit derselben Methode wie bei der Berechnung von x_c liefert eine Näherung für den Fehler e. Diese einfache Idee wird unten in einer etwas ausgefeilteren Variante im Zusammenhang mit a posteriori Fehlerabschätzungen für Galerkin-Methoden benutzt.

Beispiel 44.9. Wir verdeutlichen nun diese Technik für das lineare System, das sich aus der finiten Element-Diskretisierung nach Galerkin für ein Zwei-Punkte Randwertproblem ohne Konvektion ergibt. Wir erzeugen ein Problem mit bekannter Lösung, so dass wir den Fehler berechnen können und die Genauigkeit unserer Fehlerabschätzung überprüfen können. Wir wählen den wahren Lösungsvektor x mit den Komponenten $x_i = \sin(\pi i h)$, mit $h = 1/(M+1)$, entsprechend der Funktion $\sin(\pi x)$, und berechnen dann die rechte Seite durch $b = Ax$, wobei A die Steifigkeitsmatrix ist. Wir benutzen ein leicht modifiziertes Jacobi-Verfahren, das berücksichtigt, dass A eine Tridiagonalmatrix ist, um das lineare System zu lösen. Wir benutzen $\| \; \| = \| \; \|_2$, um den Fehler zu messen.

Wir verwenden das Jacobi-Verfahren und iterieren, bis der Residualfehler kleiner wird als eine vorgegebene *Residualtoleranz* RESTOL. Anders ausgedrückt, so berechnen wir das Residuum $r^{(k)} = Ax^{(k)} - b$ nach jeder Iteration und beenden das Verfahren, wenn $\|r^{(k)}\| \leq$ RESTOL. Die Berechnungen nutzen eine Steifigkeitsmatrix bei gleichmäßiger Diskretisierung mit $M = 50$ Knoten, was uns eine finite Element-Näherung mit einem Fehler von $0,0056$ in der L_2-Norm liefert. Wir wählen den Wert von RESTOL so, dass der Fehler bei der Berechnung der Koeffizienten bei der finite Element-Näherung ungefähr 1% des Fehlers der Näherung selbst beträgt. Dies ist sinnvoll, da eine genauere Berechnung der Koeffizienten nicht die wahre Genauigkeit entscheidend verbessern würde. Wenn die Berechnung von $x^{(k)}$

beendet ist, nutzen wir das Jacobi-Verfahren, zur Lösung von (44.14), d.h., um eine Abschätzung des Fehlers zu berechnen.

Mit dem Anfangsvektor $x^{(0)}$, der in allen Elementen Einsen trägt, berechnen wir 6063 Jacobi-Iterationen, um $\|r\| < \text{RESTOL} = 0,0005$ zu erreichen. Der tatsächliche Fehler von $x^{(6063)}$, der aus der wahren Lösung berechnet wird, beträgt etwa 0,0000506233. Wir lösen (44.14) mit 6063 Iterationen des Jacobi-Verfahrens und geben hier alle 400 Iterationen den Wert für die Fehlerabschätzung wieder:

Iter.	g. Fehler	Iter.	g. Fehler	Iter.	g. Fehler
1	0,00049862	2001	0,000060676	4001	0,000050849
401	0,00026027	2401	0,000055328	4401	0,000050729
801	0,00014873	2801	0,000052825	4801	0,000050673
1201	0,000096531	3201	0,000051653	5201	0,000050646
1601	0,000072106	3601	0,000051105	5601	0,000050634

Wir sehen, dass der geschätzte Fehler nach 5601 Iterationen ziemlich genau ist und eigentlich nach 2000 Iterationen schon genügend genau. Im Allgemeinen benötigen wir keine so hohe Genauigkeit für die Fehlerabschätzung wie für die Lösung des Systems, weshalb die Fehlerabschätzung der genäherten Lösung weniger aufwändig ist als die Berechnung der Lösung.

Da wir den Fehler der berechneten Lösung des linearen Systems abschätzen, können wir das Jacobi-Verfahren beenden, wenn der Fehler in den Koeffizienten der finite Element-Näherung genügend klein ist, damit sicher sein kann, dass die Genauigkeit der Näherung nicht darunter leidet. Wenn eine Fehlerabschätzung vorliegt, ist dies eine sinnvolle Vorgehensweise. Wenn wir den Fehler nicht abschätzen, dann ist die beste Strategie, um sicherzustellen, dass die Näherungsgenauigkeit nicht unter dem Lösungsfehler leidet, die Jacobi-Iteration solange zu berechnen, bis der Residualfehler in der Größenordnung von etwa 10^{-p} ist, wobei p der Anzahl Stellen entspricht, die der Computer besitzt. Sicherlich machen Berechnungen danach keinen Sinn mehr. Wenn wir von Berechnungen mit einfacher Genauigkeit ausgehen, dann ist $p \approx 8$. Wir benötigen insgesamt 11672 Jacobi-Iterationen mit demselben Anfangsvektor wie oben, um dieses Maß an Genauigkeit für den Residualfehler zu erlangen. Offensichtlich kostet eine Fehlerschätzung und eine Berechnung der Näherungskoeffizienten mit einer sinnvollen Genauigkeit entschieden weniger als dieses grobe Vorgehen.

Diese Vorgehensweise kann auch für die Abschätzung des Fehlers einer Lösung einer direkten Methode verwendet werden, vorausgesetzt, dass die Effekte der endlichen Genauigkeit einbezogen werden. Die zusätzliche Schwierigkeit besteht darin, dass im Allgemeinen der Residualfehler einer Lösung eines linearen Systems, das mit einer direkten Methode gelöst wurde, sehr klein ist, selbst wenn die Lösung ungenau ist. Daher muss man bei der Berechnung des Residualfehlers äußerste Sorgfalt walten lassen, da mögliche subtraktive Auslöschungen die Berechnung des Residualfehlers selbst ungenau machen. Die Tatsache, dass die Differenz zweier Zahlen, die in den ersten i Stellen gleich sind, zu i führenden Nullen führt, wird *subtraktive Auslöschung* bezeichnet. Sind nur die ersten p Stellen der Zahlen genau, dann kann ihre Differenz höchstens $p - i$ genaue signifikante Stellen haben. Dies kann schwerwiegende Auswirkungen für die Genauigkeit des Residualfehlers haben, falls Ax_c und b in den meisten Stellen, die der Computer darstellen kann, übereinstimmen. Eine Möglichkeit um dies zu vermeiden, ist, die Näherung mit einfacher Genauigkeit zu berechnen und das Residuum in doppelter Genauigkeit (d.h. Berechnung von Ax_c in doppelter Genauigkeit mit anschließender Subtraktion von b). Die tatsächliche Lösung von (44.14) ist relativ günstig im Berechnungsaufwand, da die Faktorisierung von A bereits ausgeführt ist und nur noch das Vorwärts-/Rückwärtseinsetzen notwendig ist.

44.6 Die Methode der konjugierten Gradienten

Wir haben oben gesehen, dass die Zahl der Iterationen für die Lösung eines linearen $n \times n$-Gleichungssystems $Ax = b$ mit symmetrischem und positiv-definitem A nach der Methode des steilsten Abstiegs zur Konditionszahl $\kappa(A) = \lambda_n/\lambda_1$ proportional ist, wobei $\lambda_1 \leq \ldots \leq \lambda_n$ die Eigenwerte von A sind. Daher wird die Zahl der Iterationen groß sein, vielleicht sogar zu groß, wenn die Konditionszahl $\kappa(A)$ groß ist.

Wir wollen nun eine Variante vorstellen, die *Methode der konjugierten Gradienten* oder auch CG-Verfahren (nach engl. conjugate gradient) genannt wird, bei dem die Zahl der Iterationen stattdessen wie $\sqrt{\kappa(A)}$ anwächst, was viel kleiner als $\kappa(A)$ sein kann, wenn $\kappa(A)$ groß ist.

Bei der Methode der konjugierten Gradienten werden neue Suchrichtungen orthogonal bezüglich dem durch die symmetrische und positiv-definite Matrix A induzierten Skalarprodukt gewählt, womit verhindert wird, dass, wie beim normalen Gradientenverfahren, ineffektive Suchrichtungen gewählt werden.

Die Methode der konjugierten Gradienten kann, wie folgt, formuliert werden: Für $k = 1, 2, \ldots$ ist eine Näherungslösung $x^k \in \mathbb{R}^n$ als Lösung des Minimierungsproblems

$$\min_{y \in K_k(A)} F(y) = \min_{y \in K_k(A)} \frac{1}{2}(Ay, y) - (b, y)$$

gesucht, wobei $K_k(A)$ der von den Vektoren $\{b, Ab, \ldots, A^{k-1}b\}$ aufgespannte *Krylov Raum* ist.

Dies ist daher identisch mit der Definition von x^k als Projektion von x auf $K_k(A)$ bezüglich des Skalarprodukts $\langle y, z \rangle$ auf $\mathbb{R}^n \times \mathbb{R}^n$, das durch $\langle y, z \rangle = (Ay, z)$ definiert wird. Wegen der Symmetrie von A und $Ax = b$

gilt nämlich:

$$\frac{1}{2}(Ay, y) - (b, y) = \frac{1}{2}\langle y - x, y - x\rangle - \frac{1}{2}\langle x, x\rangle.$$

Die Methode der konjugierten Gradienten besitzt insbesondere die folgende Minimierungseigenschaft:

$$\|x - x^k\|_A = \min_{y \in K_k(A)} \|x - y\|_A \leq \|p_k(A)x\|_A,$$

wobei $p_k(x)$ ein Polynom vom Grad k ist mit $p_k(0) = 1$ und $\|\cdot\|_A$ ist die Norm bezüglich des Skalarprodukts $\langle\cdot,\cdot\rangle$, d.h. $\|y\|_A^2 = \langle y, y\rangle$. Da nämlich $b = Ax$ wird $K_k(A)$ durch die Vektoren $\{Ax, A^2x, \ldots, A^kx\}$ aufgespannt. Insbesondere können wir folgern, dass für alle Polynome $p_k(x)$ vom Grade k, mit $p_k(0) = 1$, gilt:

$$\|x - x^k\|_A \leq \max_{\lambda \in \Lambda} |p_k(\lambda)| \|x\|_A, \tag{44.15}$$

wobei Λ die Menge der Eigenwerte von A ist. Wählen wir das Polynom $p_k(x)$ geschickt, d.h. als sogenanntes *Tschebyscheff-Polynom* $q_k(x)$ mit der Eigenschaft, dass $q_k(x)$ auf dem Intervall $[\lambda_1, \lambda_n]$, das alle Eigenwerte von A enthält, klein ist, dann können wir beweisen, dass sich die Zahl der Iterationen für große n wie $\sqrt{\kappa(A)}$ verhält.

Ist n nicht groß, dann haben wir insbesondere aus (44.15) gesehen, dass wir in höchstens n Iterationen die exakte Lösung erreichen, da wir das Polynom $p_k(x)$ so wählen können, dass es in den n Eigenwerten von A gleich Null ist.

Wir haben nun die Methode der konjugierten Gradienten durch ihre Eigenschaften definiert: Die Projektion auf einen Krylov Raum bezüglich eines bestimmten Skalarprodukts. Wir werden uns nun der Frage zuwenden, wie die Folge x^k tatsächlich Schritt für Schritt berechnet wird. Dazu gehen wir, wie folgt, vor: Für $k = 0, 1, 2, \ldots$,

$$x^{k+1} = x^k + \alpha_k d^k, \quad \alpha_k = -\frac{(r^k, d^k)}{\langle d^k, d^k\rangle}, \tag{44.16}$$

$$d^{k+1} = -r^{k+1} + \beta_k d^k, \quad \beta_k = \frac{\langle r^{k+1}, d^k\rangle}{\langle d^k, d^k\rangle}, \tag{44.17}$$

wobei $r^k = Ax^k - b$ das Residuum der Näherung x^k ist. Ferner wählen wir $x^0 = 0$ und $d^0 = b$. Hierbei stellt (44.17) sicher, dass die neue Suchrichtung d^{k+1} Richtungsinformationen aus dem neuen Residuum r^{k+1} enthält und dabei orthogonal ist (bezüglich des Skalarprodukts $\langle\cdot,\cdot\rangle$) zur alten Suchrichtung d^k. Außerdem bringt (44.16) zum Ausdruck, dass x^{k+1} so gewählt wird, dass $F(x^{(k)} + \alpha d^k)$ in α minimal wird, was der Projektion auf $K_{k+1}(A)$ entspricht. Wir werden diese Eigenschaften in einer Folge von Aufgaben unten beweisen.

Wir wollen noch festhalten, dass für einen von Null verschiedenen Anfangsvektor x^0, das Ersatzproblem $Ay = b - Ax^0$ für y gelöst werden muss, mit $y = x - x^0$.

44.7 GMRES

Die Methode der konjugierten Gradienten zur Lösung eines $n \times n$-Systems $Ax = b$ basiert darauf, dass A symmetrisch und positiv-definit ist. Ist A nicht-symmetrisch oder indefinit, aber nicht-singulär, können wir zwar die Methode der konjugierten Gradienten auf das Problem $A^\top Ax = A^\top b$ der kleinsten Fehlerquadrate anwenden, aber da die Konditionszahl von $A^\top A$ typischerweise dem Quadrat der Konditionszahl von A entspricht, mag die notwendige Zahl von Iterationen zu groß werden, um effektiv zu sein.

Stattdessen können wir es mit der *Generalized Minimum Residual* Methode, kurz *GMRES*, versuchen, mit der eine Folge von Näherungen x^k für die Lösung x von $Ax = b$ erzeugt wird, für die für jedes Polynom $p_k(x)$ vom Grad $\leq k$ mit $p_k(0) = 1$ gilt:

$$\|Ax^k - b\| = \min_{y \in K_k(A)} \|Ay - b\| \leq \|p_k(A)b\|, \tag{44.18}$$

d.h., x^k ist das Element im Krylov Raum $K_k(A)$, das die euklidische Norm des Residuums $Ay - b$ für $y \in K_k(A)$ minimiert. Wenn wir voraussetzen, dass die Matrix A *diagonalisierbar* ist, dann existiert eine nicht-singuläre Matrix V, so dass $A = VDV^{-1}$, wobei D eine Diagonalmatrix ist, die die Eigenwerte von A als Elemente besitzt. Es gilt dann

$$\|Ax^k - b\| \leq \kappa(V) \max_{\lambda \in \Lambda} |p_k(\lambda)| \|b\|, \tag{44.19}$$

wobei Λ der Menge der Eigenwerte von A entspricht.

In der aktuellen Implementierung von GMRES wird die *Arnoldi Iteration* benutzt, eine Variante der Gram-Schmidt Orthogonalisierung, bei der eine Folge von Matrizen Q_k konstruiert wird, deren orthogonale Spaltenvektoren nach und nach Krylov Räume aufspannen. Wir schreiben $x^k = Q_k c$ und gelangen so zum folgenden Problem des kleinsten Fehlerquadrats:

$$\min_{c \in \mathbb{R}^k} \|AQ_n c - b\|. \tag{44.20}$$

Die Arnoldi Iteration beruht auf der Gleichung $AQ_k = Q_{k+1}H_k$, wobei H_k eine *obere Hessenberg-Matrix* ist, für die $h_{ij} = 0$, für alle $i > j + 1$ gilt. Aus dieser Gleichung erhalten wir durch Multiplikation mit $Q_{k+1}^\top$ ein anderes äquivalentes Problem der kleinsten Fehlerquadrate:

$$\min_{c \in \mathbb{R}^k} \|H_k c - Q_{k+1}^\top b\|. \tag{44.21}$$

Wenn wir die Konstruktion des Krylov Raumes $K_k(A)$ berücksichtigen, insbesondere, dass $K_1(A)$ von b aufgespannt wird, so sehen wir, dass $Q_{k+1}^\top b = \|b\|e_1$, mit $e_1 = (1, 0, 0, \ldots)$. So erhalten wir die endgültige Form des Problems der kleinsten Fehlerquadrate, wie es in der GMRES Iteration gelöst wird:

$$\min_{c \in \mathbb{R}^k} \|H_k c - \|b\| e_1\|. \tag{44.22}$$

Dies Problem ist wegen der einfachen Struktur der Hessenberg-Matrix H_k einfach zu lösen.

Beispiel 44.10. In Abb. 44.14 vergleichen wir die Leistungsfähigkeit der Methode der konjugierten Gradienten und GMRES für ein System mit einer tridiagonalen 200×200-Matrix mit Einsen auf der Diagonalen und zufälligen außer-Diagonal Elementen, die Werte im Intervall $(-0,5; 0,5)$ annehmen können. Auf der rechten Seite steht ein Zufallsvektor mit Werten in $[-1, 1]$. Die Systemmatrix ist für dieses Beispiel nicht symmetrisch, aber sie ist streng diagonal dominant und kann als eine Störung der Einheitsmatrix betrachtet werden und sollte einfach iterativ lösbar sein. Wir sehen, dass sowohl die Methode der konjugierten Gradienten als auch GMRES ziemlich schnell konvergieren, wobei GMRES mit weniger Iterationen gewinnt.

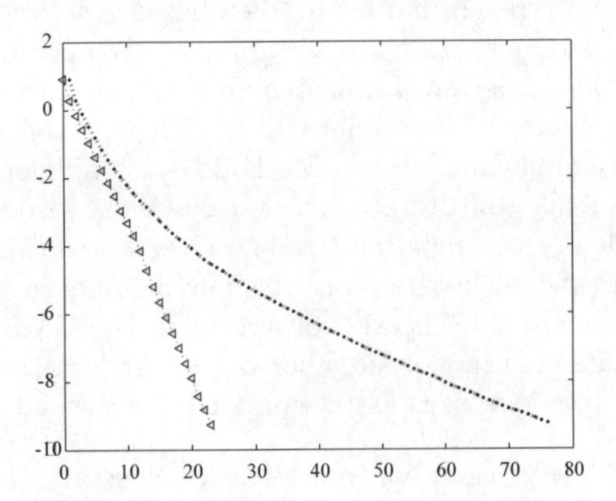

Abb. 44.14. Logarithmische Darstellung des Residuums gegen die Zahl der Iterationen für eine diagonal dominante Zufallsmatrix. Benutzt wurde die Methode der konjugierten Gradienten '·' und GMRES $\triangleleft$

Bei GMRES müssen wir die Basisvektoren für den anwachsenden Krylov Raum speichern, was für große Systeme, die viele Iterationen benötigen, zu groß werden kann. Um dieses Problem zu verhindern, wird GMRES neu gestartet, wenn eine Maximalzahl von Basisvektoren erreicht wird, indem wir die letzte Näherung als Anfangsnäherung x^0 benutzen. Der Nachteil ist natürlich der, dass ein GMRES mit Neustart mehr Iterationen für dieselbe Genauigkeit benötigen kann als GMRES ohne Neustart.

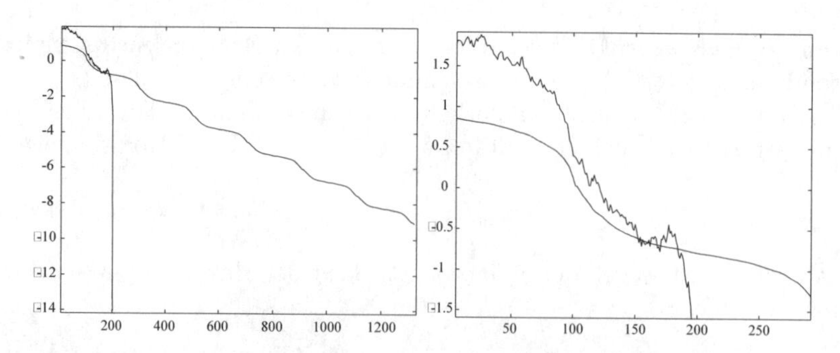

Abb. 44.15. Logarithmische Darstellung des Residuums gegen die Zahl der Iterationen für eine Steifigkeitsmatrix. Benutzt wurde die Methode der konjugierten Gradienten und GMRES, das nach 100 Iterationen neu gestartet wird. Die Abbildung rechts gibt einen Ausschnitt vergrößert wieder

Beispiel 44.11. Wir wollen nun als etwas größere Herausforderung ein System einer 200×200-Steifigkeitsmatrix betrachten, das ist ein System mit einer Tridiagonalmatrix mit Zweien auf der Diagonalen und -1 als Außer-Diagonalelemente (die Matrix ist daher nicht streng diagonal dominant). Wir werden diese Art von Systemmatrix im Kapitel „FEM für Zwei-Punkte Randwertprobleme" treffen und sehen, dass deren Konditionszahl proportional zum Quadrat der Zahl der Unbekannten ist. Wir erwarten daher, dass die Methode der konjugierten Gradienten ungefähr die gleiche Zahl von Iterationen benötigt, wie es Unbekannte gibt. In Abb. 44.15 vergleichen wir wiederum die Leistungsfähigkeit der Methode der konjugierten Gradienten mit GMRES, das alle 100 Iterationen neu gestartet wird. Wir erkennen, dass die Methode der konjugierten Gradienten wie erwartet ziemlich langsam konvergiert (und nicht monoton), bis zur plötzlichen Konvergenz bei Iteration 200; wie von der Theorie vorhergesagt. Die GMRES Iterationen zeigen andererseits eine monotone, aber doch sehr langsame Konvergenz, insbesondere nach jedem Neustart, wenn der Krylov Raum klein ist.

In Abb. 44.16 vergleichen wir verschiedene Neustart Bedingungen für GMRES. Wir erkennen dabei, dass es zu einem Ausgleich zwischen Konvergenzgeschwindigkeit und Speicherbelegung kommt: Wenige Neustarts ergeben eine schnellere Konvergenz, erfordern aber mehr Speicher, um mehr Basisvektoren des Krylov Raums zu speichern. Andererseits sparen wir Speicher, wenn wir mehr Neustarts benutzen, aber die Konvergenzgeschwindigkeit leidet darunter.

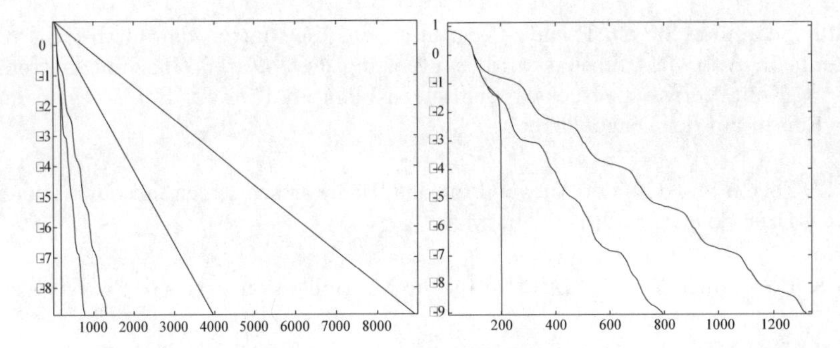

Abb. 44.16. Logarithmische Darstellung des Residuums gegen die Zahl der Iterationen für eine Steifigkeitsmatrix. Benutzt werden GMRES und GMRES mit Neustart nach 20, 50, 100 und 150 Iterationen (links). Die Abbildung rechts gibt einen Ausschnitt für GMRES und GMRES mit Neustart nach 100 und 150 Iterationen wieder

Aufgaben zu Kapitel 44

44.1. Schreiben Sie in einem ähnlichen Format Algorithmen, um (i) ein Diagonalsystem zu lösen und (ii) ein unteres Dreieckssystem durch Vorwärtseinsetzen zu lösen. Bestimmen Sie die Zahl der arithmetischen Operationen, die jeweils zur Lösung notwendig sind.

44.2. Zeigen Sie, dass die Multiplikation einer quadratischen Matrix A von links durch die Matrix in Abb. 44.3 dazu führt, dass α_{ij}-mal Zeile j von A zu Zeile i von A addiert wird. Zeigen Sie, dass die Inverse der Matrix in Abb. 44.3 durch Vertauschen von α_{ij} mit $-\alpha_{ij}$ entsteht.

44.3. Zeigen Sie, dass das Produkt zweier Gaussschen Abbildungen eine untere Dreiecksmatrix ergibt mit Einsen auf der Diagonalen und dass das Inverse einer Gaussschen Abbildung wieder eine Gausssche Abbildung ist.

44.4. Lösen Sie das System

$$\begin{aligned} x_1 - x_2 - 3x_3 &= 3 \\ -x_1 + 2x_2 + 4x_3 &= -5 \\ x_1 + x_2 &= -2 \end{aligned}$$

durch Berechnung einer LU Faktorisierung der Koeffizientenmatrix und durch Vorwärts-/Rückwärtseinsetzen.

44.5. Auf einigen Computern dauert die Division zweier Zahlen bis zu zehnmal länger als die Berechnung des reziproken Wertes des Nenners und Multiplikation des Ergebnisses mit dem Zähler. Verändern Sie das Programm, um Divisionen zu vermeiden. Hinweis: Der Reziprokwert des Diagonalelements a_{kk} muss nur einmalig berechnet werden.

44.6. Schreiben Sie ein Pseudo-Programm, das die Matrix, die durch das Programm in Abb. 44.4 erzeugt wird, zur Lösung des linearen Gleichungssystems $Ax = b$ mit Vorwärts-/Rückwärtseinsetzen benutzt. Hinweis: Bei L fehlen nur die Einsen auf der Diagonalen.

44.7. Zeigen Sie, dass der Aufwand für das Rückwärtseinsetzen mit einer oberen $n \times n$-Dreiecksmatrix $O(n^2/2)$ beträgt.

44.8. Bestimmen Sie den Aufwand für die Multiplikation zweier $n \times n$ Matrizen.

44.9. Eine Möglichkeit zur Berechnung der Inversen einer Matrix betrachtet die Gleichung $AA^{-1} = I$ als eine Menge linearer Gleichungen für die Spalten von A^{-1}. Ist a_j die j. Spalte von A^{-1}, dann gilt

$$Aa_j = e_j$$

wobei e_j der Einheitsbasisvektor des $\mathbb{R}^n$ ist mit einer Eins an der j. Stelle. Schreiben Sie mit dieser Idee ein Pseudo-Programm zur Berechnung der Inversen einer Matrix mit LU Faktorisierung und Vorwärts-/Rückwärtseinsetzen. Beachten Sie, dass die LU Faktorisierung nur einmal berechnet werden muss. Zeigen Sie, dass der Aufwand für die Berechnung der Inversen so $O(4n^3/3)$ beträgt.

44.10. Lösen Sie mit Pivotierung das System:

$$\begin{aligned} x_1 + x_2 + x_3 &= 2 \\ x_1 + x_2 + 3x_3 &= 5 \\ -x_1 - 2x_3 &= -1. \end{aligned}$$

44.11. Modifizieren Sie die LU Faktorisierung und die Funktionen zum Vorwärts- und Rückwärtseinsetzen, um ein lineare System mit Pivotierung zu lösen.

44.12. Verändern sie das Programm in Aufgabe 44.11 für partielle Pivotierung.

44.13. Berechnen Sie den Aufwand für das Cholesky-Verfahren.

44.14. Berechnen Sie die Cholesky-Faktorisierung von

$$\begin{pmatrix} 4 & 2 & 1 \\ 2 & 3 & 0 \\ 1 & 0 & 2 \end{pmatrix}.$$

44.15. Zeigen Sie, dass die Lösung eines tridiagonalen Systems nach Abb. 44.9 $O(5n)$ benötigt.

44.16. Finden Sie einen Algorithmus, der mit der Speicherung von vier Vektoren der Dimension n zur Lösung eines tridiagonalen Systems auskommt.

44.17. Es gibt eine kompakte Form der Faktorisierung einer Tridiagonalmatrix. Gehen Sie von einer Faktorisierung von A wie in

$$A = \begin{pmatrix} \alpha_1 & 0 & & \cdots & 0 \\ \beta_2 & \alpha_2 & 0 & & \vdots \\ 0 & \beta_3 & \alpha_3 & & \\ \vdots & & & \ddots & 0 \\ 0 & \cdots & 0 & \beta_n & \alpha_n \end{pmatrix} \begin{pmatrix} 1 & \gamma_1 & 0 & \cdots & & 0 \\ 0 & 1 & \gamma_2 & 0 & & \\ \vdots & & & \ddots & \ddots & \\ & & & & 1 & \gamma_{n-1} \\ 0 & \cdots & & & 0 & 1 \end{pmatrix}$$

aus. Ziehen Sie Faktoren heraus und bestimmen Sie Gleichungen für α, β, und γ. Leiten Sie ein Programm für diese Formeln her.

44.18. Schreiben Sie ein Programm zur Lösung eines tridiagonalen Systems, das aus der finiten Element-Diskretisierung eines Zwei-Punkte Randwertproblems nach Galerkin stammt. Vergleichen Sie für 50 Knoten die Zeit, die ihr tridiagonaler Löser benötigt, mit der Zeit für eine vollständige LU Faktorisierung.

44.19. Zeigen Sie, dass der Berechnungsaufwand für einen Löser mit Bandstruktur für eine $n \times n$-Matrix mit Bandbreite d sich wie $O(nd^2/2)$ verhält.

44.20. Schreiben Sie ein Programm zur Lösung eines linearen Systems mit Bandbreite fünf um die Diagonale herum. Wie viele Operationen benötigt Ihr Programm?

44.21. Beweisen Sie, dass die Lösung von (44.2) auch $Ax = b$ löst.

44.22. Beweisen Sie für eine Funktion F, dass die Richtung des steilsten Abstiegs in einem Punkt zur Höhenlinie von F durch diesen Punkt senkrecht ist.

44.23. Beweisen Sie (44.4).

44.24. Beweisen Sie, dass die Höhenlinien von F im Falle von (44.5) Ellipsen sind, deren Haupt- und Nebenachsen zu $1/\sqrt{\lambda_1}$ und $1/\sqrt{\lambda_2}$ proportional sind.

44.25. Berechnen Sie für A aus (44.8) die Iterationen zu $\lambda_1 = 1$, $\lambda_2 = 2$, $\lambda_3 = 3$ und $x^{(0)} = (1, 1, 1)^\top$ für das System $Ax = 0$. Stellen Sie die Verhältnisse aufeinander folgender Fehler gegen die Iterationszahl graphisch dar. Konvergieren die Verhältnisse zu dem durch die Fehleranalyse vorhergesagten?

44.26. Beweisen Sie, dass sich die Abschätzung (44.9) auf jede symmetrische und positiv-definite Matrix A, diagonal oder nicht, verallgemeinern lässt. Hinweis: Nutzen Sie aus, dass es eine Menge von Eigenvektoren von A gibt, die eine orthonormale Basis des $\mathbb{R}^n$ bilden und schreiben Sie den Anfangsvektor in dieser Basis. Berechnen Sie eine Formel für die Iterierten und den Fehler.

44.27. (a) Berechnen Sie die Iterationen mit dem steilsten Abstieg für (44.5) für $x^{(0)} = (9, 1)^\top$ und $x^{(0)} = (1, 1)^\top$ und vergleichen Sie die Konvergenzgeschwindigkeiten. Versuchen Sie für jeden Fall eine Zeichnung wie Abb. 44.11. Versuchen Sie eine Erklärung für die verschiedenen Konvergenzgeschwindigkeiten zu geben. (b) Finden Sie einen Anfangsvektor, der eine Folge erzeugt, die mit der Geschwindigkeit abnimmt, wie mit der vereinfachten Fehleranalyse vorhergesagt.

44.28. Zeigen Sie, dass die Methode des steilsten Abstiegs einer Wahl von

$$N = N_k = \frac{1}{\alpha_k} I, \text{ und } P = P_k = \frac{1}{\alpha_k} I - A,$$

beim allgemeinen iterativen Algorithmus mit geeignetem α_k entspricht.

44.29. Berechnen Sie die Eigenwerte und Eigenvektoren der Matrix A in (44.13) und zeigen Sie, dass A nicht normal ist.

44.30. Zeigen Sie, dass die Matrix $\begin{pmatrix} 1 & -1 \\ 1 & 1 \end{pmatrix}$ normal ist.

44.31. Beweisen Sie Satz 44.2.

44.32. Berechnen Sie 10 Jacobi-Iterationen für A und b in (44.11) und dem Anfangsvektor $x^{(0)} = (-1,\ 1,\ -1)^\top$. Bestimmen Sie die Fehler und die Verhältnisse aufeinander folgender Fehler und vergleichen Sie sie mit den Ergebnissen oben.

44.33. Wiederholen Sie Aufgabe 44.32 für

$$A = \begin{pmatrix} 4 & 1 & 100 \\ 2 & 5 & 1 \\ -1 & 2 & 4 \end{pmatrix} \quad \text{und} \quad b = \begin{pmatrix} 1 \\ 0 \\ 3 \end{pmatrix}.$$

Lässt sich Satz 44.2 auf diese Matrix anwenden?

44.34. Zeigen Sie, dass bei die Jacobi-Iteration $N = D$ und $P = -(L + U)$ gilt und dass die Iterationsmatrix $M_J = -D^{-1}(L + U)$ lautet.

44.35. (a) Lösen Sie (44.11) nach dem Gauss-Seidel Verfahren und vergleichen Sie die Konvergenz mit dem des Jacobi-Verfahrens. Vergleichen Sie auch $\rho(M)$ für beide Methoden. (b) Wiederholen Sie dasselbe für das System in Aufgabe 44.33.

44.36. (Isaacson und Keller [13]) Analysieren Sie die Konvergenz des Jacobi- und des Gauss-Seidel Verfahrens für die Matrix

$$A = \begin{pmatrix} 1 & \rho \\ \rho & 1 \end{pmatrix}$$

in Abhängigkeit vom Parameter ρ.

Im Allgemeinen ist es schwer, die Konvergenz des Jacobi-Verfahrens mit dem Gauss-Seidel Verfahren zu vergleichen. Es gibt Matrizen, für die das Jacobi-Verfahren konvergiert, aber nicht das Gauss-Seidel Verfahren und umgekehrt. Es gibt zwei Spezialfälle von Matrizen, für die Konvergenz ohne weitere Berechnungen gezeigt werden kann. Eine Matrix A heißt *diagonal dominant*, wenn

$$|a_{ii}| > \sum_{\substack{j=1 \\ j \neq i}}^{n} |a_{ij}|, \quad i = 1, \ldots, n.$$

Ist A diagonal dominant, dann konvergiert das Jacobi-Verfahren. Beweisen Sie diese Behauptung.

44.37. Stellen Sie einen Algorithmus auf, der mit dem Jacobi-Verfahren ein tridiagonales System löst. Nutzen Sie so wenig Operationen und Speicher wie möglich.

44.38. Entwickeln Sie einen Algorithmus, um den Fehler der Lösung eines linearen Systems abzuschätzen, der wie vorgeschlagen einfache und doppelte Genauigkeit benutzt. Wiederholen Sie das Beispiel für einen tridiagonalen Löser und ihren Algorithmus, um den Fehler abzuschätzen.

44.39. Zeigen Sie, dass die Folgen $\{x^k\}$ und $\{d^k\}$, die nach der Methode der konjugierten Gradienten (44.16) und (44.17) gebildet werden, für $x^1 = 0$ und $d^1 = b$ für $k = 1, 2, \ldots$ folgende Bedingungen erfüllen: (a) $x^k \in K_k(A) = \{b, \ldots, A^{k-1}b\}$, (b) d^{k+1} ist zu $K_k(A)$ orthogonal, (c) x^k ist die Projektion von x auf $K_k(A)$ bezüglich des Skalarprodukts $\langle y, z\rangle = (Ay, z)$.

44.40. Das Tschebyscheff-Polynom $q_k(x)$ vom Grade k ist für $-1 \le x \le 1$ durch die Formel $q_k(x) = \cos(k \arccos(x))$ definiert. Zeigen Sie, dass $q_k'(0) \approx k^2$. Leiten Sie aus diesem Ergebnis her, dass die Zahl der Iterationen der Methode der konjugierten Gradienten sich wie $\sqrt{\kappa(A)}$ verhält.

44.41. Vergleichen Sie die Methode der konjugierten Gradienten mit GMRES für die Normalengleichungen $A^\top A = A^\top b$.

44.42. Die Formel $AQ_k = Q_{k+1}H_k$ mit der oberen Hessenbergmatrix H_k ($h_{ij} = 0$ für alle $i > j+1$), definiert eine Wiederholung des Spaltenvektors q_{k+1} von Q_{k+1} in Abhängigkeit von sich selbst und den vorangegangenen Krylov Vektoren.
(a) Formulieren Sie diese Wiederholungsrelation. (b) Implementieren Sie einen Algorithmus, der Q_{k+1} und H_k bei vorgegebenem A berechnet (dies ist die *Arnoldi Iteration*).

44.43. Beweisen Sie, dass $Q_{k+1}^T b = \|b\| e_1$.

44.44. Implementieren Sie GMRES.

45

Werkzeugkoffer Lineare Algebra

45.1 Lineare Algebra in $\mathbb{R}^2$

Skalarprodukt zweier Vektoren $a = (a_1, a_2)$ und $b = (b_1, b_2)$ in $\mathbb{R}^2$:

$$a \cdot b = (a, b) = a_1 b_1 + a_2 b_2.$$

Norm: $|a| = (a_1^2 + a_2^2)^{1/2}$.
Winkel zwischen zwei Vektoren a und b in $\mathbb{R}^2$: $\cos(\theta) = \frac{a \cdot b}{|a|\,|b|}$.
Die Vektoren a und b sind dann und nur dann orthogonal, wenn $a \cdot b = 0$.
Vektorprodukt zweier Vektoren $a = (a_1, a_2)$ und $b = (b_1, b_2)$ in $\mathbb{R}^2$:

$$a \times b = a_1 b_2 - a_2 b_1.$$

Eigenschaften des Vektorprodukts: $|a \times b| = |a||b||\sin(\theta)|$, wobei θ der Winkel zwischen a und b ist. Insbesondere sind a und b dann und nur dann parallel, wenn $a \times b = 0$.
Fläche des Parallelogramms, das von zwei Vektoren $a, b \in \mathbb{R}^2$ aufgespannt wird:

$$V(a, b) = |a \times b| = |a_1 b_2 - a_2 b_1|.$$

45.2 Lineare Algebra in $\mathbb{R}^3$

Skalarprodukt zweier Vektoren $a = (a_1, a_2, a_3)$ und $b = (b_1, b_2, b_3)$ in $\mathbb{R}^3$:

$$a \cdot b = \sum_{i=1}^{3} a_i b_i = a_1 b_1 + a_2 b_2 + a_3 b_3.$$

Norm: $|a| = (a_1^2 + a_2^2 + a_3^2)^{1/2}$.
Winkel zwischen zwei Vektoren a und b in $\mathbb{R}^3$: $\cos(\theta) = \frac{a \cdot b}{|a|\,|b|}$.
Die Vektoren a und b sind dann und nur dann orthogonal, wenn $a \cdot b = 0$.
Vektorprodukt zweier Vektoren $a = (a_1, a_2, a_3)$ und $b = (b_1, b_2, b_3)$ in $\mathbb{R}^3$:

$$a \times b = (a_2 b_3 - a_3 b_2, a_3 b_1 - a_1 b_3, a_1 b_2 - a_2 b_1).$$

Eigenschaften des Vektorprodukts: Das Vektorprodukt $a \times b$ zweier von Null verschiedener Vektoren a und b in $\mathbb{R}^3$ ist zu a und b orthogonal und $|a \times b| = |a||b||\sin(\theta)|$, wobei θ der Winkel zwischen a und b ist. Insbesondere sind a und b dann und nur dann parallel, wenn $a \times b = 0$.
Volumen eines schiefen Würfels, der von drei Vektoren $a, b, c \in \mathbb{R}^3$ aufgespannt wird:

$$V(a, b, c) = |c \cdot (a \times b)|.$$

45.3 Lineare Algebra in $\mathbb{R}^n$

Definition des $\mathbb{R}^n$: Die Menge geordneter n-Tupel $x = (x_1, \ldots, x_n)$ mit den Komponenten $x_i \in \mathbb{R}$, $i = 1, \ldots, n$.
Vektoraddition und skalare Multiplikation: Für $x = (x_1, \ldots, x_n)$ und $y = (y_1, \ldots, y_n)$ in $\mathbb{R}^n$ und $\lambda \in \mathbb{R}$ definieren wir

$$x + y = (x_1 + y_1, x_2 + y_2, \ldots, x_n + y_n), \quad \lambda x = (\lambda x_1, \ldots, \lambda x_n).$$

Skalarprodukt: $x \cdot y = (x, y) = \sum_{i=1}^{n} x_i y_i$.
Norm: $|x| = (\sum_{i=1}^{n} x_i^2)^{1/2}$.
Cauchysche Ungleichung: $|(x, y)| \leq |x|\,|y|$.
Winkel zwischen zwei Vektoren x und y in $\mathbb{R}^n$: $\cos(\theta) = \frac{(x,y)}{|x||y|}$.
Einheitsbasis: $\{e_1, \ldots, e_n\}$, wobei $e_i = (0, 0, \ldots, 0, 1, 0, \ldots, 0)$ mit einem einzigen Koeffizienten 1 in Position i.
Lineare Unabhängigkeit: Eine Menge $\{a_1, \ldots, a_n\}$ von Vektoren in $\mathbb{R}^m$ heißt *linear unabhängig*, falls keiner der Vektoren a_i sich als Linearkombination der anderen schreiben lässt, d.h., aus $\sum_{i=1}^{n} \lambda_i a_i = 0$ mit $\lambda_i \in \mathbb{R}$ folgt, dass $\lambda_i = 0$ für $i = 1, \ldots, n$.
Eine Basis für den $\mathbb{R}^n$ ist eine linear unabhängige Menge von Vektoren, deren Linearkombinationen $\mathbb{R}^n$ aufspannen. Jede Basis des $\mathbb{R}^n$ besitzt n Elemente. Außerdem spannt eine Menge von n Vektoren in $\mathbb{R}^n$ den $\mathbb{R}^n$

dann und nur dann auf, wenn die Menge linear unabhängig ist, d.h., eine Menge von n Vektoren in $\mathbb{R}^n$, die den $\mathbb{R}^n$ aufspannt oder linear unabhängig ist, muss eine Basis sein. Außerdem kann eine Menge mit weniger als n Vektoren in $\mathbb{R}^n$ den $\mathbb{R}^n$ nicht aufspannen und eine Menge mit mehr als n Vektoren in $\mathbb{R}^n$ muss linear abhängig sein.

45.4 Lineare Abbildungen und Matrizen

Eine reelle (oder komplexe) $m \times n$-*Matrix* $A = (a_{ij})$ ist ein rechteckiges Feld mit Zeilen $(a_{i1}, \ldots, a_{in})$, $i = 1, \ldots, m$ und Spalten $(a_{1j}, \ldots, a_{mj})$, $j = 1, \ldots, n$, mit $a_{ij} \in \mathbb{R}$ (oder $a_{ij} \in \mathbb{C}$).
Matrizenaddition: Seien $A = (a_{ij})$ und $B = (b_{ij})$ zwei $m \times n$-Matrizen. Wir definieren $C = A+B$ als die $m\times n$-Matrix $C = (c_{ij})$ mit den Elementen $c_{ij} = a_{ij} + b_{ij}$, was elementweiser Addition entspricht.
Multiplikation mit einem Skalar: Sei $A = (a_{ij})$ eine $m \times n$-Matrix und λ eine reelle Zahl. Wir definieren die $m \times n$-Matrix λA mit den Elementen (λa_{ij}), was der Multiplikation aller Elemente von A mit der reellen Zahl λ entspricht.
Matrizen Multiplikation: Sei A eine $m \times p$-Matrix und B eine $p \times n$-Matrix. Wir definieren eine $m \times n$-Matrix AB mit den Elementen $(AB)_{ij} = \sum_{k=1}^{p} a_{ik} b_{kj}$. Matrizen Multiplikation ist nicht kommutativ, d.h., im Allgemeinen gilt $AB \neq BA$. Insbesondere ist BA nur definiert, wenn $n = m$.
Eine lineare Abbildung $f : \mathbb{R}^n \to \mathbb{R}^m$ kann als $f(x) = Ax$ formuliert werden, wobei $A = (a_{ij})$ eine $m \times n$-Matrix mit den Elementen $a_{ij} = f_i(e_j) = (e_i, f(e_j))$ ist, mit $f(x) = (f_1(x), \ldots, f_m(x))$. Sind $g : \mathbb{R}^n \to \mathbb{R}^p$ und $f : \mathbb{R}^p \to \mathbb{R}^m$ zwei lineare Abbildungen mit zugehörigen Matrizen A und B, dann lautet die Matrix zu $f \circ g : \mathbb{R}^n \to \mathbb{R}^m$: AB.
Transponierte: Sei $A = (a_{ij})$ eine reelle $m \times n$-Matrix. Dann ist die Transponierte $A^\top$ eine $n \times m$-Matrix mit den Elementen $a^\top_{ji} = a_{ij}$ und $(Ax, y) = (x, A^\top y)$ für alle $x \in \mathbb{R}^n$, $y \in \mathbb{R}^m$.
Matrixnormen:

$$\|A\|_1 = \max_{j=1,\ldots,n} \sum_{i=1}^{m} |a_{ij}|, \quad \|A\|_\infty = \max_{i=1,\ldots,m} \sum_{j=1}^{n} |a_{ij}|, \quad \|A\| = \max_{x \in \mathbb{R}^n} \frac{\|Ax\|}{\|x\|}.$$

Ist $A = (\lambda_i)$ eine diagonale $n \times n$-Matrix mit den Diagonalelementen $a_{ii} = \lambda_i$, dann gilt:

$$\|A\| = \max_{i=1,\ldots,n} |\lambda_i|.$$

Lipschitz-Konstante einer linearen Abbildung: Die Lipschitz-Konstante einer linearen Abbildung $f : \mathbb{R}^n \to \mathbb{R}^m$ mit der zugehörigen $m \times n$-Matrix $A = (a_{ij})$ ist gleich $\|A\|$.

45.5 Die Determinante und das Volumen

Die **Determinante** $\det A$ einer $n \times n$-Matrix $A = (a_{ij})$ und das von den Spaltenvektoren von A aufgespannte Volumen $V(a_1, \ldots, a_n)$ wird definiert durch:

$$\det A = V(a_1, \ldots, a_n) = \sum_{\pi} \pm a_{\pi(1)\,1} a_{\pi(2)\,2} \cdots a_{\pi(n)\,n},$$

wobei wir über alle Permutationen π der Menge $\{1, \ldots, n\}$ summieren. Das Vorzeichen richtet sich danach, ob die Permutation gerade (+) oder ungerade (-) ist. Es gilt $\det A = \det A^\top$.
Volumen $V(a_1, a_2)$ in $\mathbb{R}^2$:

$$\det\ A = V(a_1, a_2) = a_{11}a_{22} - a_{21}a_{12}.$$

Volumen $V(a_1, a_2, a_3)$ in $\mathbb{R}^3$:

$$\det A = V(a_1, a_2, a_3) = a_1 \cdot a_2 \times a_3$$
$$= a_{11}(a_{22}a_{33} - a_{23}a_{32}) - a_{12}(a_{21}a_{33} - a_{23}a_{31}) + a_{13}(a_{21}a_{32} - a_{22}a_{31}).$$

Volumen $V(a_1, a_2, a_3, a_4)$ in $\mathbb{R}^4$:

$$\det\ A = V(a_1, a_2, a_3, a_4) = a_{11}V(\hat{a}_2, \hat{a}_3, \hat{a}_4) - a_{12}V(\hat{a}_1, \hat{a}_3, \hat{a}_4)$$
$$+ a_{13}V(\hat{a}_1, \hat{a}_2, \hat{a}_4) - a_{14}V(\hat{a}_1, \hat{a}_2, \hat{a}_3),$$

wobei die $\hat{a}_j$, $j = 1, 2, 3, 4$ den 3-Spaltenvektoren entsprechen, die durch Streichen der ersten Koeffizienten der a_j entstehen.
Determinante einer Dreiecksmatrix: Ist $A = (a_{ij})$ eine *obere* $n \times n$-*Dreiecksmatrix*, d.h. $a_{ij} = 0$ für $i > j$, dann gilt

$$\det A = a_{11}a_{22} \cdots a_{nn}.$$

Diese Gleichung gilt auch für eine *untere* $n \times n$-*Dreiecksmatrix* mit $a_{ij} = 0$ für $i < j$.
Die Zauberformel: $\det AB = \det A \cdot \det B$.
Prüfen auf lineare Unabhängigkeit: Eine Menge $\{a_1, a_2, \ldots, a_n\}$ von n Vektoren in $\mathbb{R}^n$ ist dann und nur dann linear unabhängig, wenn das Volumen $V(a_1, \ldots, a_n) \neq 0$. Die folgenden Aussagen sind für eine $n \times n$-Matrix A äquivalent: (a) Die Spalten von A sind linear unabhängig, (b) wenn $Ax = 0$, dann $x = 0$, (c) $\det A \neq 0$.

45.6 Die Cramersche Regel

Sei A eine nicht-singuläre $n \times n$-Matrix mit $\det A \neq 0$. Dann besitzt das lineare Gleichungssystem $Ax = b$ für jedes $b \in \mathbb{R}^n$ eine eindeutige Lösung

$x = (x_1, \ldots, x_n)$ mit

$$x_i = \frac{V(a_1, \ldots, a_{i-1}, b, a_{i+1}, \ldots, a_n)}{V(a_1, a_2, \ldots, a_n)}, \quad i = 1, \ldots, n.$$

45.7 Inverse

Eine nicht-singuläre $n \times n$-Matrix A besitzt eine inverse Matrix A^{-1}, für die

$$A^{-1}A = AA^{-1} = I$$

gilt, wobei I die $n \times n$-Einheitsmatrix ist.

45.8 Projektionen

Die Projektion $Pv \in V$ von $v \in \mathbb{R}^n$, wobei V ein linearer Unterraum von $\mathbb{R}^n$ ist, ist eindeutig durch $(v - Pv, w) = 0$ für alle $w \in V$ definiert und es gilt $|v - Pv| \leq |v - w|$ für alle $w \in V$. Ferner gilt $PP = P$ und $P^\top = P$.

45.9 Fundamentalsatz der linearen Algebra

Sei A eine $m \times n$-Matrix mit Nullraum $N(A) = \{x \in \mathbb{R}^n : Ax = 0\}$ und Bild $B(A) = \{y = Ax : x \in \mathbb{R}^n\}$. Dann gelten:

$$N(A) \oplus B(A^\top) = \mathbb{R}^n, \quad N(A^\top) \oplus B(A) = \mathbb{R}^m,$$

$$\dim N(A) + \dim B(A^\top) = n, \, \dim N(A^\top) + \dim B(A) = m,$$
$$\dim N(A) + \dim B(A) = n, \, \dim N(A^\top) + \dim B(A^\top) = m,$$
$$\dim B(A) = \dim B(A^\top),$$

Die Anzahl linear unabhängiger Spalten von A entspricht der Anzahl linear unabhängiger Zeilen von A.

45.10 QR-Zerlegung

Eine $n \times m$-Matrix A kann in der Form

$$A = QR$$

geschrieben werden, wobei Q eine $n \times m$-Matrix mit orthogonalen Spalten ist und R eine obere $m \times m$-Dreiecksmatrix.

45.11 Basiswechsel

Eine lineare Abbildung $f : \mathbb{R}^n \to \mathbb{R}^n$ mit Matrix A bezüglich der Einheitsbasis besitzt die folgende Matrix in einer Basis $\{s_1, \ldots, s_n\}$:

$$S^{-1}AS,$$

wobei die Koeffizienten s_{ij} der Matrix $S = (s_{ij})$ den Koordinaten der Basisvektoren s_j bezüglich der Einheitsbasis entsprechen.

45.12 Methode der kleinsten Fehlerquadrate

Die Lösung von $A^\top Ax = A^\top b$ entspricht der Lösung der kleinsten Fehlerquadrate des $m \times n$-Systems $Ax = b$. x minimiert dabei $|Ax - b|^2$ und ist eindeutig bestimmt, falls die Spalten von A linear unabhängig sind.

45.13 Eigenwerte und Eigenvektoren

Sei A eine $n \times n$-Matrix und $x \in \mathbb{R}^n$ ein von Null verschiedener Vektor, für den $Ax = \lambda x$ mit einer reellen Zahl λ gilt. Dann nennen wir $x \in \mathbb{R}^n$ einen *Eigenvektor* von A und λ den zugehörigen *Eigenwert* von A. Die Zahl λ ist dann und nur dann Eigenwert der $n \times n$-Matrix A, wenn λ die charakteristische Gleichung $\det(A - \lambda I) = 0$ löst.

45.14 Der Spektralsatz

Sei A eine symmetrische $n \times n$-Matrix. Dann gibt es eine orthonormale Basis $\{q_1, \ldots, q_n\}$ in $\mathbb{R}^n$, die aus Eigenvektoren q_j von A besteht. Für die zugehörigen reellen Eigenwerte λ_j gilt $Aq_j = \lambda_j q_j$, für $j = 1, \ldots, n$. Es gilt $D = Q^{-1}AQ$ und $A = QDQ^{-1}$, wobei Q die orthonormale Matrix ist, deren Spalten den Eigenvektoren q_j bezüglich der Einheitsbasis entsprechen und D ist die Diagonalmatrix mit den Eigenwerten λ_j als Diagonalelemente. Ferner gilt $\|A\| = \max_{i=1,\ldots,n} |\lambda_i|$.

45.15 Die Methode der konjugierten Gradienten

Für $k = 0, 1, 2, \ldots,$ mit $r^k = Ax^k - b$, $x^0 = 0$ und $d^0 = b$ bilden wir

$$x^{k+1} = x^k + \alpha_k d^k, \quad \alpha_k = -\frac{(r^k, d^k)}{(d^k, Ad^k)},$$

$$d^{k+1} = -r^{k+1} + \beta_k d^k, \quad \beta_k = \frac{(r^{k+1}, Ad^k)}{(d^k, Ad^k)}.$$

46

Die Exponentialfunktion für Matrizen $\exp(xA)$

Ich sage ihnen, dass eine Beschäftigung mit dem Studium der Mathematik das beste Mittel gegen die Fleischeslust ist. (Thomas Mann, 1875–1955)

46.1 Einleitung

Ein wichtiger Spezialfall des allgemeinen Anfangswertproblems (40.1) ist das lineare System

$$u'(x) = Au(x) \quad \text{für } 0 < x \leq T,\, u(0) = u^0, \tag{46.1}$$

mit $u^0 \in \mathbb{R}^d$, $T > 0$ und *konstanter* $d \times d$-Matrix A. Die Lösung $u(x) \in \mathbb{R}^d$ ist ein d-Spaltenvektor. Aus dem allgemeinen Existenzbeweis in Kapitel „Das allgemeine Anfangswertproblem" wissen wir, dass für (46.1) eine eindeutige Lösung existiert. Wenn wir uns daran erinnern, dass das skalare Problem $u' = au$ mit Konstanter a durch $u = e^{xa}u^0$ gelöst wird, so schreiben wir die Lösung von (46.1):

$$u(x) = \exp(xA)u^0 = e^{xA}u^0. \tag{46.2}$$

Diese Definition lässt sich auf natürliche Weise auf $x < 0$ erweitern.

Damit $\exp(xA)$ sinnvoll ist, können wir $\exp(xA) = e^{xA}$ als die $d \times d$-*Matrix* auffassen, deren i. Spalte, geschrieben $\exp(xA)_i$, dem Lösungsvektor $u(x)$ zum Anfangsvektor $u^0 = e_i$ entspricht, wobei e_i einer der Einheitsvektoren ist. Das bedeutet also, dass $\exp(xA)_i = \exp(xA)e_i$. Wegen der Linearität können wir die Lösung $u(x)$ für allgemeine Eingangsdaten $u^0 = \sum_{i=1}^d u_i^0 e_i$ in folgender Form schreiben:

$$u(x) = \exp(xA)u^0 = \sum_{i=1}^d \exp(xA)u_i^0 e_i = \sum_{i=1}^d u_i^0 \exp(xA)_i.$$

Beispiel 46.1. Ist A diagonal mit den Diagonalelementen d_i, dann ist auch $\exp(xA)$ eine Diagonalmatrix mit den Diagonalelementen $\exp(xd_i)$.

Wir können eine wichtige Eigenschaft der Exponentialfunktion für Matrizen $\exp(xA)$ wie folgt schreiben:

$$\frac{d}{dx}\exp(xA) = A\exp(xA) = Ae^{xA}, \quad \text{für } x \in \mathbb{R}. \tag{46.3}$$

Wir wollen noch die folgende wichtige Eigenschaft festhalten, womit wir eine bekannte Eigenschaft der normalen Exponentialfunktion verallgemeinern (Beweis in Aufgabe 46.1):

$$\exp(xA)\exp(yA) = \exp((x+y)A) \quad \text{für } x, y \in \mathbb{R}. \tag{46.4}$$

46.2 Berechnung von $\exp(xA)$ für diagonalisierbares A

Wir haben $\exp(xA)$ als Lösung des Anfangswertproblems (46.1) definiert, aber wir haben noch keine analytische Formel für $\exp(xA)$, außer für den „Trivialfall" einer Diagonalmatrix A. Wir werden feststellen, dass sich für diagonalisierbares A eine Formel finden lässt, die hilfreich ist, um sich eine Vorstellung von der Struktur der Matrixfunktion $\exp(xA)$ mit Hilfe der Eigenwerte und Eigenvektoren von A zu machen. Sie eröffnet insbesondere die Möglichkeit, Fälle zu identifizieren, in denen $\exp(xA)$ exponentiell abnimmt, wenn x ansteigt.

Wir betrachten das System (46.1) mit diagonalisierbarer Matrix A, d.h. es gibt eine nicht-singuläre Matrix S, so dass $S^{-1}AS = D$, bzw. $A = SDS^{-1}$, wobei D die Diagonalmatrix mit den Diagonalelementen d_i (den Eigenwerten von A) ist und die Spalten von S den Eigenvektoren entsprechen, vgl. Kapitel „Der Spektralsatz". Ist A symmetrisch, dann kann S orthonormal gewählt werden, mit $S^{-1} = S^\top$. Wir führen die neue unabhängige Variable $v = S^{-1}u$ ein, so dass $u = Sv$. Damit nimmt $\dot{u} = Au$ die Gestalt $\dot{v} = S^{-1}ASv = Dv$ an. Sei $\exp(xD)$ die Diagonalmatrix mit den Diagonalelementen $\exp(xd_i)$, so gilt $v(x) = \exp(xD)v(0)$. Für die Lösung u bedeutet dies $S^{-1}u(x) = \exp(xD)S^{-1}u^0$, d.h.

$$u(x) = S\exp(xD)S^{-1}u^0.$$

Da wir uns im vorangegangen Abschnitt dafür entschieden haben, $u(x) = \exp(xA)u^0$ zu schreiben, so gilt also:

$$\exp(xA) = S\exp(xD)S^{-1}.$$

Daraus erkennen wir, dass $\exp(xA)$ tatsächlich als Matrix betrachtet werden kann und wir erhalten so auch eine analytische Formel, um $\exp(xA)$ zu berechnen, ohne direkt $\dot{u} = Au(x)$ lösen zu müssen. Wir halten fest, dass jedes Element von $\exp(xA)$ eine bestimmte Linearkombination mit Ausdrücken der Gestalt $\exp(xd_i)$ ist, wobei d_i ein Eigenwert von A ist. Wir geben einige einfache Beispiele:

Beispiel 46.2. (A symmetrisch mit reellen Eigenwerten.) Sei

$$A = \begin{pmatrix} a & 1 \\ 1 & a \end{pmatrix}.$$

Die Eigenwerte von A sind $d_1 = a-1$ und $d_2 = a+1$ und die zugehörige Matrix S der normierten Eigenvektoren (die orthogonal ist, da A symmetrisch ist), lautet:

$$S = \frac{1}{\sqrt{2}}\begin{pmatrix} 1 & 1 \\ 1 & -1 \end{pmatrix}, \quad S^{-1} = S^\top = \frac{1}{\sqrt{2}}\begin{pmatrix} 1 & 1 \\ 1 & -1 \end{pmatrix}.$$

Wir berechnen $\exp(xA)$ zu

$$\exp(xA) = S\exp(xD)S^\top = \exp(ax)\begin{pmatrix} \cosh(x) & \sinh(x) \\ \sinh(x) & \cosh(x) \end{pmatrix},$$

woran wir erkennen, dass jedes Element von $\exp(xA)$ eine Linearkombination von $\exp(d_j x)$ ist, wobei d_j ein Eigenwert von A ist. Ist $a < -1$, dann sind alle Elemente von $\exp(xA)$ exponentiell abnehmend.

Beispiel 46.3. (A anti-symmetrisch mit rein imaginären Eigenwerten.) Sei

$$A = \begin{pmatrix} 0 & 1 \\ -1 & 0 \end{pmatrix}.$$

Die Eigenwerte von A sind rein imaginär: $d_1 = -i$ und $d_2 = i$. Die zugehörige Matrix S aus Eigenvektoren lautet:

$$S = \begin{pmatrix} -i & i \\ 1 & 1 \end{pmatrix}, \quad S^{-1} = \frac{1}{2i}\begin{pmatrix} -1 & i \\ 1 & i \end{pmatrix}.$$

Wir berechnen $\exp(xA)$ zu

$$\exp(xA) = S\exp(xD)S^{-1} = \begin{pmatrix} \cos(x) & -\sin(x) \\ \sin(x) & \cos(x) \end{pmatrix},$$

woran wir wiederum sehen, dass jedes Element von $\exp(xA)$ eine Linearkombination von $\exp(d_j x)$ ist, wobei d_j ein Eigenwert von A ist. In diesem Fall nimmt das Problem $\dot{u} = Au$ die Form des skalaren linearen Oszillators $\ddot{v} + v = 0$ an, mit $u_1 = v$ und $u_2 = \dot{v}$.

Beispiel 46.4. (A nicht-normal.) Sei

$$A = \begin{pmatrix} a & 1 \\ \epsilon^2 & a \end{pmatrix}$$

mit $a \in \mathbb{R}$ und kleiner positiven Zahl ϵ. Die Matrix hat die Eigenwerte $d_1 = a - \epsilon$ und $d_2 = a + \epsilon$ und die zugehörige Matrix aus Eigenvektoren S lautet:

$$S = \begin{pmatrix} 1 & 1 \\ -\epsilon & \epsilon \end{pmatrix}, \quad S^{-1} = \frac{1}{2}\begin{pmatrix} 1 & \epsilon^{-1} \\ 1 & -\epsilon^{-1} \end{pmatrix}.$$

Wir berechnen $\exp(xA)$ zu

$$\exp(xA) = S\exp(xD)S^{-1} = \exp(ax)\begin{pmatrix} \cosh(\epsilon x) & \epsilon^{-1}\sinh(\epsilon x) \\ \epsilon\sinh(\epsilon x & \cosh(\epsilon x) \end{pmatrix}.$$

Auch hierbei sind die Elemente von $\exp(xA)$ Linearkombinationen von $\exp(d_j x)$, wobei d_j ein Eigenwert von A ist. Wir erkennen ferner, dass S für kleines ϵ fast singulär ist (die beiden Eigenvektoren sind fast parallel) und dass die Inverse S^{-1} große Zahlen (ϵ^{-1}) enthält.

46.3 Eigenschaften von $\exp(xA)$

Ist $A = D = (d_j)$ diagonal mit den Diagonalelementen d_j, dann ist $\exp(Ax)$ einfach zu beschreiben. In diesem Fall ist $\exp(Ax)$ diagonal und somit wächst für $d_j > 0$ das zugehörige Diagonalelement $\exp(d_j x)$ exponentiell an und nimmt für $d_j < 0$ exponentiell ab. Sind alle d_j positiv (negativ), dann können wir $\exp(Ax)$ als exponentiell anwachsend (abnehmend) bezeichnen. Ist $d_i = a + ib$ komplex mit $b \neq 0$, dann oszilliert $\exp(d_j x) = \exp(ax)\exp(ibx)$ in Abhängigkeit vom Vorzeichen von a mit exponentiell anwachsender oder abnehmender Amplitude.

Ist A diagonalisierbar mit $S^{-1}AS = D$ und Diagonalmatrix $D = (d_j)$, dann gilt $\exp(Ax) = S\exp(Dx)S^{-1}$, woraus folgt, dass die Elemente von $\exp(Ax)$ Linearkombinationen der Exponentialfunktionen $\exp(d_j x)$ sind. Sind alle d_j negativ, dann nehmen alle Elemente von $\exp(xA)$ exponentiell ab. Wir werden unten auf diesen Fall zurückkommen.

Ist A nicht diagonalisierbar, dann ist die Struktur von $\exp(xA)$ komplizierter: Die Elemente von $\exp(xA)$ besitzen dann die Gestalt $p(x)\exp(d_j x)$, wobei d_j ein Eigenwert von A ist und $p(x)$ ein Polynom, dessen Grad kleiner ist als die Multiplizität von d_j.

46.4 Die Methode von Duhamel

Wir können die vorangegangene Diskussion auf das nicht-homogene Problem

$$u'(x) = Au(x) + f(x) \quad \text{für } 0 < x \leq 1,\ u(0) = u^0 \tag{46.5}$$

mit einer gegebenen Funktion $f(x)$ ausdehnen. Die Lösung $u(x)$ kann dann in Gestalt der *Methode von Duhamel* geschrieben werden

$$u(x) = \exp(xA)u^0 + \int_0^x \exp((x-y)A)f(y)\,dy, \tag{46.6}$$

wie wir in (35.10) bereits für das skalare Problem formuliert haben. Wir verifizieren dies durch die Ableitung:

$$\begin{aligned}\dot{u}(x) &= \frac{d}{dx}\exp(xA)u^0 + \frac{d}{dx}\int_0^x \exp((x-y)A)f(y)\,dy \\ &= A\exp(xA)u^0 + \exp((x-x)A)f(x) + \int_0^x A\exp((x-y)A)f(y)\,dy \\ &= Au(x) + f(x).\end{aligned} \tag{46.7}$$

Aufgaben zu Kapitel 46

46.1. Beweisen Sie (46.4). Hinweis: Sei $u' = Au$, dann können wir $u(x+y) = \exp(xA)u(y) = \exp(xA)\exp(yA)u(0)$ und somit $u(x+y) = \exp((x+y)A)u(0)$ schreiben.

46.2. Schreiben Sie das Problem zweiter Ordnung mit skalaren konstanten Koeffizienten $\ddot{v} + a_1\dot{v} + a_0 v = 0$ in ein System erster Ordnung $\dot{u} = Au$ um, indem Sie $u_1 = v$ und $u_2 = \dot{v}$ setzen und stellen Sie einen Zusammenhang zwischen der Analyse des linearen Oszillators im Kapitel „N-Körper Systeme" her. Verallgemeinern Sie auf skalare Probleme höherer Ordnung.

47

Lagrange und das Prinzip der kleinsten Wirkung*

Dans les modifications des mouvements, l'action devient ordinairement un Maximum ou un Minimum. (Leibniz)

Wann immer etwas in der Natur geschieht, so ist die Auswirkung dieser Veränderung die kleinstmögliche. (Maupertuis 1746)

Seitdem ich denken kann, hatte ich einen unwiderstehlichen Hang zur Mechanik und den physikalischen Gesetzen, auf denen die Mechanik als Wissenschaft beruht. (Reynolds)

47.1 Einleitung

Lagrange (1736–1813), vgl. Abb. 47.1, fand eine Möglichkeit für die Beschreibung bestimmter dynamischer Probleme der Mechanik mit Hilfe des *Prinzips der kleinsten Wirkung.* Dieses Prinzip besagt, dass sich der *Zustand* $u(t)$ eines Systems mit der Zeit t in einem bestimmten Zeitintervall $[t_1, t_2]$ so verändert, dass das *Wirkungsintegral*

$$I(u) = \int_{t_1}^{t_2} (T(\dot{u}(t)) - V(u(t)))dt \tag{47.1}$$

stationär, d.h. unverändert, bleibt. Dabei ist $T(\dot{u}(t))$ mit $\dot{u} = \frac{du}{dt}$ die *kinetische Energie* und $V(u(t))$ die *potentielle Energie* des Zustands $u(t)$. Wir gehen dabei davon aus, dass der Zustand $u(t)$ eine Funktion $u : [t_1, t_2] \to \mathbb{R}$ ist, für die $u(t_1) = u_1$ und $u(t_2) = u_2$ für einen Anfangswert u_1 und einen

Abb. 47.1. Lagrange, Erfinder des Prinzips der kleinsten Wirkung: „Ich halte das Lesen großer Werke der reinen Analysis für ziemlich nutzlos: Zu viele Methoden ziehen gleichzeitig an den Augen vorbei. Sie müssen bei der Behandlung von Anwendungen untersucht werden; dabei lernt man ihre Fähigkeiten zu schätzen und man lernt sie anzuwenden"

Endwert u_2 gilt. Dabei kann etwa $u(t)$ die Position einer sich bewegenden Masse zur Zeit t sein. Das Wirkungsintegral eines Zustands ist somit das Integral über die Zeit für die Differenz zwischen der kinetischen und der potentiellen Energie.

Wir werden uns nun mit dem berühmten Lagrangen Prinzip der kleinsten Wirkung vertraut machen und dabei erkennen, dass es als Umformulierung von Newtons Bewegungsgesetz angesehen werden kann, nach dem Masse mal Beschleunigung der Kraft entspricht. An dieser Stelle müssen wir zunächst erklären, was unter der Aussage, dass *das Wirkungsintegral stationär* ist, für die aktuelle Lösung $u(t)$ zu verstehen ist. Unser Werkzeug ist dabei die Infinitesimalrechnung par excellence!

Wir folgen den Fußspuren von Lagrange und betrachten eine *Störung* $v(t) = u(t) + \epsilon w(t) = (u + \epsilon w)(t)$ des Zustands $u(t)$. Dabei ist $w(t)$ eine Funktion auf $[t_1, t_2]$ für die $w(t_1) = w(t_2) = 0$ gilt und ϵ ist ein kleiner Parameter. Die Funktion $v(t)$ beschreibt eine Änderung von $u(t)$ mit der Funktion $\epsilon w(t)$ innerhalb von (t_1, t_2), während $v(t_1) = u_1$ und $v(t_2) = u_2$ unverändert bleiben. Das Prinzip der kleinsten Wirkung besagt, dass der aktuelle Zustand $u(t)$ die Eigenschaft besitzt, dass für alle derartigen Funktionen $w(t)$, gilt:

$$\frac{d}{d\epsilon} I(u + \epsilon w) = 0 \quad \text{für } \epsilon = 0. \tag{47.2}$$

Die Ableitung $\frac{d}{d\epsilon} I(u + \epsilon w)$ in $\epsilon = 0$ misst die Veränderungsrate für den Wert des Wirkungsintegrals in Abhängigkeit von ϵ in $\epsilon = 0$, wobei $u(t)$ durch $v(t) = u(t) + \epsilon w(t)$ ersetzt wird. Das Prinzip der kleinsten Wirkung besagt nun, dass die Veränderungsrate Null ist, falls u die aktuelle Lösung ist, d.h., das Wirkungsintegral ist stationär.

Wir wollen zunächst eine Reihe wichtiger Beispiele anführen, die die Nützlichkeit des Prinzips der kleinsten Wirkung veranschaulichen.

47.2 Ein Masse-Feder System

Wir betrachten die Anordnung einer Masse m, die sich auf der horizontalen reibungsfreien x-Achse bewegt und im Ursprung mit einer gewichtslosen Hookeschen Feder mit Federkonstanten k verbunden ist, vgl. Kapitel „Galileo, Newton et al". Wir wissen, dass sich dieses System durch die Gleichung $m\ddot{u} + ku = 0$ beschreiben lässt, wobei $u(t)$ die Länge der Feder zur Zeit t ist. Wir wollen dieses Modell mit Hilfe des Prinzips der kleinsten Wirkung herleiten. Dabei ist

$$T(\dot{u}(t)) = \frac{m}{2}\dot{u}^2(t) \quad \text{und} \quad V(u(t)) = \frac{k}{2}u^2(t),$$

und somit

$$I(u) = \int_{t_1}^{t_2} \left(\frac{m}{2}\dot{u}^2(t) - \frac{k}{2}u^2(t) \right) dt.$$

Der Ausdruck $V(u(t)) = \frac{k}{2}u^2(t)$ für die potentielle Energie entspringt der Definition der potentiellen Energie als derjenigen Arbeit, die notwendig ist, um die Masse von Position $u = 0$ zur Position $u(t)$ zu bewegen. Die Arbeit, um die Masse von Position v zu $v + \Delta v$ zu bewegen, ist gleich $kv\Delta v$, da Arbeit = Kraft×Strecke. Somit ergibt sich die Gesamtarbeit wie angegeben zu

$$V(u(t)) = \int_0^{u(t)} kv\, dv = \frac{k}{2}u^2(t).$$

Um zur Gleichung $m\ddot{u}+ku = 0$ zu gelangen, berechnen wir die Ableitung von $I(u + \epsilon w)$ nach ϵ und setzen dann $\epsilon = 0$, wobei $w(x)$ eine Störung ist, für die $w(t_1) = w(t_2) = 0$ gilt. Bei der Berechnung können wir $\frac{d}{d\epsilon}$ unter das Integral ziehen, da die Integrationsgrenzen konstant sind. So erhalten wir

$$\begin{aligned}
&\frac{d}{d\epsilon}I(u + \epsilon w) = \\
&\quad \int_{t_1}^{t_2} \frac{d}{d\epsilon}\left(\frac{m}{2}\dot{u}\dot{u} + \epsilon m\dot{u}\dot{w} + \frac{m}{2}\epsilon^2\dot{w}\dot{w} - \frac{k}{2}u^2 - k\epsilon uw - \frac{k}{2}\epsilon^2 w^2 \right) dt \\
&\qquad = \int_{t_1}^{t_2} (m\dot{u}\dot{w} - kuw)\, dt \quad \text{für } \epsilon = 0.
\end{aligned}$$

Die partielle Integration für den Ausdruck $m\dot{u}\dot{w}$ liefert

$$\int_{t_1}^{t_2} (m\ddot{u} + ku)w\, dt = 0,$$

für alle $w(t)$ mit $w(t_1) = w(t_2) = 0$. Dies impliziert, dass $m\ddot{u} + ku = 0$ in $[t_1, t_2]$, da $w(t)$ sich im Intervall (t_1, t_2) beliebig ändern kann. Somit haben wir die gewünschte Gleichung erhalten.

47.3 Ein Pendel mit fixierter Aufhängung

Wir betrachten ein Pendel als einen massenbehafteten Körper, der an einem gewichtslosen Faden mit Einheitslänge an der Decke hängt. Dabei wirke eine vertikale Gewichtskraft, die auf Eins normiert ist. Das Wirkungsintegral der Differenz der kinetischen und der potentiellen Energie lautet:

$$I(u) = \int_{t_1}^{t_2} \left(\frac{1}{2}\dot{u}^2(t) - (1 - \cos(u(t))) \right) dt,$$

wobei $u(t)$ den in Radianten gemessenen Winkel (=Auslenkung) des Pendels zur Zeit t beschreibt, der in der vertikalen Position gleich Null ist, vgl. Abb. 47.2.

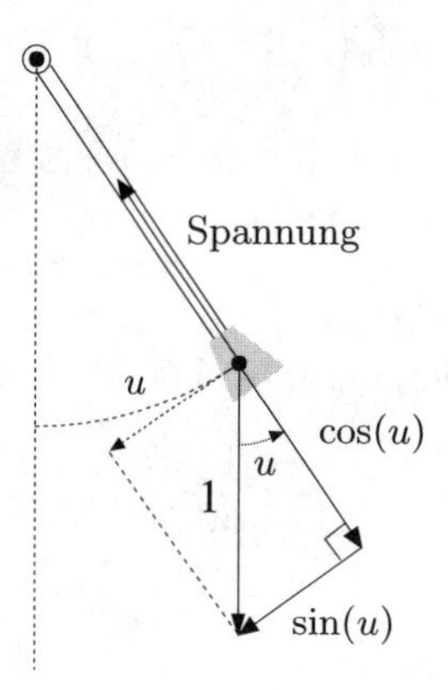

Abb. 47.2. Ein Pendel

In diesem Fall ist die potentielle Energie gleich der Arbeit, um die Masse aus der Ruheposition auf die Position $(1 - \cos(u))$ anzuheben, die genau gleich ist mit $(1 - \cos(u))$, falls die Gravitationskonstante auf Eins normiert ist. Da das Wirkungsintegral für alle Störungen $w(t)$, für die $w(t_1) = w(t_2) = 0$ gilt, stationär sein muss, erhalten wir

$$0 = \frac{d}{d\epsilon} \int_{t_1}^{t_2} \left(\frac{1}{2}(\dot{u} + \epsilon\dot{w})^2(t) - (1 - \cos(u(t) + \epsilon w(t))) \right) dt \quad \text{für } \epsilon = 0,$$

woraus wir

$$\int_{t_1}^{t_2} (\ddot{u} + \sin(u(t)))w \, dt = 0$$

erhalten. Dies führt uns zum Anfangswertproblem

$$\begin{cases} \ddot{u} + \sin(u) = 0 & \text{für } t > 0 \\ u(0) = u_0,\ \dot{u}(0) = u_1, \end{cases} \tag{47.3}$$

wobei wir Anfangsbedingungen für die Position und die Geschwindigkeit hinzugefügt haben.

Die resultierende Differentialgleichung $\ddot{u} = -\sin(u)$ ist eine Variante von Newtons Bewegungsgesetz, da $\ddot{u}$ der Winkelbeschleunigung entspricht und $-\sin(u)$ der Rückstellkraft auf dem Kreisbogen. Wir folgern, dass das Prinzip der kleinsten Wirkung für diesen Fall eine Umformulierung von Newtons Bewegungsgesetz ergibt.

Bleibt der Pendelausschlag bei der Bewegung klein, können wir $\sin(u)$ durch u annähern und erhalten daraus die lineare Gleichung $\ddot{u} + u = 0$, deren Lösungen Linearkombinationen von $\sin(t)$ und $\cos(t)$ sind.

47.4 Ein Pendel mit beweglicher Aufhängung

Wir verallgemeinern nun auf ein Pendel mit einer Aufhängung, die eine vorgegebenen Bewegung erfährt. Wir betrachten also einen Körper mit Masse m, der an einem gewichtslosen Faden der Länge l hängt, der an einem Haken hängt, der sich entsprechend der Funktion $r(t) = (r_1(t), r_2(t))$ in einem Koordinatensystem bewegt, wobei die x_1-Achse horizontal und die x_2-Achse vertikal aufwärts weist. Sei $u(t)$ der Winkel des Fadens zur Zeit t, der in der vertikalen Position gleich Null ist.

Die potentielle Energie ist wiederum gleich der Höhe des Körpers relativ zu einem Referenzpunkt mal mg, wobei g die Gravitationskonstante ist. Wir können etwa annehmen:

$$V(u(t)) = mg(r_2(t) - l\cos(u)).$$

Um die kinetische Energie zu formulieren, müssen wir die Bewegung der Aufhängung berücksichtigen. Die Bewegung des Körpers relativ zur Aufhängung beträgt $(l\dot{u}\cos u,\ l\dot{u}\sin u)$, wodurch sich die Gesamtgeschwindigkeit zu $(\dot{r}_1(t) + l\dot{u}\cos u, \dot{r}_2(t) + l\dot{u}\sin u)$ ergibt. Die kinetische Energie ist $m/2$ mal das Quadrat des *Betrags der Geschwindigkeit*, d.h.

$$T = \frac{m}{2}\left[(\dot{r}_1 + l\dot{u}\cos u)^2 + (\dot{r}_2 + l\dot{u}\sin u)^2\right].$$

Mit dem Prinzip der kleinsten Wirkung erhalten wir die folgende Gleichung:

$$\ddot{u} + \frac{g}{l}\sin u + \frac{\ddot{r}_1}{l}\cos u + \frac{\ddot{r}_2}{l}\sin u = 0. \tag{47.4}$$

Ist die Aufhängung fixiert, d.h. $\ddot{r}_1 = \ddot{r}_2 = 0$, dann gelangen wir wieder zur Gleichung (47.3), wenn wir $l = m = g = 1$ setzen.

47.5 Das Prinzip der kleinsten Wirkung

Wir betrachten nun ein mechanisches System, das durch eine Vektorfunktion $u(t) = (u_1(t), u_2(t))$ beschrieben wird. Wir können uns ein System denken, das aus zwei Körpern besteht, deren Positionen durch die Funktionen $u_1(t)$ und $u_2(t)$ gegeben werden. Das Wirkungsintegral lautet:

$$I(u_1, u_2) = I(u) = \int_{t_1}^{t_2} L(u(t))dt,$$

wobei

$$L(u_1(t), u_2(t)) = L(u(t)) = T(\dot{u}(t)) - V(u(t))$$

die Differenz der kinetischen Energie $T(\dot{u}(t)) = T(\dot{u}_1(t), \dot{u}_2(t))$ und der potentiellen Energie $V(u(t)) = V(u_1(t), u_2(t))$ ist. $L(u(t))$ wird auch *Lagrange-Funktion* des Zustands $u(t)$ bezeichnet.

Nach dem Prinzip der kleinsten Wirkung ist das Wirkungsintegral stationär für den Zustand $u(t)$, so dass für alle Störungen $w_1(t)$ und $w_2(t)$ mit $w_1(t_1) = w_2(t_1) = w_1(t_2) = w_2(t_2) = 0$ für $\epsilon = 0$ gilt:

$$\begin{aligned} &\frac{d}{d\epsilon} I(u_1 + \epsilon w_1, u_2) = 0, \\ &\frac{d}{d\epsilon} I(u_1, u_2 + \epsilon w_2) = 0. \end{aligned}$$

Wenn wir annehmen, dass

$$T(\dot{u}_1(t), \dot{u}_2(t)) = \frac{m}{2}\dot{u}_1^2(t) + \frac{m}{2}\dot{u}_2^2(t),$$

erhalten wir durch Ableitung nach ϵ für $\epsilon = 0$:

$$\begin{aligned} &\int_{t_1}^{t_2} \Big(m\dot{u}_1(t)\dot{w}_1(t) - \frac{\partial V}{\partial u_1}(u_1(t), u_2(t))w_1(t)\Big)\, dt = 0, \\ &\int_{t_1}^{t_2} \Big(m\dot{u}_2(t)\dot{w}_2(t) - \frac{\partial V}{\partial u_2}(u_1(t), u_2(t))w_2(t)\Big)\, dt = 0. \end{aligned}$$

Wie oben arbeiten wir mit partieller Integration, lassen w_1 und w_2 über (t_1, t_2) frei variieren und erhalten:

$$\begin{aligned} m\ddot{u}_1(t) &= -\frac{\partial V}{\partial u_1}(u_1(t), u_2(t)), \\ m\ddot{u}_2(t) &= -\frac{\partial V}{\partial u_2}(u_1(t), u_2(t)). \end{aligned} \tag{47.5}$$

Setzen wir nun

$$F_1 = -\frac{\partial V}{\partial u_1}, \qquad F_2 = -\frac{\partial V}{\partial u_2},$$

dann können wir die Gleichungen, die wir mit dem Prinzip der kleinsten Wirkung hergeleitet haben, wie folgt schreiben:

$$\begin{aligned} m\ddot{u}_1(t) &= F_1(u_1(t), u_2(t)), \\ m\ddot{u}_2(t) &= F_1(u_1(t), u_2(t)), \end{aligned} \tag{47.6}$$

was, wenn wir F_1 und F_2 als Kräfte verstehen, als Newtons Bewegungsgesetz betrachtet werden kann.

47.6 Erhalt der Gesamtenergie

Wir definieren die *Gesamtenergie*

$$E(u(t)) = T(\dot{u}(t)) + V(u(t))$$

als Summe der kinetischen und potentiellen Energien und benutzen (47.5) und erhalten so

$$\begin{aligned} \frac{d}{dt}E(u(t)) &= m_1\dot{u}_1\ddot{u}_1 + m_2\dot{u}_2\ddot{u}_2 + \frac{\partial V}{\partial u_1}\dot{u}_1 + \frac{\partial V}{\partial u_2}\dot{u}_2 \\ &= \dot{u}_1\left(m_1\ddot{u}_1 + \frac{\partial V}{\partial u_1}\right) + \dot{u}_2\left(m_2\ddot{u}_2 + \frac{\partial V}{\partial u_2}\right) = 0. \end{aligned}$$

Wir folgern daraus, dass die Gesamtenergie $E(u(t))$ über die Zeit konstant bleibt, d.h., die Energie bleibt *erhalten*. Offensichtlich ist Energieerhaltung keine Eigenschaft aller Systeme und daher lässt sich das Prinzip der kleinsten Wirkung nur für sogenannte *konservative Systeme* anwenden, in denen die Gesamtenergie erhalten bleibt. Insbesondere sind *Reibungseffekte* vernachlässigt.

47.7 Das doppelte Pendel

Wir betrachten nun ein *doppeltes Pendel* bestehend aus zwei Körpern mit den Massen m_1 und m_2, wobei der erste Körper (m_1) an einem gewichtslosen Faden der Länge l_1 hängt, der fixiert aufgehängt ist. Der zweite Körper (m_2) hängt mit einem gewichtslosen Faden der Länge l_2 an dem ersten Körper. Wir werden nun das Prinzip der kleinsten Wirkung anwenden, um die Bewegungsgleichungen für dieses System herzuleiten.

Wir benutzen die Winkel $u_1(t)$ und $u_2(t)$, die in vertikaler Position Null sind, um den Zustand des Systems zu beschreiben.

Wir suchen nun Ausdrücke für die kinetische und potentielle Energie für das System der beiden Körper. Die Beiträge des zweiten Körpers erhalten wir aus den Ausdrücken für das Pendel mit beweglicher Aufhängung, wenn wir $(r_1(t), r_2(t)) = (l_1 \sin u_1, -l_1 \cos u_1)$ setzen.

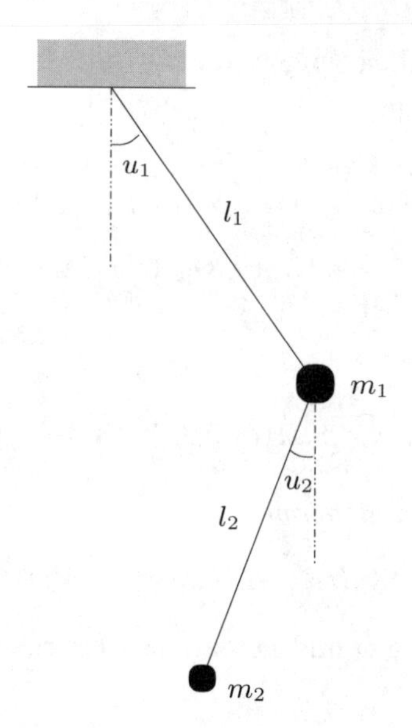

Abb. 47.3. Das doppelte Pendel

Die potentielle Energie des ersten Pendels beträgt $-mgl_1 \cos u_1$ und die gesamte potentielle Energie folglich:

$$V(u_1(t), u_2(t)) = -m_1 g l_1 \cos u_1(t) - m_2 g \left(l_1 \cos u_1(t) + l_2 \cos u_2(t)\right).$$

Die gesamte kinetische Energie wird ähnlich erhalten, indem wir die kinetischen Energien der beiden Körper addieren:

$$T(\dot{u}_1(t), \dot{u}_2(t)) = \frac{m_1}{2} l_1^2 \dot{u}_1^2 + \frac{m_2}{2} \left[(l_1 \dot{u}_1 \cos u_1 + l_2 \dot{u}_2 \cos u_2)^2 \right.$$
$$\left. + (l_1 \dot{u}_1 \sin u_1 + l_2 \dot{u}_2 \sin u_2)^2\right].$$

Mit Hilfe der Gleichungen $\cos(u_1 - u_2) = \cos u_1 \cos u_2 + \sin u_1 \sin u_2$ und $\sin^2 u + \cos^2 u = 1$ können wir diesen Ausdruck umformulieren:

$$T = \frac{m_1}{2} l_1^2 \dot{u}_1^2 + \frac{m_2}{2} \left[l_1^2 \dot{u}_1^2 + l_2^2 \dot{u}_2^2 + 2 l_1 l_2 \dot{u}_1 \dot{u}_2 \cos(u_1 - u_2)\right].$$

Wenn wir das Prinzip der kleinsten Wirkung anwenden, erhalten wir das folgende Gleichungssystem für ein doppeltes Pendel:

$$\begin{aligned} \ddot{u}_1 + \frac{m_2}{m_1 + m_2} \frac{l_2}{l_1} \left[\ddot{u}_2 \cos(u_2 - u_1) - \dot{u}_2^2 \sin(u_2 - u_1)\right] + \frac{g}{l_1} \sin u_1 &= 0, \\ \ddot{u}_2 + \frac{l_1}{l_2} \left[\ddot{u}_1 \cos(u_2 - u_1) + \dot{u}_1^2 \sin(u_2 - u_1)\right] + \frac{g}{l_2} \sin u_2 &= 0. \end{aligned} \tag{47.7}$$

Wir halten fest, dass für $m_2 = 0$ die erste Gleichung der Gleichung für das einfache Pendel entspricht und dass für $\ddot{u}_1 = \dot{u}_1 = 0$ die zweite Gleichung der Gleichung für das einfache Pendel entspricht.

47.8 Das Zwei-Körper Problem

Wir betrachten das *Zwei-Körper* Problem mit einer kleinen Masse, die um eine schwere Masse kreist, wie z.B. die um die Sonne kreisende Erde, wenn wir den Einfluss der anderen Planeten vernachlässigen. Wir nehmen an, dass sich die Bewegung in einer Ebene abspielt und wir benutzen Polarkoordinaten (r, θ), deren Ursprung im Zentrum der schweren Masse ist, um die Position des leichteren Körpers zu beschreiben. Wenn wir davon ausgehen, dass der schwere Körper fixiert ist, erhalten wir als Wechselwirkungsintegral für die Differenz zwischen der kinetischen und der potentiellen Energie für eine kleine Masse:

$$\int_{t_1}^{t_2} \left(\frac{1}{2}\dot{r}^2 + \frac{1}{2}(\dot{\theta}r)^2 + \frac{1}{r} \right) dt, \tag{47.8}$$

da die radiale Geschwindigkeit und die Winkelgeschwindigkeit $(\dot{r}, r\dot{\theta})$ beträgt. Das Gravitationspotential beträgt $-r^{-1} = -\int_r^\infty s^{-2}\, ds$ und entspricht der Arbeit, die nötig ist, um ein Teilchen im Abstand r mit Einheitsmasse vom Zentrum der Kreisbahn gegen Unendlich zu bewegen. Die zugehörigen Euler-Lagrange Gleichungen lauten:

$$\begin{cases} \ddot{r} - r\dot{\theta}^2 = -\frac{1}{r^2}, & t > 0, \\ \frac{d}{dt}(r^2\dot{\theta}) = 0, & t > 0, \end{cases} \tag{47.9}$$

was einem System zweiter Ordnung entspricht, das noch durch Anfangswerte für die Position und Geschwindigkeit ergänzt werden muss.

Wir konstruieren die analytische Lösung dieses Systems in einigen der Aufgaben unten, die somit als kleiner Kurs durch Newtons *Principia Mathematica* gelten können. Wir laden den Leser ein, die Gelegenheit zu ergreifen, um Newton nachzueifern.

47.9 Stabilität der Bewegung eines Pendels

Wir erhalten eine Linearisierung der Gleichung $\ddot{u} + \sin(u) = 0$ für ein Pendel in $\bar{u} \in \mathbb{R}$, wenn wir $u = \bar{u} + \varphi$ setzen und berücksichtigen, dass $\sin(u) \approx \sin(\bar{u}) + \cos(\bar{u})\varphi$. Dies führt zu

$$0 = \ddot{u} + \sin(u) \approx \ddot{\varphi} + \sin(\bar{u}) + \cos(\bar{u})\varphi.$$

Zunächst nehmen wir an, dass $\bar{u} = 0$ und erhalten so die linearisierte Gleichung für die Störung φ,

$$\ddot{\varphi} + \varphi = 0, \tag{47.10}$$

dessen Lösung eine Linearkombination von $\sin(t)$ und $\cos(t)$ ist. Ist beispielsweise $\varphi(0) = \delta$ und $\dot{\varphi}(0) = 0$, so sehen wir, dass eine anfängliche kleine

Störung für alle Zeit klein bleibt: Das Pendel bleibt bei kleinen Störungen in der Nähe der Ruhelage.

Als Nächstes setzen wir $\bar{u} = \pi$ und erhalten

$$\ddot{\varphi} - \varphi = 0, \tag{47.11}$$

dessen Lösung eine Linearkombination von $\exp(\pm t)$ ist. Da $\exp(t)$ sehr schnell anwächst, ist der Zustand $\bar{u} = \pi$, der die Position des Pendels „über Kopf" beschreibt, *instabil.* Bereits eine kleine Störung wird sich schnell zu einer großen Störung entwickeln und das Pendel wird nicht lange „über Kopf" stehen bleiben.

Wir werden auf die Betrachtungen in diesem Abschnitt im Kapitel „Linearisierung und Stabilität von Anfangswertproblemen" zurückkommen.

Aufgaben zu Kapitel 47

47.1. Ergänzen Sie fehlende Details bei der Herleitung der Gleichung für das Pendel. Bleibt der Winkel u bei der Bewegung klein, kann das einfache *linearisierte* Modell $\ddot{u} + u = 0$ benutzt werden. Lösen Sie diese Gleichung analytisch und vergleichen Sie sie mit numerischen Ergebnissen für die nicht-lineare Pendelgleichung, um Gültigkeitsgrenzen der Linearisierung zu bestimmen.

47.2. Ergänzen Sie fehlende Details bei der Herleitung der Gleichungen für das Pendel mit beweglicher Aufhängung und das doppelte Pendel.

47.3. Untersuchen Sie, wie sich das doppelte Pendel in Extremfällen verhält, d.h. bei Null und bei Unendlich für die Parameter m_1, m_2, l_1 und l_2.

47.4. Leiten Sie die zweite Bewegungsgleichung in (47.7) für das doppelte Pendel aus dem Ergebnis für das Pendel mit beweglicher Aufhängung her, indem Sie $(r_1(t), r_2(t)) = (l_1 \sin u_1, -l_1 \cos u_1)$ setzen.

47.5. Leiten Sie die Bewegungsgleichung für eine Perle her, die auf einer reibungslosen schrägen Ebene unter der Wirkung der Schwerkraft rollt.

47.6. Wandern Sie in den Fußspuren von Newton und finden Sie eine analytische Lösung für das durch (47.9) modellierte Zwei-Körper Problem unter den folgenden Bedingungen: (i) Prüfen Sie, dass ein stationärer Punkt des Wirkungsintegrals (47.8) die Gleichung (47.9) erfüllt. (ii) Prüfen Sie, ob die Gesamtenergie konstant bleibt. (iii) Zeigen Sie, dass $\dot{\theta} = cu^2$ für konstantes c, indem Sie zu der Variablen $u = r^{-1}$ wechseln. Benutzen Sie diese Beziehung zusammen mit der Tatsache, dass nach der Kettenregel

$$\frac{dr}{dt} = \frac{dr}{du}\frac{du}{d\theta}\frac{d\theta}{dt} = -c\frac{du}{d\theta} \quad \text{und} \quad \ddot{r} = -c^2u^2\frac{d^2u}{d\theta^2}.$$

Formulieren Sie das System (47.9) um, in

$$\frac{d^2u}{d\theta^2} + u = c^{-2}. \tag{47.12}$$

Zeigen Sie, dass die allgemeine Lösung von (47.12) lautet:

$$u = \frac{1}{r} = \gamma \cos(\theta - \alpha) + c^{-2},$$

wobei γ und α konstant sind. (iv) Zeigen Sie, dass die Lösung entweder eine Ellipse, Parabel oder Hyperbel ist. Hinweis: Nutzen Sie, dass diese Kurven als Punktmenge beschrieben werden können, für die das Verhältnis zu einem festen Punkt und zu einer festen Geraden konstant ist. Polarkoordinaten sind für diese Beziehungen gut geeignet. (v) Beweisen Sie die drei Keplerschen Gesetze für die Planetenbewegung mit den Ergebnissen aus der vorangegangenen Aufgabe.

47.7. Untersuchen Sie die Linearisierungen für das doppelte Pendel in $(u_1, u_2) = (0, 0)$ und $(u_1, u_2) = (\pi, \pi)$ und ziehen Sie Schlussfolgerungen für die Stabilität.

47.8. Benutzen Sie einen elastischen Faden bei der Beschreibung eines einfachen Pendels.

47.9. Berechnen Sie numerische Lösungen für die vorgestellten Modelle.

48

N-Körper Systeme*

> Der Leser wird keine Abbildungen in dieser Arbeit finden. Die Methoden, die ich hervorhebe, erfordern weder geometrische oder mechanische Überlegungen, sondern nur algebraische Operationen, die nach gleichmäßigen und einheitlichen Regeln ablaufen. (Lagrange in *Méchanique Analytique*)

48.1 Einleitung

Wir werden nun Systeme mit N Körpern modellieren, die durch Gravitationskräfte oder elektrostatische Kräfte oder mechanische Kräfte, die von Federn und Pralltöpfen, vgl. Abb. 48.1, herrühren, in Wechselwirkung treten. Wir werden dabei zwei verschiedene Beschreibungsarten einsetzen. Zum einen beschreiben wir das System durch die Koordinaten der (Schwerkraftszentren der) Körper. Zum anderen benutzen wir die *Entfernung* der Körper von einer anfänglichen Referenzposition. Bei Letzterem *linearisieren* wir auch, falls wir annehmen können, dass nur kleine Auslenkungen stattfinden, um so ein lineares Gleichungssystem zu erhalten. Bei der ersten Formulierung wird die Anfangskonfiguration nur für die Initialisierung des Systems benutzt und zu späterer Zeit „vergessen", in dem Sinne, dass die Beschreibung des Systems nur die aktuelle Positionen der Körper enthält. Bei der zweiten Vorgehensweise kann die Referenzposition aus der Entwicklung zurückgewonnen werden, da die Unbekannte die Entfernung von der Referenzposition ist. Die verschiedenen Vorgehensweisen haben unterschiedliche Vorteile und Anwendungsgebiete.

48.2 Massen und Federn

Wir betrachten für ein System von N Körpern, die durch Hookesche Federn verbunden sind, Bewegungen in $\mathbb{R}^3$. Für $i = 1, \ldots, N$ werde die Position zur Zeit t für Körper i durch die Vektorfunktion $u_i(t) = (u_{i1}(t), u_{i2}(t), u_{i3}(t))$ gegeben, wobei $u_{ik}(t)$ die x_k-Koordinate $k = 1, 2, 3$ beschreibt. Die Masse von Körper i sei m_i. Körper i sei mit Körper j durch eine Hookesche Feder mit der Federkonstanten $k_{ij} \geq 0$ für $i, j = 1, \ldots, N$ verbunden. Einige der k_{ij} können Null sein, was einfach bedeutet, dass zwischen den Körpern i und j keine Feder ist. Insbesondere ist $k_{ii} = 0$. Wir nehmen ferner an, dass die Referenzlänge der Federn für die Spannung Null gleich Null ist. Das bedeutet, dass die Federkräfte stets anziehend sind.

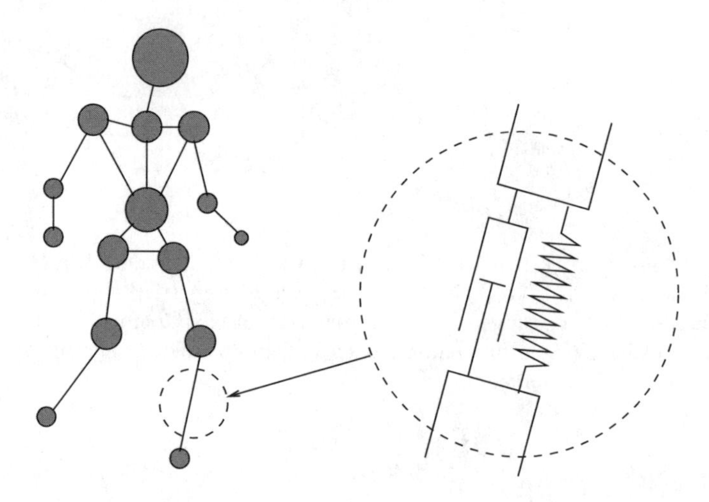

Abb. 48.1. Ein typisches System aus Massen, Federn und Pralltöpfen in Bewegung

Wir leiten nun auf der Basis des Prinzips der kleinsten Wirkung die Bewegungsgleichungen für das Masse-Feder System her. Dazu nehmen wir zunächst an, dass die Gravitationskraft Null beträgt. Die potentielle Energie der Konfiguration $u(t)$ entspricht

$$\begin{aligned} V(u(t)) &= \sum_{i,j=1}^{N} \frac{1}{2} k_{ij} |u_i - u_j|^2 \\ &= \sum_{i,j=1}^{N} \frac{1}{2} k_{ij} \big((u_{i1} - u_{j1})^2 + (u_{i2} - u_{j2})^2 + (u_{i3} - u_{j3})^2 \big), \end{aligned} \tag{48.1}$$

wobei wir die Zeitabhängigkeit der Koordinaten u_{ik} weggelassen haben, um die Lesbarkeit zu erhöhen. Die potentielle Energie ergibt sich daraus, dass die Länge der Feder, die Körper i mit j verbindet, gleich $|u_i - u_j|$ ist und dass die Arbeit für die Ausdehnung einer Feder mit Länge Null auf Länge l gleich ist zu $\frac{1}{2}k_{ij}l^2$. Die partielle Ableitung von $V(u(t))$ nach der Koordinate eines Körpers u_{ik} beträgt:

$$\frac{\partial V(u)}{\partial u_{ik}} = \sum_{j=1}^{N} k_{ij}(u_{ik} - u_{jk}).$$

Das Wirkungsintegral lautet

$$I(u) = \int_{t_1}^{t_2} \left(\sum_{i=1}^{N} \frac{1}{2} m_i \left(\dot{u}_{i1}^2 + \dot{u}_{i2}^2 + \dot{u}_{i3}^2\right) - V(u(t)) \right) dt,$$

so dass wir mit dem Prinzip der kleinsten Wirkung und den partiellen Ableitungen von $V(u(t))$ folgende Bewegungsgleichungen erhalten:

$$m_i \ddot{u}_{ik} = -\sum_{j=1}^{N} k_{ij}(u_{ik} - u_{jk}), \quad k = 1, 2, 3, \, i = 1, \ldots, N \tag{48.2}$$

oder in Vektorschreibweise

$$m_i \ddot{u}_i = -\sum_{j=1}^{N} k_{ij}(u_i - u_j), \quad i = 1, \ldots, N, \tag{48.3}$$

mit noch fehlenden Anfangsbedingungen für $u_i(0)$ und $\dot{u}_i(0)$. Wir können diese Gleichungen als Umformung von Newtons Bewegungsgesetz

$$m_i \ddot{u}_i = F_i^s \tag{48.4}$$

auffassen, wobei die gesamte Federkraft $F_i^s = (F_{i1}^s, F_{i2}^s, F_{i3}^s)$, die auf Körper i einwirkt, gleich ist mit

$$F_i^s = -\sum_{j=1}^{N} k_{ij}(u_i - u_j). \tag{48.5}$$

Wir können Gravitationskräfte in Richtung der negativen x_3-Achse einbeziehen, indem wir eine Komponente $-m_i g$ zu F_{i3}^s addieren, wobei g die Erdbeschleunigung ist.

Das System (48.3) ist linear in den Unbekannten $u_{ij}(t)$. Wenn wir annehmen, dass die Referenzlänge der Feder zwischen Körper i und j zur Federkraft Null gleich $l_{ij} > 0$ beträgt, verändert sich das Potential zu

$$V(u(t)) = \sum_{i,j=1}^{N} \frac{1}{2} k_{ij}(|u_i - u_j| - l_{ij})^2 \tag{48.6}$$

und die sich ergebenden Bewegungsgleichungen sind nicht länger linear. Unten werden wir eine linearisierte Form betrachten und dabei annehmen, dass $|u_i - u_j| - l_{ij}$ verglichen mit l_{ij} klein ist.

48.3 Das N-Körper Problem

Traditionsgemäß bezeichnet ein „N-Körper“ Problem ein System von N sich bewegenden Körpern in $\mathbb{R}^3$ unter dem Einfluss gegenseitiger Gravitationskraft. Ein Beispiel dafür liefert unser Sonnensystem mit 9 Planeten, die um die Sonne kreisen, wobei wir üblicherweise Monde, Asteroide und Kometen vernachlässigen.

Sei die Position zur Zeit t des (Gravitationszentrums des) Körpers i durch die Vektorfunktion $u_i(t) = (u_{i1}(t), u_{i2}(t), u_{i3}(t))$ gegeben, wobei $u_{ik}(t)$ die x_k-Koordinate in $\mathbb{R}^3$, $k = 1, 2, 3$ bezeichnet. Sei ferner die Masse von Körper i gleich m_i. Das Newtonsche Gravitationsgesetz besagt, dass die Gravitationskraft zwischen den Körpern j und i

$$-\frac{\gamma m_i m_j}{|u_i(t)-u_j(t)|^2}\frac{u_i(t)-u_j(t)}{|u_i(t)-u_j(t)|} = -\gamma m_i m_j \frac{u_i(t)-u_j(t)}{|u_i(t)-u_j(t)|^3}$$

beträgt, wobei γ die Gravitationskonstante ist. Somit erhalten wir das folgende Gleichungssystem zur Modellierung des n-Körper Problems:

$$m_i \ddot{u}_i = -\gamma m_i m_j \sum_{j\neq i} \frac{u_i - u_j}{|u_i(t)-u_j(t)|^3}, \tag{48.7}$$

mit noch fehlenden Anfangsbedingungen für $u_i(0)$ und $\dot{u}_i(0)$.

Wir können diese Gleichungen auch mit Hilfe des Prinzips der kleinsten Wirkung herleiten, indem wir das Gravitationspotential

$$V(u) = -\sum_{i,j=1,\, i\neq j}^{N} \frac{\gamma m_i m_j}{|u_i - u_j|}$$

und

$$\frac{\partial V}{\partial u_{ik}} = \sum_{j\neq i} \frac{\gamma m_i m_j}{|u_i - u_j|^3}(u_{ik} - u_{jk}). \tag{48.8}$$

benutzen. Dabei erhalten wir das Gravitationspotential aus der Beobachtung, dass die Arbeit für das Entfernen des Körpers i aus einem Abstand r von Körper j gleich ist zu:

$$\int_r^\infty \frac{\gamma m_i m_j}{s^2}\, ds = \gamma m_i m_j [-\frac{1}{s}]_{s=r}^{s=\infty} = \frac{\gamma m_i m_j}{r}.$$

Beachten Sie das Minuszeichen beim Potential, das zum Ausdruck bringt, dass Körper i potentielle Energie verliert, wenn es sich an Körper j annähert.

Analytische Lösungen sind nur für den Fall des 2-Körper Problems verfügbar. Die numerische Lösung für beispielsweise das 10-Körper System unseres Sonnensystems ist berechnungsmäßig sehr aufwändig, wenn wir Langzeit Simulationen betrachten. Als Folge davon sind die Langzeit-Stabilitätseigenschaften unseres Sonnensystems unbekannt. So scheint niemand zu wissen, ob die Erde vielleicht mit Merkur die Kreisbahn tauscht, Pluto sich in eine andere Galaxie entfernt oder ein anderes dramatisches Ereignis eintreten wird.

Das allgemeine Existenzergebnis garantiert zwar eine Lösung, aber das Auftreten des Stabilitätsfaktors $\exp(tL_f)$ gibt Anlass für ernsthafte Zweifel über die Genauigkeit von Langzeit-Simulationen.

48.4 Massen, Federn und Pralltöpfe: Kleine Auslenkungen

Wir wollen nun eine andere Beschreibung für das obige Masse-Feder System geben. Sei dazu die Anfangsposition des Körpers i, die nun als Referenzposition gewählt wird, gleich $a_i = (a_{i1}, a_{i2}, a_{i3})$ und sei die aktuelle Position zur Zeit $t > 0$ gleich $a_i + u_i(t)$, wobei wir nun $u_i(t) = (u_{i1}(t), u_{i2}(t), u_{i3}(t))$ als *Auslenkung* des Körpers i aus seiner Referenzposition a_i auffassen.

Die potentielle Energie der Konfiguration $u(t)$ beträgt

$$\begin{aligned} V(u(t)) &= \sum_{i,j=1}^{N} \frac{1}{2} k_{ij} \big(|a_i + u_i - (a_j + u_j)| - |a_i - a_j|\big)^2 \\ &= \frac{1}{2} k_{ij} \big(|a_i - a_j + (u_i - u_j)| - |a_i - a_j|\big)^2, \end{aligned}$$

wobei wir davon ausgehen, dass die Federkräfte Null sind, wenn die Federn die Referenzlänge $a_i - a_j$ haben.

Wir wollen uns auf den Spezialfall kleiner Auslenkungen konzentrieren und annehmen, dass $|u_i - u_j|$ verglichen zu $|a_i - a_j|$ klein ist. Wir machen dabei davon Gebrauch, dass für kleines $|b|$ relativ zu $|a|$ für $a, b \in \mathbb{R}^3$ gilt:

$$\begin{aligned} |a+b| - |a| &= \frac{(|a+b| - |a|)(|a+b| + |a|)}{|a+b| + |a|} \\ &= \frac{|a+b|^2 - |a|^2}{|a+b| + |a|} = \frac{(a+b)\cdot(a+b) - a\cdot a}{|a+b| + |a|} \approx \frac{a \cdot b}{|a|}. \end{aligned}$$

Ist also $|u_i - u_j|$ klein gegenüber $|a_i - a_j|$, dann schreiben wir

$$|a_i - a_j + (u_i - u_j)| - |a_i - a_j| \approx \frac{(a_i - a_j)\cdot(u_i - u_j)}{|a_i - a_j|},$$

was uns zu folgender Näherung für die potentielle Energie führt:

$$\hat{V}(u(t)) = \sum_{i,j=1}^{N} \frac{1}{2} k_{ij} \frac{\big((a_i - a_j)\cdot(u_i - u_j)\big)^2}{|a_i - a_j|^2}.$$

Nach dem Prinzip der kleinsten Wirkung erhalten wir daher das folgende linearisierte Gleichungssystem:

$$m_i \ddot{u}_{ik} = -\sum_{j=1}^{N} \frac{k_{ij}(a_i - a_j)\cdot(u_i - u_j)}{|a_i - a_j|^2}(a_{ik} - a_{jk}), \quad k = 1,2,3,\, i = 1,\dots,N$$

oder in Vektorschreibweise

$$m_i \ddot{u}_i = -\sum_{j=1}^{N} \frac{k_{ij}(a_i - a_j)\cdot(u_i - u_j)}{|a_i - a_j|^2}(a_i - a_j), \quad i = 1,\dots,N. \tag{48.9}$$

mit noch fehlenden Anfangsbedingungen für $u_i(0)$ und $\dot{u}_i(0)$. Wir können diese Gleichungen als Umformulierungen von Newtons Bewegungsgesetz

$$m_i \ddot{u}_i = F_i^s, \quad i = 1,\dots,N \tag{48.10}$$

betrachten, wobei die Federkraft F_i^s auf Körper i

$$F_i^s = -\sum_{j=1}^{N} b_{ij} e_{ij},$$

entspricht, wobei

$$e_{ij} = \frac{a_i - a_j}{|a_i - a_j|}$$

der normierte Vektor ist, der a_j und a_i verbindet, und

$$b_{ij} = k_{ij} e_{ij} \cdot (u_i - u_j). \tag{48.11}$$

48.5 Berücksichtigung von Pralltöpfen

Ein *Pralltopf* funktioniert wie ein Stoßdämpfer. Wir können ihn uns mechanisch als Kolben in einem mit Öl, oder einer anderen zähflüssigen Flüssigkeit, gefüllten Zylinder vorstellen, vgl. Abb. 48.2. Bei der Kolbenbewegung übt die Flüssigkeit hinter dem Kolben eine Kraft gegen die Bewegung aus, die wir proportional zur Geschwindigkeit annehmen, wobei die Proportionalitätskonstante die *Viskosität* der Flüssigkeit berücksichtigt.

Wir wollen nun das oben hergeleitete Masse-Feder Modell auf die parallele Kopplung von Federn und Pralltöpfen erweitern. Für jedes Paar von Körpern i und j sind k_{ij} und μ_{ij} die Koeffizienten der Feder und des Pralltopfs, wobei $k_{ij} = 0$ und $\mu_{ij} = 0$, wenn Feder und Pralltopf fehlen. Insbesondere ist $k_{ii} = \mu_{ii} = 0$. Die Kraft F_i^d, die im Pralltopf auf Körper i wirkt, lautet

$$F_i^d = -\sum_{j=1}^{N} d_{ij} e_{ij},$$

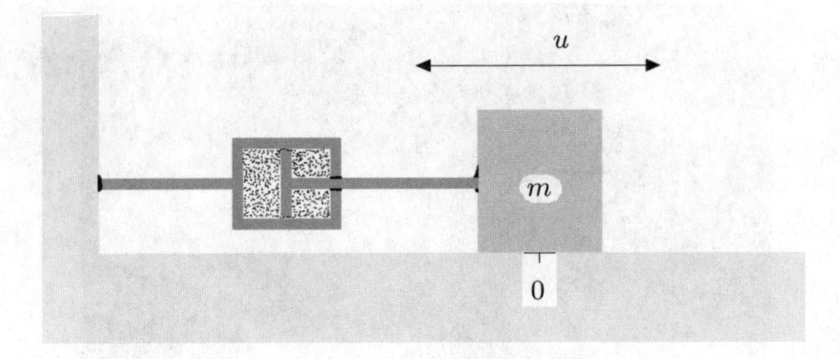

Abb. 48.2. Schnitt durch einen mit einer Masse verbundenen Pralltopf

mit

$$d_{ij} = \mu_{ij} e_{ij} \cdot (\dot{u}_i - \dot{u}_j). \tag{48.12}$$

Dabei nutzen wir die Tatsache, dass

$$e_{ij} \cdot (\dot{u}_i - \dot{u}_j) e_{ij}$$

die Projektion von $\dot{u}_i - \dot{u}_j$ auf e_{ij} ist. Wir nehmen dabei an, dass der Pralltopf mit einer Kraft wirkt, die zur Projektion von $\dot{u}_i - \dot{u}_j$ auf die Richtung $a_i - a_j$ proportional ist.

Dies führt uns zum linearisierten Masse-Feder-Pralltopf Modell:

$$m_i \ddot{u}_i = F_i^s + F_i^d, \quad i = 1, \ldots, N, \tag{48.13}$$

mit noch fehlenden Anfangsbedingungen für $u_i(0)$ und $\dot{u}_i(0)$. Wir können diese Gleichungen in Matrixform schreiben:

$$M\ddot{u} + D\dot{u} + Ku = 0. \tag{48.14}$$

Dabei sind M, D und K konstante Koeffizienten-Matrizen und u ein $3N$-Vektor, der alle Komponenten u_{ik} enthält. Die Matrix M ist diagonal mit den Massen m_i als Elemente und D und K sind symmetrische und positiv-definite Matrizen (vgl. Aufgabenteil).

Ein System mit Pralltöpfen ist nicht konservativ, da die Pralltöpfe Energie verbrauchen, weswegen wir das Prinzip der kleinsten Wirkung nicht anwenden können.

Das lineare System (48.14) modelliert eine breite Palette von Phänomenen und kann mit geeigneten Lösern numerisch gelöst werden. Wir werden unten darauf zurückkommen. Wir betrachten nun den einfachsten Fall mit einer Masse, die im Ursprung gleichzeitig mit einer Feder und einem Pralltopf verbunden ist.

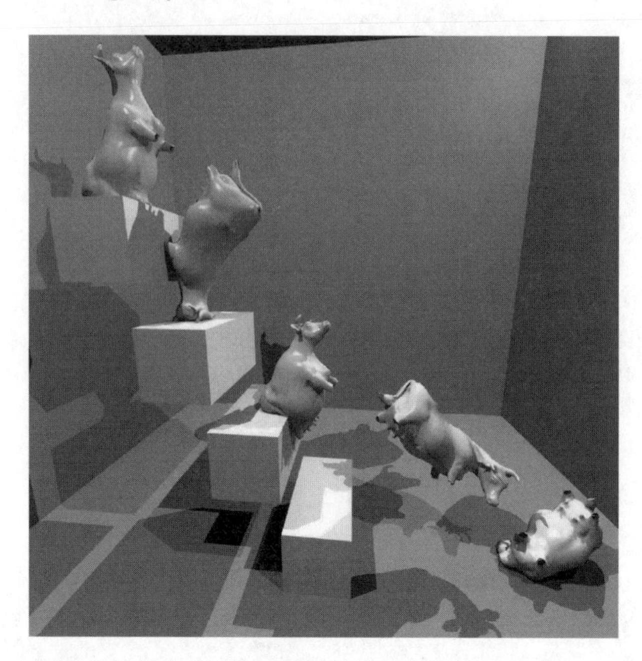

Abb. 48.3. Eine Kuh, die eine Treppe hinunterfällt (Simulation von Johan Jansson)

48.6 Eine Kuh, die eine Treppe hinunterfällt

In Abb. 48.3 und Abb. 48.4 zeigen wir das Ergebnis einer Computer-Simulation für eine Kuh, die eine Treppe hinunterfällt. Das Berechnungsmodell besteht aus einem Gerüst, in Form eines Masse-Feder-Pralltopf Systems, zusammen mit einem Oberflächenmodell auf diesem Gerüst. Das Gerüst erleidet unter der Wirkung der Schwerkraft und der Kontaktkraft mit der Treppe Deformationen und das Oberflächenmodell passt sich den Deformationen an.

48.7 Der lineare Oszillator

Wir betrachten nun das einfachste Beispiel, das aus einem Körper der Masse 1 besteht, der an einem Ende mit einer Hookeschen Feder mit dem Ursprung verbunden ist und der sich entlang der x_1-Achse bewegt. Wenn wir annehmen, dass die Feder im entspannten Zustand die Länge Null besitzt, so wird das System durch

$$\begin{cases} \ddot{u} + ku = 0 & \text{für } t > 0, \\ u(0) = u_0, \ \dot{u}(0) = \dot{u}_0. \end{cases} \tag{48.15}$$

Abb. 48.4. N-Körper Kuh-Gerüst, das eine Treppe hinunterfällt (Simulation von Johan Jansson)

beschrieben, wobei $u(t)$ die x_1-Koordinate des Körpers zur Zeit t bezeichnet. u_0 und $\dot{u}_0$ sind gegebene Anfangsbedingungen. Die Lösung lautet

$$u(t) = a\cos(\sqrt{k}t) + b\sin(\sqrt{k}t) = \alpha\cos(\sqrt{k}(t-\beta)), \qquad (48.16)$$

wobei die Konstanten a und b oder α und β durch die Anfangsbedingungen bestimmt werden. Wir folgern, dass die Bewegung der Masse mit der *Frequenz* $\sqrt{k}$ und der *Phasenverschiebung* β periodisch ist und die *Amplitude* α besitzt. Diese Daten hängen von den Anfangsbedingungen ab. Dieses Modell wird *linearer Oszillator* genannt. Die Lösung ist periodisch mit Periode $\frac{2\pi}{\sqrt{k}}$ und die *Zeitskala* ist ähnlich.

48.8 Gedämpfter linearer Oszillator

Das Anbringen eines Pralltopfs gleichzeitig zur Feder führt zum Modell eines gedämpften linearen Oszillators:

$$\begin{cases} \ddot{u} + \mu\dot{u} + ku = 0, & \text{für } t > 0, \\ u(0) = u_0, \quad \dot{u}(0) = \dot{u}_0. \end{cases} \qquad (48.17)$$

Für $k = 0$ erhalten wir das Modell

$$\begin{cases} \ddot{u} + \mu\dot{u} = 0 & \text{für } t > 0, \\ u(0) = u_0, \quad \dot{u}(0) = \dot{u}_0, \end{cases} \tag{48.18}$$

mit der Lösung

$$u(t) = -\frac{\dot{u}_0}{\mu}\exp(-\mu t) + u_0 + \frac{\dot{u}_0}{\mu}.$$

Wir erkennen, dass sich die Masse an die feste Position $u = u_0 + \frac{\dot{u}_0}{\mu}$, die durch die Eingangsdaten bestimmt wird, annähert, wenn t gegen Unendlich strebt. Die Zeitskala beträgt $\frac{1}{\mu}$.

Das charakteristische Polynom für das volle Modell $\ddot{u} + \mu\dot{u} + ku = 0$ lautet

$$r^2 + \mu r + k = 0.$$

Eine quadratische Ergänzung führt uns auf die charakteristische Gleichung

$$\left(r + \frac{\mu}{2}\right)^2 = \frac{\mu^2}{4} - k = \frac{1}{4}(\mu^2 - 4k). \tag{48.19}$$

Gilt $\mu^2 - 4k > 0$, dann existieren zwei Lösungen $-\frac{1}{2}(\mu \pm \sqrt{\mu^2 - 4k})$ und die Lösung $u(t)$ besitzt die Form (vgl. Kapitel „Die Exponentialfunktion")

$$u(t) = ae^{-\frac{1}{2}(\mu+\sqrt{\mu^2-4k})t} + be^{-\frac{1}{2}(\mu-\sqrt{\mu^2-4k})t},$$

wobei die Konstanten a und b von den Anfangsbedingungen bestimmt werden. In diesem Fall dominiert die viskose Dämpfung des Pralltopfs über die Federkraft, weswegen die Lösung exponentiell in den Ruhepunkt konvergiert, der für $k > 0$ gleich $u = 0$ ist. Die kleinste Zeitskala ist wiederum in der Größenordnung von $\frac{1}{\mu}$.

Ist $\mu^2 - 4k < 0$, führen wir zunächst eine neue Variable $v(t) = e^{\frac{\mu t}{2}}u(t)$ ein, um die charakteristische Gleichung (48.19) in eine Gleichung der Form $s^2 + (k - \frac{\mu^2}{4}) = 0$ umzuformen. Da $u(t) = e^{-\frac{\mu t}{2}}v(t)$, gilt

$$\dot{u}(t) = \frac{d}{dt}\big(e^{-\frac{\mu t}{2}}v(t)\big) = \left(\dot{v} - \frac{\mu}{2}v\right)e^{-\frac{\mu t}{2}},$$
$$\ddot{u}(t) = \left(\ddot{v} - \mu\dot{v} + \frac{\mu^2}{4}\right)e^{-\frac{\mu t}{2}},$$

und somit wird die Differentialgleichung $\ddot{u} + \mu\dot{u} + ku = 0$ transformiert zu

$$\ddot{v} + \left(k - \frac{\mu^2}{4}\right)v = 0,$$

dessen Lösung $v(t)$ eine Linearkombination der trigonometrischen Funktionen $\cos(\frac{t}{2}\sqrt{4k - \mu^2})$ und $\sin(\frac{t}{2}\sqrt{4k - \mu^2})$ ist. Die Rücktransformation zur

Variablen $u(t)$ liefert die Lösungsformel

$$u(t) = ae^{-\frac{1}{2}\mu t} \cos\left(\frac{t}{2}\sqrt{4k-\mu^2}\right) + be^{-\frac{1}{2}\mu t} \sin\left(\frac{t}{2}\sqrt{4k-\mu^2}\right).$$

Ist $\mu > 0$, dann konvergiert die Lösung mit der Zeit wiederum zum Ruhepunkt, aber nun oszillatorisch. Es treten dabei zwei Zeitskalen auf: Eine Zeitskala der Größe $\frac{1}{\mu}$ für die exponentielle Abnahme und eine Zeitskala $1/\sqrt{k-\mu^2/4}$ für die Oszillationen.

Für den Grenzfall $\mu^2 - 4k = 0$ lautet die Lösung $v(t)$ der zugehörigen Gleichung $\ddot{v} = 0$ schließlich $v(t) = a + bt$ und somit gilt

$$u(t) = (a + bt)e^{-\frac{1}{2}\mu t}.$$

Diese Lösung zeigt ein lineares Anfangswachstum, konvergiert aber zur Ruheposition, wenn die Zeit gegen Unendlich strebt. Wir stellen die drei möglichen Verhaltensweisen in Abb. 48.5 dar.

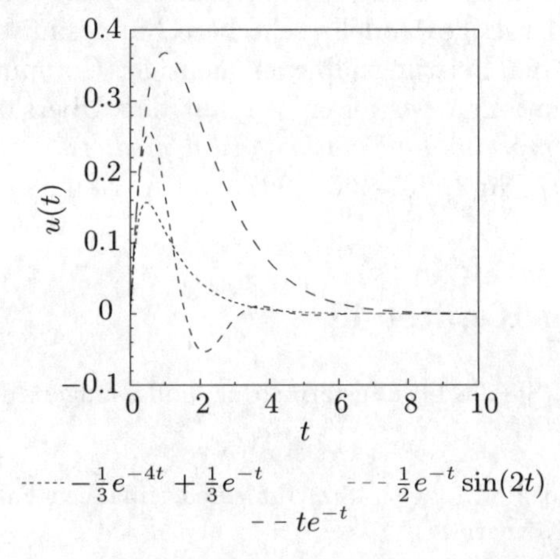

Abb. 48.5. Drei Lösungen des Masse-Feder-Pralltopf Modells (48.17) für die Anfangsbedingungen $u(0) = 0$ und $\dot{u}(0) = 1$. Die erste Lösung entspricht $\mu = 5$ und $k = 4$, die zweite $\mu = 2$ und $k = 5$ und die dritte $\mu = 2$ und $k = 1$

48.9 Erweiterungen

Wir haben oben Systeme von Körper untersucht, die mit Hookeschen Federn und linearen Pralltöpfen verbunden sind oder durch Gravitationskräfte in Wechselwirkung treten. Wir können auf Systeme nicht-linearer Federn, Pralltöpfen oder anderen mechanischen Geräten, wie Federn, die auf Winkeländerungen zwischen den Körpern reagieren oder andere Kräfte wie elektrostatische Kräfte verallgemeinern. Auf diese Art können wir sehr komplexe Systeme für makroskopische Skalen von Galaxien bis zu mikroskopischen molekularen Skalen modellieren. So führen elektrostatische Kräfte beispielsweise zu Potentialen der Form

$$V^e(u) = \pm c \sum_{i,j=1}^{N} \frac{q_i q_j}{|u_i - u_j|},$$

wobei q_i die Ladung des Körpers i ist und c eine Konstante. Das Potential hat somit eine ähnliche Form wie das für Gravitationskräfte.

Insbesondere führen „Molecular Dynamcics“ Modelle zu N-Körper Problemen, wobei die Körper durch elektrostatische Kräfte und Kräfte, die durch verschiedene Federn für Bindungslängen und Bindungswinkel zwischen den Atomen modelliert werden, in Wechselwirkung treten. Bei diesen Anwendungen kann N in der Größenordnung 10^4 sein und die kleinste Zeitskala für die Dynamik kann in der Größenordnung 10^{-14} sein, was mit sehr starken „Bindungsfedern“ zusammenhängt. Fast überflüssig ist die Bemerkung, dass derartige Modelle sehr berechnungsaufwändig sein können und oft jenseits der Leistungsfähigkeit heutiger Computer liegen. Für detaillierte Informationen verweisen wir auf den Übersichtsartikel *Molecular modeling of proteins and mathematical prediction of protein structure*, SIAM REV. (39), No 3, 407-460, 1997, von A. Neumair.

Aufgaben zu Kapitel 48

48.1. Verifizieren Sie die Lösungsformel für die Lösungen, die in Abb. 48.5 dargestellt sind.

48.2. Formulieren Sie Modell (48.2) für einen einfachen Fall eines Systems mit einigen wenigen Körpern.

48.3. Leiten Sie die Bewegungsgleichungen mit dem Potential (48.6) her.

48.4. Verallgemeinern Sie das Masse-Feder-Pralltopf Modell auf beliebige Auslenkungen.

48.5. Verallgemeinern Sie das Masse-Feder Modell für verschiedene nicht-lineare Federn.

48.6. Modellieren Sie die vertikale Bewegung einer schwimmenden Boje. Hinweis: Benutzen Sie das Archimedische Prinzip, nach dem die vertikale Auftriebskraft für eine zylindrische Boje zur Eintauchtiefe der Boje proportional ist.

48.7. Beweisen Sie, dass die Matrizen D und K in (48.14) symmetrisch und positiv-semidefinit sind.

49 Unfallmodellierung*

Am 24. Oktober 1929 begannen Menschen, ihre Aktien so schnell wie möglich zu verkaufen. Verkaufsorders übeschwemmten die Börsen. An einem normalen Tag beginnt die New Yorker Börse mit nur 750-800 Maklern. An diesem Morgen waren jedoch bei der Öffnung bereits 1100 Makler auf dem Parkett. Die Börse wies außerdem alle Angestellten an, auf dem Parkett zu sein, da über Nacht eine Vielzahl von Verlustschranken und Verkaufsorders platziert worden waren und bei den Maklerbüros auf dem Parkett war zusätzliches Telefonpersonal organisiert worden. Der Dow Jones Industrial Index schloss mit 299 an diesem Tag. Am 29. Oktober begann der Crash. Binnen der ersten Stunden nach Öffnung fielen die Kurse auf neue Jahrestiefstände. Der Dow Jones Industrial Index schloss mit 230. Da die Börse als Hauptindikator der amerikanischen Wirtschaft angesehen wurde, war das öffentliche Vertrauen erschüttert. Zwischen dem 29. Oktober und dem 13. November (als die Kurse ihren tiefsten Stand erreichten) verschwanden über 30 Milliarden Dollar aus der amerikanischen Wirtschaft. Viele Kurse brauchten fast 25 Jahre, um sich zu erholen.
(www.arts.unimelb.edu.au/amu/ucr/student/1997/Yee/1929.htm)

49.1 Einleitung

Warum fiel die Mauer am 9. November 1989? Warum löste sich die Sowjetunion im Januar 1992 auf? Warum brach der Börsenmarkt im Oktober 1929 und 1987 zusammen? Warum trennten sich Peter und Maria letzten

Herbst nach 35 Jahren Ehe? Was verursachte das Attentat vom 11. September? Warum ändert sich die Strömung im Fluss von gleichmäßig laminar zu chaotischen Strudeln in einem bestimmten Punkt? Alle Situationen hinter diesen Frage haben eine Eigenschaft gemeinsam: Dem plötzlichen Wandel vom Stabilen zum Instabilen gingen keine dramatischen Ereignisse voraus und jedes Mal führten die schnellen und dramatischen Veränderungen bei fast jedermann zu großen Überraschungen.

Wir wollen nun ein einfaches Modell beschreiben, das dasselbe Verhalten zeigt: Die Lösung ist für eine lange Zeit nahezu konstant, um plötzlich zu explodieren.

Wir betrachten das folgende Anfangswertproblem für ein System zweier gewöhnlicher Differentialgleichungen: Gesucht ist $u(t) = (u_1(t), u_2(t))$, so dass

$$\begin{cases} \dot{u}_1 + \epsilon u_1 - \lambda u_1 u_2 = \epsilon & t > 0, \\ \dot{u}_2 + 2\epsilon u_2 - \epsilon u_2 u_1 = 0 & t > 0, \\ u_1(0) = 1, u_2(0) = \kappa\epsilon, \end{cases} \tag{49.1}$$

wobei ϵ eine kleine positive Zahl in der Größenordnung von 10^{-2} oder kleiner ist und λ und κ sind positive Parameter mittlerer Größe ≈ 1. Ist $\kappa = 0$, dann ist die Lösung $u(t) = (1, 0)$ über die Zeit konstant. Wir bezeichnen dies als *Grundlösung*. Im Allgemeinen, für $\kappa > 0$, stellen wir uns $u_1(t)$ als den Hauptteil der Lösung mit Anfangswert $u_1(0) = 1$ vor und $u_2(t)$ als kleinen Nebenteil mit Anfangswert $u_2(0) = \kappa\epsilon$, d.h. klein, da ϵ klein ist. Beide Komponenten $u_1(t)$ und $u_2(t)$ entsprechen physikalischen Größen, die nicht-negativ sind und für die $u_1(0) = 1$ und $u_2(0) = \kappa\epsilon \geq 0$.

49.2 Das vereinfachte Wachstumsmodell

Das System (49.1) modelliert eine Wechselwirkung zwischen einer Hauptgröße $u_1(t)$ und einer Nebengröße $u_2(t)$ über die Ausdrücke $-\lambda u_1 u_2$ und $-\epsilon u_2 u_1$. Wenn wir nur diese Ausdrücke behalten, erhalten wir ein vereinfachtes System der Form

$$\begin{cases} \dot{w}_1(t) = \lambda w_1(t) w_2(t) & t > 0, \\ \dot{w}_2(t) = \epsilon w_2(t) w_1(t) & t > 0, \\ w_1(0) = 1, \quad w_2(0) = \kappa\epsilon. \end{cases} \tag{49.2}$$

Wir erkennen, dass die Kopplungsausdrücke nun *Wachstumsterme* sind, da sowohl die Gleichung $\dot{w}_1(t) = \lambda w_1(t) w_2(t)$ als auch $\dot{w}_2(t) = \epsilon w_2(t) w_1(t)$ ergeben, dass $\dot{w}_1(t)$ und $\dot{w}_2(t)$ für $w_1(t) w_2(t) > 0$ positiv sind. Tatsächlich explodiert (49.2) für $\kappa > 0$ immer, da die beiden Größen sich gegenseitig antreiben, wenn t anwächst, da die rechten Seiten mit $w_1(t) w_2(t)$ immer größer werden, wodurch die Wachstumsgeschwindigkeiten $\dot{w}_1(t)$ und

$\dot{w}_2(t)$ anwachsen, was wiederum $w_1(t)w_2(t)$ vergrößert und so weiter, vgl. Abb. 49.1.

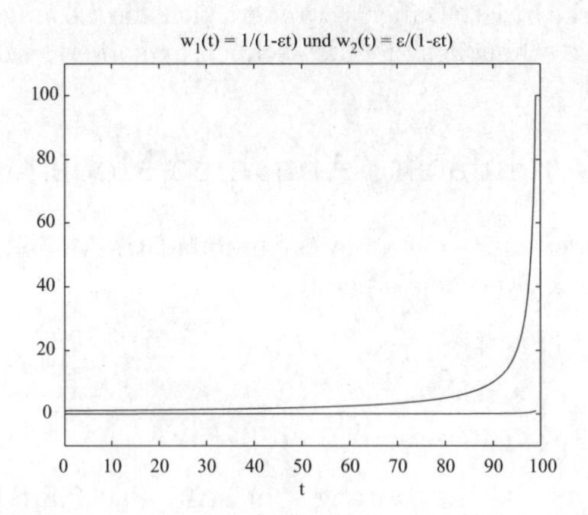

Abb. 49.1. Lösung des vereinfachten Wachstumsmodells

Wir können die Explosion in (49.2) analytisch untersuchen, wenn wir der Einfachheit halber annehmen, dass $\lambda = \kappa = 1$. Dann sind die beiden Komponenten $w_1(t)$ und $w_2(t)$ für alle t durch die Beziehung $w_2(t) = \epsilon w_1(t)$ gekoppelt, d.h. $w_2(t)$ ist stets dasselbe Vielfache von $w_1(t)$. Wir überprüfen diese Aussage, indem wir zunächst verifizieren, dass $w_2(0) = \epsilon w_1(0)$ und dann beide Gleichungen miteinander dividieren. So erhalten wir $\dot{w}_2(t)/\dot{w}_1(t) = \epsilon$. Daraus ergibt sich aber, dass $\dot{w}_2(t) = \epsilon\dot{w}_1(t)$, d.h. $w_2(t) - w_2(0) = \epsilon w_1(t) - \epsilon w_1(0)$ und wir erhalten die gewünschte Schlussfolgerung $w_2(t) = \epsilon w_1(t)$ für $t > 0$. Wenn wir diese Beziehung in die erste Gleichung von (49.2) einsetzen, erhalten wir

$$\dot{w}_1(t) = \epsilon w_1^2(t) \qquad \text{für } t > 0,$$

was in folgender Form geschrieben werden kann:

$$-\frac{d}{dt}\frac{1}{w_1(t)} = \epsilon \qquad \text{für } t > 0.$$

Berücksichtigen wir nun die Anfangsbedingung $w_1(0) = 1$, so erhalten wir

$$-\frac{1}{w_1(t)} = \epsilon t - 1 \qquad \text{für } t \geq 0,$$

womit wir die folgende Lösungsformel für $\lambda = \kappa = 1$ erhalten:

$$w_1(t) = \frac{1}{1 - \epsilon t}, \quad w_2(t) = \frac{\epsilon}{1 - \epsilon t} \qquad \text{für } t \geq 0. \tag{49.3}$$

Diese Formel zeigt uns, dass die Lösung gegen Unendlich strebt, wenn t gegen $1/\epsilon$ anwächst, d.h. die Lösung explodiert in $t = 1/\epsilon$. Wir halten fest, dass die Explosionszeit $1/\epsilon$ ist und dass die *Zeitskala* vor einem signifikanten Anstieg der Lösung etwa $\frac{1}{2\epsilon}$ beträgt. Es dauert daher lange bis zur Explosion, da ϵ klein ist. Daher verändert sich die Lösung für eine lange Zeit kaum, bis sie schließlich ziemlich schnell explodiert, vgl. Abb. 49.1.

49.3 Das vereinfachte Abnahme-Modell

Wir erhalten andererseits ein anderes vereinfachtes Modell, wenn wir den Wachstumsausdruck vernachlässigen:

$$\begin{cases} \dot{v}_1 + \epsilon v_1 = \epsilon \qquad t > 0, & t > 0, \\ \dot{v}_2 + 2\epsilon v_2 = 0 & t > 0, \\ v_1(0) = 1 + \delta, \quad v_2(0) = \kappa\epsilon, \end{cases} \tag{49.4}$$

wobei wir noch eine kleine Störung δ in $v_1(0)$ eingeführt haben. Hierbei sind die beiden Ausdrücke ϵv_1 und $2\epsilon v_2$ sogenannte *dissipative* Ausdrücke, die dazu führen, dass die Lösung $v(t)$ unabhängig von der Störung zur Grundlösung $(1, 0)$ zurückkehrt, vgl. Abb. 49.2. Dies wird aus der Gleichung $\dot{v}_2 + 2\epsilon v_2 = 0$ deutlich, deren Lösung $v_2(t) = v_2(0)\exp(-2\epsilon t)$ gegen Null abnimmt, wenn t anwächst. Wenn wir $V_1 = v_1 - 1 = \exp(-\epsilon t)$ setzen, können wir $\dot{v}_1 + \epsilon v_1 = \epsilon$ in der Form $\dot{V}_1 + \epsilon V_1 = 0$ schreiben und erkennen so, dass $v_1(t) = \delta\exp(-\epsilon t) + 1$. Somit nimmt $v_1(t)$ auf 1 ab, wenn t anwächst. Wir fassen zusammen: Die Lösung $(v_1(t), v_2(t))$ von (49.4) erfüllt

$$v_1(t) = \delta\exp(-\epsilon t) + 1 \to 1, \quad v_2(t) = \kappa\epsilon\exp(-2\epsilon t) \to 0, \quad \text{wenn } t \to \infty.$$

Wir bezeichnen (49.4) als *stabiles* System, da die Lösung stets von $(1+\delta, \kappa\epsilon)$ zur Grundlösung $(1, 0)$ zurückfindet und zwar unabhängig von der Störung $(\delta, \kappa\epsilon)$ von $(v_1(0), v_2(0))$.

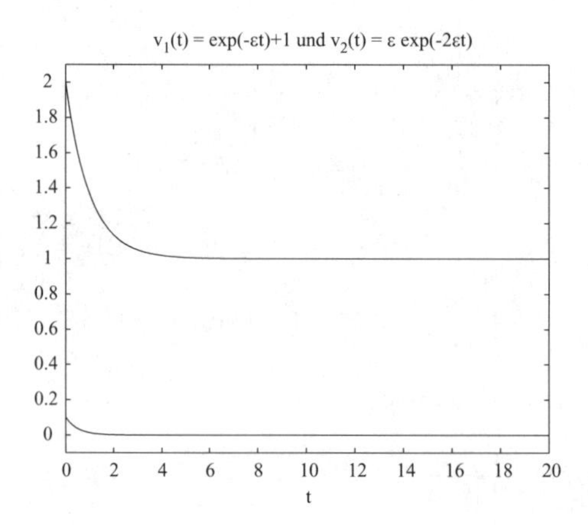

Abb. 49.2. Lösung des vereinfachten Abnahme-Modells

Wir halten fest, dass aufgrund der Faktoren $\exp(-\epsilon t)$ und $\exp(-2\epsilon t)$ die Zeitskala wiederum etwa $1/\epsilon$ ist.

49.4 Das vollständige Modell

Nun können wir zusammenfassen: Das reale System (49.1) ist eine Kombination eines instabilen Systems (49.2), das nur aus Wachstumsausdrücken besteht und dessen Lösung immer explodiert, und eines stabilen Systems (49.4), das keine Wachstumsterme beinhaltet. Wir werden sehen, dass abhängig von der Größe von $\lambda\kappa$ die instabile oder die stabile Eigenschaft überwiegt. In Abb. 49.3 und Abb. 49.4 zeigen wir verschiedene Lösungen für unterschiedliche Werte der Parameter λ und κ mit verschiedenen Anfangswerten $u(0) = (u_1(0), u_2(0)) = (1, \kappa\epsilon)$. Wir sehen, dass für genügend großes $\lambda\kappa$ die Lösung $u(t)$ schließlich nach einer Zeit von etwa $1/\epsilon$ explodiert, während für genügend kleines $\lambda\kappa$ die Lösung $u(t)$ auf die Grundlösung $(1, 0)$ zurückfällt, wenn t gegen Unendlich strebt.

Daher scheint es einen *Grenzwert* für $\lambda\kappa$ zu geben, oberhalb dessen die anfänglich gestörte Lösung explodiert und unterhalb dessen die anfänglich gestörte Lösung in den Grundzustand zurückkehrt. Wir können κ als ein Maß für die Größe der anfänglichen Störung betrachten, da $u_2(0) = \kappa\epsilon$. Wir können ferner den Faktor λ als ein quantitatives Maß für die *Kopplung* zwischen den Wachstumsausdrücken $u_2(t)$ und $u_1(t)$ durch den Wachstumsausdruck $\lambda u_1 u_2$ der Entwicklungsgleichung für u_1 ansehen.

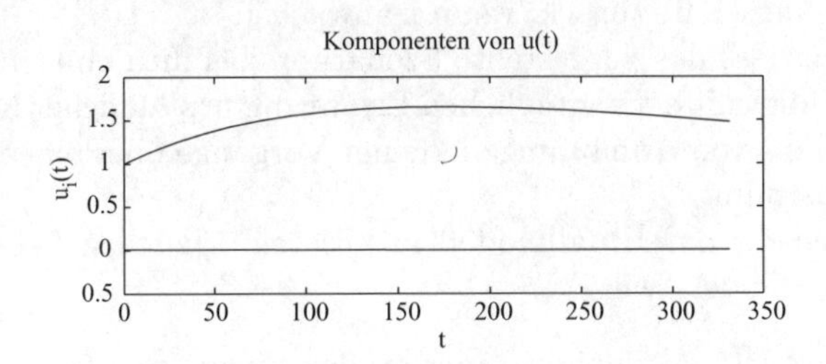

Abb. 49.3. Rückkehr zur Grundlösung, falls $\lambda\kappa$ genügend klein ist

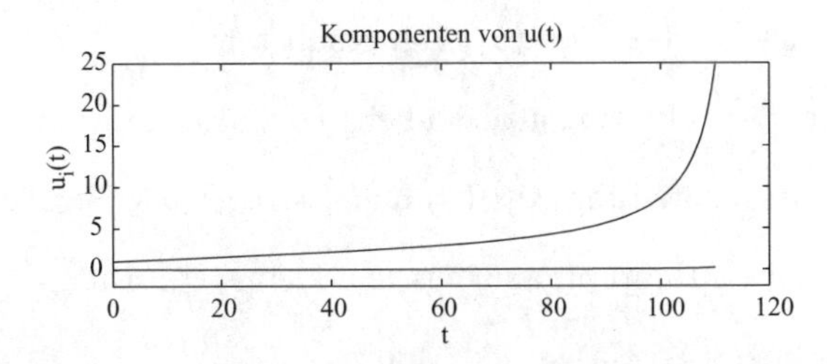

Abb. 49.4. Explosion, falls $\lambda\kappa$ genügend groß ist

Unsere Hauptfolgerung ist, dass das System explodiert, wenn das Produkt aus anfänglicher Störung und Kopplung genügend groß ist. Eine Explosion erfordert also, dass sowohl die anfängliche Störung als auch die Kopplung genügend groß sind. Eine große Anfangsstörung wird keine Explosion verursachen, wenn es keine Kopplung gibt. Eine starke Kopplung wird keine Explosion auslösen, außer es gibt eine anfängliche Störung.

Wir wollen nun das qualitative Verhalten von (49.1) noch etwas detaillierter untersuchen. Wir sehen, dass $\dot{u}_1(0)/u_1(0) = \lambda\kappa\epsilon$, wohingegen $\dot{u}_2(0)/u_2(0) = -\epsilon$. Also wächst $u_1(t)$ am Anfang, während $u_2(t)$ mit relativen Raten in der Größenordnung von ϵ abnimmt. $u_1(t)$ wächst aber nur so lange wie $\lambda u_2(t) > \epsilon$. Außerdem fängt $u_2(t)$ an zu wachsen, sobald $u_1(t) > 2$. Wird also $u_1(t)$ größer als 2, bevor $u_2(t)$ unterhalb ϵ/λ angekommen ist, dann werden sich beide Komponenten antreiben und zur Explosion führen. Dies geschieht, wenn $\lambda\kappa$ oberhalb eines bestimmten Grenzwerts liegt.

Wir beobachten, dass die Zeitskalen für bedeutsame Veränderungen bei u_1 und u_2 die Größenordnung ϵ^{-1} besitzen, da die Wachstumsraten etwa ϵ betragen. Dies stimmt mit der Erfahrung aus den vereinfachten Modellen überein. Das Szenarium ist folglich, dass die Hauptgröße $u_1(t)$ beginnend bei 1 langsam anwächst, mit einer Geschwindigkeit von etwa ϵ und dass die Nebengröße $u_2(t)$ langsam mit der Geschwindigkeit von etwa ϵ^2 abnimmt, etwa für eine Zeit von $1/\epsilon$. Ist κ oberhalb eines bestimmten Grenzwerts, dann erreicht $u_1(t)$ den Wert 2, bei dem $u_2(t)$ zu wachsen anfängt, was schließlich in einer etwas kürzeren Zeitskala zur Explosion führt. Erreicht $u_1(t)$ dagegen nicht rechtzeitig den Wert 2, dann fallen $(u_1(t), u_2(t))$ auf die Grundlösung $(1,0)$ zurück, wenn t anwächst.

Wir hoffen, dass das vorgestellte Szenarium ziemlich einfach intuitiv zu begreifen ist und mit der tagtäglichen Erfahrung urplötzlicher Explosionen, die das Ergebnis von Anhäufungen kleiner Vorgänge über eine längere Zeit sind, übereinstimmt.

Wir können für das Unfallmodell in unserem täglichen Leben viele Interpretationen finden, wie

- die Börse (u_1: Aktienkurs einer großen Firma, u_2: Kurs einer kleiner innovativen Firma),
- eine chemische Reaktion (u_1: Hauptsubstanz, u_2: Katalysator),
- Ehekrise (u_1: Hauptunzufriedenheit, u_2: störende Kleinigkeit),
- Krankheitsausbreitung (u_1: Krankheitsträger, u_2: Bazillenträger),
- Symbiose (u_1: Hauptorganismus, u_2: kleiner Parasit),
- Populationen (u_1: Hasen, u_2: Möhren),

und vieles mehr.

Insbesondere beschreibt das Modell einen wichtigen Aspekt beim Übergang von laminarer zu turbulenter Strömung, beispielsweise in einem Rohr. In diesem Fall steht u_1 für eine Strömungskomponente in Fließrichtung und u_2 für eine kleine Störung quer zur Strömung. Die Zeit zur Explosion entspricht der Zeit, die die Strömung benötigt, um, beginnend als laminare Strömung beim Einlass, letztendlich turbulent zu werden. Bei dem berühmten Experiment von Reynolds (1888) wird Tinte am Einlass eines durchsichtigen Rohrs injiziert und man kann der Stromlinie folgen, die mit der Tinte markiert wurde. Sie bildet im laminaren Teil eine gerade Linie, wird dann aber mehr und mehr wellenförmig, bevor sie mit einem Abstand vom Einlass als vollständig turbulente Strömung verschwindet. Der Abstand bis zum Zusammenbruch hängt von der Fließgeschwindigkeit, der Viskosität und den Störungen ab, d.h. von der Rauheit der Oberfläche des Rohrs oder ob ein schwergewichtiger Lastwagen irgendwo entfernt vom Experiment vorbeifährt.

Aufgaben zu Kapitel 49

49.1. Entwickeln Sie die angedeuteten Anwendungen des Unfallmodells.

49.2. Lösen Sie das vollständige System (49.1) numerisch für verschiedene Werte von λ und κ und versuchen Sie, den Grenzwert von $\lambda\kappa$ herauszufinden.

49.3. Entwickeln Sie eine *Theorie über den Kapitalismus*, basierend auf (49.1) als einfaches Modell für die Wirtschaft einer Gemeinschaft. Dabei steht u_1 für den Wert einer wichtigen Ressource, wie Land, und u_2 für das Startkapital zur Entwicklung einer neuen Technologie. Dabei ist $(1, 0)$ die Grundlösung ohne neue Technologie und der Koeffizient λ des $u_1 u_2$ Ausdrucks in der ersten Gleichung steht für das positive Wechselspiel zwischen alter und neuer Technologie. Die Ausdrücke ϵu_i stehen für stabilisierende Effekte, wie Steuern. Zeigen Sie, dass der mögliche Gewinn $u_1(t) - u_1(0)$ für eine kleine Investition $u_2(0) = \kappa\epsilon$ groß sein kann und dass eine explodierende Wirtschaft entstehen kann, wenn $\lambda\kappa$ groß ist. Zeigen Sie, dass kein Wachstum entsteht, wenn $\lambda = 0$. Ziehen Sie als Beispiel Schlussfolgerungen aus dem Modell für die Rolle des Zinssatzes für die Kontrolle der Wirtschaft.

49.4. Interpretieren Sie (49.1) als ein einfaches Modell für die Börse mit zwei Aktien und diskutieren Sie Szenarien einer Überhitzung. Erweitern Sie es auf ein Modell für den globalen Börsenmarkt und sagen Sie den nächsten Zusammenbruch voraus.

49.5. Betrachten Sie das lineare Modell

$$\begin{aligned} \dot\varphi_1 + \epsilon\varphi_1 - \lambda\varphi_2 &= 0 \qquad t > 0, \\ \dot\varphi_2 + \epsilon\varphi_2 &= 0 \qquad t > 0, \\ \varphi_1(0) = 0, \quad \varphi_2(0) &= \kappa\epsilon, \end{aligned} \tag{49.5}$$

das wir aus (49.1) erhalten, wenn wir $\varphi_1 = u_1 - 1$ und $\varphi_2 = u_2$ setzen und $u_1\varphi_2$ unter der Annahme, dass u_1 nahe bei 1 ist, durch φ_2 ersetzen. Zeigen Sie, dass die Lösung von (49.5) lautet:

$$\varphi_2(t) = \kappa\epsilon \exp(-\epsilon t), \quad \varphi_1(t) = \lambda\kappa\epsilon t \exp(-\epsilon t).$$

Folgern Sie, dass

$$\frac{\varphi_1(\frac{1}{\epsilon})}{\varphi_2(0)} = \lambda \frac{\exp(-1)}{\epsilon}$$

und interpretieren Sie das Modell.

49.6. Erweitern Sie das Unfallmodell (49.1) auf

$$\begin{aligned} \dot{u}_1 + \epsilon u_1 - \lambda u_1 u_2 + \mu_1 u_2^2 &= \epsilon \qquad t > 0, \\ \dot{u}_2 + 2\epsilon u_2 - \epsilon u_2 u_1 + \mu_2 u_1^2 &= 0 \qquad t > 0, \\ u_1(0) = 1, \quad u_2(0) &= \kappa\epsilon, \end{aligned}$$

mit Abnahmeausdrücken $\mu_1 u_2^2$ und $\mu_2 u_1^2$. Dabei sind μ_1 und μ_2 positive Konstanten. (a) Untersuchen Sie die stabilisierenden Effekte derartiger Ausdrücke numerisch. (b) Versuchen Sie Werte von μ_1 und μ_2 zu finden, so dass die zugehörige Lösung zu Anfang bei $(1, 0)$ ein periodisch auftretendes Verhalten hat mit wiederholten explosiven Perioden gefolgt, vom Abfall bis auf $(1, 0)$. (c) Versuchen Sie Werte für μ_1 und μ_2 zu finden, so dass die Multiplikation der ersten Gleichung mit einem positiven Vielfachen von u_1 und der zweiten Gleichung mit u_2 zu Beschränkungen in $|\epsilon u_1(t)|^2$ und $|u_2(t)|^2$ bezüglich der Eingangsdaten führt. Hinweis: Versuchen Sie etwa $\mu_1 \approx 1/\epsilon$ und $\mu_2 \approx \epsilon^2$.

49.7. Untersuchen Sie das Anfangswertproblem $\dot{u} = f(u)$ für $t > 0$, $u(0) = 0$, mit $f(u) = \lambda u - u^3$, für verschiedene Werte von $\lambda \in \mathbb{R}$. Bringen Sie das Zeitverhalten von $u(t)$ mit der Menge an Lösungen $\bar{u}$ von $f(u) = 0$ in Verbindung, d.h. $\bar{u} = 0$ falls $\lambda \leq 0$ und $\bar{u} = 0$ oder $\bar{u} = \pm\sqrt{\lambda}$ falls $\lambda > 0$. Untersuchen Sie das linearisierte Modell $\dot{\varphi} - \lambda\varphi + 3\bar{u}^2\varphi = 0$ für die verschiedenen $\bar{u}$. Untersuchen Sie das Verhalten der Lösung für $\lambda(t) = t - 1$.

49.8. Untersuchen Sie das Modell

$$\begin{aligned} \dot{w}_1 + w_1 w_2 + \epsilon w_1 &= 0, \qquad t > 0, \\ \dot{w}_2 - \epsilon w_1^2 + \epsilon w_2 &= -\gamma\epsilon, \qquad t > 0, \end{aligned} \tag{49.6}$$

für vorgegebene Eingangsdaten $w(0)$, wobei γ ein Parameter ist und $\epsilon > 0$. Dieses Problem erlaubt die stationäre „Trivialzweig"-Lösung $\bar{w} = (0, -\gamma)$ für alle γ. Ist $\gamma > \epsilon$, dann ist auch $\bar{w} = (\pm\sqrt{\gamma - \epsilon}, -\epsilon)$ eine stationäre Lösung. Untersuchen Sie die Entwicklung der Lösung für verschiedene γ. Untersuchen Sie in $\bar{w}$ das zugehörige linearisierte Problem.

50

Elektrische Stromkreise*

Wir können wohl kaum der Folgerung entgehen, dass Licht in transversalen schlängelnden Bewegungen desselben Mediums besteht, das auch Ursache für elektrische und magnetische Phänomene ist. (Maxwell 1862)

50.1 Einleitung

Es gibt eine Analogie zwischen mechanischen Modellen mit Massen, Federn und Pralltöpfen und Modellen *elektrischer Stromkreise* mit *Schleifen*, *Widerständen* und *Kondensatoren.* Das zentrale Modell für einen elektrischen Stromkreis, vgl. Abb. 50.1, mit diesen drei Komponenten besitzt die Form

$$L\ddot{q}(t) + R\dot{q}(t) + \frac{q(t)}{C} = f(t), \quad \text{für } t > 0, \tag{50.1}$$

mit noch fehlenden Anfangsbedingungen für q und $\dot{q}$. Dabei steht $f(t)$ für die angelegte *Spannung* und $q(t)$ ist eine Stammfunktion des *Stroms* $i(t)$. Die Gleichung (50.1) besagt, dass die angelegte Spannung $f(t)$ gleich ist der Summe der *Spannungsverluste* $L\frac{di}{dt}$, Ri und q/C in Schleife, Widerstand und Kondensator. Dabei sind L, R und C die Koeffizienten für *Induktivität*, *Widerstand* und *Kapazität.* Wir halten noch fest, dass die Integration des Stroms $q(t)$ die *Ladung* ergibt.

Das System (50.1), das auch LCR-Stromkreis genannt wird, nimmt dieselbe Form an wie das Masse-Feder-Pralltopf System (48.17). Die obige Diskussion über den Fall $f(t) = 0$ lässt sich auf den LCR-Stromkreis

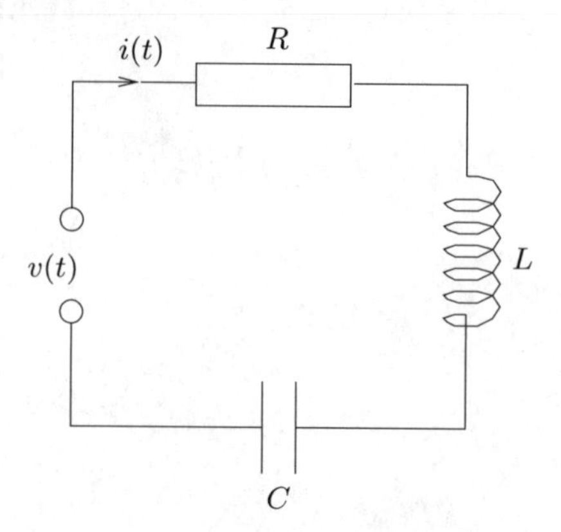

Abb. 50.1. Ein Stromkreis mit Schleife, Widerstand und Kondensator

anwenden. Ohne einen Widerstand oszilliert eine von Null verschiedene Lösung von einem Extrem mit maximaler Ladung $|q(t)|$ im Kondensator und $\dot{q} = 0$ über einen Zwischenzustand zum anderen mit Kondensatorladung Null und $|\dot{q}|$ maximal. Dies ist analog zum Masse-Feder System, wobei die potentielle Energie dem Ladungszustand des Kondensators entspricht und die Geschwindigkeit $\dot{q}$. Außerdem ist die Wirkung des Widerstands analog zu der eines Pralltopfs, dadurch, dass er eine Dämpfung der Oszillationen bewirkt.

Wir fahren nun mit der etwas detaillierteren Beschreibung der Komponenten des elektrischen Schaltkreises fort und zeigen, wie komplexe Schaltkreise durch Kombination der Komponenten in Serie oder parallel in verschiedenen Konfigurationen konstruiert werden.

50.2 Schleifen, Widerstände und Kondensatoren

Der Spannungsabfall $v(t)$ an einem Kondensator erfüllt

$$v(t) = \frac{q(t)}{C},$$

wobei $q(t)$ die *Ladung* ist, definiert durch

$$q(t) = \int_0^t i(t)\,dt,$$

wobei wir $q(0) = 0$ annehmen. Dabei ist $i(t)$ der Strom und die Konstante C ist die Kapazität. Die Ableitung liefert

$$i(t) = \dot{q}(t) = C\dot{v}(t).$$

Der Spannungsabfall an einem Widerstand ist nach dem Ohmschen Gesetz $v(t) = Ri(t)$, wobei die Konstante R der Widerstand ist. Schließlich ist der Spannungsabfall an einer Schleife

$$v(t) = L\frac{di}{dt}(t),$$

wobei die Konstante L der Induktivität entspricht.

50.3 Aufbau von Stromkreisen: Die Kirchhoffschen Gesetze

Wenn wir Schleifen, Widerstände und Kondensatoren mit elektrischen Kabeln verbinden, können wir *elektrische Stromkreise* bilden, wobei die Kabel in *Knoten* verbunden sind. Ein geschlossener Kreis in einem Stromkreis ist eine Folge von Kabeln, die Komponenten und Knoten verbinden und zurück zum Ausgangsknoten führen. Wir benutzen die beiden Kirchhoffschen Gesetze, um den Stromkreis zu modellieren:

- Die Summe aller Ströme in einem Knoten ist Null (erstes Gesetz).
- Die Summe der Spannungsverluste um einen geschlossene Kreis herum ist Null (zweites Gesetz).

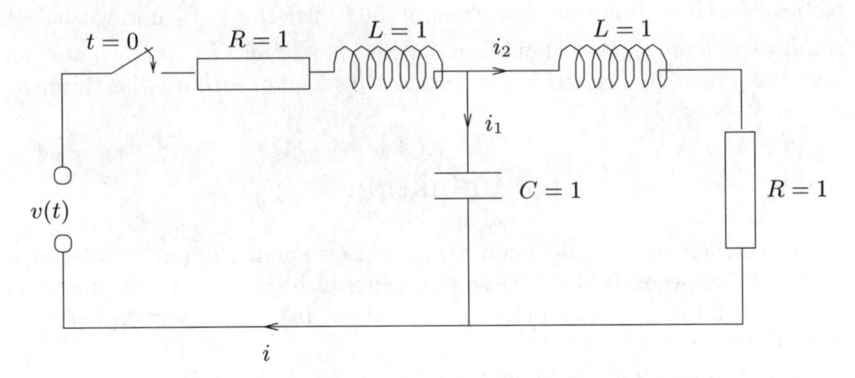

Abb. 50.2. Ein Stromkreis mit zwei geschlossenen Kreisen

Beispiel 50.1. Wir betrachten den folgenden Schaltkreis, der aus zwei geschlossenen Kreisen besteht, vgl. Abb. 50.2. Wir gehen von $v(t) = 10$ aus und nehmen an, dass der Schalter bei $t = 0$ eingeschaltet wird. Die Ladung im Kondensator sei Null bei $t = 0$ und $i_1(0) = i_2(0) = 0$. Nach dem zweiten

Kirchhoffschen Gesetz für die beiden geschlossenen Kreise gilt:

$$i + \frac{di}{dt} + \int_0^t i_1(s)\,ds = 10,$$
$$i_2 + \frac{di_2}{dt} - \int_0^t i_1(s)\,ds = 0.$$

Nach dem ersten Kirchhoffschen Gesetz gilt $i = i_1 + i_2$. Wir setzen dies in die erste Gleichung ein und eliminieren $i_2 + \frac{di_2}{dt}$ mit Hilfe der zweiten Gleichung und erhalten so:

$$i_1 + \frac{di_1}{dt} + 2\int_0^t i_1(s)\,ds = 10, \tag{50.2}$$

was nach Ableitung die folgende Gleichung zweiter Ordnung

$$\frac{d^2 i_1}{dt^2} + \frac{di_1}{dt} + 2i_1 = 0$$

liefert mit der charakteristischen Gleichung $r^2 + r + 2 = 0$. Nach quadratischer Ergänzung erhalten wir die Gleichung $(r + \frac{1}{2})^2 + \frac{7}{4} = 0$ und somit mit Hilfe der Anfangsbedingung $i_1(0) = 0$:

$$i_1(t) = c\exp\left(-\frac{t}{2}\right)\sin\left(\frac{t\sqrt{7}}{2}\right),$$

wobei c eine Konstante ist. Einsetzen in (50.2) liefert $c = \frac{20}{\sqrt{7}}$ und wir haben somit den Strom $i_1(t)$ als Funktion der Zeit bestimmt. Wir können aus der Gleichung für den zweiten Kreis den dort fließenden Strom i_2 bestimmen.

50.4 Wechselseitige Induktion

Zwei Schleifen in verschiedenen Stromkreisen können durch *wechselseitige Induktion*, wenn beispielsweise die beiden Schleifen einen gemeinsamen Eisenkern besitzen, gekoppelt sein. In Abb. 50.3 haben wir ein Beispiel dargestellt.

Nach dem zweiten Kirchhoffschen Gesetz erhalten wir für die Kreise:

$$R_1 i_1 + L_1\frac{di_1}{dt} + M\frac{di_2}{dt} = v(t),$$
$$R_2 i_2 + L_1\frac{di_2}{dt} + M\frac{di_1}{dt} = 0,$$

wobei L_1 und L_2 die Induktivitäten in den zwei Schaltkreisen sind und M ist der Koeffizient für die wechselseitige Induktion.

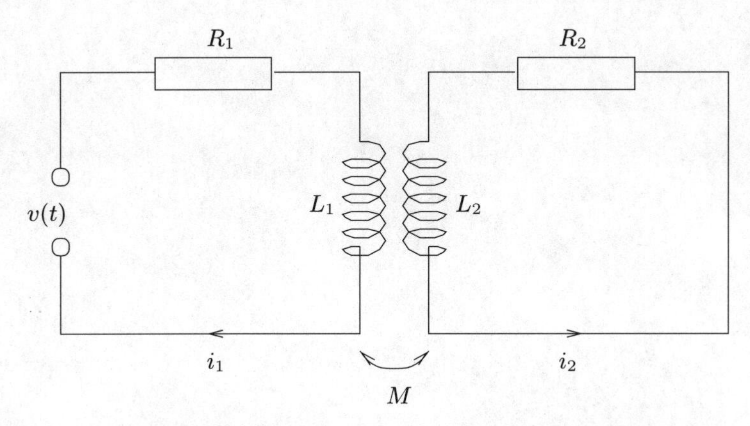

Abb. 50.3. Ein Schaltkreis mit wechselseitiger Induktion

Aufgaben zu Kapitel 50

50.1. Entwerfen Sie Schaltkreise mit den aufgeführten Komponenten. Untersuchen Sie Resonanzphänomene und Verstärker.

50.2. Untersuchen Sie die Aufladung eines Kondensators hinter einem Widerstand.

50.3. Bestimmen Sie den effektiven Widerstand von n Widerständen, die (a) parallel, (b) in Serie geschaltet sind. Wiederholen Sie dasselbe für Schleifen und Kondensatoren.

51
Stringtheorie*

In den siebziger Jahren machte die Arbeit an einer Großen Vereinigungstheorie (GUT) beachtliche Fortschritte, die auch die starke Wechselwirkung einbezog. Nur die vierte Kraft - die Schwerkraft - blieb das fünfte Rad am Wagen. Immer wenn die Physiker sie quantenmechanisch packen wollten, stießen sie beim Rechnen auf unendliche Größen, die sich mit keinem der bekannten mathematischen Tricks beseitigen ließen. Quantenmechanik und allgemeine Relativitätstheorie galten daher als grundsätzlich unvereinbar.
Bis die Physiker Micheal Green und John Schwarz 1984 die Superstrings, kurz: Strings, ins Spiel brachten: Die Schöpfer dieser Saiten-Theorie behaupteten, unser Universum habe nicht vier Dimensionen - drei für den Raum und eine für die Zeit -, sondern zehn. Es sei gefüllt mit winzigen Saiten - den Strings -, die entweder als offene Fäden oder als geschlossene Schlaufen vorkommen. (Frank Fleschner in „Spektrum der Wissenschaft", 08/1997)

51.1 Einleitung

Wir untersuchen nun eine Reihe wichtiger Masse-Faden Modelle, deren Reaktionsverhalten von der Geometrie abhängt. Diese einfachen Modelle führen zu separierbaren Gleichungen in der Phasenebene. Die Modelle können verallgemeinert werden und zu Systemen hoher Komplexität gekoppelt werden.

Wir betrachten zunächst in der x-y-Ebene, mit vertikaler abwärts gerichteter y-Achse, einen waagerechten elastischen Faden, der in $(-1, 0)$ und

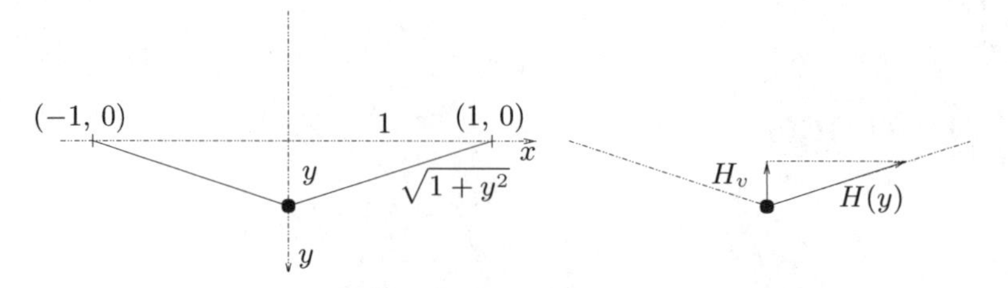

Abb. 51.1. Ein waagerechter elastischer Faden

$(1,0)$ befestigt ist. Im Mittelpunkt des Fadens befindet sich ein Körper der Masse 1, vgl. Abb. 51.1. Wir suchen nach der vertikalen Kraft, die notwendig ist, um die Mitte des Fadens um den vertikalen Abstand y zu verschieben, um so die Dynamik des Systems zu beschreiben. Der Satz von Pythagoras impliziert, dass die Länge des halben Fadens nach der Verschiebung gleich $\sqrt{1+y^2}$ ist, vgl. Abb. 51.1. Die Verlängerung beträgt daher $\sqrt{1+y^2}-1$. Angenommen, die Spannung im Faden betrage vor der Verschiebung H und er sei linear elastisch mit der Konstanten 1, so ist die Spannung des Fadens nach der Verschiebung gleich $H+(\sqrt{1+y^2}-1)$. Aus Ähnlichkeitsgründen ist die vertikale Komponente $H_v(y)$ der Spannung

$$H_v(y) = (H + \sqrt{1+y^2} - 1)\frac{y}{\sqrt{1+y^2}}.$$

Die gesamte Kraft $f(y)$ nach unten, die notwendig ist, um den Faden um den Abstand y nach unten zu ziehen, ist folglich

$$f(y) = 2H_v(y), \tag{51.1}$$

wobei der Faktor 2 von der Tatsache herrührt, dass die Aufwärtskraft für beide Hälften des Fadens gilt, vgl. Abb. 51.1. Mit Hilfe von Newtons Bewegungsgesetzen erhalten wir somit unter Vernachlässigung von Gravitationskräften das folgende Modell für das Masse-Faden System:

$$\ddot{y} + f(y) = 0.$$

51.2 Ein lineares System

Wir nehmen nun an, dass y so klein ist, dass wir $\sqrt{1+y^2}$ durch 1 ersetzen können und dass $H = \frac{1}{2}$. Wir erhalten dann ein Modell für den linearen harmonischen Oszillator:

$$\ddot{y} + y = 0, \tag{51.2}$$

mit der Lösung $y(t)$ als Linearkombination von $\sin(t)$ und $\cos(t)$. Für $y(0) = \delta$ mit kleinem δ und $\dot{y}(0) = 0$ lautet die Lösung $y(t) = \delta\cos(t)$, was kleinen Schwingungen um die Ruheposition $y = 0$ entspricht.

51.3 Ein weiches System

Als Nächstes nehmen wir an, dass $H = 0$, so dass der Faden für $y = 0$ ohne Spannung ist. Nach dem Satz von Taylor gilt für kleines y (wobei der Fehler proportional zu y^4 ist):

$$\sqrt{1+y^2} \approx 1 + \frac{y^2}{2}.$$

Wir erhalten so für kleines y

$$f(y) \approx \frac{y^3}{\sqrt{1+y^2}} \approx y^3,$$

was uns zur Modellgleichung

$$\ddot{y} + y^3 = 0$$

führt. In diesem Modell ist die Rückstellkraft y^3 bei kleinem y viel kleiner als y in (51.2), weswegen wir von einem „weichen“ System reden.

51.4 Ein hartes System

Wir betrachten nun ein System bestehend aus zwei fast vertikalen Balken der Länge Eins, die durch ein reibungsloses Gelenk verbunden sind. Der untere Balken ist über ein reibungsloses Gelenk mit dem Boden befestigt. Oben am oberen Balkens befinde sich ein Körper der Masse 1, vgl. Abb. 51.2. Sei y die vertikale Auslenkung des Körpers abwärts von der Spitze, wobei die Balken zunächst ganz vertikal sind. Sei z die zugehörige Verlängerung der waagerechten Feder mit der Federkraft $H = z$, wobei wir von einer Hookeschen Feder mit Federkonstanten 1 und Länge Null im Ruhezustand ausgehen. Wenn V die vertikale Komponente der Balkenkraft bezeichnet, ergibt der Impulsausgleich, vgl. Abb. 51.2:

$$Vz = H\left(1 - \frac{y}{2}\right) = z\left(1 - \frac{y}{2}\right).$$

Somit lautet die vertikale Gegenkraft auf den Körper durch das Feder-Balken System

$$f(y) = -V = -\left(1 - \frac{y}{2}\right).$$

Wir erkennen, dass die vertikale Kraft durch das Feder-Balken System fast konstant ist und für kleine y gleich 1 ist. Somit reagiert das System mit nahezu konstanter Kraft im Unterschied zur linearen Reaktion y und der kubischen Reaktion y^3 oben. In diesem Zusammenhang werden wir diese Reaktion als hart oder „steif“ bezeichnen, im Unterschied zu der mehr oder

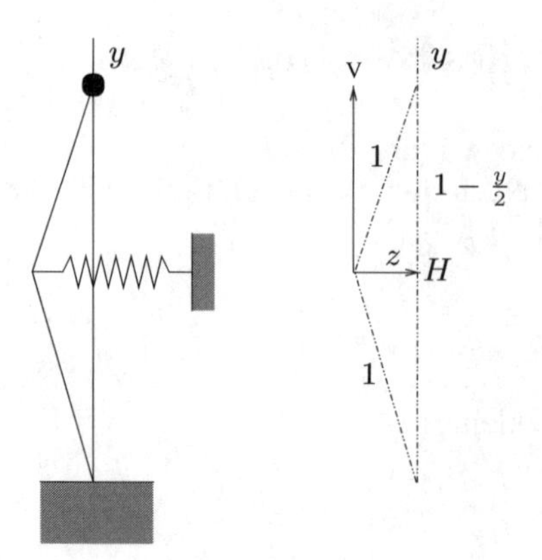

Abb. 51.2. Ein „steifes" Balken-Feder System. Die Linien entsprechen den Balken. Der Angriffspunkt in z-Richtung markiert das Gelenk zwischen den Balken

weniger weichen Reaktion der obigen Systeme. Das betrachtete System führt uns zu folgendem Modell:

$$\ddot{y} + \left(1 - \frac{y}{2}\right) = 0. \tag{51.3}$$

Dabei nehmen wir an, dass $0 \leq y \leq 1$. Insbesondere können wir die Anfangsbedingungen $y(0) = 0$ und $\dot{y}(0) = y_0 > 0$ betrachten und den Geschehnissen folgen, bis $y(t)$ den Wert 1 oder 0 erreicht.

51.5 Untersuchung der Phasenebene

Wir schreiben die Gleichung zweiter Ordnung $\ddot{y} + f(y) = 0$ in ein System erster Ordnung um:

$$\dot{v} + f(u) = 0, \quad \dot{u} = v.$$

Dabei setzen wir $u = y$ und $v = \dot{y}$. Die zugehörige Gleichung für die Phasenebene lautet

$$\frac{du}{dv} = -\frac{v}{f(u)},$$

was einer separierbaren Gleichung

$$f(u)\,du = -v\,dv$$

entspricht, mit Lösungskurven in der u-v-Ebene, für die

$$F(u) + \frac{v^2}{2} = C$$

gilt, wobei $F(u)$ eine Stammfunktion von $f(u)$ ist. Mit $f(u) = u$, wie im linearen Fall, sind die Kurven in der Phasenebene Kreise:

$$u^2 + v^2 = 2C.$$

Im weichen Fall, mit $f(u) = u^3$, werden die Kurven in der Phasenebene durch

$$\frac{u^4}{4} + \frac{v^2}{2} = C$$

gegeben, die eine Art von Ellipse beschreiben. Im harten Fall, mit $f(u) = (1 - \frac{u}{2})$, werden die Kurven in der Phasenebene durch

$$-\left(1 - \frac{u}{2}\right)^2 + \frac{v^2}{2} = C$$

gegeben, was Hyperbeln entspricht.

Aufgaben zu Kapitel 51

51.1. Vergleichen Sie die drei Systeme im Hinblick auf ihre Effektivität als Katapulte. Nehmen Sie dazu an, dass die Systeme „geladen“ werden können, indem Sie eine Kraft anwenden, die einen gewissen Maximalwert und Aktionsradius hat. Hinweis: Berechnen Sie die Arbeit, um das System zu laden.

51.2. Entwerfen Sie andere Masse-Faden Systeme, etwa durch Kopplung von hier betrachteten Elementarsystemen in Serie und parallel und stellen Sie die zugehörigen mathematischen Modelle auf. Lösen Sie die Systeme numerisch.

51.3. Berücksichtigen Sie in den obigen Systemen die Gravitationskraft.

51.4. Entwickeln Sie ein Analogon zum obigen harten System in der Form $\ddot{y} + (1 - y)$, falls $0 \leq y \leq 1$ und $\ddot{y} - (1 + y) = 0$ falls $-1 \leq y \leq 0$. Lassen Sie für y beliebige Werte in $-1 \leq y \leq 1$ zu. Hinweis: Spiegeln Sie das vorgestellte System.

51.5. Zeichnen Sie die erwähnten Kurven in der Phasenebene.

52
Stückweise lineare Näherung

> Der Geist des Anfängers ist leer und frei von den Gewohnheiten des Experten, bereit zu akzeptieren oder zu bezweifeln und offen für alle Möglichkeiten. Es ist eine Art von Geist, der Dinge sehen kann, wie sie sind. (Shunryu Suzuki)

52.1 Einleitung

Die Annäherung einer komplizierten Funktion auf beliebige Genauigkeit durch „einfachere“ Funktionen ist ein wichtiges Werkzeug der angewandten Mathematik. Wir haben gesehen, dass stückweise definierte Polynome für diesen Zweck sehr nützlich sind und deswegen spielt die Näherung durch stückweise definierte Polynome eine sehr wichtige Rolle in verschiedenen Bereichen der angewandten Mathematik. So ist beispielsweise die *Methode der finiten Elemente* FEM ein umfangreich genutztes Werkzeug zur Lösung von Differentialgleichungen, das auf der Näherung durch stückweise definierte Polynome aufbaut, vgl. Kapitel „FEM für Zwei-Punkte Randwertprobleme“ und „FEM für die Poisson Gleichung“.

In diesem Kapitel betrachten wir die Näherung einer gegebenen Funktion $f(x)$ auf einem Intervall $[a, b]$ durch auf einem Teilintervall von $[a, b]$ definierte lineare Polynome. Wir leiten wichtige Fehlernäherungen für die Interpolation mit stückweise linearen Polynomen her und wir betrachten eine Anwendung für die Methode der kleinsten Fehlerquadrate.

52.2 Lineare Interpolation auf $[0, 1]$

Sei $f : [0, 1] \to \mathbb{R}$ eine gegebene Lipschitz-stetige Funktion. Wir betrachten die Funktion $\pi f : [0, 1] \to \mathbb{R}$ definiert durch

$$\pi f(x) = f(0)(1 - x) + f(1)x = f(0) + (f(1) - f(0))x.$$

Offensichtlich ist $\pi f(x)$ eine *lineare* Funktion in x

$$\pi f(x) = c_0 + c_1 x,$$

mit $c_0 = f(0)$, $c_1 = f(1) - f(0)$ und $\pi f(x)$ *interpoliert* $f(x)$ in den Endpunkten 0 und 1 des Intervalls $[0, 1]$. Damit meinen wir, dass πf in den Endpunkten dieselben Werte wie f annimmt, d.h.

$$\pi f(0) = f(0), \quad \pi f(1) = f(1).$$

Wir bezeichnen $\pi f(x)$ als lineare *Interpolierende* von $f(x)$, die $f(x)$ an den Endpunkten des Intervalls $[0, 1]$ interpoliert.

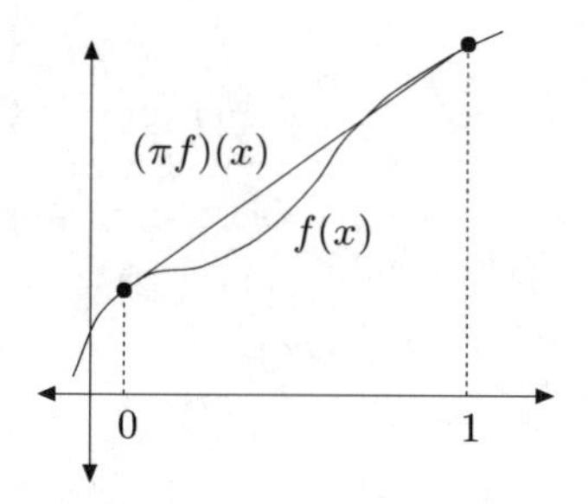

Abb. 52.1. Die lineare Interpolierende πf einer Funktion f

Wir untersuchen nun den *Interpolationsfehler* $f(x) - \pi f(x)$ für $x \in [0, 1]$. Zuvor wollen wir jedoch einen Eindruck von dem Raum der linearen Funktionen auf $[0, 1]$ vermitteln, zu denen die Interpolierende πf gehört.

Der Raum der linearen Funktionen

Wir bezeichnen mit $\mathcal{P} = \mathcal{P}(0, 1)$ die Menge der (linearen) Polynome erster Ordnung

$$p(x) = c_0 + c_1 x,$$

die für $x \in [0, 1]$ definiert sind, wobei die reellen Zahlen c_0 und c_1 die Koeffizienten von p sind. Wir erinnern daran, dass zwei Polynome $p(x)$ und $q(x)$ in $\mathcal{P}$ zu einem neuen Polynom $p + q$ in $\mathcal{P}$ addiert werden können, das durch $(p+q)(x) = p(x)+q(x)$ definiert wird. Ferner kann ein Polynom $p(x)$ in $\mathcal{P}$ mit einem Skalar α multipliziert werden zu einem Polynom αp in $\mathcal{P}$, das durch $(\alpha p)(x) = \alpha p(x)$ definiert wird. Addition bedeutet also Addition der Koeffizienten und Multiplikation eines Polynoms mit einer reellen Zahl bedeutet die Multiplikation der Koeffizienten mit dieser reellen Zahl.

Wir folgern, dass $\mathcal{P}$ ein Vektorraum ist, wobei jeder Vektor ein bestimmtes Polynom erster Ordnung $p(x) = c_0 + c_1 x$ ist, das durch die beiden reellen Zahlen c_0 und c_1 bestimmt wird. Wir können $\{1, x\}$ als Basis von $\mathcal{P}$ wählen. Um das zu überprüfen, halten wir fest, dass jedes $p \in \mathcal{P}$ eindeutig als Linearkombination von 1 und x formuliert werden kann: $p(x) = c_0 + c_1 x$. Wir können daher das Paar (c_0, c_1) als Koordinaten des Polynoms $p(x) = c_0 + c_1 x$ in der Basis $\{1, x\}$ auffassen. So sind beispielsweise die Koordinaten des Polynoms $p(x) = x$ in der Basis $\{1, x\}$ gleich $(0, 1)$ - richtig? Da es zwei Basisfunktionen gibt, sagen wir, dass die Dimension des Vektorraums $\mathcal{P}$ gleich zwei ist.

Wir betrachten nun eine alternative Basis $\{\lambda_0, \lambda_1\}$ für $\mathcal{P}$, die aus zwei Funktionen λ_0 und λ_1 besteht, die, wie folgt, definiert werden:

$$\lambda_0(x) = 1 - x, \quad \lambda_1(x) = x.$$

Jeder dieser Funktionen nimmt in einem Endpunkt den Wert 0 und den Wert 1 in dem anderen Endpunkt an, vgl. Abb. 52.2, genauer gesagt:

$$\lambda_0(0) = 1, \lambda_0(1) = 0 \quad \text{und} \quad \lambda_1(0) = 0, \lambda_1(1) = 1.$$

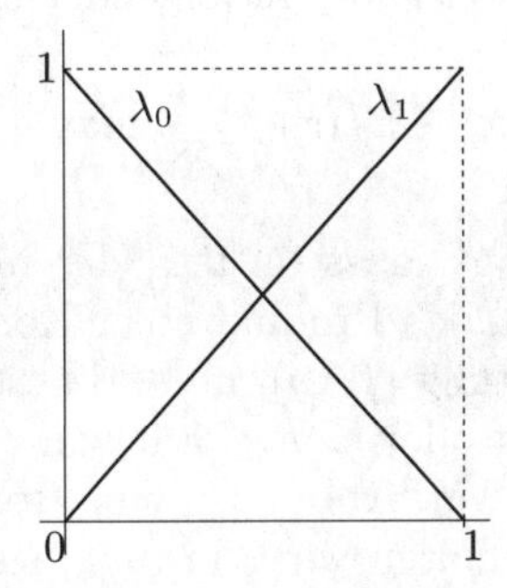

Abb. 52.2. Die Basisfunktionen λ_0 und λ_1

Jedes Polynom $p(x) = c_0 + c_1 x$ in $\mathcal{P}$ kann als Linearkombination der Funktionen $\lambda_0(x)$ und $\lambda_1(x)$ ausgedrückt werden, d.h.

$$\begin{aligned} p(x) &= c_0 + c_1 x = c_0(1 - x) + (c_1 + c_0)x = c_0 \lambda_0(x) + (c_1 + c_0)\lambda_1(x) \\ &= p(0)\lambda_0(x) + p(1)\lambda_1(x). \end{aligned}$$

Eine sehr nette Eigenschaft dieser Funktionen ist, dass die Koeffizienten $p(0)$ und $p(1)$ den Werten von $p(x)$ in $x = 0$ und $x = 1$ entsprechen. Außerdem sind λ_0 und λ_1 voneinander linear unabhängig, da für

$$a_0 \lambda_0(x) + a_1 \lambda_1(x) = 0 \quad \text{für } x \in [0, 1],$$

$a_1 = a_0 = 0$ gelten muss, was man durch Einsetzen von $x = 0$ und $x = 1$ erkennt. Wir folgern, dass auch $\{\lambda_0, \lambda_1\}$ eine Basis von $\mathcal{P}$ ist.

Insbesondere können wir die Interpolierende $\pi f \in \mathcal{P}$ in der Basis $\{\lambda_0, \lambda_1\}$ folgendermaßen ausdrücken:

$$\pi f(x) = f(0)\lambda_0(x) + f(1)\lambda_1(x), \tag{52.1}$$

wobei die Werte in den Endpunkten $f(0)$ und $f(1)$ als Koeffizienten auftreten.

Der Interpolationsfehler

Wir wollen den Interpolationsfehler $f(x) - \pi f(x)$ für $x \in [0,1]$ abschätzen. Wir beweisen, dass

$$|f(x) - \pi f(x)| \le \frac{1}{2}x(1-x) \max_{y\in[0,1]} |f''(y)|, \quad x \in [0,1]. \tag{52.2}$$

Da (überprüfen Sie dies!):

$$0 \le x(1-x) \le \frac{1}{4} \quad \text{für } x \in [0,1],$$

können wir den Interpolationsfehler in folgender Form ausdrücken:

$$\max_{x\in[0,1]} |f(x) - \pi f(x)| \le \frac{1}{8} \max_{y\in[0,1]} |f''(y)|. \tag{52.3}$$

Diese Abschätzung besagt, dass in $[0,1]$ der maximale Interpolationsfehler $|f(x) - \pi f(x)|$ durch das Produkt einer Konstanten mit dem Maximalwert der zweiten Ableitung $|f''(y)|$ in $[0,1]$ beschränkt ist. Somit spielt das Ausmaß an Konkavität oder Konvexität von f, bzw. wie weit f davon entfernt ist, linear zu sein, vgl. Abb. 52.3, eine Rolle.

Um (52.2) zu beweisen, halten wir x in $(0,1)$ fest und wenden den Satz von Taylor an, um die Werte $f(0)$ und $f(1)$ als Ausdrücke von $f(x)$, $f'(x)$, $f''(y_0)$ und $f''(y_1)$ zu schreiben, wobei $y_0 \in (0,x)$ und $y_1 \in (x,1)$. Wir erhalten:

$$\begin{aligned} f(0) &= f(x) + f'(x)(-x) + \frac{1}{2}f''(y_0)(-x)^2, \\ f(1) &= f(x) + f'(x)(1-x) + \frac{1}{2}f''(y_1)(1-x)^2. \end{aligned} \tag{52.4}$$

Wenn wir die Taylor-Reihe (52.4) in (52.1) einsetzen und dabei die Gleichheiten

$$\begin{aligned} \lambda_0(x) + \lambda_1(x) &= (1-x) + x \equiv 1, \\ (-x)\lambda_0(x) + (1-x)\lambda_1(x) &= (-x)(1-x) + (1-x)x \equiv 0, \end{aligned} \tag{52.5}$$

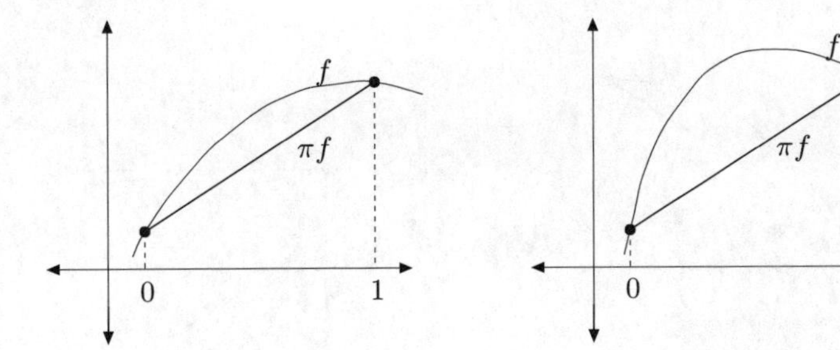

Abb. 52.3. Der Fehler einer linearen Interpolierenden hängt von der Größe von $|f''|$ ab, das ein Maß dafür ist, wie weit f davon entfernt ist, linear zu sein. Beachten Sie, dass der Fehler durch die lineare Interpolierende rechts viel größer ist als durch die lineare Interpolierende links und dass die Funktion rechts eine betragsmäßig größere zweite Ableitung besitzt

berücksichtigen, erhalten wir die *Fehlerdarstellung*:

$$f(x) - \pi f(x) = -\frac{1}{2}\big(f''(y_0)(-x)^2(1-x) + f''(y_1)(1-x)^2 x\big).$$

Zusammen mit $(-x)^2(1-x) + (1-x)^2 x = x(1-x)(x+1-x) = x(1-x)$ erhalten wir (52.2):

$$|f(x) - \pi f(x)| \le \frac{1}{2} x(1-x) \max_{y\in[0,1]} |f''(y)| \le \frac{1}{8} \max_{y\in[0,1]} |f''(y)|. \tag{52.6}$$

Als Nächstes beweisen wir die folgende Abschätzung für den Fehler in der ersten Ableitung:

$$|f'(x) - (\pi f)'(x)| \le \frac{x^2 + (1-x)^2}{2} \max_{y\in[0,1]} |f''(y)|, \quad x \in [0,1]. \tag{52.7}$$

Da $0 \le x^2 + (1-x)^2 \le 1$ für $x \in [0,1]$, gilt

$$\max_{x\in[0,1]} |f'(x) - (\pi f)'(x)| \le \frac{1}{2} \max_{y\in[0,1]} |f''(y)|.$$

Wir stellen dies in Abb. 52.4 dar.

Um (52.7) zu beweisen, leiten wir (52.1) nach x ab (beachten Sie, dass die Abhängigkeit nach x in $\lambda_0(x)$ und $\lambda_1(x)$ steckt) und benutzen (52.4) in Verbindungen mit den offensichtlichen Identitäten:

$$\lambda_0'(x) + \lambda_1'(x) = -1 + 1 \equiv 0,$$
$$(-x)\lambda_0'(x) + (1-x)\lambda_1'(x) = (-x)(-1) + (1-x) \equiv 1.$$

Dies führt zur Fehlerdarstellung:

$$f'(x) - (\pi f)'(x) = -\frac{1}{2}\big(f''(y_0)(-x)^2(-1) + f''(y_1)(1-x)^2\big),$$

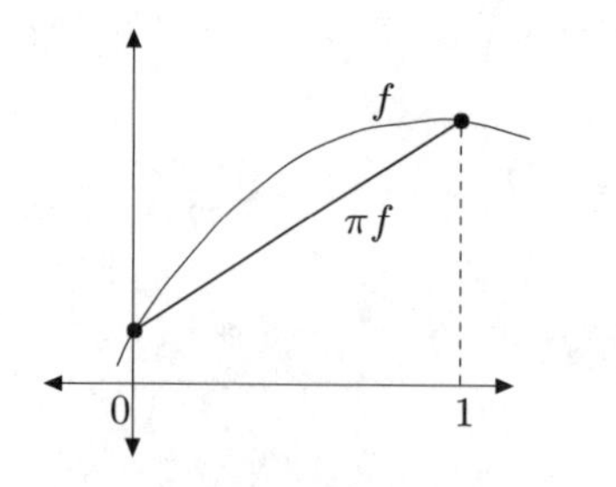

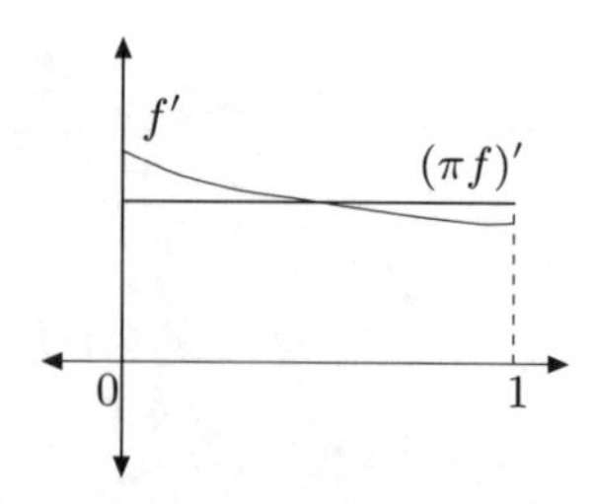

Abb. 52.4. Die Ableitung einer linearen Interpolierenden von f nähert die Ableitung von f an. Wir stellen links f und die lineare Interpolierende πf da und rechts ihre Ableitungen

wobei wiederum $y_0 \in (0, x)$ und $y_1 \in (x, 1)$. Damit ist das Gewünschte bewiesen.

Schließlich beweisen wir eine Abschätzung für $|f(x) - \pi f(x)|$, wobei wir nur die erste Ableitung f' benutzen. Dies ist nützlich, wenn die zweite Ableitung f'' nicht existiert. Aus dem Mittelwertsatz ergibt sich

$$f(0) = f(x) + f'(y_0)(-x), \quad f(1) = f(x) + f'(y_1)(1-x), \tag{52.8}$$

wobei $y_0 \in [0, x]$ und $y_1 \in [x, 1]$. Das Einsetzen in (52.1) liefert

$$|f(x) - \pi f(x)| = |f'(y_0)x(1-x) - f'(y_1)(1-x)x| \leq 2x(1-x) \max_{y\in[0,1]} |f'(y)|.$$

Da $2x(1-x) \leq \frac{1}{2}$ für $0 \leq x \leq 1$ erhalten wir also

$$\max_{x\in[0,1]} |f(x) - \pi f(x)| \leq \frac{1}{2} \max_{y\in[0,1]} |f'(y)|.$$

Wir fassen dies im folgenden Satz zusammen:

Satz 52.1 *Das lineare Polynom $\pi f \in \mathcal{P}(0,1)$, durch das die gegebene Funktion $f(x)$ in $x = 0$ und $x = 1$ interpoliert wird, erfüllt die folgenden Fehlerabschätzungen:*

$$\begin{aligned}
\max_{x\in[0,1]} |f(x) - \pi f(x)| &\leq \frac{1}{8} \max_{y\in[0,1]} |f''(y)|, \\
\max_{x\in[0,1]} |f(x) - \pi f(x)| &\leq \frac{1}{2} \max_{y\in[0,1]} |f'(y)|, \\
\max_{x\in[0,1]} |f'(x) - (\pi f)'(x)| &\leq \frac{1}{2} \max_{y\in[0,1]} |f''(y)|.
\end{aligned} \tag{52.9}$$

Die zugehörigen Abschätzungen für ein beliebiges Intervall $I = [a, b]$ der Länge $h = b - a$ nehmen die folgende Form an, wobei natürlich $\mathcal{P}(a, b)$ die Menge linearer Funktionen auf $[a, b]$ bezeichnet. Beachten Sie, wie die

Länge $h = b - a$ des Intervalls mit dem Faktor h^2 in der Abschätzung für $f(x) - \pi f(x)$ gegenüber f'' eingeht und mit h in der Abschätzung für $f'(x) - (\pi f)'(x)$.

Satz 52.2 *Das lineare Polynom $\pi f \in \mathcal{P}(a,b)$, durch das die gegebene Funktion $f(x)$ in $x = a$ und $x = b$ interpoliert wird, erfüllt die folgenden Fehlerabschätzungen:*

$$\begin{aligned}
\max_{x\in[a,b]} |f(x) - \pi f(x)| &\leq \frac{1}{8} \max_{y\in[a,b]} |h^2 f''(y)|, \\
\max_{x\in[a,b]} |f(x) - \pi f(x)| &\leq \frac{1}{2} \max_{y\in[a,b]} |hf'(y)|, \qquad (52.10) \\
\max_{x\in[a,b]} |f'(x) - (\pi f)'(x)| &\leq \frac{1}{2} \max_{y\in[a,b]} |hf''(y)|,
\end{aligned}$$

mit $h = b - a$.

Wenn wir die *Maximumsnorm* über $I = [a,b]$ durch

$$\|v\|_{L_\infty(I)} = \max_{x\in[a,b]} |v(x)|$$

definieren, können wir (52.10), wie folgt, formulieren:

$$\begin{aligned}
\|f - \pi f\|_{L_\infty(I)} &\leq \frac{1}{8} \|h^2 f''\|_{L_\infty(I)}, \\
\|f - \pi f\|_{L_\infty(I)} &\leq \frac{1}{2} \|hf'\|_{L_\infty(I)}, \qquad (52.11) \\
\|f' - (\pi f)'\|_{L_\infty(I)} &\leq \frac{1}{2} \|hf''\|_{L_\infty(I)}.
\end{aligned}$$

Unten werden wir ein Analogon dieser Abschätzung benutzen, wobei wir die $L_\infty(I)$-Norm durch die $L_2(I)$-Norm ersetzen.

52.3 Der Raum der stetigen stückweise linearen Funktionen

Für das Intervall $I = [a,b]$ führen wir die *Zerlegung* $a = x_0 < x_1 < x_2 < \cdots < x_N = b$ in N Teilintervalle $I_i = (x_{i-1}, x_i)$ der Länge $h_i = x_i - x_{i-1}$, $i = 1, \ldots, N$ ein. Wir nennen $h(x)$ die *Gitterfunktion* , die durch $h(x) = h_i$ $x \in I_i$ definiert wird und wir bezeichnen mit $\mathcal{T}_h = \{I_i\}_{i=1}^N$ die Menge aller Intervalle oder *Gitter* oder Zerlegungen.

Wir führen den Vektorraum V_h der stetigen stückweise linearen Funktionen auf dem Gitter $\mathcal{T}_h$ ein. Eine Funktion $v \in V_h$ ist linear auf jedem Teilintervall I_i und ist stetig auf $[a,b]$. Die Addition zweier Funktionen in

V_h oder die Multiplikation einer Funktion in V_h mit einer reellen Zahl ergibt eine neue Funktion in V_h und somit ist V_h tatsächlich ein Vektorraum. Wir geben ein Beispiel für eine derartige Funktion in Abb. 52.5.

Wir führen nun eine besonders wichtige Basis von V_h ein, die aus den *knotenbezogenen Ansatzfunktionen* oder *Hütchen-Funktionen* $\{\varphi_i\}_{i=0}^N$ besteht, die wir in Abb. 52.5 darstellen.

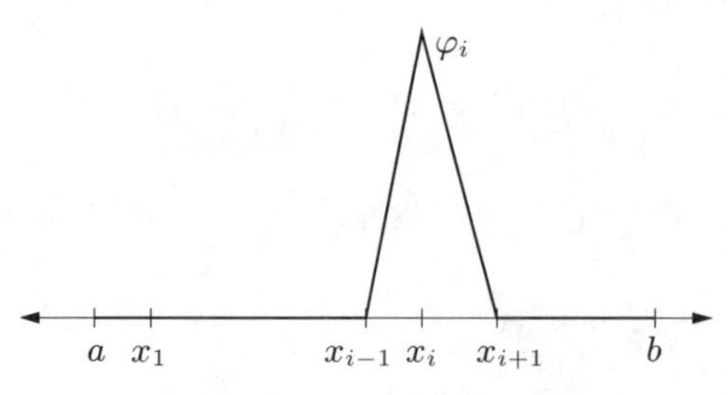

Abb. 52.5. Die „Hütchen-Funktion" φ_i über dem Knoten x_i

Die knotenbezogene Funktion $\varphi_i(x)$ ist eine Funktion in V_h, die

$$\varphi_i(x_j) = 1, \quad \text{falls } j = i \quad \text{und} \quad \varphi_i(x_j) = 0, \quad \text{falls } j \neq i$$

erfüllt und definiert ist durch:

$$\varphi_i(x) = \begin{cases} 0, & x \notin [x_{i-1}, x_{i+1}], \\ \dfrac{x - x_{i-1}}{x_i - x_{i-1}}, & x \in [x_{i-1}, x_i], \\ \dfrac{x - x_{i+1}}{x_i - x_{i+1}}, & x \in [x_i, x_{i+1}]. \end{cases}$$

Die Basisfunktionen φ_0 und φ_N über den Knoten x_0 und x_N sehen aus wie „halbe Hüte". Wir betonen, dass jede knotenbezogenen Funktion $\varphi_i(x)$ auf dem ganzen Intervall $[a, b]$ definiert ist und außerhalb des Intervalls $[x_{i-1}, x_{i+1}]$ (oder $[a, x_1]$ für $i = 0$ und $[x_{N-1}, b]$ für $i = N$) Null ist.

Die Menge der knotenbasierten Funktionen $\{\varphi_i\}_{i=0}^N$ bildet eine Basis für V_h, da jedes $v \in V_h$ die eindeutige Darstellung

$$v(x) = \sum_{i=0}^{N} v(x_i)\varphi_i(x)$$

besitzt, wobei die Knotenwerte $v(x_i)$ als Koeffizienten auftreten. Um dies zu überprüfen müssen wir uns nur klar machen, dass die Funktionen auf der rechten und der linken Seite der Gleichung alle stetig und stückweise linear sind und dieselben Werte in den Knoten annehmen und daher übereinstimmen. Da die Zahl der Basisfunktionen φ_i gleich $N + 1$ ist, ist die Dimension von V_h gleich $N + 1$.

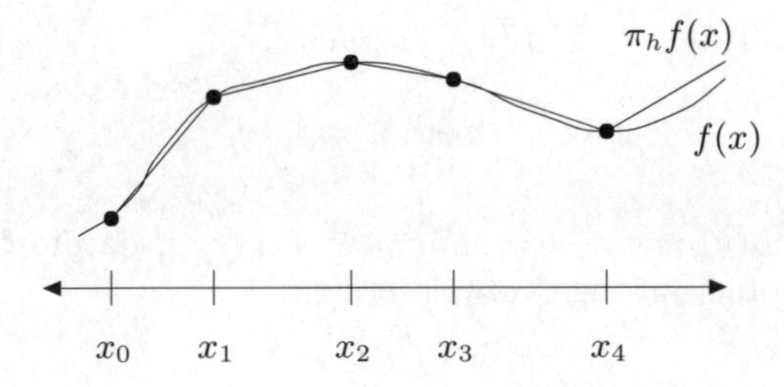

Abb. 52.6. Ein Beispiel für eine stetige stückweise lineare Interpolierende

Die stetige stückweise lineare Interpolierende $\pi_h f \in V_h$ einer gegebenen Lipschitz-stetigen Funktion $f(x)$ auf $[0,1]$ ist folgendermaßen definiert:

$$\pi_h f(x_i) = f(x_i) \quad \text{für } i = 0, 1, \ldots, N,$$

d.h., $\pi_h f(x)$ interpoliert $f(x)$ in den Knoten x_i, vgl. Abb. 52.6. Wir können $\pi_h f$ in der Basis der knotenbasierten Funktionen $\{\varphi_i\}_{i=0}^N$, wie folgt, ausdrücken:

$$\pi_h f = \sum_{i=0}^{N} f(x_i)\varphi_i \quad \text{oder} \quad \pi_h f(x) = \sum_{i=0}^{N} f(x_i)\varphi_i(x) \quad \text{für } x \in [0,1], \tag{52.12}$$

mit expliziter Angabe der Abhängigkeit von x.

Da $\pi_h f(x)$ auf jedem Teilintervall I_i linear ist und $f(x)$ in den Endpunkten von I_i interpoliert, können wir πf auf I_i folgendermaßen analytisch ausdrücken:

$$\pi_h f(x) = f(x_{i-1})\frac{x - x_i}{x_{i-1} - x_i} + f(x_i)\frac{x - x_{i-1}}{x_i - x_{i-1}} \quad \text{für } x_{i-1} \le x \le x_i,$$

für $i = 1, \ldots, N$.

Mit Hilfe von Satz 52.2 erhalten wir die folgende Fehlerschätzung für die stückweise lineare Interpolation:

Satz 52.3 *Die stückweise lineare Interpolierende $\pi_h f(x)$ einer zweifach differenzierbaren Funktion $f(x)$ auf einer Zerlegung von $[a,b]$ mit Gitterfunktion $h(x)$ erfüllt*

$$\begin{aligned} \|f - \pi_h f\|_{L_\infty(a,b)} &\le \frac{1}{8}\|h^2 f''\|_{L_\infty(a,b)}, \\ \|f' - (\pi_h f)'\|_{L_\infty(a,b)} &\le \frac{1}{2}\|h\, f''\|_{L_\infty(a,b)}. \end{aligned} \tag{52.13}$$

Ist $f(x)$ nur einfach differenzierbar, dann gilt:

$$\|f - \pi_h f\|_{L_\infty(a,b)} \le \frac{1}{2}\|h\, f'\|_{L_\infty(a,b)}. \tag{52.14}$$

Wir betonen, dass wir $\|h^2 f''\|_{L_\infty(a,b)}$ als

$$\max_{i=1,\ldots,N} \max_{y\in[x_{i-1},x_i]} |h^2(y)\, f''(y)|$$

definieren, mit $h(y) = x_i - x_{i-1}$ für $y \in [x_{i-1}, x_i]$, da die Gitterfunktion $h(x)$ in den Knoten Sprünge aufweisen kann.

52.4 Die L_2-Projektion auf V_h

Sei $f(x)$ eine vorgegebene Funktion auf einem Intervall $I = [a, b]$ und V_h der Raum der stetigen stückweise linearen Funktionen auf einer Zerlegung $a = x_0 < \ldots < x_N = b$ von I mit der Gitterfunktion $h(x)$.

Die *orthogonale Projektion* $P_h f$ der Funktion f auf V_h ist die Funktion $P_h f \in V_h$, so dass

$$\int_I (f - P_h f)v\, dx = 0 \quad \text{für } v \in V_h. \tag{52.15}$$

Wir definieren das $L_2(I)$-Skalarprodukt durch

$$(v, w)_{L_2(I)} = \int_I v(x)w(x)\, dx,$$

mit der zugehörigen $L_2(I)$-Norm

$$\|v\|_{L_2(I)} = \left(\int_I v^2(x)\, dx\right)^{1/2}.$$

Damit können wir (52.15) in der Form

$$(f - P_h f, v)_{L_2(I)} = 0 \quad \text{für } v \in V_h.$$

schreiben. Die Gleichung besagt, dass $f - P_h f$ zu V_h bezüglich des $L_2(I)$-Skalarprodukts orthogonal ist. Wir nennen $P_h f$ auch die $L_2(I)$-*Projektion* von f auf V_h.

Zunächst zeigen wir, dass $P_h f$ eindeutig definiert ist und beweisen dann, dass $P_h f$ die beste V_h-Näherung von f in der $L_2(I)$-Norm ist.

Um die Eindeutigkeit und die Existenz zu beweisen, drücken wir $P_h f$ in der Basis der knotenbasierten Funktionen $\{\varphi_i\}_{i=0}^N$ aus:

$$P_h f(x) = \sum_{j=0}^N c_j \varphi_j(x),$$

wobei die $c_j = (P_h f)(x_j)$ die Knotenwerte von $P_h f$ sind, die bestimmt werden müssen. Wir setzen diese Darstellung in (52.15) ein und wählen

$v = \varphi_i$ mit $i = 0, \ldots, N$ und erhalten so für $i = 0, \ldots, N$:

$$\int_I \sum_{j=0}^{N} c_j \varphi_j(x)\varphi_i(x)\,dx = \sum_{j=0}^{N} c_j \int_I \varphi_j(x)\varphi_i(x)\,dx$$
$$= \int_I f\varphi_i\,dx \equiv b_i\,, \quad (52.16)$$

wobei wir die Reihenfolge von Integration und Summation vertauscht haben. Dies führt zu folgendem Gleichungssystem:

$$\sum_{j=0}^{N} m_{ij} c_j = \int_I f\varphi_i\,dx \equiv b_i \quad i = 0, 1, \ldots, N, \qquad (52.17)$$

mit

$$m_{ij} = \int_I \varphi_j(x)\varphi_i(x)\,dx, \quad i, j = 0, \ldots, N.$$

Wir können (52.17) in Matrixschreibweise formulieren:

$$Mc = b,$$

wobei $c = (c_0, \ldots, c_N)$ ein $(N+1)$-Vektor der unbekannten Koeffizienten c_j ist und $b = (b_0, \ldots, b_N)$ ist aus $f(x)$ berechenbar. $M = (m_{ij})$ ist eine $(N+1) \times (N+1)$-Matrix, die von den Basisfunktionen φ_i abhängt, aber nicht von $f(x)$. Wir bezeichnen die Matrix M auch als *Massenmatrix*.

Wir können nun einfach die Eindeutigkeit von $P_h f$ beweisen. Da die Differenz $P_h f - \bar{P}_h f$ zweier Funktionen $P_h f \in V_h$ und $\bar{P}_h f \in V_h$, die die Beziehung (52.15) erfüllen, auch

$$\int_I (P_h f - \bar{P}_h f) v\,dx = 0 \quad \text{für } v \in V_h,$$

erfüllt, erhalten wir, wenn wir $v = P_h f - \bar{P}_h f$ setzen, dass

$$\int_I (P_h f - \bar{P}_h f)^2\,dx = 0,$$

und somit gilt $P_h f(x) = \bar{P}_h f(x)$ für $x \in I$. Lösungen des Systems $Mc = b$ sind daher eindeutig und da M eine quadratische Matrix ist, folgt die Existenz aus dem Fundamentalsatz der linearen Algebra. Wir fassen zusammen:

Satz 52.4 *Die $L_2(I)$-Projektion $P_h f$ einer gegebenen Funktion f auf die Menge stückweise linearer Funktionen V_h auf I ist eindeutig durch* (52.15) *definiert bzw. durch das äquivalente Gleichungssystem $Mc = b$. Dabei sind $c_j = P_h f(x_j)$ die Knotenwerte von $P_h f$, M ist die Massenmatrix mit Koeffizienten $m_{ij} = (\varphi_j, \varphi_i)_{L_2(I)} = (\varphi_i, \varphi_j)_{L_2(I)}$ und die Koeffizienten der rechten Seite b werden durch $b_i = (f, \varphi_i)_{L_2(I)}$ gegeben.*

Beispiel 52.1. Wir berechnen die Massenmatrix M für den Fall einer gleichmäßigen Unterteilung mit $h(x) = h = (b-a)/N$ für $x \in I$. Durch direktes Berechnen erhalten wir

$$m_{ii} = \int_{x_{i-1}}^{x_{i+1}} \varphi_i^2(x)\,dx = \frac{2h}{3} \quad i = 1, \ldots N-1, \qquad m_{00} = m_{NN} = \frac{h}{3},$$

$$m_{i,i+1} = \int_{x_{i-1}}^{x_{i+1}} \varphi_i(x)\varphi_{i+1}(x)\,dx = \frac{h}{6} \quad i = 1, \ldots N-1.$$

Die zugehörige „knotige" Massenmatrix $\hat{M} = (\hat{m}_{ij})$ ist eine Diagonalmatrix, deren Diagonalelemente der Summe der Elemente in der gleichen Zeile von M entsprechen. Sie besitzt die Gestalt

$$\hat{m}_{ii} = h \quad i = 1, \ldots, N-1, \quad \hat{m}_{00} = \hat{m}_{NN} = h/2.$$

Wir erkennen, dass $\hat{M}$ als h-skalierte Variante der Einheitsmatrix betrachtet werden kann und M als h-skalierte Näherung an die Einheitsmatrix.

Wir beweisen nun, dass für die $L_2(I)$-Projektion $P_h f$ einer Funktionen f gilt:

$$\|f - P_h f\|_{L_2(I)} \leq \|f - v\|_{L_2(I)}, \quad \text{für alle } v \in V_h. \tag{52.18}$$

Dies impliziert, dass $P_h f$ dasjenige Element in V_h ist, das die kleinste Abweichung von f in der $L_2(I)$-Norm besitzt. Die Anwendung der Cauchyschen Ungleichung auf (52.15) mit $v \in V_h$ und $(P_h f - v) \in V_h$ ergibt

$$\begin{aligned}
&\int_I (f - P_h f)^2\,dx \\
&= \int_I (f - P_h f)(f - P_h f)\,dx + \int_I (f - P_h f)(P_h f - v)\,dx \\
&= \int_I (f - P_h f)(f - v)\,dx \leq \left(\int_I (f - P_h f)^2\,dx\right)^{1/2} \left(\int_I (f - v)^2\,dx\right)^{1/2},
\end{aligned}$$

womit wir das erwünschte Ergebnis bewiesen haben. Wir fassen zusammen:

Satz 52.5 *Die durch* (52.15) *definierte $L_2(I)$-Projektion P_h auf V_h ist das eindeutige Element in V_h, das $\|f - v\|_{L_2(I)}$ für v in V_h minimiert.*

Wenn wir insbesondere in (52.18) $v = \pi_h f$ wählen, erhalten wir

$$\|f - P_h f\|_{L_2(I)} \leq \|f - \pi_h f\|_{L_2(I)},$$

wobei $\pi_h f$ die Knoteninterpolierende von f ist, die wir oben eingeführt haben. Wir können das folgende Analogon von (52.13) beweisen:

$$\|f - \pi_h f\|_{L_2(I)} \leq \frac{1}{\pi^2}\|h^2 f''\|_{L_2(I)},$$

wobei die Interpolationskonstante zufälligerweise π^{-2} entspricht. Wir fassen daher das folgende wichtige Ergebnis zusammen:

Satz 52.6 *Die $L_2(I)$-Projektion P_h auf den Raum der stückweise linearen Funktionen V_h auf I mit der Gitterfunktion $h(x)$ erfüllt die folgende Fehlerabschätzung:*

$$\|f - P_h f\|_{L_2(I)} \leq \frac{1}{\pi^2}\|h^2 f''\|_{L_2(I)}. \tag{52.19}$$

Aufgaben zu Kapitel 52

52.1. Geben Sie einen anderen Beweis für die erste Abschätzung in Satz 52.1, indem Sie für ein $x \in (0,1)$ die Funktion

$$g(y) = f(y) - \pi f(y) - \gamma(x)y(1-y), \quad y \in [0,1],$$

betrachten, wobei $\gamma(x)$ so gewählt wird, dass $g(x) = 0$. Hinweis: Die Funktion $g(y)$ verschwindet in 0, x und 1. Zeigen Sie durch wiederholtes Anwenden des Mittelwertsatzes, dass g'' in einem Punkt ξ verschwindet, woraus folgt, dass $\gamma(x) = -f''(\xi)/2$.

52.2. Beweisen Sie Satz 52.2 aus Satz 52.1, indem Sie die Variable $x = a+(b-a)z$ benutzen, womit das Intervall $[0,1]$ zu $[a,b]$ umgeformt wird. Nutzen Sie ferner $F(z) = f(a+(b-a)z)$, woraus sich mit der Kettenregel ergibt, dass $F' = \frac{dF}{dz} = (b-a)f' = (b-a)\frac{df}{dx}$.

52.3. Entwickeln Sie eine Näherung/Interpolation mit stückweise konstanten (unstetigen) Funktionen auf einer Zerlegung eines Intervalls. Betrachten Sie die Interpolation im linken und rechten Endpunkt, dem Mittelpunkt und dem Mittelwert jedes Teilintervalls. Beweisen Sie Fehlerschätzungen der Form $\|u - \pi_h u\|_{L_\infty(I)} \leq C\|hu'\|_{L_\infty(I)}$ mit $C = 1$ bzw. $C = \frac{1}{2}$.

53

FEM für Zwei-Punkte Randwertprobleme

Die Ergebnisse der Arbeit und Erfindungen dieses Jahrhunderts werden jedoch nicht an einem Netz von Eisenbahnen, eleganten Brücken, gigantischen Kanonen oder an der Kommunikationsgeschwindigkeit gemessen. Wir müssen den sozialen Status der Bewohner des Landes damit vergleichen, wie er einmal war. Die Veränderung ist deutlich genug. Die Bevölkerung hat sich in einem Jahrhundert verdoppelt; die Menschen sind besser ernährt und wohnen besser und Bequemlichkeiten und sogar Luxusgüter, die früher nur für die Reichen zugänglich waren, können nun gleichermaßen von allen Klassen erhalten werden.... Aber es gibt einige Nachteile bei diesen Vorteilen. Diese haben in vielen Fällen nationale Wichtigkeit erreicht und dafür Lösungen zu finden, wurde zum Kompetenzbereich des Ingenieurs. (Reynolds, 1868)

53.1 Einleitung

Wir beginnen mit einem Modell, das auf folgendem *Erhaltungsprinzip* aufbaut:

> Das Änderungstempo einer bestimmten Größe in einem Gebiet entspricht der Geschwindigkeit, mit der die Größe in das Gebiet eintritt und wieder verlässt, zuzüglich der Geschwindigkeit, mit der die Größe innerhalb des Gebiets gebildet oder verbraucht wird.

Solch ein Erhaltungsprinzip gilt für eine breite Palette von Größen, wie Tieren, Autos, Bakterien, Chemikalien, Flüssigkeiten, Wärme und Energie etc. Daher besitzt das Modell, das wir herleiten, breite Anwendbarkeit.

In diesem Kapitel betrachten wir eine Größe in einer „Röhre“ mit sehr kleinem Durchmesser und konstantem Querschnitt, deren Konzentration sich entlang der Röhre verändern kann, aber quer zur Röhre konstant ist, vgl. Abb. 53.1. Wir bezeichnen mit x die Position entlang der Röhre und mit t die Zeit. Wir nehmen an, dass die beobachtete Größe in der Röhre genügend vorhanden ist, um von einer *Dichte* $u(x,t)$ zu sprechen, die wir als Menge der Größe im Einheitsvolumen messen und dass sich die Dichte mit der Position x und der Zeit t stetig ändert. Dies trifft sicherlich für Größen wie die Wärme und Energie zu und wird auch mehr oder weniger gut für Größen wie Bakterien und Chemikalien zutreffen, vorausgesetzt, dass eine genügend große Zahl der Spezies oder der Moleküle vorhanden ist.

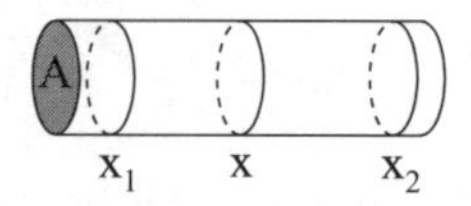

Abb. 53.1. Veränderungen in einer engen „Röhre“

Als Nächstes formulieren wir das Erhaltungsprinzip mathematisch. Dazu betrachten wir einen kleinen Bereich der Röhre der Länge dx mit Querschnittfläche A. Die beobachtete Größe ist darin in der Menge $u(x,t)Adx$ enthalten. Wir bezeichnen mit $q(x,t)$ den *Fluss* in Position x zur Zeit t; das ist die Menge der Größe, die den Querschnitt in x zur Zeit t durchquert und zwar die Menge pro Einheitsfläche pro Einheitszeit. Daher ist die Menge der Größe, die einen Querschnitt in x zur Zeit t durchquert, gleich $Aq(x,t)$. Schließlich bezeichnen wir mit $f(x,t)$ die Bildungs- oder Verbrauchsrate in einem Querschnitt in x zur Zeit t, gemessen pro Einheitsvolumen pro Einheitszeit. Daher ist $f(x,t)Adx$ die Menge, die in dem kleinen Bereich der Länge dx pro Einheitszeit gebildet oder verbraucht wird.

Nach dem Erhaltungsprinzip gilt für ein bestimmtes Rohrsegment zwischen $x = x_1$ und $x = x_2$, dass das Änderungstempo der Größe in diesem Bereich gleich sein muss der Eintrittsgeschwindigkeit in $x = x_1$ abzüglich der Austrittsgeschwindigkeit in $x = x_2$ zuzüglich der Geschwindigkeit, mit der die Größe in $x_1 \leq x \leq x_2$ gebildet oder verbraucht wird. Mathematisch formuliert:

$$\frac{\partial}{\partial t} \int_{x_1}^{x_2} u(x,t)A\,dx = Aq(x_1,t) - Aq(x_2,t) + \int_{x_1}^{x_2} f(x,t)A\,dx$$

oder

$$\frac{\partial}{\partial t} \int_{x_1}^{x_2} u(x,t)\,dx = q(x_1,t) - q(x_2,t) + \int_{x_1}^{x_2} f(x,t)\,dx. \tag{53.1}$$

(53.1) wird *Integralformulierung* des Erhaltungsprinzips genannt.

Wir können (53.1) als partielle Differentialgleichung formulieren, wenn $u(x,t)$ und $q(x,t)$ genügend glatt sind. Wir können dann nämlich

$$\frac{\partial}{\partial t}\int_{x_1}^{x_2} u(x,t)\,dx = \int_{x_1}^{x_2} \frac{\partial}{\partial t}u(x,t)\,dx,$$

$$q(x_1,t) - q(x_2,t) = \int_{x_1}^{x_2} \frac{\partial}{\partial x}q(x,t)\,dx$$

schreiben und erhalten nach Zusammenführen der Ausdrücke:

$$\int_{x_1}^{x_2} \left(\frac{\partial}{\partial t}u(x,t) + \frac{\partial}{\partial x}q(x,t) - f(x,t)\right) dx = 0.$$

Da x_1 und x_2 beliebig sind, muss der Integrand in jedem Punkt Null sein, d.h.

$$\frac{\partial}{\partial t}u(x,t) + \frac{\partial}{\partial x}q(x,t) = f(x,t). \tag{53.2}$$

Die Gleichung (53.2) ist die *Differentialformulierung* oder die *punktweise Formulierung* des Erhaltungsprinzips.

Bis jetzt haben wir eine Gleichung für zwei Unbekannte. Um das Modell zu vervollständigen, benutzen wir eine *konstitutive Beziehung*, die die Beziehung zwischen Fluss und Dichte beschreibt. Diese Beziehung ist für die physikalischen Eigenschaften der Größe, die wir modellieren, spezifisch, und doch ist es oft unklar, wie diese Eigenschaften modelliert werden können. Konstitutive Beziehungen, die praktisch benutzt werden, sind oft nur Näherungen für die wahren unbekannten Beziehungen.

Viele Größen besitzen die Eigenschaft, dass sie aus Gebieten mit hoher Konzentration zu Gebieten mit kleiner Konzentration fließen, wobei die Fliessgeschwindigkeit mit dem Konzentrationsunterschied anwächst. Als erste Näherung gehen wir von einer einfachen linearen Beziehung aus:

$$q(x,t) = -a(x,t)\frac{\partial}{\partial x}u(x,t), \tag{53.3}$$

wobei $a(x,t) > 0$ der *Diffusionskoeffizient* ist. Steht u für Wärme, wird (53.3) als das *Newtonsche Wärmegesetz* bezeichnet. Im Allgemeinen ist (53.3) als das *Ficksche Gesetz* bekannt. Beachten Sie, dass die Vorzeichenwahl von a beispielsweise garantiert, dass der Fluss nach rechts verläuft, wenn $u_x < 0$, d.h., wenn u über den Bereich in x abnimmt. Das Einsetzen von (53.3) in (53.2) liefert die allgemeine zeitabhängige Reaktions-Diffusions-Gleichung

$$\frac{\partial}{\partial t}u(x,t) - \frac{\partial}{\partial x}\left(a(x,t)\frac{\partial}{\partial x}u(x,t)\right) = f(x,t).$$

Um die Schreibweise zu vereinfachen, benutzen wir $\dot{u}$ für $\partial u/\partial t$ und u' für $\partial u/\partial x$. Dies führt uns zu

$$\dot{u}(x,t) - (a(x,t)u'(x,t))' = f(x,t). \tag{53.4}$$

Konvektion oder Transport sind andere wichtige Vorgänge, die in diesem Modell berücksichtigt werden können.

Beispiel 53.1. Wenn wir die Population von Tieren modellieren, dann entspricht die Diffusion dem natürlichen Wunsch der meisten Lebewesen, sich über ein Gebiet zu verteilen, was auf zufällig auftretenden Wechselwirkungen zwischen Paaren von Lebewesen zurückzuführen ist, wohingegen Konvektion Phänomene wie die Wanderung modelliert.

Wir modellieren Konvektion dadurch, dass wir eine konstitutive Beziehung annehmen, in der der Fluss zur Dichte proportional ist, d.h.

$$\varphi(x,t) = b(x,t)u(x,t),$$

wodurch ein Konvektionsausdruck in der Differentialgleichung der Form $(bu)'$ eingeführt wird. Der Konvektionskoeffizient $b(x,t)$ bestimmt das Tempo und die Transportrichtung der modellierten Größe.

Im Allgemeinen werden viele Größen durch eine konstitutive Beziehung der Form

$$\varphi(x,t) = -a(x,t)u'(x,t) + b(x,t)u(x,t)$$

modelliert, wodurch Diffusion und Konvektion kombiniert werden. Wenn wir wie oben argumentieren, erhalten wir die allgemeine Reaktions-Diffusions-Konvektions-Gleichung

$$\dot{u}(x,t) - (a(x,t)u'(x,t))' + (b(x,t)u(x,t))' = f(x,t). \tag{53.5}$$

53.2 Anfangs-Randwertprobleme

Wir müssen in (53.4) und (53.5) noch weitere geeignete Daten einfügen, um zu einer eindeutigen Lösung zu gelangen. Wir modellieren die Menge einer Größe in einer festen Rohrlänge zwischen $x = 0$ und $x = 1$ wie in Abb. 53.1 und spezifizieren Informationen über u in $x = 0$ und $x = 1$, die *Randbedingungen* genannt werden. Wir müssen auch Eingangsdaten für eine Anfangszeit, wofür wir $t = 0$ wählen, angeben. Das *evolutionäre* oder *zeitabhängige Anfangs-zwei-Punkte Randwertproblem* lautet: Gesucht ist $u(x,t)$, so dass

$$\begin{cases} \dot{u} - (au')' + (bu)' = f & \text{in } (0,1) \times (0,T), \\ u(0,t) = u(1,t) = 0 & \text{für } t \in (0,T) \\ u(x,0) = u_0(x) & \text{für } x \in (0,1), \end{cases} \tag{53.6}$$

wobei a und b vorgegebene Koeffizienten sind und f gegebene Daten beschreibt. Die Randwerte $u(0,t) = u(1,t) = 0$ sind als *homogene Dirichlet-Randbedingungen* bekannt.

Beispiel 53.2. Für den Fall, dass wir (53.4) benutzen, um die Wärme u in einem langen dünnen Draht zu modellieren, entspricht a der Wärmeleitung des Metalls im Draht, f ist eine vorhandene Wärmequelle und die homogenen Dirichlet-Randbedingungen in den Endpunkten bedeutet, dass die Temperatur in den Endpunkten konstant auf Null gehalten wird. Solche Bedingungen sind beispielsweise realistisch, wenn der Draht an den Enden mit sehr großen Massen verbunden ist.

Andere Randbedingungen, die wir in der Praxis finden, sind: *inhomogene Dirichlet-Randbedingungen* $u(0) = u_0$, $u(1) = u_1$ mit Konstanten u_0, u_1; eine homogene Dirichlet- $u(0) = 0$ und eine *inhomogene Neumann-Randbedingung* $a(1)u'(1) = g_1$ mit konstantem g_1; und allgemeiner die *Robin-Randbedingungen*

$$-a(0)u'(0) = \gamma(0)(u_0 - u(0)), \quad a(1)u'(1) = \gamma(1)(u_1 - u(1))$$

mit Konstanten $\gamma(0)$, u_0, $\gamma(1)$, u_1.

53.3 Stationäre Randwertprobleme

In vielen Situationen ist u unabhängig von der Zeit und das Modell lässt sich auf die *stationäre* Reaktions-Diffusions-Gleichung

$$-(a(x)u'(x))' = f(x) \tag{53.7}$$

zurückführen, wenn wir nur Diffusion betrachten und auf

$$-(a(x)u'(x))' + (b(x)u(x))' = f(x), \tag{53.8}$$

wenn auch Konvektion auftritt. Für diese Probleme müssen wir nur Randbedingungen angeben. So betrachten wir beispielsweise das *Zwei-Punkte Randwertproblem*: Gesucht sei die Funktion $u(x)$, mit

$$\begin{cases} -(au')' = f & \text{in } (0,1), \\ u(0) = u(1) = 0 \end{cases} \tag{53.9}$$

und mit Konvektion: Gesucht sei $u(x)$, mit

$$\begin{cases} -(au')' + (bu)' = f & \text{in } (0,1), \\ u(0,t) = u(1,t) = 0. \end{cases} \tag{53.10}$$

53.4 Die finite Element-Methode

Wir beginnen mit der Diskussion der Diskretisierung, indem wir das einfachste Modell oben untersuchen, nämlich das Zwei-Punkte Randwertproblem für das stationäre Reaktions-Diffusions-Modell (53.9).

Wir können die Lösung $u(x)$ von (53.9) analytisch ausdrücken, indem wir zweimal integrieren (und $w = au'$ setzen):

$$u(x) = \int_0^x \frac{w(y)}{a(y)}\,dy + \alpha_1, \quad w(y) = -\int_0^y f(z)\,dz + \alpha_2.$$

Dabei werden die Konstanten α_1 und α_2 so gewählt, dass $u(0) = u(1) = 0$. Wir können diese Lösungsformel benutzen, um den Wert der Lösung $u(x)$ in jedem $x \in (0,1)$ zu berechnen, indem wir die Integrale analytisch auswerten oder mit einem Quadraturverfahren numerisch berechnen. Dies ist jedoch sehr zeitaufwändig, wenn wir die Lösung in vielen Punkten in $[0,1]$ benötigen. Dies führt uns zu einem alternativen Verfahren zur Berechnung der Lösung $u(x)$ mit der *finiten Element-Methode* (FEM), einem allgemeinen Verfahren zur numerischen Lösung von Differentialgleichungen. FEM beruht auf der Umformulierung der Differentialgleichung als *Variationsformulierung* und der Suche nach einem stückweise definierten Polynom als Näherungslösung.

Wir halten fest, dass wir die Lösung nicht durch die oben angedeutete Integration finden, aber dass als wichtige Konsequenz dieser Formulierung folgt, dass u „zweimal öfter differenzierbar" ist als f, da wir zweimal integrieren, um f aus u zu erhalten.

Wir präsentieren FEM für (53.9), basierend auf einer stetigen stückweise linearen Näherung. Dazu sei $\mathcal{T}_h : 0 = x_0 < x_1 < \ldots < x_{M+1} = 1$, eine *Zerlegung* (oder *Triangulation*) von $I = (0,1)$ in Teilintervalle $I_j = (x_{j-1}, x_j)$ der Länge $h_j = x_j - x_{j-1}$. Wir suchen in der Menge V_h der stetigen stückweise linearen Funktionen $v(x)$ auf $\mathcal{T}_h$ nach einer Näherungslösung, so dass $v(0) = 0$ und $v(1) = 0$. Ein Beispiel einer derartigen Funktion ist in Abb. 53.2 dargestellt. In Kapitel 52 haben wir gesehen, dass V_h ein endlich dimensionaler Vektorraum der Dimension M ist, mit einer Basis aus knotenbasierten Funktionen $\{\varphi_j\}_{j=1}^M$, wie in Abb. 52.5 dargestellt, die über den *inneren Knoten* $x_1, \cdots, x_M$ definiert sind. Die Koordinaten einer Funktion v in V_h sind in dieser Basis die Werte $v(x_j)$ an den inneren Knoten, da eine Funktion $v \in V_h$ in der Form

$$v(x) = \sum_{j=1}^{M} v(x_j)\varphi_j(x)$$

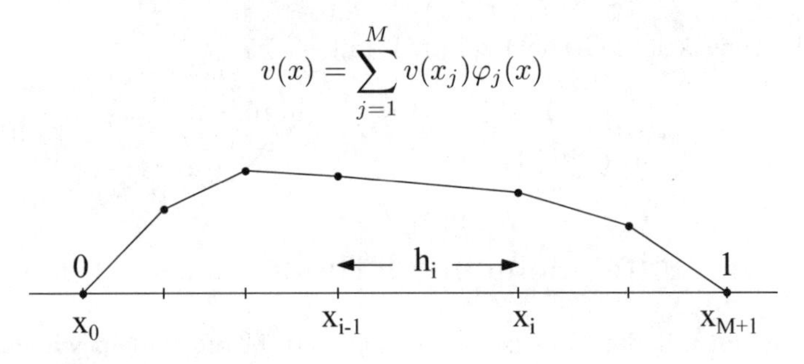

Abb. 53.2. Eine stetige stückweise lineare Funktion in V_h

geschrieben werden kann. Beachten Sie, dass wir φ_0 und φ_{M+1} nicht in die Menge der Basisfunktionen von V_h einbeziehen, da $v \in V_h$ in 0 und 1 Null ist.

Die finite Element-Methode basiert auf einer Umformulierung der Differentialgleichung $-(au')' = f$ in eine Durchschnitts- oder *Variationsformulierung*

$$-\int_0^1 (au')'v\,dx = \int_0^1 fv\,dx, \tag{53.11}$$

wobei sich die Funktion v innerhalb einer geeigneten Menge von *Testfunktionen* ändern kann. Die Variationsformulierung entspringt der Multiplikation der Differentialgleichung $-(au')' = f$ mit der Testfunktion $v(x)$ und Integration des Produkts über $(0,1)$. Sie besagt, dass das Residuum $-(au')' - f$ der wahren Lösung zu allen Testfunktionen v bezüglich des $L_2(0,1)$-Skalarprodukts orthogonal ist.

Die zentrale Idee der FEM ist es, eine genäherte Lösung $U \in V_h$ zu berechnen, die (53.11) für eine eingeschränkte Menge von Testfunktionen erfüllt. Dieser Ansatz, bei dem eine genäherte Lösung berechnet wird, ist als *Galerkin-Verfahren* bekannt, in Erinnerung an den russischen Ingenieur und Naturwissenschaftler Galerkin (1871–1945), vgl. Abb. 53.3. Er erfand seine Methode in Gefangenschaft als Strafe für seine Aktivitäten gegen das Zarenhaus 1906–7. Wir nennen die Menge V_h, in der wir die FEM-Lösung U suchen, den *Versuchsraum* und wir nennen den Raum der Testfunktionen den *Testraum*. Wenn wir homogene Dirichlet-Randbedingungen betrachten, wählen wir üblicherweise den Testraum gleich mit V_h. Folglich sind die Dimensionen des Versuchs- und des Testraums gleich, was für die Existenz und Eindeutigkeit einer Näherungslösung wichtig ist.

Da die Funktionen in V_h jedoch keine zweiten Ableitungen besitzen, können wir nicht einfach eine mögliche Näherungslösung U aus V_h direkt

Abb. 53.3. Boris Galerkin, Erfinder der finiten Element-Methode: „Es ist wirklich ganz einfach; multiplizieren Sie nur mit $v(x)$ und integrieren Sie dann“

in (53.11) einsetzen. Um diese Schwierigkeit zu überwinden, verwenden wir partielle Integration, um so eine Ableitung von $(au')'$ auf v zu verlagern, wenn wir berücksichtigen, dass die Funktionen in V_h stückweise differenzierbar sind. Wenn wir v als differenzierbar voraussetzen mit $v(0) = v(1) = 0$, so erhalten wir:

$$-\int_0^1 (au')'v\,dx = -a(1)u'(1)v(1) + a(0)u'(0)v(0) + \int_0^1 au'v'\,dx$$
$$= \int_0^1 au'v'\,dx.$$

Dies bringt uns zur *stetigen finite Element-Methode nach Galerkin der Ordnung* 1 *(cG(1)-Methode)* für (53.9): Berechne $U \in V_h$, so dass

$$\int_0^1 aU'v'\,dx = \int_0^1 fv\,dx \quad \text{für alle } v \in V_h. \tag{53.12}$$

Dabei ist zu beachten, dass die Ableitungen U' und v' von Funktionen U und $v \in V_h$ stückweise konstante Funktionen sind, wie in Abb. 53.4 dargestellt, die in den Knoten x_i nicht definiert sind. Der Wert eines Integrals ist

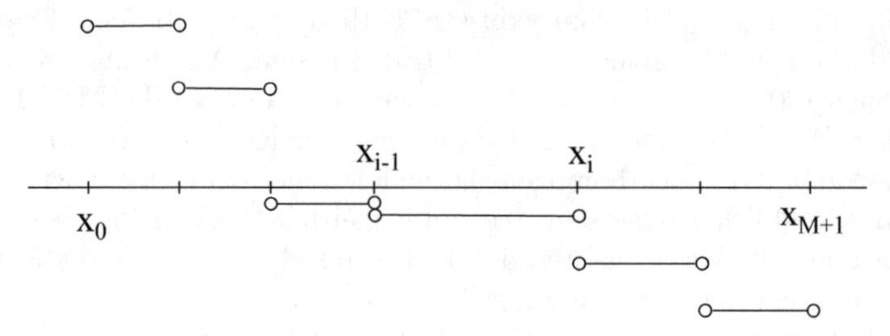

Abb. 53.4. Die Ableitung einer stetigen stückweise linearen Funktion aus Abb. 53.2

jedoch unabhängig von dem Wert des Integranden an isolierten Punkten. Daher ist das Integral (53.12) mit dem Integranden $aU'v'$ eindeutig als die Summe der Integrale über die Teilintervalle I_j definiert.

Diskretisierung des stationären Reaktions-Diffusions-Konvektions Problems

Um (53.10) numerisch zu lösen, gehen wir von der Zerlegung $0 = x_0 < x_1 < \ldots < x_{L+1} = 1$ von $(0,1)$ aus. Sei V_h der zugehörige Raum der stetigen stückweise linearen Funktionen $v(x)$, so dass $v(0) = v(1) = 0$. Die cG(1)-FEM für (53.10) nimmt dann die Form an: Gesucht ist $U \in V_h$, so dass

$$\int_0^1 (aU')v' + (bU)'v\,dx = \int_0^1 fv\,dx \quad \text{für alle } v \in V_h.$$

53.5 Das diskrete Gleichungssystem

Wir haben bisher weder bewiesen, dass das Gleichungssystem (53.12) eine eindeutige Lösung besitzt, noch haben wir untersucht, welche Probleme bei der Berechnung der Lösung U auftreten. Dies ist ein wichtiger Gesichtspunkt, wenn wir bedenken, dass wir die FEM deswegen aufgestellt haben, da die ursprüngliche analytische Lösung nahezu unmöglich erhalten werden kann.

Wir zeigen, dass die cG(1)-Methode (53.12) zu einem quadratischen linearen Gleichungssystem der unbekannten Knotenwerte $\xi_j = U(x_j)$, $j = 1, \ldots, M$ führt. Dazu schreiben wir U in der Basis der knotenbasierten Funktionen:

$$U(x) = \sum_{j=1}^{M} \xi_j \varphi_j(x) = \sum_{j=1}^{M} U(x_j)\varphi_j(x).$$

Einsetzen in (53.12) und Veränderung der Reihenfolge der Summation und der Integration liefert:

$$\sum_{j=1}^{M} \xi_j \int_0^1 a\varphi_j' v'\,dx = \int_0^1 f v\,dx, \tag{53.13}$$

für alle $v \in V_h$. Nun genügt es, (53.13) daraufhin zu überprüfen, was geschieht, wenn sich v innerhalb der Menge der Basisfunktionen $\{\varphi_i\}_{i=1}^{M}$ ändert, da jede Funktion in V_h als Linearkombination der Basisfunktionen ausgedrückt werden kann. Dies führt uns daher zum linearen $M \times M$-Gleichungssystem

$$\sum_{j=1}^{M} \xi_j \int_0^1 a\varphi_j'\varphi_i'\,dx = \int_0^1 f\varphi_i\,dx, \quad i = 1, \ldots, M, \tag{53.14}$$

mit den unbekannten Koeffizienten $\xi_1, \ldots, \xi_M$. Wir bezeichnen mit $\xi = (\xi_1, \ldots, \xi_M)^\top$ den M-Vektor der unbekannten Koeffizienten und definieren die $M \times M$-Steifigkeitsmatrix $A = (a_{ij})$ mit den Elementen

$$a_{ij} = \int_0^1 a\varphi_j'\varphi_i'\,dx, \qquad i, j = 1, \ldots, M,$$

und den *Lastvektor* $b = (b_i)$ mit

$$b_i = \int_0^1 f\varphi_i\,dx, \qquad i = 1, \ldots, M.$$

Diese Bezeichnungen stammen aus den frühen Anwendungen der finite Element-Methode in der *Strukturmechanik*, wobei deformierbare Strukturen wie Rumpf und Flügel eines Flugzeugs oder Gebäudes beschrieben wurden. Mit dieser Schreibweise wird (53.14) äquivalent zum linearen Gleichungssystem

$$A\xi = b. \tag{53.15}$$

Um nach dem unbekannten Vektor ξ der Knotenwerte von U aufzulösen, müssen wir zunächst die Steifigkeitsmatrix A und den Lastvektor b berechnen. In erster Instanz nehmen wir an, dass $a(x) = 1$ für $x \in [0,1]$. Wir erkennen, dass a_{ij} Null ist, außer für $i = j-1$, $i = j$ oder $i = j+1$, da ansonsten entweder $\varphi_i(x)$ oder $\varphi_j(x)$ auf jedem bei der Integration auftretenden Teilintervall Null ist. Wir stellen dies in Abb. 53.5 dar. Wir berechnen

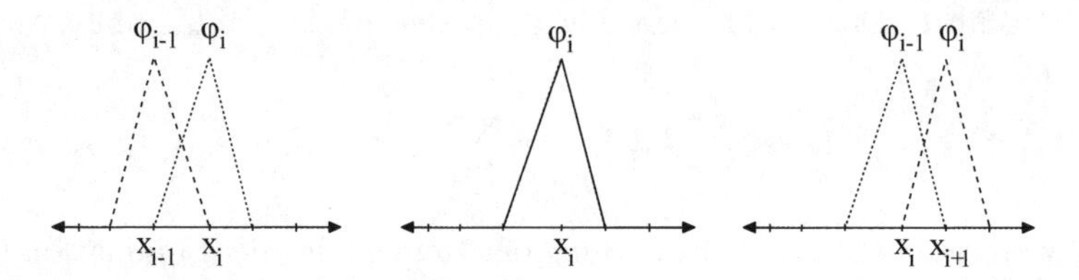

Abb. 53.5. Die drei Möglichkeiten, die zu einem Element in der Steifigkeitsmatrix ungleich Null führen

zunächst a_{ii}. Mit Hilfe der Definition der knotenbasierten Funktionen

$$\varphi_i(x) = \begin{cases} (x - x_{i-1})/h_i, & x_{i-1} \le x \le x_i, \\ (x_{i+1} - x)/h_{i+1}, & x_i \le x \le x_{i+1}, \\ 0, & \text{sonst}, \end{cases}$$

lässt sich die Integration in zwei Integrale aufteilen:

$$a_{ii} = \int_{x_{i-1}}^{x_i} \left(\frac{1}{h_i}\right)^2 dx + \int_{x_i}^{x_{i+1}} \left(\frac{-1}{h_{i+1}}\right)^2 dx = \frac{1}{h_i} + \frac{1}{h_{i+1}} \quad \text{für } i = 1, 2, \ldots, M,$$

da $\varphi_i' = 1/h_i$ auf (x_{i-1}, x_i) und $\varphi_i' = -1/h_{i+1}$ auf (x_i, x_{i+1}) und φ_i auf jedem anderen Teilintervall Null ist. Ähnlich ergibt sich

$$a_{i\,i+1} = \int_{x_i}^{x_{i+1}} \frac{-1}{(h_{i+1})^2}\, dx = -\frac{1}{h_{i+1}} \quad \text{für } i = 1, 2, \ldots, M-1,$$

wohingegen $a_{i\,i-1} = -1/h_i$ für $i = 2, 3, \ldots, M$.

Wir berechnen die Elemente des Lastvektors b auf dieselbe Weise und erhalten

$$b_i = \int_{x_{i-1}}^{x_i} f(x) \frac{x - x_{i-1}}{h_i} dx + \int_{x_i}^{x_{i+1}} f(x) \frac{x_{i+1} - x}{h_{i+1}} dx, \quad i = 1, \ldots, M.$$

Die Matrix A ist eine *dünn besetzte* Matrix, da die meisten ihrer Elemente Null sind. Insbesondere ist A eine *Band*-Matrix, deren von Null verschiedene Elemente nur auf der Diagonalen und den beiden Nebendiagonalen auftreten. A ist folglich eine tridiagonale Matrix. Außerdem ist A eine *symmetrische* Matrix, da $\int_0^1 \varphi_i'\varphi_j'\,dx = \int_0^1 \varphi_j'\varphi_i'\,dx$. Schließlich ist A sogar *positiv-definit*, da

$$\eta^\top A\eta = \sum_{i,j=1}^{M} \eta_i a_{ij}\eta_j > 0,$$

außer für $\eta_i = 0$ für $i = 1,\ldots,M$. Dies ergibt sich daraus, dass für $v(x) = \sum_{j=1}^M \eta_j\varphi_j(x)$ und Umordnung der Summation (überprüfen Sie dies!) gilt:

$$\begin{aligned}\sum_{i,j=1}^{M} \eta_i a_{ij}\eta_j &= \sum_{i,j=1}^{M} \eta_i \int_0^1 a\varphi_j'\varphi_i'\,dx\,\eta_j \\ &= \int_0^1 a\sum_{j=1}^{M}\eta_j\varphi_j' \sum_{i=1}^{M}\eta_i\varphi_i'\,dx = \int_0^1 av'(x)v'(x)\,dx > 0,\end{aligned}$$

wenn nicht $v'(x) = 0$ für alle $x \in [0,1]$, d.h. $v(x) = 0$ für $x \in [0,1]$, da $v(0) = 0$, d.h. $\eta_i = 0$ für $i = 1,\ldots,M$. Dies impliziert, dass A invertierbar ist und dass (53.15) somit eine eindeutige Lösung für alle b besitzt.

Wir fassen zusammen: Die Steifigkeitsmatrix A ist dünn besetzt, symmetrisch und positiv-definit, weswegen insbesondere das System $A\xi = b$ für alle b eine eindeutige Lösung besitzt.

Wir erwarten, dass die Genauigkeit der Näherungslösung anwächst, wenn M anwächst, da die Arbeit zur Lösung nach U anwächst. Systeme der Dimension $10^2 - 10^3$ in einer Raumdimension und bis zu 10^6 in zwei oder drei Raumdimensionen sind üblich. Ein wichtiger Punkt ist dabei die effiziente numerische Lösung des Systems $A\xi = b$.

53.6 Berücksichtigung verschiedener Randbedingungen

Wir betrachten ganz kurz die Diskretisierung zweier Zwei-Punkte Randwertprobleme $-(au')' = f$ in $(0,1)$ mit unterschiedlichen Randbedingungen.

Inhomogene Dirichlet-Randbedingungen

Wir beginnen mit den Randbedingungen $u(0) = u_0$ und $u(1) = u_1$, wobei u_0 und u_1 vorgegebene Randwerte sind. Die Bedingungen sind inhomogen, wenn $u_0u_1 \neq 0$. Für den Fall berechnen wir eine Näherungslösung im Versuchsraum V_h der stetigen stückweise linearen Funktionen $v(x)$ auf einer

Zerlegung $\mathcal{T}_h : 0 = x_0 < x_1 < \ldots < x_{M+1} = 1$, die die Randbedingungen $v(0) = u_0$, $v(1) = u_1$ erfüllt und wir lassen Testfunktionen aus dem Raum V_h^0 der stetigen stückweise linearen Funktionen $v(x)$ zu, die die homogenen Randbedingungen $v(0) = v(1) = 0$ erfüllen. In diesem Fall sind der Versuchsraum und der Testraum unterschiedlich, aber wir betonen, dass sie gleiche Dimensionen (gleich der Zahl M der inneren Knoten) haben. Die Multiplikation mit einer Testfunktion und partielle Integration führt uns zu folgender Methode: Gesucht ist $U \in V_h$, so dass

$$\int_0^1 aU'v'\,dx = \int_0^1 fv\,dx \quad \text{für alle } v \in V_h^0. \tag{53.16}$$

Wie oben, führt uns Gleichung (53.16) zu einem symmetrischen und positiv-definiten linearen Gleichungssystem für die inneren unbekannten Knotenwerte $U(x_1), \ldots, U(x_M)$.

Neumann-Randbedingungen

Wir betrachten nun das Problem

$$\begin{cases} -(au')' = f, & \text{in } (0,1) \\ u(0) = 0, \ a(1)u'(1) = g_1, & \end{cases} \tag{53.17}$$

mit inhomogener Neumann-Randbedingung in $x = 1$, was bei der Modellierung von Wärme in einem Draht bedeutet, dass der Wärmefluß $a(1)u'(1)$ in $x = 1$ gleich ist mit g_1.

Um eine Variationsformulierung dieses Problems zu erreichen, multiplizieren wir die Differentialgleichung $-(au')' = f$ mit einer Testfunktionen v und integrieren partiell und erhalten so:

$$\int_0^1 fv\,dx = -\int_0^1 (au')'v\,dx = \int_0^1 au'v'\,dx - a(1)u'(1)v(1) + a(0)u'(0)v(0).$$

Dabei ist $a(1)u'(1) = g_1$ spezifiziert, aber $a(0)u'(0)$ ist unbekannt. Daher ist es bequem anzunehmen, dass v die homogene Dirichlet-Bedingung $v(0) = 0$ erfüllt. Entsprechend definieren wir V_h als den Raum der stetigen Funktionen v, die auf einer Zerlegung $\mathcal{T}_h$ von $(0,1)$ stückweise linear sind und $v(0) = 0$ erfüllen. Wenn wir $a(1)u'(1)$ durch g_1 ersetzen, führt uns das zur folgenden FEM für (53.17): Gesucht ist $U \in V_h$, so dass

$$\int_0^1 aU'v'\,dx = \int_0^1 fv\,dx + g_1 v(1) \quad \text{für alle } v \in V_h. \tag{53.18}$$

Wir ersetzen $U(x) = \sum_{i=1}^{M+1} \xi_i \varphi_i(x)$ in (53.18) und bedenken dabei, dass der Wert $\xi_{M+1} = U(x_{M+1})$ im Knoten x_{M+1} unbestimmt ist. Nun

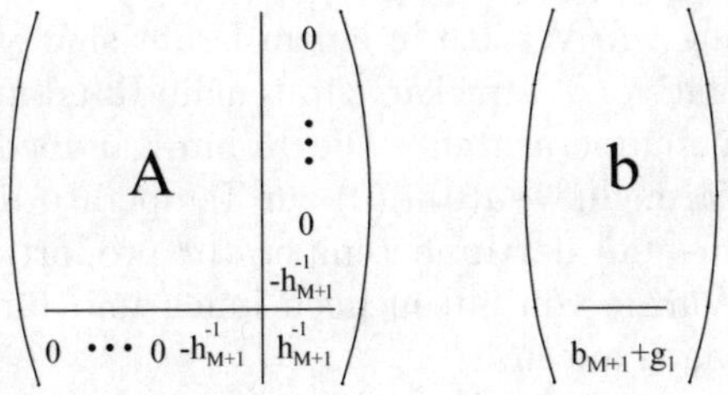

$$
\left(\begin{array}{c|c} & 0 \\ \mathbf{A} & \vdots \\ & 0 \\ & -h_{M+1}^{-1} \\ \hline 0 \;\cdots\; 0 \;\; -h_{M+1}^{-1} & h_{M+1}^{-1} \end{array}\right) \qquad \left(\begin{array}{c} \\ \mathbf{b} \\ \\ \hline b_{M+1}+g_1 \end{array}\right)
$$

Abb. 53.6. Die Steifigkeitsmatrix und der Lastvektor für (53.18) mit $a = 1$. A und b sind die Steifigkeitsmatrix und der Lastvektor, wie wir sie aus dem Problem mit homogener Dirichlet-Randbedingungen kennen, und $b_{M+1} = \int_0^1 f\varphi_{M+1}\,dx$

wählen wir $v = \varphi_1, \ldots, \varphi_{M+1}$, was uns zu einem $(M+1) \times (M+1)$-Gleichungssystem für ξ führt. Wir stellen die Form der resultierenden Steifigkeitsmatrix mit $a = 1$ und Lastvektor in Abb. 53.6 dar. Beachten Sie, dass die letzte Gleichung

$$\frac{U(x_{M+1}) - U(x_M)}{h_{M+1}} = b_{M+1} + g_1$$

ein diskretes Analogon der Randbedingung $u'(1) = g_1$ ist, da $b_{M+1} \approx \frac{h_{M+1}}{2} f(1)$.

Zusammenfassend, wird eine Neumann-Randbedingung, anders als eine Dirichlet-Randbedingung, nicht explizit im Versuchsraum ausgedrückt. Stattdessen wird die Neumann-Randbedingung als Konsequenz der Variationsformulierung automatisch erfüllt, da sich die Testfunktion frei im entsprechenden Randpunkt verändern darf. Im Falle der Neumann-Randbedingungen können wir daher einfach die Randbedingungen bei der Definition des Versuchsraums V_h „vergessen“ und den Testraum mit V_h übereinstimmen lassen. Eine Dirichlet-Randbedingung wird *essentielle* Randbedingung genannt und eine Neumann-Bedingung eine *natürliche* Randbedingung. Eine essentielle Randbedingung ist explizit in der Definition des Versuchsraums enthalten, d.h. es ist eine *streng erzwungene* Randbedingung und der Testraum erfüllt die zugehörige homogene Randbedingung. Eine natürliche Randbedingung wird nicht im Versuchsraum erzwungen, sondern wird durch die Variationsformulierung automatisch dadurch erfüllt, dass die Testfunktionen sich im entsprechenden Randpunkt frei verändern können.

Robin-Randbedingungen

Eine natürliche Verallgemeinerung der Neumann-Bedingungen für Probleme $-(au')' = f$ in $(0,1)$ wird *Robin*-Randprobleme genannt. Sie besitzen die Form

$$-a(0)u'(0) = \gamma(0)(u_0 - u(0)), \quad a(1)u'(1) = \gamma(1)(u_1 - u(1)). \tag{53.19}$$

Bei der Modellierung von Wärme in einem Draht sind $\gamma(0)$ und $\gamma(1)$ vorgegebene (nicht-negative) Wärmekapazitäten am Rand und u_0 und u_1 sind vorgegebene „Außentemperaturen". Die Robin-Randbedingung in $x = 0$ besagt, dass der Wärmefluß $-a(0)u'(0)$ zur Temperaturdifferenz $u_0 - u(0)$ zwischen der Außen- und der Innentemperatur proportional ist. Ist $u_0 > u(0)$, dann fließt Wärme von außen nach innen und für $u_0 < u(0)$ fließt Wärme von innen nach außen.

Beispiel 53.3. Wir können diese Art von Randbedingung mit sehr großem $\gamma(0)$ bei einem schlecht isolierten Haus an einem kalten Wintertag antreffen. Die Größe der Wärmekapazität am Rand γ ist ein wichtiger Aspekt im öffentlichen Leben im Norden Schwedens.

Ist $\gamma = 0$, dann wird (53.19) zur homogenen Neumann-Randbedingung reduziert. Andererseits nähert sich die Robin-Randbedingung $-a(0)u'(0) = \gamma(0)(u_0 - u(0))$ der Dirichlet-Randbedingung $u(0) = u_0$ an, wenn γ gegen Unendlich strebt.

Robin-Randbedingungen sind wie Neumann-Randbedingungen natürliche Randbedingungen. Daher verwenden wir als V_h den Raum der stetigen stückweise linearen Funktionen auf einer Zerlegung von $(0,1)$ ohne jegliche erzwungene Randbedingung. Die Multiplikation der Gleichung $-(au')' = f$ mit einer Funktion $v \in V_h$ und partielle Integration liefert uns:

$$\int_0^1 fv\,dx = -\int_0^1 (au')'v\,dx = \int_0^1 au'v'\,dx - a(1)u'(1)v(1) + a(0)u'(0)v(0).$$

Das Ersetzen von $a(0)u'(0)$ und $a(1)u'(1)$ mit Hilfe der Robin-Randbedingungen ergibt:

$$\int_0^1 fv\,dx = \int_0^1 au'v'\,dx + \gamma(1)(u(1) - u_1)v(1) + \gamma(0)(u(0) - u_0)v(0).$$

Wenn wir die Daten auf der rechten Seite zusammenfassen, erhalten wir die folgende cG(1)-Methode: Gesucht ist $U \in V_h$, so dass

$$\int_0^1 aU'v'\,dx + \gamma(0)u(0)v(0) + \gamma(1)u(1)v(1) = \int_0^1 fv\,dx + \gamma(0)u_0v(0) + \gamma(1)u_1v(1)$$

für alle $v \in V_h$.

Durch $-a(0)u'(0) = \gamma(0)(u_0 - u(0)) + g_0$ wird eine noch allgemeinere Robin-Randbedingung beschrieben. Dabei ist g_0 ein gegebener Wärmefluß. Diese Robin-Randbedingung schließt die Neumann-Randbedingungen ($\gamma = 0$) und die Dirichlet-Randbedingungen (wenn $\gamma \to \infty$) folglich ein. Die Implementierung der Robin-Randbedingungen wird dadurch vereinfacht, dass der Versuchs- und der Testraum identisch sind.

53.7 Fehlerabschätzungen und adaptive Fehlerkontrolle

Wenn wir wissenschaftliche Experimente in einem Labor durchführen oder beispielsweise eine Hängebrücke bauen, so gibt es immer viele Zweifel über die dabei gemachten Fehler. Wenn wir die Philosophie hinter der wissenschaftlichen Revolution zusammenfassen würden, wäre die moderne Betonung der quantitativen Analyse von Fehlern in experimentellen Messungen und der gleichzeitigen Veröffentlichung der Fehler mit dem Ergebnis in der Tat ein wichtiger Bestandteil. Dasselbe trifft für das Modellieren in der rechnergestützten Mathematik zu: Wann immer wir eine Berechnung für ein praktisches Problem durchführen, müssen wir uns um die Genauigkeit des Ergebnisses Gedanken machen und im Zusammenhang damit, wie wir effizient berechnen. Diese Aspekte können natürlich nicht alleine für sich betrachtet werden, sondern wir müssen auch fragen, wie gut die Differentialgleichung die physikalische Situation modelliert und welche Auswirkungen Fehler in den Daten und im Modell auf mögliche Schlussfolgerungen haben können.

Wir wollen diese Gesichtspunkte aufgreifen, indem wir zwei Arten von Fehlerabschätzungen für den Fehler $u - U$ der finite Elemente-Näherung vorstellen. Zunächst werden wir eine *a priori* Fehlerabschätzung präsentieren, die zeigt, dass die finite Element-Methode nach Galerkin in einem gewissen Sinne für (53.9) in V_h die best mögliche Näherung der Lösung u liefert. Besitzt u eine stetige zweite Ableitung, so wissen wir, dass V_h eine gute Näherung von u enthält, wie z.B. die stückweise lineare Interpolierende. Daher impliziert die a priori Abschätzung, dass der Fehler der finiten Elemente-Näherung beliebig klein gemacht werden kann, wenn wir das Gitter verfeinern, vorausgesetzt, dass die Lösung u genügend glatt ist, damit der Interpolationsfehler gegen Null gehen kann, wenn das Gitter verfeinert wird. Diese Art von Ergebnis wird als *a priori* Fehlerabschätzung bezeichnet, da die Fehlergrenzen nicht von der Näherungslösung abhängen, sondern bereits vor der eigentlichen Berechnung bestimmt werden. Dies setzt allerdings Kenntnisse über die Ableitung der (unbekannten) exakten Lösung.

Danach werden wir Fehlergrenzen *a posteriori* bestimmen, um den Fehler einer finiten Elemente-Näherung mit Hilfe des Residuums abzuschätzen. Diese Fehlergrenze kann ausgewertet werden, wenn die finite Element-Lösung berechnet worden ist, um den Fehler abzuschätzen. Durch diese Fehlerabschätzung können wir den Fehler bei der finiten Element-Methode ungefähr bestimmen und adaptiv kontrollieren, indem wir das Gitter geeignet verfeinern.

Um die Größe des Fehlers $e = u - U$ zu messen, werden wir die *gewichtete L_2-Norm*

$$\|w\|_a = \left(\int_0^1 a\, w^2\, dx \right)^{1/2}$$

mit dem *Gewicht* a benutzen. Genauer formuliert, so werden wir

$$\|(u - U)'\|_a$$

abschätzen, was wir als *Energienorm* des Fehlers $u - U$ bezeichnen. Dazu werden wir die folgende Variante der Cauchyschen Ungleichung mit Gewicht a benutzen:

$$\left| \int_0^1 av'w'\,dx \right| \leq \|v'\|_a \|w'\|_a \quad \text{und} \quad \left| \int_0^1 vw\,dx \right| \leq \|v\|_a \|w\|_{a^{-1}}. \qquad (53.20)$$

Eine a priori Fehlerabschätzung

Wir werden beweisen, dass die finite Elemente-Näherung $U \in V_h$ die beste Näherung von u in V_h bezüglich der Energienorm ist. Dies ist eine Folgerung aus der *Galerkinschen Orthogonalitätsbeziehung*, wie sie in der finiten Element-Methode implizit enthalten ist:

$$\int_0^1 a(u - U)'v'\,dx = 0 \quad \text{für alle } v \in V_h, \qquad (53.21)$$

wie sich durch Subtraktion von (53.12) von (53.11) (partielle Integration) mit $v \in V_h$ ergibt. Dies ist analog zur besten Näherungseigenschaft der L_2-Projektion, die wir im Kapitel „Stückweise lineare Näherung" untersucht haben.

Für jedes $v \in V_h$ gilt:

$$\begin{aligned}\|(u - U)'\|_a^2 &= \int_0^1 a(u - U)'(u - U)'\,dx \\ &= \int_0^1 a(u - U)'(u - v)'\,dx + \int_0^1 a(u - U)'(v - U)'\,dx \\ &= \int_0^1 a(u - U)'(u - v)'\,dx,\end{aligned}$$

wobei die letzte Zeile aus $u - U \in V_h$ folgt. Die Abschätzung mit Hilfe der Cauchyschen Ungleichung liefert:

$$\|(u - U)'\|_a^2 \leq \|(u - U)'\|_a \|(u - v)'\|_a,$$

so dass

$$\|(u - U)'\|_a \leq \|(u - v)'\|_a \quad \text{für alle } v \in V_h.$$

Dies ist die Eigenschaft der besten Näherung von U. Nun wählen wir $v = \pi_h u$, wobei $\pi_h u \in V_h$ die Knoteninterpolierende von u ist und benutzen das folgende gewichtete Analogon von (52.11):

$$\|(u - \pi_h u)'\|_a \leq C_i \|hu''\|_a,$$

wobei C_i eine Interpolationskonstante ist, die nur von (der Veränderung von) a abhängt. Daraus erhalten wir die folgende Fehlerabschätzung:

Satz 53.1 *Die finite Elemente-Näherung U erfüllt für alle $v \in V_h$ die Relation $\|(u-U)'\|_a \leq \|(u-v)'\|_a$. Insbesondere gibt es eine Konstante C_i, die nur von a abhängt, so dass*

$$\|u' - U'\|_a \leq C_i \|hu''\|_a.$$

Diese Abschätzung mit der Energienorm besagt, dass die Ableitung des Fehlers der finiten Elemente-Näherung mit linearer Konvergenzgeschwindigkeit mit der Gitterweite h gegen Null konvergiert. Nach Integration folgt, dass der Fehler selbst sowohl punktweise als auch in der L_2-Norm gegen Null strebt. Wir können auch eine noch genauere Grenze für den Fehler $u - U$ selbst beweisen, der zweiter Ordnung in der Gitterweite h ist.

Eine a posteriori Fehlerabschätzung

Wir werden nun eine Abschätzung in der Energienorm $\|u' - U'\|_a$ mit Hilfe des Residuums $R(U) = (aU')' + f$ der finite Element-Lösung U für jedes Teilintervall geben. Das Residuum ist ein Maß dafür, wie gut U die Differentialgleichung löst. Es ist vollständig berechenbar, wenn U erst einmal berechnet wurde.

Wir beginnen mit der Variationsformulierung von (53.11) mit $v = e = u - U$, um einen Ausdruck für $\|u - U\|_a^2$ zu finden:

$$\begin{aligned}\|e'\|_a^2 &= \int_0^1 ae'e'\,dx = \int_0^1 au'e'\,dx - \int_0^1 aU'e'\,dx \\ &= \int_0^1 fe\,dx - \int_0^1 aU'e'\,dx.\end{aligned}$$

Nun benutzen wir (53.12), wobei $v = \pi_h e$ die Knoteninterpolierende von e in V_h bezeichnet. So erhalten wir

$$\begin{aligned}\|e'\|_a^2 &= \int_0^1 f\,(e - \pi_h e)\,dx - \int_0^1 aU'(e - \pi_h e)'\,dx \\ &= \int_0^1 f\,(e - \pi_h e)\,dx - \sum_{j=1}^{M+1} \int_{I_j} aU'(e - \pi_h e)'\,dx.\end{aligned}$$

Nun integrieren wir den letzten Ausdruck partiell über jedes Teilintervall I_j und benutzen dabei, dass alle Randausdrücke verschwinden, da $(e - \pi_h e)(x_j) = 0$. So erhalten wir eine Formel für die *Fehlerdarstellung*:

$$\|e'\|_a^2 = \int_0^1 R(U)(e - \pi_h e)\,dx, \tag{53.22}$$

wobei der Residuumsfehler $R(U)$ die unstetige Funktion auf $(0,1)$ ist, die durch

$$R(U) = f + (aU')' \quad \text{auf jedem Teilintervall } I_j.$$

definiert wird. Mit der gewichteten Cauchyschen Ungleichung (53.20) (nach Einsetzen der Faktoren h und h^{-1}) erhalten wir

$$\|e'\|_a^2 \leq \|hR(U)\|_{a^{-1}} \|h^{-1}(e - \pi_h e)\|_a.$$

Das folgende Analogon der zweiten Abschätzung von (52.11) lässt sich beweisen:

$$\|h^{-1}(e - \pi_h e)\|_a \leq C_i \|e'\|_a,$$

wobei C_i eine Interpolationskonstante ist, die von a abhängt, und wir beobachten dabei das Auftreten von h^{-1} auf der linken Seite. Damit haben wir die folgende wichtige a posteriori Fehlerabschätzung bewiesen:

Satz 53.2 *Es gibt eine Interpolationskonstante C_i, die nur von a abhängt, so dass für die finite Elemente-Näherung U gilt:*

$$\|u' - U'\|_a \leq C_i \|hR(U)\|_{a^{-1}}. \tag{53.23}$$

Adaptive Fehlerkontrolle

Da uns die a posteriori Fehlerabschätzung (53.23) die Größe des Fehlers einer Näherung für ein vorgegebenes Gitter als berechenbare Information liefert, ist es nur natürlich, diese Information für die Berechnung einer genaueren Näherung zu verwenden. Dies ist die Grundlage für die *adaptive Fehlerkontrolle.*

Das Problem bei der Berechnung eines Zwei-Punkte Randwertproblems ist die Suche nach einem Gitter, so dass die finite Elemente-Näherung eine bestimmte Genauigkeit erreicht oder anders formuliert, so dass der Fehler der Näherung durch eine *Fehlertoleranz* TOL beschränkt ist. Bei praktischen Rechnungen interessiert uns außerdem die Effizienz, d.h., wir wollen ein Gitter mit einer möglichst geringen Anzahl von Elementen finden, mit dem wir die Näherung mit der gewünschten Genauigkeit berechnen können. Wir versuchen, dieses optimale Gitter dadurch zu finden, dass wir mit einem groben Gitter beginnen und es schrittweise auf der Basis der a posteriori Fehlerabschätzungen verfeinern. Wenn wir mit einem groben Gitter beginnen, so versuchen wir damit, die Zahl der Elemente so klein wie möglich zu halten. Genauer formuliert, so wählen wir ein Anfangsgitter $\mathcal{T}_h$, berechnen damit die zugehörige cG(1)-Näherung von U und überprüfen dann, ob oder ob nicht

$$C_i \|hR(U)\|_{a^{-1}} \leq \text{TOL}.$$

Dies ist das *Endkriterium*, das wegen (53.23) garantiert, dass $\|u' - U'\|_a \leq$ TOL. Daher ist U genügend genau, wenn das Endkriterium erreicht ist. Ist das Endkriterium nicht erfüllt, versuchen wir ein neues Gitter $\mathcal{T}_{\tilde{h}}$ mit Gitterweite $\tilde{h}$ und so wenigen Elementen wie möglich zu konstruieren, so dass

$$C_i \|\tilde{h}R(U)\|_{a^{-1}} = \text{TOL}.$$

Dies ist das *Gitteränderungs-Kriterium*, aus dem sich die neue Gitterweite $\tilde{h}$ aus der Größe des Residualfehlers $R(U)$ der Näherung auf dem alten Gitter berechnen lässt. Um die Zahl der Gitterpunkte klein zu halten, sollte die Gitterweite so gewählt werden, dass der Residualfehler *gleich verteilt* wird, in dem Sinne, dass die durch jedes Element verursachten Beiträge zum Integral, aus dem sich der Residualfehler ergibt, ungefähr gleich sind. Für die Praxis bedeutet dies, dass Elemente mit großen Residualfehlern verfeinert werden, wohingegen Elemente in Intervallen mit kleinem Residualfehler zu größeren Elementen zusammengefasst werden.

Wir wiederholen diesen adaptiven Kreislauf der Gitterveränderung gefolgt von einer Lösung auf dem neuen Gitter, bis das Endkriterium erfüllt ist. Aus der a priori Fehlerabschätzung wissen wir, dass für beschränktes u'' der Fehler gegen Null geht, wenn das Gitter verfeinert wird. Daher wird das Endkriterium schließlich auch erfüllt werden. Bei praktischen Berechnungen erfordert die adaptive Fehlerkontrolle selten mehr als ein paar Iterationen.

53.8 Diskretisierung von zeitabhängigen Reaktions-Diffusions-Konvektions Problemen

Wir kehren nun zu dem ursprünglichen zeitabhängigen Problem (53.6) zurück.

Um (53.6) numerisch zu lösen, setzen wir die cG(1)-Methode für die Zeit-Diskretisierung und die cG(1)-FEM für die Raum-Diskretisierung ein. Genauer formuliert, sei $0 = x_0 < x_1 < \ldots < x_{L+1} = 1$ eine Zerlegung von $(0,1)$ und sei V_h der zugehörige Raum der stetigen stückweise linearen Funktionen $v(x)$, so dass $v(0) = v(1) = 0$. Sei $0 = t_0 < t_1 < t_2 < \ldots < t_N = T$ eine Folge diskreter Zeitmarken mit zugehörigen Zeitintervallen $I_n = (t_{n-1}, t_n)$ und Zeitschritten $k_n = t_n - t_{n-1}$, für $n = 1, \ldots, N$. Wir suchen eine numerische Lösung $U(x,t)$, die auf jedem Zeitintervall I_n linear in t ist. Für $n = 1, \ldots, N$ berechnen wir $U^n \in V_h$, so dass für alle $v \in V_h$

$$\begin{aligned} &\int_{I_n}\int_0^1 \dot{U} v\,dx\,dt + \int_{I_n}\int_0^1 (aU')v' + (bU)'v)\,dx\,dt \\ &= \int_{I_n}\int_0^1 fv\,dx\,dt + \int_{I_n} (g(0,t)v(0) + g(1,t)v(1))\,dt, \end{aligned} \tag{53.24}$$

wobei $U(t_n, x) = U^n(x)$ den *Zeit-Knotenwert* für $n = 1, 2, \ldots, N$ bezeichnet und $U^0 = u_0$, vorausgesetzt, dass $u_0 \in V_h$. Da U auf jedem Zeitintervall linear ist, ist es vollständig bestimmt, sobald wir die Knotenwerte berechnet haben.

Dieselbe Argumentation wie oben mit einer Entwicklung in den Basisfunktionen von V_h führt uns zu einer Folge von Gleichungssystemen für

$n = 1, \dots, N$

$$MU^n + k_n A_n U^n = MU^{n-1} + k_n b^n, \tag{53.25}$$

wobei M die Massenmatrix in V_h ist und A_n die Steifigkeitsmatrix für das Zeitintervall I_n. Eine schrittweise Lösung dieses Systems für $n = 1, 2, \dots, N$ führt zu einer Näherungslösung U von (53.10).

53.9 Nicht-lineare Reaktions-Diffusions-Konvektions Probleme

In vielen Situationen hängen die Koeffizienten oder Daten von der Lösung u ab, was zu nicht-linearen Problemen führt. Hängt beispielsweise f von u ab, erhalten wir das folgende Problem:

$$\begin{cases} \dot{u} - (au')' + (bu)' = f(u) & \text{in } (0,1) \times (0,T), \\ u(0,t) = u(1,t) = 0, & \text{für } t \in (0,T), \\ u(x,0) = u_0(x) & \text{für } x \in (0,1). \end{cases} \tag{53.26}$$

Eine Diskretisierung wie oben ergibt schließlich ein diskretes System der Form

$$MU^n + k_n A_n U^n = MU^{n-1} + k_n b^n(U^n), \tag{53.27}$$

wobei b^n von U^n abhängt. Dieses nicht-lineare System kann beispielsweise mit der Fixpunkt-Iteration oder der Newton-Methode gelöst werden.

Wir schließen diesen Abschnitt mit einigen Beispielen für nicht-lineare Reaktions-Diffusions-Konvektions Probleme, die aus der Physik, der Chemie und der Biologie stammen, ab. Diese Systeme können mit einer direkten Erweiterung der cG(1)-Methode in Raum und Zeit numerisch gelöst werden. In allen Beispielen sind a und die α_i positive Konstanten.

Beispiel 53.4. Die Gleichung für den *Ferromagnetismus* (mit kleinem a):

$$\dot{u} - au'' = u - u^3. \tag{53.28}$$

Beispiel 53.5. Modell für die *Superleitfähigkeit einer Flüssigkeit*:

$$\begin{aligned} \dot{u}_1 - au_1'' &= (1 - |u|^2)u_1, \\ \dot{u}_2 - au_2'' &= (1 - |u|^2)u_2. \end{aligned} \tag{53.29}$$

Beispiel 53.6. Modell für die *Flammenausbreitung*:

$$\begin{aligned} \dot{u}_1 - au_1'' &= -u_1 e^{-\alpha_1/u_2}, \\ \dot{u}_2 - au_2'' &= \alpha_2 u_1 e^{-\alpha_1/u_2}. \end{aligned} \tag{53.30}$$

Beispiel 53.7. Field-Noyes Gleichungen für chemische Reaktionen:

$$
\begin{aligned}
\dot{u}_1 - au_1'' &= \alpha_1(u_2 - u_1u_3 + u_1 - \alpha_2 u_1^2),\\
\dot{u}_2 - au_2'' &= \alpha^{-1}(\alpha_3 u_3 - u_2 - u_1u_2),\\
\dot{u}_2 - au_2'' &= \alpha_4(u_1 - u_3).
\end{aligned}
\tag{53.31}
$$

Beispiel 53.8. Ausbreitung der Tollwut bei Füchsen:

$$
\begin{aligned}
\dot{u}_1 - au_1'' &= \alpha_1(1 - u_1 - u_2 - u_3) - u_3u_1,\\
\dot{u}_2 - au_2'' &= u_3u_1 - (\alpha_2 + \alpha_3 + \alpha_1u_1 + \alpha_1u_1 + \alpha_1u_3)u_2,\\
\dot{u}_2 - au_2'' &= \alpha_2u_2 - (\alpha_4 + \alpha_1u_1 + \alpha_1u_1 + \alpha_1u_3)u_3,
\end{aligned}
\tag{53.32}
$$

wobei $\alpha_4 < (1 + (\alpha_3 + \alpha_1)/\alpha_2)^{-1} - \alpha_1$.

Beispiel 53.9. Wechselwirkung zweier Spezies:

$$
\begin{aligned}
\dot{u}_1 - au_1'' &= u_1M(u_1, u_2),\\
\dot{u}_2 - au_2'' &= u_2N(u_1, u_2),
\end{aligned}
\tag{53.33}
$$

wobei $M(u_1, u_2)$ und $N(u_1, u_2)$ gegebene Funktionen sind, die unterschiedliche Situationen, wie (i) Räuber-Beute ($M_{u_2} < 0$, $N_{u_1} > 0$) (ii) Spezies im Wettbewerb ($M_{u_2} < 0$, $N_{u_1} < 0$) und (iii) Symbiose ($M_{u_2} > 0$, $N_{u_1} > 0$) beschreiben können.

Beispiel 53.10. Morphogenese von Mustern (Zebra oder Tiger):

$$
\begin{aligned}
\dot{u}_1 - au_1'' &= -u_1u_2^2 + \alpha_1(1 - u_1)\\
\dot{u}_2 - au_2'' &= u_1u_2^2 - (\alpha_1 + \alpha_2)u_2.
\end{aligned}
\tag{53.34}
$$

Beispiel 53.11. Fitz-Hugh-Nagumo Modell für die Leitung in Axonen:

$$
\begin{aligned}
\dot{u}_1 - au_1'' &= -u_1(u_1 - \alpha_1)(u_1 - 1) - u_2\\
\dot{u}_2 - au_2'' &= \alpha_2u_1 - \alpha_3u_2,
\end{aligned}
\tag{53.35}
$$

$0 < \alpha_1 < 1$.

Aufgaben zu Kapitel 53

53.1. Berechnen Sie die Steifigkeitsmatrix und den Lastvektor für die cG(1)-Methode für eine gleichförmige Unterteilung von (53.9) mit $a(x) = 1 + x$ und $f(x) = \sin(x)$. Benutzen Sie ein Quadraturverfahren, falls eine exakte Integration zu unbequem wird.

53.2. Formulieren Sie die cG(1)-Methode für das Problem $-(au')' + cu = f$ in $(0,1)$, $u(0) = u(1) = 0$, wobei $a(x)$ und $c(x)$ positive Koeffizienten sind. Berechnen Sie die zugehörige Steifigkeitsmatrix für $a = c = 1$ mit einer gleichförmigen Zerlegung. Ist die Steifigkeitsmatrix noch symmetrisch, positiv-definit und tridiagonal?

53.3. Bestimmen Sie das sich ergebende Gleichungssystem für die cG(1)-Methode (53.16) mit inhomogenen Dirichlet-Randbedingungen.

53.4. Prüfen Sie a priori und a posteriori Fehlerabschätzungen für die cG(1)-Methode für $-(au')' = f$ in $(0,1)$ mit Robin-Randbedingungen (a positiv).

53.5. Prüfen Sie a priori und a posteriori Fehlerabschätzungen für die cG(1)-Methode für $-(au')' + cu = f$ in $(0,1)$ mit Robin-Randbedingungen (a und c positiv).

> Die „klassische“ Phase meiner Karriere wurde in dem Buch *The Large Scale Structure of Spacetime* zusammengefasst, das Ellis und ich 1973 schrieben. Ich würde keinem Leser dieses Buches vorschlagen, in diesem Werk Informationen nachzuschlagen: Es ist hochgradig technisch und ziemlich schwer lesbar. Ich hoffe, dass ich seither gelernt habe verständlicher zu schreiben. (Stephen Hawking in *A Brief History of Time*)

Literaturverzeichnis

[1] L. AHLFORS, *Complex Analysis*, McGraw-Hill Book Company, New York, 1979.

[2] K. ATKINSON, *An Introduction to Numerical Analysis*, John Wiley and Sons, New York, 1989.

[3] L. BERS, *Calculus*, Holt, Rinehart, and Winston, New York, 1976.

[4] M. BRAUN, *Differential Equations and their Applications*, Springer-Verlag, New York, 1984.

[5] R. COOKE, *The History of Mathematics. A Brief Course*, John Wiley and Sons, New York, 1997.

[6] R. COURANT AND F. JOHN, *Introduction to Calculus and Analysis*, vol. 1, Springer-Verlag, New York, 1989.

[7] R. COURANT AND H. ROBBINS, *What is Mathematics?*, Oxford University Press, New York, 1969.

[8] P. DAVIS AND R. HERSH, *The Mathematical Experience*, Houghton Mifflin, New York, 1998.

[9] J. DENNIS AND R. SCHNABEL, *Numerical Methods for Unconstrained Optimization and Nonlinear Equations*, Prentice-Hall, New Jersey, 1983.

[10] K. Eriksson, D. Estep, P. Hansbo, and C. Johnson, *Computational Differential Equations*, Cambridge University Press, New York, 1996.

[11] I. Grattan-Guiness, *The Norton History of the Mathematical Sciences*, W.W. Norton and Company, New York, 1997.

[12] P. Henrici, *Discrete Variable Methods in Ordinary Differential Equations*, John Wiley and Sons, New York, 1962.

[13] E. Isaacson and H. Keller, *Analysis of Numerical Methods*, John Wiley and Sons, New York, 1966.

[14] M. Kline, *Mathematical Thought from Ancient to Modern Times*, vol. I, II, III, Oxford University Press, New York, 1972.

[15] J. O'Connor and E. Robertson, *The MacTutor History of Mathematics Archive*, School of Mathematics and Statistics, University of Saint Andrews, Scotland, 2001. `http://www-groups.dcs.st-and.ac.uk/~history/`.

[16] W. Rudin, *Principles of Mathematical Analysis*, McGraw–Hill Book Company, New York, 1976.

[17] T. Ypma, *Historical development of the Newton-Raphson method*, SIAM Review, 37 (1995), pp. 531–551.

Sachverzeichnis